REFA-Kompendium Arbeitsorganisation
Band 2

Wilfried Jungkind, Martin Könneker, Ingo Pläster und Mark Reuber

Handbuch der Prozessoptimierung

Die richtigen Werkzeuge auswählen und zielsicher einsetzen

REFA-Kompendium Arbeitsorganisation
Band 2

Wilfried Jungkind, Martin Könneker, Ingo Pläster und Mark Reuber

Handbuch der Prozessoptimierung

Die richtigen Werkzeuge auswählen und zielsicher einsetzen

Die Deutsche Bibliothek – CIP-Einheitsaufnahme

Ein Titelsatz für diese Publikation
ist bei der Deutschen Bibliothek erhältlich.

PRINT ISBN 978-978-3-446-46250-2
E-PDF ISBN 978-3-446-46346-2

2. Auflage, September 2019

Printed in Germany.

Druck: Beltz Bad Langensalza GmbH, Bad Langensalza

Vorwort des REFA-Instituts

Die Arbeits- und Betriebswelt verändert sich stetig. Aktuelle Trends, wie beispielsweise der demografische Wandel oder die zunehmende Digitalisierung, stellen Unternehmen vor neue Herausforderungen. Zu lösen sind zum Beispiel Fragestellungen hinsichtlich der Beherrschung der zunehmend turbulenten Prozesse oder der ergonomischen und zugleich wirtschaftlichen Gestaltung von Produktion und Arbeit.

Erfolgreiche Unternehmen müssen ihre Prozesse in der sich wandelnden Arbeitswelt derart gestalten, dass sie ihre Produkte oder Dienstleistungen in effizienten und zuverlässigen Prozessschritten mit möglichst geringer Komplexität störungs- und fehlerfrei erstellen. Das stellt hohe Ansprüche an die Prozessgestaltung und an die Organisation des Auftrags- und Arbeitsablaufs. Es gibt keine Standardlösung, vielmehr muss jedes Unternehmen im Dialog mit den Beschäftigten eine betriebsspezifische Strategie hierfür finden.

Das Industrial Engineering ist der Schlüssel für eine innovative Arbeitsorganisation. Es besteht in der Anwendung von Methoden und Erkenntnissen zur ganzheitlichen Analyse, Bewertung und Gestaltung komplexer Systeme, Strukturen und Prozesse. Hierfür stehen eine Vielzahl von Methoden und Werkzeugen zur Verfügung, zum Beispiel die langjährig bewährte REFA-Methodenlehre. Das REFA-Haus stellt Methoden und Werkzeuge zur Verfügung, mit denen die verschiedenen Gestaltungsebenen im Unternehmen ganzheitlich und nachhaltig entsprechend den neuen Anforderungen der Arbeitswelt gestaltet werden können (vgl. Abbildung 1). Methoden und Werkzeuge zielen auf die Balance von Produktivität und nachhaltiger Unternehmenskultur ab, die die Interessen und Ansprüche der Mitarbeiter berücksichtigt. Das REFA-Haus bildet die Grundlage für das REFA-Kompendium der innovativen Arbeitsorganisation, in der das vorliegende Buch erscheint.

Aufgabe des Industrial Engineer ist es, betriebsspezifisch die passenden Methoden und Werkzeuge zu finden und anzuwenden. Die Vielzahl der verfügbaren Instrumente kann dies erschweren. Das vorliegende Buch bietet dem Industrial Engineer diesbezüglich eine Hilfestellung, indem es anhand verschiedener Matrizen aufzeigt, welche Methoden für welche Anwendungsfälle am besten geeignet sind. Dies ermöglicht es dem Industrial Engineer, anhand seiner betrieblichen Ziele und Probleme die geeignete Methode zu finden.

Das Buch zeigt für 34 Methoden des Industrial Engineerings auf, welchen Zweck die Methode verfolgt, was typische Anwendungsfälle sind und beschreibt die Vorgehensweise anschaulich. Zudem werden für jede Methode Formulare bereitgestellt, welche die Anwendung der Methode erleichtern.

Technologische Umwelt
Politisch-rechtliche Umwelt

Erfolgreiche Unternehmen

Arbeitsdatenmanagement
Gestaltung von Unternehmensnetzwerken
Gestaltung Ganzheitlicher Unternehmenssysteme
Prozessgestaltung
Arbeitsplatz- & Arbeitssystemgestaltung
Arbeitsdatenmanagement

Humanorientiertes Produktivitätsmanagement
Modernes Industrial Engineering
Mission und Ziele des Unternehmens

Zeit
Kosten
Qualität
Variabilität

Sozio-kulturelle Umwelt
Natürliche Umwelt
Wirtschaftliche Umwelt

Abbildung 1: Das REFA-Haus: Methoden und Werkzeuge für die ganzheitliche und nachhaltige Gestaltung von Unternehmen

In vier betrieblichen Fallbeispielen zeigen die Autoren abschließend auf, wie die verschiedenen Methoden in der Praxis eingesetzt werden können. Die anschauliche Darstellung der Fallbeispiele vermittelt einen sehr guten Eindruck darüber, wie der Methodeneinsatz abläuft und worauf besonders zu achten ist. Damit ist das vorliegende Buch eine wertvolle Hilfe für jeden Industrial Engineer, da es sowohl zum Einstieg in die jeweilige Methoden als auch zum schnellen Nachschlagen verwendet werden kann.

Dortmund, September 2018

Prof. Dr.-Ing. Sascha Stowasser	Prof. Dr. Oliver B. Störmer
REFA-Institut e.V.	REFA Bundesverband e.V.

Vorwort der Autoren

Bereits 2004 ist ein 'Praxisleitfaden Produktionsmanagement' als Methodensammlung aus dem Bereich Industrial Engineering veröffentlicht worden (Jungkind u. a. 2004). Die Resonanz darauf war sehr positiv. Anwender empfanden es als besonders hilfreich, dass im Leitfaden ein Strukturmodell vorgegeben war, dem die einzelnen Methoden zugeordnet werden konnten.
Im Zusammenhang mit der Nutzung gab es jedoch auch Verbesserungshinweise: Um die Methoden nach längerem zeitlichen Abstand sicher anwenden zu können, sollten diese ausführlicher beschrieben werden. Darüber hinaus wurde der Wunsch geäußert, anhand von Fallbeispielen aus realen Optimierungsprojekten darzustellen, wie mehrere Methoden in ihrer Kombination eingesetzt werden können. Die Anregungen der Anwender sind u. a. in das vorliegende 'Handbuch der Prozessoptimierung' eingeflossen.
Das Handbuch dient primär der **Sensibilisierung** und **Qualifizierung** von **Fach- und Führungskräften** sowie zur konkreten **Unterstützung bei der Neu- und Umplanung (Optimierung) von Produktionsunternehmen**, besonders aus dem Bereich der **KMU (kleine und mittlere Unternehmen)**.
Adressaten sind vor allem **produktionsnahe Führungskräfte**, wie

- Geschäftsführungsmitglieder und
- Linienvorgesetzte, z. B. Bereichs- oder Abteilungsleiter,

Fachleute, z. B. aus den Bereichen

- Industrial Engineering,
- Prozessoptimierung,
- Arbeits-/Fertigungs-/Produktionsplanung,
- Arbeits-/Zeitstudie, Zeitwirtschaft,
- Arbeitsvorbereitung,
- Fertigungssteuerung und
- Qualitätsmanagement/-sicherung

sowie **Studierende** des Ingenieur-, Wirtschaftsingenieurwesens und der Betriebswirtschaftslehre mit den Schwerpunkten Produktionswirtschaft oder Produktionslogistik.
Die Führungskräfte sollten die Methoden des 'Handbuchs der Prozessoptimierung' kennen und wissen, wie diese bei Neu- und Umplanungsprojekten unterstützen können. Bei den Fachleuten steht eher die Auswahl der Methoden, deren Anwendung und ggf. Modifikation im Vordergrund, um solche Projekte effektiv und effizient durchführen zu können. Studierende können z. B. im Rahmen ihrer Hochschulausbildung in der systematischen Anwendung der Methoden qualifiziert werden; zudem lassen sich diese in praxisorientierten Abschlussarbeiten einsetzen. Damit findet eine optimale Vorbereitung für eine spätere berufliche Beschäftigung im Handlungsfeld des Industrial Engineering statt.

Wir danken allen, die es ermöglicht haben, dass dieses Buch in der vorliegenden Form erschienen ist, insbesondere Herrn Prof. Dr.-Ing. Sascha Stowasser (Direktor des Instituts für angewandte Arbeitswissenschaft e. V.). Frau Dr.-Ing. Patricia Stock (Leiterin des REFA-Instituts e. V.) hat sehr wertvolle konzeptionelle und redaktionelle Hilfe geleistet sowie die Buchveröffentlichung flankiert und vorangetrieben. Dem REFA Bundesverband sind wir zu Dank verpflichtet, der es ermöglicht hat, das Werk zu veröffentlichen.
Ganz herzlich möchten wir Herrn Dipl.-Ing. Ingo Helmrich sowie Herrn Prof. Dr.-Ing. Gerhard Manthey danken, die unsere Manuskripte kritisch gelesen und uns wertvolle Anregungen gegeben haben.
Ein besonderer Dank ergeht an Herrn B.Sc. Stefan Krome für layouttechnische Unterstützung.

Lemgo, September 2018

Wilfried Jungkind Martin Könneker

Ingo Pläster Mark Reuber

Inhaltsverzeichnis

1 Einleitung

1.1 Stellenwert von Prozessoptimierungen

Viele Unternehmen, insbesondere kleine und mittlere Unternehmen (KMU), befinden sich in turbulentem Fahrwasser. Nicht oder kaum beeinflussbare **externe Einflussfaktoren** zwingen zum Handeln:

- Der steigende Wettbewerbsdruck durch Fusionen und Übernahmen sowie die Produktion in Ländern mit niedrigem Lohnniveau im Zuge der Globalisierung machen Kosteneinsparungen auf allen Ebenen eines Unternehmens notwendig.
- Um Kunden immer schneller und individueller zu beliefern, müssen Unternehmen Lieferzeiten verkürzen und auf schwankende Absatzmengen reagieren. Die zunehmende Individualisierung von Produkten führt zur Erhöhung von Produktvarianten und zu sinkenden Losgrößen.
- Marktforderungen nach höherwertigen Produkten sind verbunden mit verändertem Design, neuen Funktionalitäten und einer erhöhten Leistungsfähigkeit (Qualität).
- Der demografische Wandel und die damit verbundene Überalterung der Belegschaften bedingen Wissensverlust und Qualifikationsdefizite (vgl. Prynda/Sandrock 2012, S. 36; Reuber 2012, S. 185 f.; Reuber 2016, S. 5 f.).

Um diesen externen 'Bedrohungen' zu begegnen, sind Produktinnovationen und Prozessoptimierungen unabdingbar. Der Wettbewerbsvorteil von **Produktinnovationen** schwindet i. d. R. recht schnell aufgrund der immer kürzer werdenden Produktlebenszyklen und wegen des Kopierens neuer Funktionalitäten durch Wettbewerber (vgl. Abbildung 1.1.1).
Prozessoptimierungen beziehen sich auf unternehmensinterne Strukturen mit dem Fokus auf Zielgrößen, wie z. B. Arbeitsproduktivität, Durchlaufzeiten, Bestände, Betriebsmitteleffektivität oder Ergonomie. Diese sind dringend notwendig, um beispielsweise mit den erzielten Effekten die Produktinnovationen sowie Vertriebsaktivitäten finanzieren zu können (vgl. Dresselhaus/Jungkind 2007, S. 30; Bechmann u. a. 2011, S. 74 ff.). Sie wirken meist jedoch erst mit zeitlichem Versatz, sind aber dafür sehr viel nachhaltiger als Produktinnovationen (vgl. Abbildung 1.1.1). Zudem können solche Aktivitäten von Wettbewerbern kaum kopiert werden, weil sie individuell auf das jeweilige Unternehmen mit seiner eigenen gewachsenen Kultur zugeschnitten sind.
Erhebungen des Instituts für angewandte Arbeitswissenschaft e. V. zeigen zwar, dass das Thema 'Prozessorganisation' für die befragten Experten die höchste Relevanz besitzt (vgl. ifaa 2018). Dieser formulierte hohe Stellenwert von Prozessoptimierungen spiegelt sich jedoch in der betrieblichen Realität kaum wider, da sie lediglich in relativ geringem Umfang durchgeführt werden. Dies verstärkt sich mit sinkender Unternehmensgröße. Im Feld der systematischen Prozessoptimierung ist in KMU nur etwa jedes fünfte Unternehmen tätig; bei Großunternehmen ist es fast jedes zweite (vgl. Bechmann u. a. 2011, S. 76 f.; Reuber 2016, S. 7 ff.). Diese Ergebnisse verdeutlichen, dass hier insbesondere in KMU noch großer Nachholbedarf besteht (vgl. auch Bechmann u. a. 2011, S. 74 ff.).

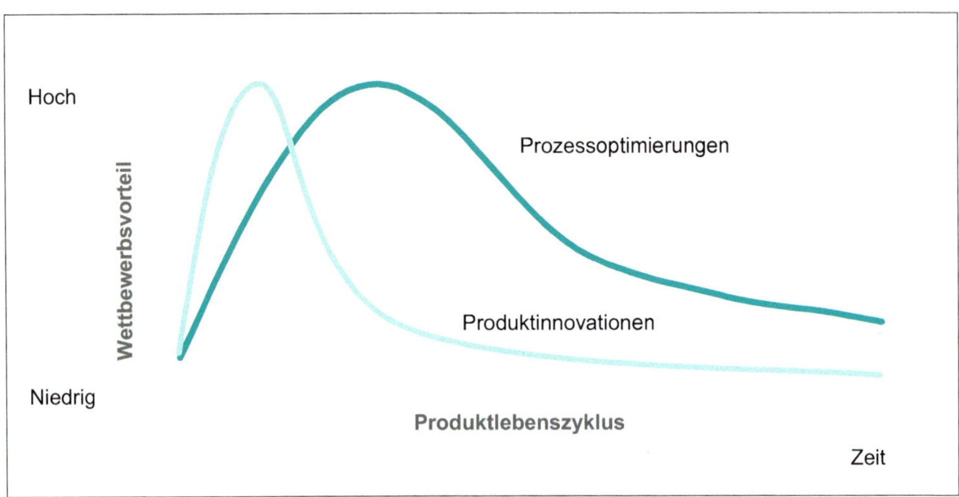

Abbildung 1.1.1: Produktinnovationen vs. Prozessoptimierungen (in Anlehnung an Utterback/Abernathy 1975, S. 645)

In einer Untersuchung des Instituts für Wirtschaft und Technik e. V. (IWT e. V.) in 82 meist mittelständischen Produktionsunternehmen sind einige **typische Hemmnisse** für mangelnde Aktivitäten im Feld der Prozessoptimierung identifiziert worden (vgl. Jungkind 2011):

- Gravierend ist die mangelnde Sensibilität der Unternehmensleitungen und Führungskräfte für dieses Thema. In den wenigsten Fällen haben sie eine Vorstellung von dessen Bedeutung und den realisierbaren Potenzialen in diesem Handlungsfeld (vgl. hierzu auch Dörich u. a. 2013, S. 29). Der Fokus liegt eher auf der Entwicklung neuer Produkte. Wenn die Überzeugung von der Wirksamkeit von Prozessoptimierungen nicht vorhanden ist, werden solche Aktivitäten auch nur halbherzig durchgeführt. Prozessoptimierungen sind dann nicht 'Chefsache' und auch nicht mit höchster Priorität versehen. Die nächste Führungsebene, wie technische Leiter, Produktions-, Fertigungs- oder Montageleiter, verhalten sich folglich i. d. R. ähnlich 'defensiv'.

- Darüber hinaus ist ein sehr ausgeprägter Mangel an Methodenwissen feststellbar. Gemeint ist hier die Identifikation von Potenzialen mit geeigneten Analysemethoden sowie das Entwickeln und Umsetzen von Gestaltungsmaßnahmen.

- In der Aufbauorganisation eines KMU ist in den meisten Fällen keine Funktion zur Prozessoptimierung verankert – etwa ein Industrial Engineering (IE). Es ist den Ansprechpartnern oft nicht klar, dass sich diese Fachleute i. d. R. 'rechnen', wenn sie kontinuierlich entsprechende Projekte durchführen.

- Wenn Projekte mit Erfolg beendet wurden, fehlt es meist an der Nachhaltigkeit.

Bestätigt werden diese Erkenntnisse durch die Auswertung von IWT-Produktionschecks©, die vom IWT e. V. in 65 produzierenden KMU durchgeführt wurden. Darin sind jeweils das Arbeitsgestaltungsniveau (Vorhandensein physischer Arbeitsgestaltungselemente) sowie das Methodenniveau (angewendete Analysemethoden) mit einer Punktbewertung von 0 (nicht vorhanden/angewendet) bis 5 (durchgängig vorhanden/angewendet) untersucht worden. Insgesamt liegt ein relativ niedriges Arbeitsgestaltungs- und Methodenniveau vor, wie Abbildung 1.1.2 zeigt. Interessant ist jedoch, dass sich für die 9 KMU mit einer IE-Funktion signifikant bessere Einstufungen ergeben.

Die identifizierten 'Hemmnisse' verdeutlichen, dass wesentliche Hebel im Bereich der Sensibilisierung und des Methodenwissens liegen. Genau hier setzt das vorliegende Methodenbuch an. Die Struktur und die Arbeitshilfen sind in langjähriger Projekt- und Beratungsarbeit erstellt und ständig optimiert worden. Es handelt sich dabei um die praxisrelevantesten Arbeitshilfen aus dem Handlungsfeld des Industrial Engineering, wie sie von Reuber 2016, S. 135 ff. im Rahmen einer umfangreichen Literaturstudie sowie durch eine empirische Erhebung identifiziert werden konnten.

Im Buch wird durchgängig der Begriff **'Methoden'** verwendet. Nach VDI 2870-1 2012, S. 6, sowie VDI 2870-2 2012 wird hierarchisch unterschieden nach Gestaltungsprinzipien, Methoden und Werkzeugen. Gestaltungsprinzipien sind z. B. Standardisierung, kontinuierlicher Verbesserungsprozess oder visuelles Management. Diese Prinzipien decken Themenbereiche zur Umsetzung zusammengehöriger Unternehmensziele ab. Eine Methode wird als standardisierte Vorgehensweise bezeichnet, die meist einem Gestaltungsprinzip zugeordnet werden kann, wie z. B. 5S dem Gestaltungsprinzip Standardisierung. Methoden helfen somit, Unternehmensziele zu erreichen. Ein Werkzeug ist ein standardisiertes, physisch vorhandenes Mittel (auch Software) zur Anwendung und Umsetzung von Methoden. Beispielsweise unterstützt das Werkzeug Shadowboard (Schattenbrett) die Methode 5S.

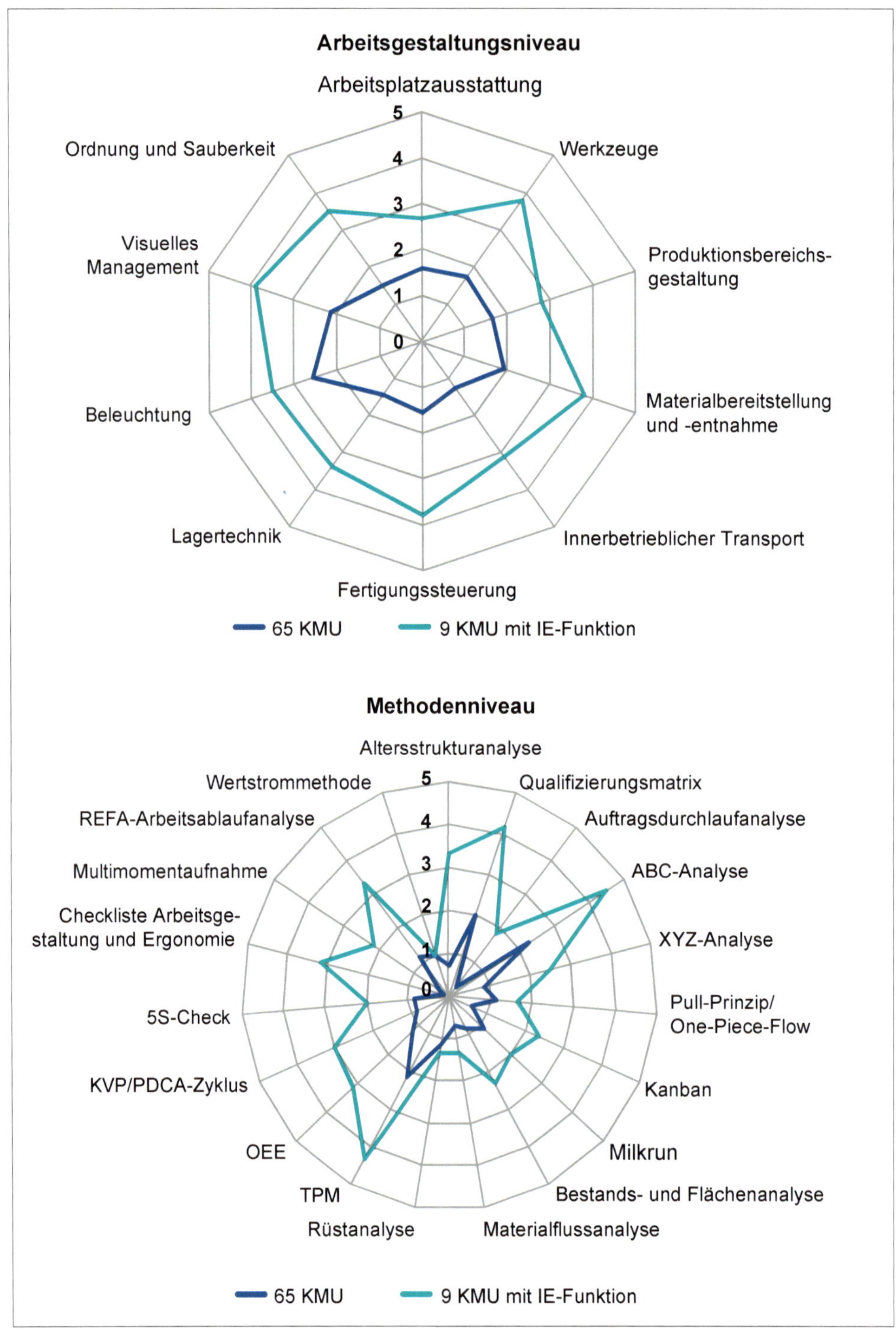

Abbildung 1.1.2: Auswertung von IWT-Produktionschecks© für 65 produzierende Unternehmen

1.2 Matrixdarstellungen

Um mit den vorliegenden Methoden anwendungsgerecht arbeiten zu können, sind drei Matrixdarstellungen erarbeitet worden. Die Bewertungen in den vorliegenden Matrixdarstellungen in jeweils drei Kategorien (*Kein* ..., *Mittlerer* ..., *Direkter/Voller Zusammenhang* bzw. *Einfluss*) sind durch ein mehrköpfiges Expertenteam vorgenommen worden und orientieren sich eng an den beschriebenen Methoden in diesem Buch.
In der **Matrix Megatrends – Ziele** (vgl. Abbildung 1.2.1) sind auf der Ordinate die wesentlichen allgemeinen und speziellen Megatrends aus Veröffentlichungen und Studien aufgeführt. Diese Megatrends können auch als typische 'Bedrohungen' – oder auch Chancen – für Unternehmen angesehen werden. Auf der Abszisse sind die in der Literatur und nach Erfahrungen der Autoren wesentlichen Ziele für Prozessoptimierungen – primär mit Produktionsbezug – zusammengestellt. Wenn die Megatrends ('Bedrohungen') für ein Unternehmen bekannt sind, lassen sich somit mögliche Ziele von Prozessoptimierungen mittels der drei Kategorien zuordnen. Die in der Matrix hervorgehobenen Megatrends und Ziele von Prozessoptimierungen haben die derzeit höchste Relevanz (vgl. Reuber 2016, S. 141 f. und S. 224 f.).
Die **Matrix Ziele – Methoden** (vgl. Abbildung 1.2.2) zeigt, welche Methoden des Industrial Engineering (Abszisse) zur Bearbeitung der Ziele (Ordinate) verwendet werden können. Auch hier bietet die Matrixdarstellung die Möglichkeit einer differenzierten Zuordnung auf Basis von drei Kategorien. Die durchgängig grau markierten Methoden dienen primär dem Gewinnen von Basisinformationen bzw. der Bewertung von Gestaltungsansätzen. Eine Einstufung mittels der drei Kategorien macht hier keinen Sinn.
Schließlich zeigt die **Matrix Methoden – Strukturen** (vgl. Abbildung 1.2.3) die Eignung der ausgewählten Methoden für die Ebenen-, Stufen- und Systemelemente-Struktur.

Megatrends (allgemein)	**Ziele von Prozessoptimierungen** / **Megatrends (speziell)**	Steigern der Liefertreue	Reduzieren der Bestände und der Kapitalbindung	**Steigern der Produktqualität**	Reduzieren der Reklamationsquote	Steigern der Materialeffizienz	**Reduzieren der Durchlaufzeiten**	Steigern der Materialflussorientierung	Steigern der Flächeneffizienz	**Steigern der Betriebsmitteleffektivität**	**Steigern des Arbeitsgestaltungsniveaus**	Steigern der Energieeffizienz	**Steigern der Prozessstandardisierung**	Reduzieren von Prozessschnittstellen	Steigern der Prozesstransparenz	**Steigern der Arbeitsproduktivität**	**Steigern des Qualifikationsniveaus**	Steigern der Führungskompetenz	Steigern der Arbeitszufriedenheit	Reduzieren des Krankenstandes	Reduzieren der Arbeitsunfälle	**Steigern der Flexibilität**
Globalisierung	**Sinkende Verkaufspreise infolge steigenden Wettbewerbsdrucks**	○	●	○	◑	●	◑	●	●	●	●	●	●	●	●	●	●	●	◑	◑	◑	●
	Steigender Druck zur Kostensenkung	○	●	○	◑	●	◑	●	●	●	●	●	●	●	●	●	●	●	◑	◑	◑	●
Rohstoffverknappung	Steigende Rohstoffpreise	○	●	○	●	●	◑	○	●	●	◑	●	●	○	●	◑	◑	◑	○	○	○	◑
Technologie und Innovation	Verkürzte Lieferzeiten	●	●	○	○	○	●	◑	○	◑	○	○	●	●	●	○	○	●	○	○	○	●
	Sinkende Produktlebenszyklen	○	◑	○	○	○	○	○	◑	○	○	○	●	◑	◑	○	◑	○	○	○	○	●
	Verkürzte Produktentwicklungszeiten	○	◑	○	○	○	○	○	○	○	○	○	●	●	●	◑	◑	○	○	○	○	●
Individualisierung und Flexibilisierung	**Steigende Qualitätsanforderungen**	○	◑	●	●	○	○	◑	○	○	◑	○	●	◑	◑	○	●	●	◑	○	○	◑
	Steigende Produktkomplexität und Produktvarianten	○	◑	●	○	◑	◑	○	◑	●	◑	○	●	◑	●	○	●	○	○	○	○	●
	Sinkende Produktlosgrößen	○	●	○	○	◑	○	○	○	●	○	○	◑	○	◑	○	○	○	○	○	○	◑
	Steigende Prozesskomplexität	○	◑	○	○	○	◑	●	●	◑	●	○	●	●	●	○	●	●	◑	○	○	●
Demografischer Wandel	Sich verändernde Gesetze und Rahmenbedingungen	○	○	○	○	●	○	○	○	○	●	●	◑	◑	●	○	●	●	◑	◑	◑	●
	Zunehmender Fachkräftemangel	○	○	○	○	○	○	○	○	○	◑	○	◑	◑	◑	●	●	◑	●	●	●	●
	Steigender Wissensverlust	○	○	○	○	○	○	○	○	○	◑	○	●	◑	●	○	●	●	●	●	○	●
	Steigende Qualifikationsdefizite	○	○	○	○	○	○	○	○	○	◑	○	●	◑	●	○	●	●	◑	◑	○	●

○ Kein Zusammenhang ◑ Mittlerer Zusammenhang ● Direkter Zusammenhang

Hervorgehoben: Wesentliche Megatrends und Ziele

Abbildung 1.2.1: Matrix Megatrends – Ziele (vgl. Reuber 2016, S. 224)

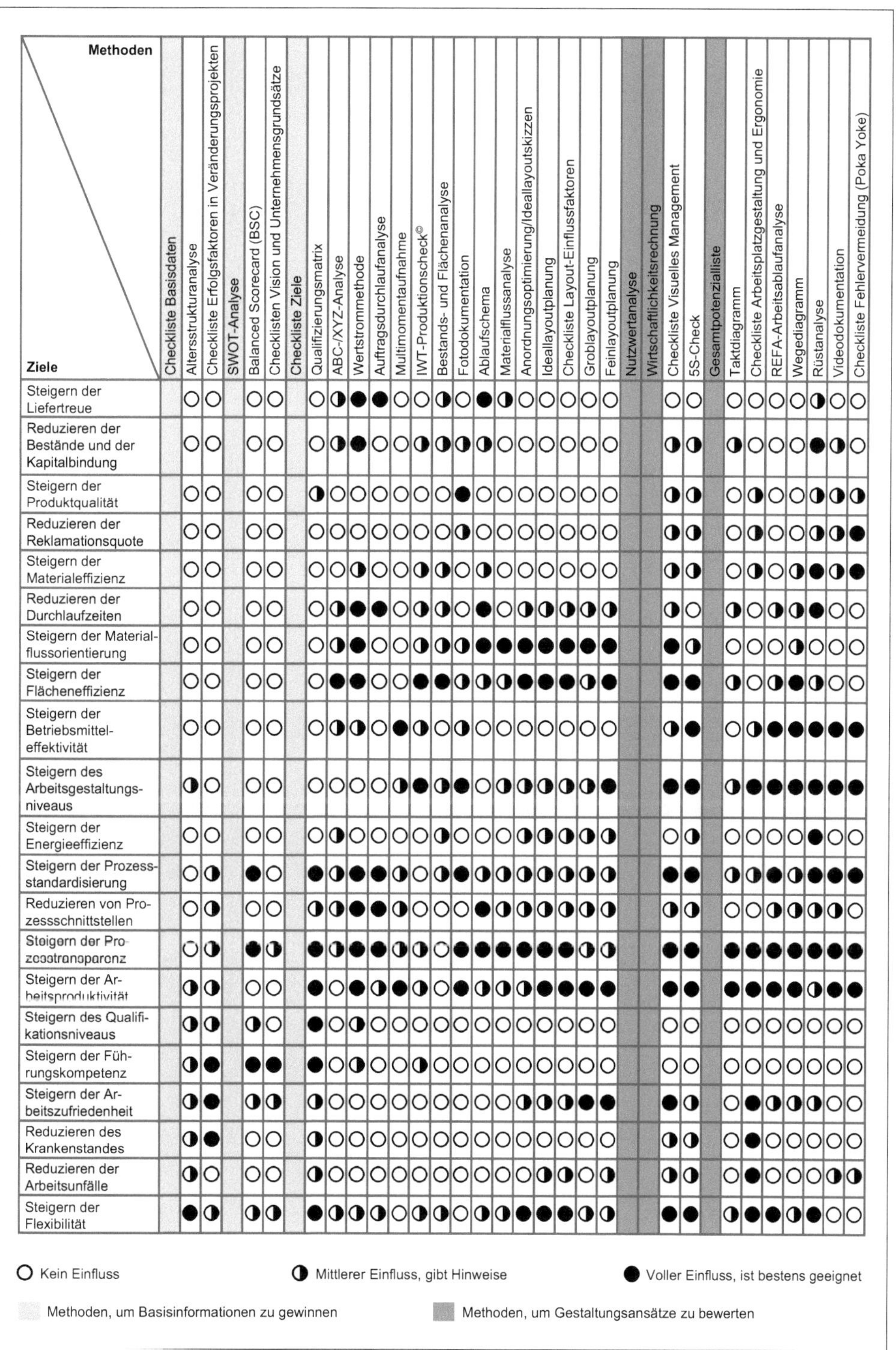

Ziele \ Methoden	Checkliste Basisdaten	Altersstrukturanalyse	Checkliste Erfolgsfaktoren in Veränderungsprojekten	SWOT-Analyse	Balanced Scorecard (BSC)	Checklisten Vision und Unternehmensgrundsätze	Checkliste Ziele	Qualifizierungsmatrix	ABC-/XYZ-Analyse	Wertstrommethode	Auftragsdurchlaufanalyse	Multimomentaufnahme	IWT-Produktionscheck©	Bestands- und Flächenanalyse	Fotodokumentation	Ablaufschema	Materialflussanalyse	Anordnungsoptimierung/Ideallayoutskizzen	Ideallayoutplanung	Checkliste Layout-Einflussfaktoren	Groblayoutplanung	Feinlayoutplanung	Nutzwertanalyse	Wirtschaftlichkeitsrechnung	Checkliste Visuelles Management	5S-Check	Gesamtpotenzialliste	Taktdiagramm	Checkliste Arbeitsplatzgestaltung und Ergonomie	REFA-Arbeitsablaufanalyse	Wegediagramm	Rüstanalyse	Videodokumentation	Checkliste Fehlervermeidung (Poka Yoke)
Steigern der Liefertreue		○	○		○	○		○	◑	●	●	○	○	◑	○	●	◑	○	○	○	○	○			○	○		○	○	○	○	◑	○	○
Reduzieren der Bestände und der Kapitalbindung		○	○		○	○		○	◑	●	○	○	◑	◑	◑	◑	○	○	○	○	○	○			◑	◑		◑	○	○	○	●	◑	○
Steigern der Produktqualität		○	○		○	○		◑	○	○	○	○	○	○	●	○	○	○	○	○	○	○			◑	◑		○	◑	○	○	◑	◑	◑
Reduzieren der Reklamationsquote		○	○		○	○		○	○	○	○	○	○	○	◑	○	○	○	○	○	○	○			◑	◑		○	◑	○	○	◑	◑	●
Steigern der Materialeffizienz		○	○		○	○		○	○	◑	○	○	◑	◑	○	◑	○	○	○	○	○	○			◑	◑		○	◑	○	◑	●	◑	●
Reduzieren der Durchlaufzeiten		○	○		○	○		○	◑	●	●	○	◑	◑	○	●	○	◑	◑	◑	◑	◑			◑	○		◑	○	◑	◑	●	○	○
Steigern der Materialflussorientierung		○	○		○	○		○	◑	●	○	○	◑	◑	◑	●	●	●	●	●	●	●			●	◑		○	○	○	◑	○	○	○
Steigern der Flächeneffizienz		○	○		○	○		○	●	●	○	○	●	●	◑	◑	◑	●	●	●	◑	●			●	●		◑	○	◑	●	◑	○	○
Steigern der Betriebsmitteleffektivität		○	○		○	○		○	◑	◑	○	●	◑	○	◑	○	○	○	○	○	○	○			◑	●		○	◑	●	●	●	●	●
Steigern des Arbeitsgestaltungsniveaus		◑	○		○	○		○	○	○	○	◑	●	◑	●	○	◑	◑	◑	◑	◑	●			●	●		◑	●	●	●	●	●	●
Steigern der Energieeffizienz		○	○		○	○		○	◑	○	○	○	○	◑	○	○	○	◑	◑	◑	◑	◑			○	◑		○	○	○	○	●	○	○
Steigern der Prozessstandardisierung		○	◑		●	○		●	◑	●	●	◑	○	◑	●	◑	◑	◑	◑	◑	◑	◑			●	●		◑	◑	●	◑	●	●	●
Reduzieren von Prozessschnittstellen		○	◑		○	○		◑	◑	●	●	◑	○	○	○	●	◑	◑	◑	◑	◑	◑			◑	◑		○	○	◑	◑	◑	◑	○
Steigern der Prozesstransparenz		○	◑		●	◑		●	◑	●	●	◑	◑	○	●	●	●	●	●	●	◑	◑			●	●		●	●	●	●	●	●	●
Steigern der Arbeitsproduktivität		◑	◑		○	○		●	○	●	◑	●	◑	○	●	◑	◑	◑	●	●	●	●			●	●		●	●	●	●	◑	●	●
Steigern des Qualifikationsniveaus		◑	◑		◑	○		●	○	◑	○	○	○	○	○	○	○	○	○	○	○	○			○	○		○	○	○	○	○	○	○
Steigern der Führungskompetenz		◑	●		●	●		●	○	◑	○	○	◑	○	○	○	○	○	○	○	○	○			○	○		○	○	○	○	○	○	○
Steigern der Arbeitszufriedenheit		◑	●		◑	◑		◑	○	○	○	○	○	○	○	○	○	◑	◑	◑	●	●			●	◑		○	●	◑	◑	◑	○	○
Reduzieren des Krankenstandes		◑	●		○	○		◑	○	○	○	○	○	○	○	○	○	○	○	○	○	○			◑	◑		○	●	○	○	○	○	○
Reduzieren der Arbeitsunfälle		◑	○		○	○		◑	○	○	○	○	○	○	○	○	○	○	◑	◑	○	◑			◑	◑		○	●	○	○	○	◑	◑
Steigern der Flexibilität		●	◑		◑	◑		●	◑	◑	◑	○	◑	◑	○	◑	◑	●	●	●	◑	◑			●	●		◑	●	●	◑	●	○	○

○ Kein Einfluss ◑ Mittlerer Einfluss, gibt Hinweise ● Voller Einfluss, ist bestens geeignet

Methoden, um Basisinformationen zu gewinnen (hellgrau) Methoden, um Gestaltungsansätze zu bewerten (dunkelgrau)

Abbildung 1.2.2: Matrix Ziele – Methoden (vgl. Reuber 2016, S. 225)

Strukturen / Methoden	Ebene					Stufe		Systemelement		
	Unternehmensführung	Indirekter Bereich	Fabrik	Produktionsbereich	Arbeitsplatz	Analyse (der Ausgangssituation)	Gestaltung (Unterstützung)	Arbeitsgegenstand	Betriebsmittel	Mensch
Checkliste Basisdaten	●	●	●	●	●	●	◑	◑	◑	●
Altersstrukturanalyse	●	●	●	●	●	●	◑	○	○	●
Checkliste Erfolgsfaktoren in Veränderungsprojekten	●	○	○	○	○	●	◑	○	○	●
SWOT-Analyse	●	●	◑	◑	◑	●	○	○	○	●
Balanced Scorecard (BSC)	●	○	○	○	○	●	●	○	○	●
Checklisten Vision und Unternehmensgrundsätze	●	○	○	○	○	●	○	○	○	●
Checkliste Ziele	●	○	○	○	○	●	○	○	○	●
Qualifizierungsmatrix	◑	◑	◑	●	●	●	●	○	○	●
ABC-/XYZ-Analyse	○	●	●	●	●	●	○	●	○	○
Wertstrommethode	○	●	●	●	○	●	●	●	◑	◑
Auftragsdurchlaufanalyse	○	●	●	●	○	●	○	●	●	●
Multimomentaufnahme	○	○	●	●	○	●	○	○	●	●
IWT-Produktionscheck©	○	○	●	●	◑	●	○	○	●	●
Bestands- und Flächenanalyse	○	○	●	●	◑	●	○	●	○	○
Fotodokumentation	○	○	◑	●	●	●	○	◑	●	○
Ablaufschema	○	○	●	●	◑	●	◑	●	●	○
Materialflussanalyse	○	○	●	●	○	●	○	●	●	○
Anordnungsoptimierung/Ideallayout-Skizzen	○	○	●	●	○	○	●	●	●	◑
Ideallayoutplanung	○	○	●	●	○	○	●	○	●	◑
Checkliste Layout-Einflussfaktoren	○	○	●	●	○	○	●	○	●	◑
Groblayoutplanung	○	○	●	●	○	○	●	○	●	●
Feinlayoutplanung	○	○	●	●	●	○	●	○	●	●
Nutzwertanalyse	○	●	●	●	●	○	●	○	●	◑
Wirtschaftlichkeitsrechnung	○	●	●	●	●	○	●	○	●	◑
Checkliste Visuelles Management	○	○	●	●	●	○	●	○	●	●
5S-Check	○	○	○	●	●	●	◑	●	●	●
Gesamtpotenzialliste	◑	●	●	●	●	●	○	●	●	●
Taktdiagramm	○	○	○	●	◑	●	●	○	●	●
Checkliste Arbeitsplatzgestaltung und Ergonomie	○	○	○	◑	●	●	●	◑	●	●
REFA-Arbeitsablaufanalyse	○	○	○	○	●	●	◑	○	●	●
Wegediagramm	○	○	○	●	●	●	◑	○	○	●
Rüstanalyse	○	○	○	○	●	●	◑	○	●	●
Videodokumentation	○	○	○	●	●	●	◑	○	●	●
Checkliste Fehlervermeidung (Poka Yoke)	○	○	○	○	●	◑	●	●	●	●

○ Kein Zusammenhang ◑ Mittlerer Zusammenhang ● Direkter Zusammenhang

Abbildung 1.2.3: Matrix Methoden – Strukturen (vgl. Reuber 2016, S. 226)

Die **Ebenen-Struktur** (vgl. Abbildung 1.2.4) ist als Basisorientierung sehr hilfreich (vgl. Dresselhaus/Jungkind 2007). Sie folgt in Form einer Gestaltungshierarchie dem Prinzip 'Vom Umfassenden zum Detail'.

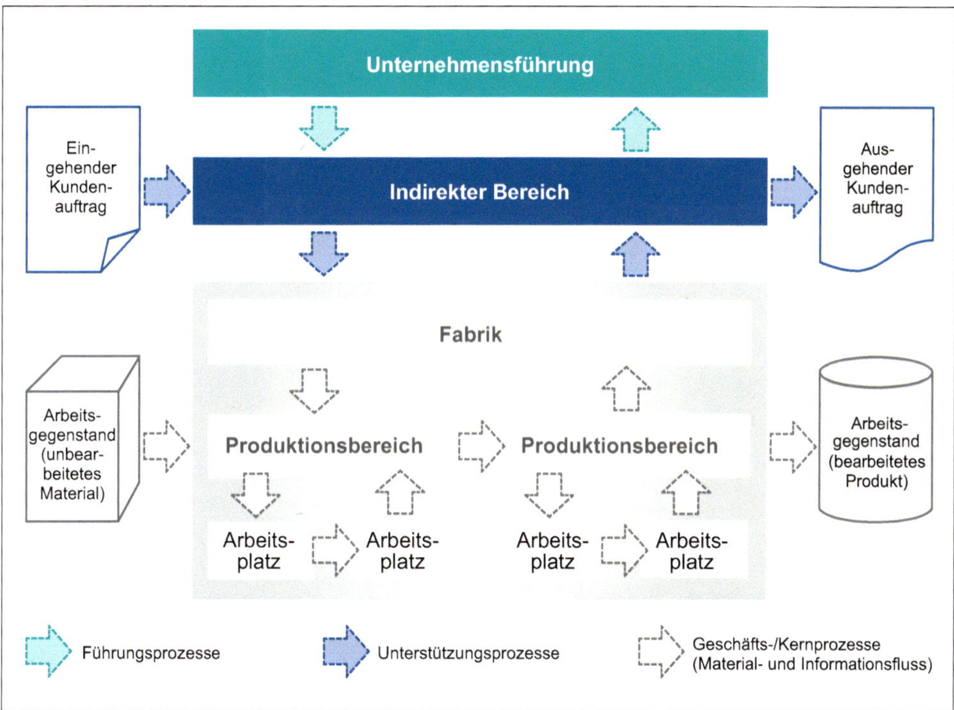

Abbildung 1.2.4: Ebenen-Struktur (in Anlehnung an Nofen u. a. 2003, S. 238; Jungkind u. a. 2004, S. 14; VDI 2870-1 2012, S. 4)

Der Ebene *Unternehmensführung* werden beispielsweise Vision, Unternehmensgrundsätze sowie Ziel- und Führungssysteme zugeordnet. Hier finden die Führungsprozesse auf strategischer Ebene statt.

Als *Indirekter Bereich* werden hier alle Unternehmensfunktionen bezeichnet, die nicht direkt der Produktion zugeordnet werden, wie z. B. Vertrieb, F&E/Konstruktion oder Einkauf. Sie bereiten einen Kundenauftrag vor, planen und steuern ihn. In diesen Funktionen sind die unterstützenden Prozesse zu verorten, wie z. B. der Auftragsdurchlauf.

In den nächsten Ebenen finden die Geschäfts- bzw. Kernprozesse statt. Für die Ebene der *Fabrik* stehen Aspekte, wie die Layoutgestaltung oder der Gesamtmaterialfluss im Vordergrund. REFA bezeichnet diese Ebene als Makro-Arbeitssystem. Die beiden darunterliegenden Ebenen werden Mikro-Arbeitssysteme genannt (vgl. REFA-AG 2012, S. 13): Als *Produktionsbereich* wird hier z. B. ein Mehrpersonen-Montagesystem oder eine Fertigungszelle bezeichnet. Schließlich folgt die Ebene *Arbeitsplatz*, z. B. ein einzelner Montage- oder Maschinenarbeitsplatz.

Mit der **Stufen-Struktur** (vgl. Abbildung 1.2.5) soll unterschieden werden, ob sich ein Anwender bei der Prozessoptimierung in der *Analyse-* oder *Gestaltungsphase* befindet. Unter Analysephase wird hier die Datenaufnahme (Messen, Beobachten, Beschreiben) und die Bewertung der Ausgangssituation verstanden. Die Gestaltungsphase betrifft die Um- und Durchsetzung von konkreten Maßnahmen zur Problemlösung.

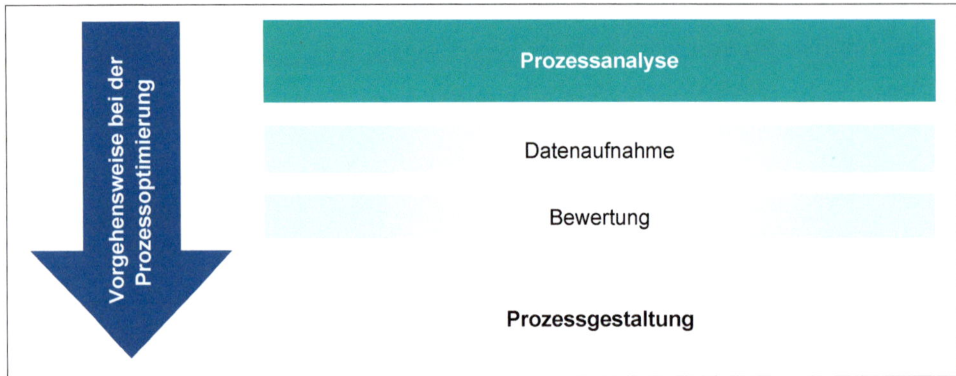

Abbildung 1.2.5: Stufen-Struktur (vgl. Hinrichsen/Jungkind/Könneker 2014, S. 32)

Die **Systemelemente-Struktur** (vgl. Abbildung 1.2.6) eignet sich sehr gut, um einzelnen wichtigen Systemelementen Ziele von Prozessoptimierungen zuordnen zu können. Ein solches System kann – je nach Ebene entsprechend Abbildung 1.2.4 – ein Arbeitsplatz, ein Produktionsbereich oder eine Fabrik sein. Die drei wesentlichen Systemelemente *Arbeitsgegenstand*, *Betriebsmittel* und *Mensch* sind in Abbildung 1.2.6 besonders hervorgehoben.

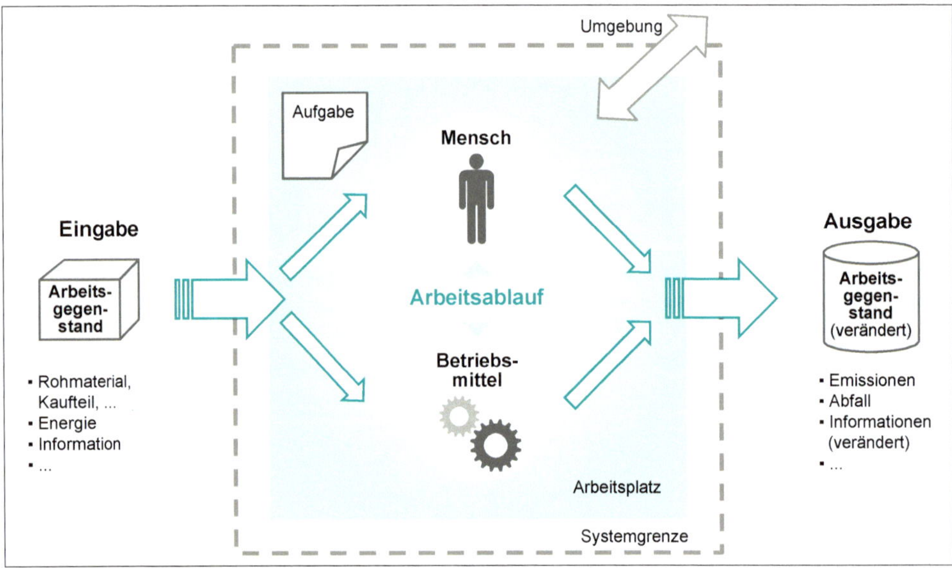

Abbildung 1.2.6: Systemelemente-Struktur (vgl. REFA-Institut 2016, S. 60)

1.3 Arbeiten mit der Methodensammlung

Für den Anwender steht, wie in Abbildung 1.3.1 dargestellt, der 'klassische' Weg zur Verfügung, um Prozessoptimierungen vorzunehmen:

- **1 → 2:** Mithilfe der Matrix Megatrends – Ziele werden, ausgehend von Megatrends ('Bedrohungen'), Ziele formuliert.
- **2 → 3:** Wenn nun die Ziele bekannt sind, lassen sich mit der Matrix Ziele – Methoden geeignete Methoden zur Prozessanalyse und -gestaltung zuordnen.
- **3 → 4:** Wenn die Methoden allgemein identifiziert sind, kann der Anwender nun noch 'Filter' in der Matrix Methoden – Strukturen durchlaufen, um die Methodenauswahl einzuschränken. Das erste Filter ist die Ebenen-Struktur, dann folgt die Stufen-Struktur. Schließlich kann mit der Systemelemente-Struktur eine weitere Fokussierung stattfinden.

Selbstverständlich sind auch andere 'Einstiege' in das Thema Prozessoptimierung möglich. Beispielsweise wird oft sofort die Ebenen-Struktur der Matrix Methoden – Strukturen herangezogen, wenn bekannt ist, auf welcher Ebene im Unternehmen angesetzt werden soll. Dann ist jedoch noch das Durchlaufen der Stufen- und Systemelemente-Struktur sinnvoll.
Im Weiteren findet der Anwender in der Methodensammlung ein **Glossar** mit einer Kurzbeschreibung der in diesem Buch erläuterten Methoden sowie einer Erläuterung wichtiger Begriffe.
Die **Methoden** sind in standardisierter Form aufgebaut. Eine *Kurzbeschreibung* führt den Anwender in die Methode ein; zudem wird gezeigt, wie sich die jeweilige Methode in die Strukturen einordnen lässt. Es folgen *Zweck* und *typische Anwendungsfälle*. Die Erläuterung der *Vorgehensweise* zur Anwendung der Methode anhand von Praxisbeispielen sowie *ausgefüllte Vordrucke* bilden den Schwerpunkt. Unter Vordrucken werden hier beispielsweise Checklisten, Diagramme, Fotos, Abbildungen oder Fragebögen verstanden. In den Vordrucken werden Angaben zum Stand/Datum als TT.MM.JJJJ (Tag.Monat.Jahr) oder als JJJJ (Jahr) neutral dargestellt. Die Praxisbeispiele sind durchgängig im Präsens formuliert. In den Methodenbeschreibungen wird der Begriff 'Arbeitssystem' (wie im zuvor erläuterten Systemelemente-Modell) verwendet, da sich viele Methoden, entsprechend Abbildung 1.2.4, auf Fabrik-, Produktionsbereichs- oder Arbeitsplatzebene anwenden lassen. In den Beschreibungen werden einzelne Methoden und Fallstudien hervorgehoben (Fettdruck). Dies bedeutet, dass sie Inhalt des Buches sind (in Klammern findet sich jeweils der Verweis auf den betreffenden Abschnitt des Buches). Die Hervorhebung der Methoden geschieht je Methodenbeschreibung nur einmalig bei der Erstnennung.
Im Anschluss an die Beschreibung der Methoden werden ausgewählte **Fallstudien** aus realen Optimierungsprojekten vorgestellt; auch diese werden im Präsens erläutert. Auf Basis der betrieblichen Ausgangssituation (*Problemstellung und Ziele*) wird gezeigt, wie mit den *Matrixdarstellungen* zu arbeiten ist, welche Methoden ausgewählt und priorisiert werden und wie sich diese Methoden für das jeweilige Projekt anwenden lassen. Es werden aus Gründen der Übersichtlichkeit nicht alle zu verwendenden Methoden, sondern nur die relevanten erläutert. In der Erläuterung der *Ergebnisse* wird zudem dargestellt, wie sich die Methoden z. T. gegenseitig ergänzen, um z. B. auch Plausibilitäten aufzuzeigen.

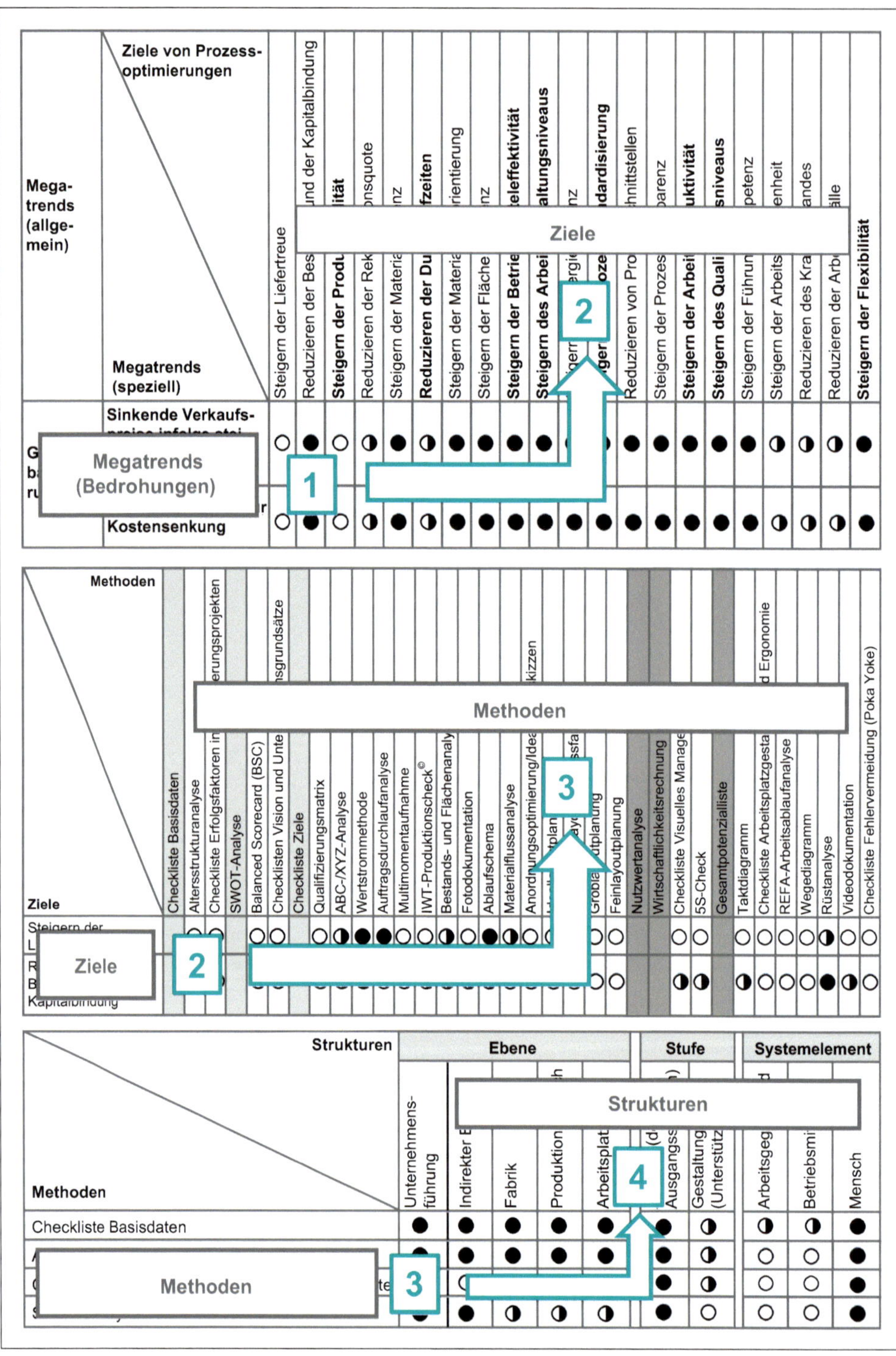

Abbildung 1.3.1: Mögliche Wege zur Auswahl von Methoden der Prozessoptimierung mittels der drei Matrizen

Vereinzeilt finden sich in den Fallstudien ausgefüllte Vordrucke, die im Methodenteil dieses Buches nicht aufgeführt sind, um diesen nicht zu überfrachten. Diese Vordrucke sind in der Kopfzeile in blauer Farbe eingefärbt. Auch in der praktischen Anwendung der Methoden zum Industrial Engineering wird es immer wieder notwendig sein, neue Vordrucke zu erarbeiten oder bereits vorhandene zu überarbeiten bzw. neuen Rahmenbedingungen anzupassen.

Im **Literaturverzeichnis** sind sämtliche zitierten Quellen aufgeführt.

Weiterführende Erläuterungen zu den Methoden finden sich im **Anhang**.

Die **Vordrucke der Methoden** können über den Link auf dem äußeren, hinteren Buchrücken angefordert werden. Navigieren Sie über die Login-Schaltfläche der Homepage zu der Anmeldeseite. Wenn Sie bereits registriertes Mitglied sind, loggen Sie sich mit Ihren Nutzerdaten ein. Besuchen Sie die Seite zum ersten Mal, müssen Sie sich registrieren. Klicken Sie hierfür im oberen rechten Bildschirm auf *„Benutzerkonto erstellen"* und folgen dem Anmeldeassistenten. Im Anschluss stehen Ihnen alle vorgestellten Vorlagen zur Verfügung.

Es besteht die Möglichkeit, die Vordrucke unternehmensspezifisch zu modifizieren, da sie mit dem Tabellenkalkulationsprogramm Microsoft Excel© erstellt worden sind.

Aus Gründen der besseren Lesbarkeit des Textes werden die Begriffe stets in der kürzeren, männlichen Schreibweise (z. B. Mitarbeiter) verwendet.

2 Glossar

Das Glossar beinhaltet wichtige Begriffe sowie die Kurzbeschreibung der Methoden (vgl. auch REFA 2012).

Bezeichnung	Erläuterung
ABC-Analyse	Größere Anzahl von Elementen (produzierte Artikel, Material, Lagerware, ...), die nach bestimmten Kriterien (Häufigkeit, Stückzahl, Umsatz, ...) geordnet und entsprechend A- (sehr wichtigen), B- (wichtigen) und C- (weniger wichtigen) Segmenten klassifiziert werden
Ablaufschema	Auch als Arbeitsablaufschema, Operationsfolgediagramm oder Ablaufdarstellung bezeichnet, um Struktur, Bestandteile und Daten eines Ablaufs über mehrere Arbeitssysteme zu erfassen und darzustellen. Hier dient das Ablaufschema dazu, übersichtlich zu zeigen, wie mehrere Teile bzw. Baugruppen einzelne Arbeitssysteme durchlaufen
Altersstrukturanalyse	Untersuchung der Altersstruktur von Mitarbeitern eines Unternehmens oder Unternehmensbereichs, um auf dieser Basis mögliche künftige Personalprobleme zu identifizieren und Maßnahmen (z. B. Neueinstellungen oder Qualifizierungen) zu initiieren
Amortisationsrechnung	Ermittlung von Zeiträumen, in denen aus den Rückflüssen von Investitionsvarianten die durch sie verursachten Anschaffungskosten gedeckt werden. Diese Zeiträume werden als Amortisations- oder Wiedergewinnungszeiten bezeichnet. Die Amortisationsrechnung kann eingesetzt werden, um Investitionsvarianten in Bezug auf die Zeitspannen des Kapitalrückflusses zu beurteilen. Zudem können Einzelinvestitionen darauf hin überprüft werden, ob sie sich innerhalb einer vorgegebenen Zeitspanne 'amortisieren'
Analyse	Datenaufnahme (Messen, Beobachten, Beschreiben) sowie Bewerten einer Ausgangssituation
Anordnungsoptimierung	Methode, mit der Arbeitssysteme so zueinander angeordnet werden können, dass der Transportaufwand minimal ist
Arbeitssystem	Modell für eine betriebliche Leistungseinheit, die eine Person/mehrere Personen, notwendige Betriebsmittel, Material/Informationen sowie die dabei bestehenden Bedingungen erfasst. Ein Arbeitssystem kann – je nach Abgrenzung – sowohl einen Arbeitsplatz, Produktionsbereich oder eine gesamte Fabrik umfassen
Aufbauorganisation	Strukturierung von Unternehmen in Funktionen (z. B. Bereiche oder Abteilungen), um deren Zusammenarbeit, Ausstattung und Zuständigkeiten darzustellen. In der Regel wird die Aufbauorganisation in Form von sog. Organigrammen visualisiert
Auftragsdurchlaufanalyse	Methode, mit der vor allem die *Unterstützungsprozesse* aufgenommen und bewertet werden können (z. B. nach Personalaufwand, Zeit, Beständen oder Qualität)

Bezeichnung	Erläuterung
Balanced Scorecard (BSC)	Ziel- und Führungssystem, das neben der finanziellen Dimension auch die Dimensionen Markt und Kunden, Produkte, (interne) Prozesse sowie Mitarbeiter und Führung berücksichtigt. Die Dimensionen können reduziert oder ergänzt werden. Das System ist durchgängig von der Vision über Unternehmensgrundsätze, Unternehmens-/Bereichs-/Abteilungs- bis hin zu Gruppenzielen angelegt. Es verknüpft die strategische mit der operativen Führung und ist daher für alle Mitarbeiter nachvollziehbar
Bedrohungen	*Externe Einflussfaktoren*, die durch ein Unternehmen *nicht beeinflussbar* sind, wie volkswirtschaftliche Veränderungen, neue Wettbewerber oder 'Wegbrechen' von Märkten sowie *interne Einflussfaktoren*, die durch ein Unternehmen *beeinflussbar* sind, wie ein überalterter Maschinenpark, lange Transportwege oder Qualifikationsdefizite
Benchmarking	Kontinuierliches Messen von Zielgrößen, z. B. in Bezug auf Produkte, Dienstleistungen, Gestaltungsmaßnahmen und Vorgehensweisen. Anliegen ist es, die eigene Leistung möglichst mit dem besten Unternehmen vergleichen zu können und sich permanent zu verbessern. Benchmarks sind in diesem Zusammenhang festgelegte Bezugswerte (z. B. Branchendurchschnittswerte oder Werte des besten Unternehmens im Wettbewerb)
Bestandsanalyse	Methode, um für Optimierungsprojekte – besonders der Ebenen Fabrik oder Produktionsbereich – die Gebäudestruktur, das wesentliche Inventar sowie die Flächen und deren Nutzung aufzunehmen
Betriebsmittel	Beinhalten Anlagen, Maschinen, Werkzeuge, Organisationsmittel, Möbel und sonstige Geräte, die in einem Arbeitssystem direkt oder indirekt mitwirken, um eine Arbeitsaufgabe auszuführen. Manchmal wird zwischen Betriebs- und Arbeitsmitteln unterschieden. Dann sind Betriebsmittel der Produktion und Arbeitsmittel dem administrativen Bereich zuzuordnen
Bewertungskriterien	Nicht oder nur schwer monetär quantifizierbare Zielgrößen im Rahmen einer Nutzwertanalyse, wie z. B. Übersichtlichkeit in einer Produktionshalle, Kreuzungsfreiheit von Materialflüssen oder Erweiterungsfähigkeit von Produktionsbereichen
Cardboard Engineering	Wird im frühen Planungsstadium eingesetzt, um Arbeitsplätze als Kartonagen-Modelle im Maßstab eins-zu-eins entwickeln. Betroffene Mitarbeiter werden dabei aktiv in die Planung einbezogen, indem sie ihren eigenen Arbeitsplatz mit einfachst zu bearbeitenden Materialien, wie Kartonage, Dachlatten, Styropor, Schaumstoff oder Klebeband aufbauen und optimieren. Hauptvorteile der Methode sind eine hohe Akzeptanz für die Arbeitsplatzgestaltung bei den Betroffenen sowie das Vermeiden von Fehlplanungen oder kostenintensiven Modifikationen
Checkliste Arbeitsplatzgestaltung und Ergonomie	Checkliste zur Berücksichtigung der wesentlichen wirtschaftlichen und ergonomischen Anforderungen in der Phase der Neuplanung von Arbeitsplätzen sowie für die Optimierung existierender Arbeitsplätze. Sie wird unterteilt in die Bereiche Werkzeug/Vorrichtung/Hilfsmittel, Materialbereitstellung, Arbeitsmethode, Körperhaltung/Arbeitshöhe, Arbeitssicherheit/Arbeitsumgebung und Tätigkeit
Checkliste Basisdaten	Checkliste, um sich zu Beginn von Planungs- und Optimierungsprojekten schnell einen Überblick zu den wesentlichen 'Eckpunkten' eines Unternehmens zu verschaffen und um mit Basiszahlen Effekte von Verbesserungen monetär bewerten zu können

Bezeichnung	Erläuterung
Checkliste Erfolgsfaktoren in Veränderungsprojekten	Checkliste, mit der die typischen Erfolgsfaktoren für Veränderungsprojekte berücksichtigt werden können, wie Projektorganisation, Veränderungstempo, Projektleitung, Beratung, gemeinsame Ziele im Management, Vision, Personalentwicklung, Feedback, ganzheitliches Denken und Handeln, Kommunikation, Partizipation, Führung, Schlüsselpersonen, Emotionen und Widerstand
Checkliste Fehlervermeidung (Poka Yoke)	Checkliste, um Hinweise zur Vermeidung unbeabsichtigter Fehler bei menschlicher Arbeit zu erhalten. Mit Poka Yoke (zufällige Fehler vermeiden) soll durch einfachste, aber sehr wirkungsvolle technische und organisatorische Hilfsmittel Fehlverhalten im Produktionsprozess sofort unterbunden werden. Die Checkliste Fehlervermeidung fragt die Aspekte Verwechseln, nicht exaktes Fügen und Vergessen ab
Checkliste Layout-Einflussfaktoren	Checkliste, um zu Beginn der Durchführung einer Groblayouplanung die wesentlichen Layout-Einflussfaktoren zu berücksichtigen. Diese werden untergliedert in Flächenbedarf, Grundstück, Gebäude, Material-/Energie-/Personenfluss, Fertigungsprinzipien und Produktion
Checklisten Vision und Unternehmensgrundsätze	Checklisten mit Anforderungen an eine Unternehmensvision und die daraus abgeleiteten Unternehmensgrundsätze
Checkliste Visuelles Management	Checkliste mit Aspekten, wie Farbkonzept, Informationsbereitstellung sowie Visualisierung in der Logistik oder in Arbeitssystemen. Visuelles Management dient dazu, Informationen über Arbeitsabläufe und -ergebnisse so transparent zur Verfügung zu stellen, dass jeder sofort erkennen kann, ob es sich um einen normalen Prozesszustand ober eine Abweichung handelt
Checkliste Ziele	Methode, um zu Beginn von Prozessoptimierungsprojekten geeignete Zielgrößen, Kennzahlen sowie Messgrößen zu definieren und um den Erfolg von Optimierungsmaßnahmen nach der Umsetzung überprüfen zu können. Zudem unterstützt die Checkliste Ziele den Prozess der Erarbeitung einer Balanced Scorecard (BSC). Die Zielgrößen orientieren sich an den Dimensionen einer BSC
Direkte Datenaufnahme	Daten vor Ort durch Beobachten, Messen und Befragen aufnehmen. Vorteil: Aktualität; Nachteile: nur Augenblicksaufnahme/oft Störung des Betriebsablaufs
Direkte Funktionsbereiche	Betriebliche Funktionen in Geschäfts-/Kernprozessen, die der unmittelbaren Wertschöpfung dienen (z. B. Fertigung, Montage)
Direkte Tätigkeiten	Tätigkeiten, die der unmittelbaren Wertschöpfung dienen, wie Fertigen oder Montieren
Ebenen-Struktur	Struktur, die folgende Gestaltungshierarchie beinhaltet: Unternehmenführung → indirekter Bereich → Fabrik → Produktionsbereich → Arbeitsplatz. Sie folgt der Logik 'Vom Umfassenden zum Detail'
Eigensituationsanalyse	Untersuchung der unternehmensinternen beeinflussbaren Bedingungen, wie technische Ausstattung, interne Prozesse, Führungsverhalten oder Mitarbeiterqualifikation (vgl. auch Stärken und Schwächen in der SWOT-Analyse)

Bezeichnung	Erläuterung
Feinlayoutplanung	Methode zur Detaillierung eines Groblayouts. Hier fließen weitere, über das Groblayout hinausgehende, bislang noch nicht berücksichtigte Layout-Einflussfaktoren und Ziele ein. Die einzelnen Flächenelemente eines Groblayouts werden nun beispielsweise mit Maschinen-, Arbeitsplatz-, Lagerskizzen, Materialbereitstellflächen, Stichwegen und sonstigen Stellplätzen (für Schränke, Besprechungsbereiche usw.) detailliert dargestellt. Ergebnis ist ein Layout, in dem möglichst sämtliche Planungsziele und Layout-Einflussgrößen berücksichtigt sind und das sich zum Aufbau einer Produktion eignet
Fertigungsprinzip	Punkt-, Werkstatt-, Gruppen-/Linien- oder Fließfertigung
First-In-First-Out-Verkopplung (FIFO-Verkopplung)	Prinzip, nach dem Teile des Vorgängerprozesses auf FIFO-Bahnen gelegt werden (z. B. Rollenbahn, Förderband, Rutsche). Die Abarbeitung erfolgt im Nachfolgeprozess in gleicher Reihenfolge (First-In-First-Out)
Flächenbedarfsanalyse	Ermittlung von Maschinenarbeits-, Bereitstellflächen, Flächen für Stichwege und sonstigen Flächen im Bereich der Arbeitssysteme sowie der Hauptwege, um damit die Produktionsfläche zu erhalten. Dies kann rechnerisch auf Basis der Maschinen- und Arbeitsplatzgrundflächen geschehen oder durch Abschätzen mit Kennzahlen
Fotodokumentation	Methode, um einen visuellen Vorher-Nachher-Vergleich zu ermöglichen, etwa im Rahmen der Gestaltung von Arbeitssystemen. Zudem wird die Methode zur Dokumentation von Workshopergebnissen eingesetzt
Gesamtpotenzialliste	Methode, in der verschiedene Maßnahmen und deren realisierbare Potenziale in einer Auflistung übersichtlich dargestellt und summiert werden (z. B. im Rahmen einer Potenzialstudie). Diese Liste dient zugleich der Projektsteuerung, indem der Umsetzungsstand der definierten Projekte laufend dokumentiert wird
Geschäftsprozesse	Kernprozesse, in denen ein Kundennutzen erzeugt wird. Ausgangs- und Endpunkt ist der Kunde. In Geschäftsprozessen agieren i. d. R. direkte Funktionsbereiche, in denen direkte Tätigkeiten erfolgen. Den Geschäftsprozessen lassen sich die Ebenen Fabrik, Produktionsbereiche und Arbeitsplätze zuordnen
Gestaltung	Um- und Durchsetzung von Maßnahmen (technisch, organisatorisch, personell) zur Lösung festgestellter Probleme
Gestaltungsprinzip	Sammelbegriff, beispielsweise für Standardisierung, kontinuierlichen Verbesserungsprozess oder visuelles Management, denen ein 'Methodenbaukasten' mit einheitlicher Ausrichtung zugeordnet werden kann
Gewinnvergleichsrechnung	Methode, um Erlöse in die Wirtschaftlichkeitsrechnung einzubeziehen (Gewinn = Kosten - Erlöse). Damit erhöht sich die Aussagekraft der Wirtschaftlichkeitsrechnung. Die Gewinnvergleichsrechnung kommt zur Anwendung, wenn die Vorteilhaftigkeit verschiedener Investitionsvarianten zu beurteilen oder ein einzelnes Investitionsobjekt darauf hin zu überprüfen ist, ob es Gewinn erzielt

Bezeichnung	Erläuterung
Groblayoutplanung	Erzeugen eines Reallayouts als Vorstufe zur detaillierteren Feinlayoutplanung. Es ist eine grundrissgeometrische Darstellung unter Berücksichtigung der wesentlichen Layout-Einflussfaktoren. Ein Groblayout wird immer ein Kompromiss aus Ideallayout und den real verfügbaren Raum- und Flächenstrukturen sein. Der Detaillierungsgrad eines Groblayouts kann sehr unterschiedlich sein, sollte jedoch Stützenraster, Hauptwege, Hallentore sowie Arbeitssysteme in ihrer groben Form enthalten. Zum Teil können auch bereits Stichwege eingezeichnet werden
Gruppenarbeit	Organisationsform, in der Arbeitsgruppen mit einer überschaubaren Anzahl an Mitarbeitern gebildet werden. Diese Gruppen übernehmen nach und nach Tätigkeiten aus Unterstützungsprozessen (indirekte Tätigkeiten) sowie Tätigkeiten aus Führungsprozessen (Tätigkeiten der Selbststeuerung) und erhalten somit einen stetig steigenden Autonomiegrad
Heijunka-Board	Methode, um mittels Ausgleichskästen oder Plantafeln verschiedene zu fertigende Produkte (Varianten) gleichmäßig über einen definierten Zeitraum zu verteilen. Dadurch werden eine hohe Reaktionsfähigkeit auf schwankende Kundenanforderungen sowie reduzierte Bestände und Durchlaufzeiten gewährleistet
Humanorientiertes Produktivitätsmanagement	Kopplung der beiden wesentlichen Aspekte 'Produktivität' und 'Humanorientierung' für den Unternehmenserfolg
Ideallayoutplanung	Basis für eine (flächenmaßstäbliche) Groblayoutplanung. Zudem kann später die Qualität von Groblayouts überprüft werden, indem ein Vergleich mit den Ideallayouts erfolgt. Ideallayouts werden auf Basis der Anordnungsoptimierung/Ideallayout-Skizzen erstellt und unterliegen – mit Ausnahme der ermittelten Flächenbedarfe – keinen Restriktionen
Ideallayoutskizze	Erste Skizze für ein nach Materialflussgesichtspunkten optimiertes Layout ohne Berücksichtigung von Arbeitssystem-Dimensionen. Sie ergibt sich aus der Methode Anordnungsoptimierung und dient als Basis für ein Ideallayout
Indirekte Datenaufnahme	Erfassen von Daten aus vorhandenen Unterlagen. Vorteile: repräsentativer Betrachtungszeitraum, keine Störung des Betriebsablaufs; Nachteil: meist nicht aktuell
Indirekte Funktionsbereiche	Alle Unternehmensfunktionen, die nicht direkt der Produktion zugeordnet werden, wie z. B. Vertrieb, F&E/Konstruktion, Arbeitsvorbereitung oder Einkauf. Sie bereiten einen Kundenauftrag vor, planen und steuern ihn. In diesen Funktionen sind die unterstützenden Prozesse zu verorten, wie z. B. der Auftragsdurchlauf
Indirekte Tätigkeiten	Tätigkeiten zur unmittelbaren Unterstützung der wertschöpfenden Tätigkeiten, wie Auftragsfeinplanung, Qualitätssicherung oder Materialbereitstellung
Informationstafeln/-wände	An zentralen Stellen des Unternehmens aufgestellte Tafeln/Wände, auf denen sämtliche wesentlichen Informationen in verständlicher und gut lesbarer Form kommuniziert werden (z. B. allgemeine Informationen zum Unternehmen, Bereichsziele, KVP-Aktivitäten, Gestaltungsmaßnahmen). Die Informationswände werden ständig aktualisiert

Bezeichnung	Erläuterung
IWT-Produktionscheck©	Vorstufe für eine quantitative Potenzialanalyse, um zwei Bereiche zu untersuchen: 1. Niveau der Arbeitsgestaltung: Dadurch lässt sich erkennen, welche Gestaltungsmaßnahmen in einem Produktionsunternehmen – orientiert an sogenannten Gestaltungsfeldern – umgesetzt worden sind. 2. Niveau des Einsatzes von Prozessoptimierungsmethoden: Durch eine systematische Erhebung der eingesetzten Methoden kann ein Rückschluss auf die 'Methodendurchdringung' im Unternehmen und damit i. d. R. auf das vorhandene Qualifikationsniveau gezogen werden
Kanbansteuerung	Pull-Steuerung (ziehende Steuerung) durch 'Karten'. Einfachste Version: An jedem Teil befindet sich eine Produktions-Karte (Produktions-Kanban) mit wichtigen Informationen für den Zulieferprozess. Bei einer Teileentnahme durch den Nachfolgeprozess wird die Produktions-Karte an den Vorgängerprozess zur Nachproduktion geschickt
Kontinuierlicher Verbesserungsprozess (KVP)	Prozess, der durch die aktive Beteiligung einer Gruppe von Mitarbeitern an der Optimierung ihrer Arbeitsbedingungen gekennzeichnet ist. Hier stehen stetiges Erkennen und sofortiges Umsetzen von Verbesserungen mit geringsten Investitionen und ohne Bürokratie im Vordergrund
Kostenvergleichsrechnung	Verwendung, wenn mehrere funktionsgleiche/-ähnliche Investitionsvarianten miteinander zu vergleichen sind, um die vorteilhafteste zu bestimmen (Gesamtkosten von Variante 1 vs. Gesamtkosten von Variante 2) oder wenn eine Ersatzinvestition erfolgen soll (Gesamtkosten vor der Investition vs. Gesamtkosten nach der Investition). Die Erlöse bleiben unberücksichtigt
Kundentakt (KT)	Verhältnis aus verfügbarer Betriebszeit pro Periode und Kundenbedarf pro Periode. Er ist der 'Herzschlag' für einen Wertstrom
Managementprozesse	Flankieren die Unterstützungs- und Geschäfts-/Kernprozesse, können diese aber auch auslösen, z. B. Neuentwicklungsvorhaben
Materialflussanalyse	Methode zur Ermittlung von Transportkosten zwischen bestehenden Arbeitssystemen oder für geplante Layoutvarianten. Zu den Materialflussprozessen zählen das Transportieren sowie Handhaben und Lagern von Arbeitsgegenständen; für die Materialflussanalyse wird hier jedoch ausschließlich der Prozess des Transportierens untersucht. Wesentliche Schritte der Methode sind: Erstellen einer Transportmatrix, eines Sankey-Diagramms und einer Wegematrix sowie die Berechnung des Mengen-Wege-Produkts
Mengen-Wege-Produkt	Mathematisches Produkt aus Transporthäufigkeit pro Zeiteinheit (Anzahl Transporte/Jahr) und Weg (Entfernungen in m) zwischen zwei Arbeitssystemen. Multipiziert man diese beiden Faktoren mit einem Kostenfaktor für einen Transportmeter (z. B. 0,038 €/m), erhält man als Produkt die Gesamttransportkosten pro Jahr zwischen zwei Arbeitssystemen
Mengen-Wege-Produkt-Matrix	Methode zur Berechnung des Mengen-Wege-Produktes. Dazu werden die Werte aus der Transportmatrix mit den korrespondierenden Entfernungen aus der Wegematrix multipliziert. Abschließend werden alle Werte in dieser Matrix summiert (Summe Transportmeter pro Jahr). Multipiziert man diese Summe mit einem Kostenfaktor für einen Transportmeter (z. B. 0,038 €/m), erhält man die Gesamttransportkosten pro Jahr für ein Layout

Bezeichnung	Erläuterung
Metaplan-Methode	Moderationsmethode mittels beschreibbarer farbiger Karten, die an Pinnwände geheftet und strukturiert werden. Die Vorteile dieser Methode liegen vor allem darin, dass alle Teilnehmenden in die Erarbeitung von Ergebnissen aktiv miteinbezogen werden
Methode	Standardisierte Vorgehensweise, die meist einem Gestaltungsprinzip zugeordnet werden kann, wie z. B. die Methode 5S dem Gestaltungsprinzip Standardisierung. Methoden helfen somit Unternehmensziele zu erreichen
Milkrun-System	Material mit bekanntem (kontinuierlichem) Verbrauch wird, in Anlehnung an das amerikanische Milchmann-Prinzip, turnusmäßig an definierten Bereitstellplätzen in der Produktion angeliefert. Leergut wird auf dem Rückweg sofort mitgenommen. Damit lässt sich eine kontinuierliche Materialversorgung bei verringertem Transportaufwand sicherstellen
MTM	MTM (Methods Time Measurement) gehört zu den Systemen vorbestimmter Zeiten. MTM-1 wird für sehr detaillierte Analysen mit 19 Grundbewegungen verwendet (Einsatz für die Massenfertigung), UAS (Universelles Analysiersystem) für 'gröbere', dafür aber schnellere Analysen mit 7 Grundvorgängen (Einsatz für die Serienfertigung). MTM lässt sich bereits in den Phasen 'Produktkonzeption', 'Produktentwicklung', 'Konstruktion' und 'Produkterprobung' im Produktentwicklungsprozess einsetzen. Im Fokus von MTM stehen die Ermittlung von Fertigungszeiten sowie die Montageoptimierung durch Eliminieren nicht wertschöpfender Tätigkeiten, insbes. schwieriges Handhaben von Teilen oder kompliziertes Fügen
Multimomentaufnahme	Methode zur Erfassung der Häufigkeit von Ereignissen/Ablaufarten in Arbeitssystemen, die zu festgelegten Zeitpunkten während Rundgängen festgehalten werden. Damit können z. B. untersucht werden: Betriebsmittelnutzungsgrade, auftretende Störungen oder Verschwendungsanteile
Neuplanung	Planung auf der 'grünen Wiese' (Neubau, Umzug, Verlagerung) ohne gravierende Planungseinschränkungen
Nutzwertanalyse	Punktwert- oder Scoringverfahren zur Bewertung nicht oder schwer monetär bewertbarer Kriterien. Entscheidungsträger können mit vergleichsweise geringem Aufwand ihre Präferenzen systematisch in einen Entscheidungsprozess einbringen. Ergebnis ist der sog. Gesamtnutzwert für Lösungsalternativen. Die Variante mit dem hochsten Gesamtnutzwert erfüllt dabei am besten die Ziele
One-Piece-Flow-Prinzip	Prinzip, mit dem im Idealfall jedes Teil einzeln von einem zum nächsten Prozess weiter transportiert und bearbeitet wird. Realistisch ist, dass Teile in kleinsten Losen (Batches) weitergeschoben werden
Pitchintervalle	Aufteilung von Fertigungslosen in 'Packeinheiten' und zielgerichtet auf verfügbare Ressourcen (Pitches = gleichgroße Produktionsvolumina). Pitches dienen dazu, Kunden auch mit kleinen Stückzahlen wirtschaftlich zu bedienen, einen gleichmäßigen 'Herzschlag' im Gesamtprozess zu realisieren, auf Änderungen optimal reagieren zu können und geringste Bestände im Gesamtprozess sicherzustellen
Potenzialanalyse	Methode zur groben orientierenden Erfassung von Optimierungspotenzialen. Hier steht im Vordergrund, schnell und aufwandsarm erste Hinweise zu Optimierungspotenzialen zu erhalten

Bezeichnung	Erläuterung
Produktinnovationen	Neu- bzw. Weiterentwicklung von Produkten, um dadurch einen Wettbewerbsvorteil zu erlangen
Produktion	Fertigung (i. d. R. mechanische Fertigung) und Montage (Zusammenbau der vorgefertigten Teile)
Prozessoptimierungen	Prozessoptimierungen – auch als Prozessinnovationen oder -verbesserungen bezeichnet –, die sich auf unternehmensinterne Strukturen mit dem Fokus auf Arbeitsproduktivität, Durchlaufzeiten, Bestände, Betriebsmitteleffektivität, Ergonomie usw. beziehen. Sie sind dringend notwendig, um beispielsweise mit den erzielten Effekten die Produktinnovationen sowie Vertriebsaktivitäten finanzieren zu können
Pull-Prinzip	Logistikprinzip, in dem der Kunde das Produkt beim Lieferanten oder in der vorgelagerten Bearbeitungsstufe holt/holen lässt und dadurch dessen Nachproduktion initiiert. Das Produkt wird durch die Produktion gezogen
Push-Prinzip	Logistikprinzip, in dem die Aufträge von der Fertigungssteuerung anhand eines zuvor geplanten Produktionsprogrammes freigegeben und durch die Produktion geschoben werden
Qualifizierungsmatrix	Darstellen der Ist-Qualifikation von Mitarbeitern für direkte, indirekte und selbststeuernde Tätigkeiten und Definieren der künftigen Qualifikationen in übersichtlicher Form
REFA-Arbeitsablaufanalyse	Methode, um Prozesse in ihren Strukturen, Bestandteilen und Daten zu analysieren, darzustellen und zu bewerten. Sie lässt sich auf der Ebene des Arbeitsplatzes, des Produktionsbereichs oder der gesamten Fabrik erstellen
Rentabilitätsrechnung	Weiterentwicklung der Kostenvergleichs- und Gewinnvergleichsrechnung. Hier fließt das sog. ökonomische Prinzip mit ein, indem der Kapitaleinsatz zusätzlich einbezogen wird. Ergebnis ist die durchschnittliche jährliche Verzinsung des Kapitals, das für die Investition eingesetzt wird, oft auch als Return On Invest (ROI) bezeichnet. Man setzt dieses Verfahren ein, um verschiedene Investitionsvarianten in Bezug auf die Rendite miteinander zu vergleichen oder auch bei Einzelinvestitionen, um eine Mindestverzinsung zu realisieren
Repräsentative Artikel	Wenige A-Produkte repräsentieren bis zu 70 % der Effekte. Optimierungsprojekte werden i. d. R. nicht für alle produzierten, sondern lediglich z. B. für die A-Produkte durchgeführt (vgl. ABC-Analyse). Durch diese Beschränkung werden der Planungsaufwand und die Planungszeit erheblich reduziert
Rüstanalyse	Methode, um Verluste innerhalb maschineller Bearbeitungsprozesse oder beim Personal zu eliminieren oder zu reduzieren, indem die durchzuführenden Tätigkeiten während des Rüstprozesses analysiert und optimiert werden
Sankey-Diagramm	Visuelle Darstellung einer Transportmatrix, in der die Hauptmaterialflüsse möglichst mittig mit dicken Pfeilen und die Nebenmaterialflüsse mit dünnen Pfeilen dargestellt werden. Es sind erste Hinweise auf die materialflussgerechte Anordnung von Arbeitssystemen ableitbar

Bezeichnung	Erläuterung
Schiebelayout	Zeichnerische Grundrisse und mit Pinnadeln aufgesteckte, verschiebbare Flächenelemente bzw. Magnetfolien, die auf den Grundrissen haften. Vorteile: betroffene Mitarbeiter können aktiv in die Planung einbezogen werden; es ist keine Software notwendig
Schrittmacherprozess	Ein Auftragseinsteuerungspunkt im Gesamtprozess, der für alle anderen Prozesse den Produktionsrhythmus vorgibt. Dabei wird flussaufwärts nach dem Pull-Prinzip und flussabwärts nach dem Push-Prinzip verfahren
Selbststeuernde Tätigkeiten	Tätigkeiten, die sich auf Managementaspekte beziehen, wie An-/Abwesenheitsplanung, Qualifizierungsplanung, KVP oder die Pflege von Informationstafeln/-wänden
SMART	Eigenschaften von Zielen: – **S**peziell (konkret, auf viele Bereiche übertragbar, nicht zu viele Ziele: max. zwei je Dimension), – **M**essbar, – **A**nforderungsgerecht (stimmig mit der Vision/den Unternehmensgrundsätzen, für alle nachvollziehbar), – **R**ealistisch (voll beeinflussbar, reproduzierbar, geringer Erhebungsaufwand), – **T**ermingerecht (monatliche, wöchentliche oder tägliche Aktualisierung und Abrufbarkeit)
SMED	Werkzeugwechsel im einstelligen Minutenbereich. SMED steht für: Single Minute Exchange of Die. Es geht vor allem darum, Verschwendung zu identifizieren und zu reduzieren, um z. B. im Arbeitssytem (Maschine) mehr Varianten fertigen zu können
Strategie	Art und Weise, wie z. B. eine Vision, Unternehmensgrungsätze oder Unternehmensziele erreicht werden. Eine Strategie kann z. B. ein Balanced Scorecard-System sein
Stufen-Struktur	Struktur, die sich unterscheidet in die Phasen 1) Analyse (Datenaufnahme und Bewertung) und 2) Gestaltung
SWOT-Analyse	Methode, um die Sicht von Mitarbeitern in Bezug auf die Unternehmensumwelt in Form von Chancen (Opportunities) und Risken (Threats) sowie in Bezug auf das Unternehmen selbst mittels der Stärken (Strengths) und Schwächen (Weaknesses) kennenzulernen
Systemelemente-Struktur	Struktur, die auf dem Modell des Arbeitssystems basiert. Hier geht es im Besonderen um die drei Systemelemente Arbeitsgegenstand, Betriebsmittel und Mensch
Taktdiagramm	Methode, um miteinander gekoppelte Arbeitssysteme dahingehend zu überprüfen, ob deren Zyklus- oder Prozesszeiten unter oder über dem Kundentakt liegen. Ziel ist es, den Taktausgleich zu minimieren und den Bandwirkungsgrad zu maximieren
Total Productive Maintenance (TPM)	Methode zur autonomen Instandhaltung (durch Betriebsmittelbediener), zur vorbeugenden Instandhaltung und zum Controlling der Instandhaltungskosten

Bezeichnung	Erläuterung
Transporteinheit	Basis zur Erstellung einer Transportmatrix. Sie wird in Paletten/Jahr, Gitterboxen/Jahr oder z. B. Mitarbeitertransporte/Jahr angegeben. Es ist zu beachten, dass die Mitarbeiterkosten i. d. R. die bestimmende Größe für den Transportkostensatz darstellen. Im Vergleich zum Fördermittel machen sie nicht selten 80 % der Gesamtkosten aus. Es sollten somit die Mitarbeiterbewegungen erfasst werden. Meist wird die Transporteinheit mit einer Mitarbeiterbewegung korrelieren, etwa wenn eine Palette von einem Fördermittel transportiert wird, das ein Mitarbeiter bedient
Transportmatrix	Methode, in der in einer Matrixdarstellung (von/nach) die Transportintensitäten zwischen Arbeitsysstemen dargestellt werden. Meist werden die Transporteinheiten pro Jahr aufgeführt
Umfeldanalyse	Untersuchung des Unternehmensumfelds, das nicht oder kaum beeinflussbar ist, wie die gesamt-ökonomische Situation, Branchen, Märkte oder Wettbewerber
Umplanung	Optimierung bestehender Layouts, Arbeitssysteme usw. mit i. d. R. vorhandenen Planungseinschränkungen
Unternehmensgrundsätze	Grundsätze, die eher auf den Unternehmenszweck gerichtet sind; z. T. stellen sie auch Verhaltensgrundsätze nach innen und nach außen dar. Sie dienen der Verbindung von Vision und Unternehmenszielen und sind mittelfristig (3-5 Jahre) angelegt
Unternehmensziele	Operationalisierung der Vision und der Unternehmensgrundsätze. Sie sind auf Kurzfristigkeit (1 Jahr) angelegt. Unternehmensziele sollten sich an den Dimensionen einer Balanced Scorecard orientieren
Unterstützungsprozesse	Bereitstellen und Verwalten von Ressourcen, damit die Funktion der Geschäfts-/Kernprozesse sichergestellt ist. Sie sind damit quasi als 'interner Dienstleister' zu betrachten und werden durch interne Kunden-Lieferanten-Beziehungen gekennzeichnet. In Unterstützungsprozessen agieren i. d. R. indirekte Funktionsbereiche, in denen indirekte Tätigkeiten erfolgen
Verschwendung	Überflüssige Tätigkeiten, Prozesse, Abläufe, Zeiten, Materialien, Stillstandszeiten, Kosten usw., die im Rahmen von Prozessoptimierungsvorhaben mit höchster Priorität beseitigt werden sollten
Videodokumentation	Methode, mit der umfangreiche Arbeitsabläufe, wie z. B. Rüstwechsel, aufgenommen und im Nachhinein analysiert werden können. Die Aufnahmen können beliebig oft angesehen werden, Zeitdauern von Sequenzen lassen sich direkt ablesen. Durch die Wiedergabe in Zeitlupe (slow motion) ist es möglich, komplexe Bewegungsabläufe nachzuvollziehen. Zudem werden betriebliche Abläufe nicht gestört
Vision	Wesentliche Aussagen zur langfristigen Ausrichtung (5-10 Jahre) eines Unternehmens. Auf einer Vision basieren Unternehmensgrundsätze und Unternehmensziele. In diesem Zusammenhang wird auch oft von Unternehmensphilosophie gesprochen
Wegediagramm	Methode, die auch als Spaghetti-Diagramm bezeichnet wird, um Wege eines Mitarbeiters oder Produkts zu visualisieren. Die Methode wird meist im Rahmen der REFA-Arbeitsablaufanalyse, der Rüstanalyse oder von 5S (5S-Check) eingesetzt

Bezeichnung	Erläuterung
Wegematrix	Methode, in der in einer Matrixdarstellung (von/nach) die Entfernungen zwischen Arbeitsystemen dargestellt werden. Es werden nur dort Werte in die Wegematrix eingetragen, wo dies auch in der Transportmatrix erfolgt ist, denn nur diese Wege sind relevant
Werkzeug	Standardisiertes, physisch vorhandenes Mittel (auch Software) zur Anwendung und Umsetzung von Methoden. Beispielsweise unterstützt das Werkzeug Shadowboard (Schattenbrett) die Methode 5S
Wertschöpfende Anteile	Sämtliche Tätigkeiten, die den Wert eines Produktes bzw. einer Dienstleistung für den Kunden erhöhen, z. B. maschinelles Bearbeiten oder Montieren
Wertstrommethode	Schnelle und wenig aufwändige Aufnahme von Ist-Prozessen mit definierten Parametern (z. B. Bestände, Bearbeitungszeiten, Zykluszeiten, Durchlaufzeiten), um sich einen groben Überblick zu verschaffen. Ziel ist es, Verschwendung und deren Ursachen zu identifizieren, diese mit Kennzahlen zu bewerten, gezielt Gestaltungsmaßnahmen nach Richtlinien zu erarbeiten und einen Umsetzungsplan zu erstellen
Wertstromquotient (WQ)	Verhältnis aus Durchlaufzeit und gesamter Bearbeitungszeit
Wirtschaftlichkeitsrechnung	Statisches Verfahren für Investitionsvorhaben. Dabei kommen meist zur Anwendung: Kostenvergleichs-, Gewinnvergleichs-, Rentabilitäts- und Amortisationsrechnung
XYZ-Analyse	Methode, um die zeitliche Verteilung/Schwankung von Artikeln anhand ihrer Verbrauchsstruktur mit den drei Segmenten X, Y, Z darzustellen
Zykluszeit	Zeit, in der ein Teil in einem Arbeitssystem fertig produziert wird. Die Zykluszeit kann durch eine Erhöhung von Ressourcen (Mitarbeiter oder Betriebsmittel) reduziert werden
5S-Check	Checkliste, mit der der 5S-Status in Arbeitssystemen erhoben und nach umgesetzten Maßnahmen überprüft und dokumentiert werden kann. 5S wird in folgender Reihenfolge umgesetzt: 1. Sortiere aus, 2. Systematisieren, 3. Säubern, 4. Standardisieren, 5. Selbstdisziplin

3 Methoden

Bei der Anwendung der Methoden sind insbesondere die Unterrichtungspflicht des Arbeitgebers gegenüber dem Betriebsrat (§ 90 Betriebsverfassungsgesetz) und das Mitbestimmungsrecht des Betriebsrats (§ 91 Betriebsverfassungsgesetz) zu beachten.
In der nachfolgenden Erläuterung der Methoden wird darauf explizit nicht mehr hingewiesen.
In einigen Vordrucken mit Berechnungsschritten, wie in den Methoden Nutzwertanalyse (Kap. 3.23) oder Wirtschaftlichkeitsrechnung (Kap. 3.24), sind die Werte nicht gerundet worden. Damit können Rechenschritte besser nachvollzogen werden und es treten am Ende keine Rundungsfehler auf.

3.1 Checkliste Basisdaten

Kurzbeschreibung

Zu Beginn von Planungs- und Optimierungsprojekten geht es für Unternehmensexterne darum, sich schnell einen Überblick zu den wesentlichen 'Eckpunkten' eines Unternehmens zu verschaffen. Interne Fachleute benötigen meist lediglich eine Zusammenstellung der wichtigsten Basiszahlen, um beispielsweise Effekte von Verbesserungen monetär bewerten zu können (vgl. Jungkind u. a. 2004, S. 27). Die **Checkliste Basisdaten** ist im Rahmen zahlreicher Projekte der Autoren für diesen Zweck erarbeitet worden. Je nach vorliegender Situation können bestimmte Einzel-Vordrucke ausgewählt und verändert werden.
Abbildung 3.1.1 zeigt die Eignung der Checkliste Basisdaten im Rahmen der drei Strukturen.

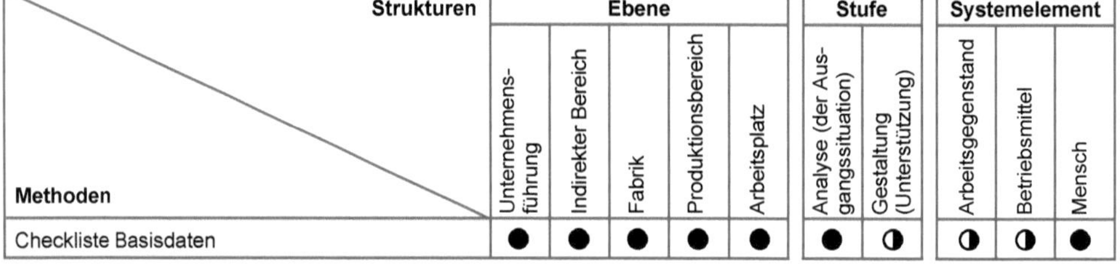

Strukturen / Methoden	Ebene					Stufe		Systemelement		
	Unternehmensführung	Indirekter Bereich	Fabrik	Produktionsbereich	Arbeitsplatz	Analyse (der Ausgangssituation)	Gestaltung (Unterstützung)	Arbeitsgegenstand	Betriebsmittel	Mensch
Checkliste Basisdaten	●	●	●	●	●	●	◑	◑	◑	●

○ Kein Zusammenhang ◑ Mittlerer Zusammenhang ● Direkter Zusammenhang

Abbildung 3.1.1: Einordnung der Checkliste Basisdaten in die drei Strukturen

Zweck

- Für *Externe*: einen schnellen Überblick zum Unternehmen insgesamt und zur Aufbauorganisation sowie Mitarbeiterstruktur erhalten
- Für *Interne*: relevante Unternehmensdaten ermitteln und diese als Bewertungsgrundlage oder zum Vergleich mit anderen Unternehmen (z. B. mit Wettbewerbern) heranziehen

Typische Anwendungsfälle

- Erste Informationen für ein Prozessoptimierungsprojekt zusammentragen, z. B. im Rahmen einer **Potenzialanalyse** (Kap. 4.1)
- Die im **IWT-Produktionscheck©** (Kap. 3.13) ermittelten Ergebnisse mit weiteren Unternehmensdaten 'unterfüttern' und einen Vergleich mit anderen Unternehmen gleicher Branche und/oder Fertigungsart vornehmen

Vorgehensweise

In einem mittelständischen Unternehmen des Maschinen- und Anlagenbaus werden zu Beginn einer Potenzialanalyse durch einen externen Projektbegleiter die wesentlichen Unternehmensdaten mit der Checkliste Basisdaten zusammengetragen, um später die Optimierungspotenziale abschätzen zu können. Die Geschäftsführung wünscht sich zudem eine grobe Beurteilung im Vergleich zu anderen Unternehmen.

1. **Daten zum Unternehmen und zur Organisationsform zusammenstellen**

   Zunächst sind allgemeine Informationen, wie Name/Anschrift, Unternehmensstruktur, Eigner/Leitung, Branche, Fertigungsart und Fertigungsprinzip aufzunehmen (vgl. Abbildung 3.1.2). Die fertigungsbezogenen Daten können beispielsweise später im Rahmen einer Potenzialanalyse verwendet werden.

   Weiterhin ist nachzufragen, ob Management-, Organisations- oder Qualitätsmanagement-Handbücher existieren, da diese, wenn sie aktuell sind, wertvolle Informationen liefern können. Im Beispielunternehmen liegt lediglich ein Qualitätsmanagement-Handbuch vor, das aber nicht gepflegt worden ist.

   Ein vorhandenes Organigramm ist zunächst auf Aktualität hin zu prüfen. Es kann in die freie Fläche in Abbildung 3.1.3 eingefügt oder dort skizziert werden. Wenn kein (aktuelles) Organigramm vorhanden ist, sollte es in Abstimmung mit Leitungs- oder Fachkräften (vorzugsweise aus dem Personalbereich) angefertigt werden. Im Beispielunternehmen ist es neu erstellt und aufgrund der Komplexität und Lesbarkeit auf einem separaten Blatt skizziert worden. Das Organigramm (Abbildung 3.1.4) dient hier auch als Basis zur Ermittlung der Mitarbeiterstruktur sowie der Anzahl Mitarbeiter je Funktionsbereich.

2. **Mitarbeiterstruktur ermitteln**

   Im Organigramm (Abbildung 3.1.4) erfolgt die Unterteilung in Leitungs-, Fachkräfte und Auszubildende. Stellt man die Mitarbeiterstruktur der einzelnen Funktionsbereiche, wie in Abbildung 3.1.5, als Balkendiagramm dar, kann man diese z. B. mit Unternehmen derselben Branche und Größe vergleichen. Es fällt für das Beispielunternehmen Folgendes auf:

   - Die Personalbesetzung in der Funktion Arbeitsvorbereitung (AV) ist mit neun Mitarbeitern vergleichsweise zu hoch, zumal das Unternehmen vor einigen Jahren ein neues PPS-System implementiert hat.
   - Im Unternehmen ist eine Industrial Engineering-Funktion vorhanden und damit, in Bezug auf die Unternehmensgröße, personell relativ gut ausgestattet; dies sollte beibehalten werden, um weiterhin Optimierungsprojekte nachhaltig durchführen zu können.
   - Die Anzahl von fünf Mitarbeitern in der Instandhaltung ist vergleichsweise hoch, da das Unternehmen einen relativ neuen wartungsarmen Maschinenpark besitzt.

3. Basiszahlen zur Berechnung von Optimierungspotenzialen erfassen

Zur quantitativen Bewertung der Ergebnisse vieler im Buch beschriebener Methoden sind die wesentlichen Basiszahlen notwendig. Beispielsweise sind im Rahmen einer **Auftragsdurchlaufanalyse** zur Bewertung der Auswirkungen von Schwachstellen Personal-, Bestands- und Qualitätskosten heranzuziehen. Die Angaben in Abbildung 3.1.6 sind für das Beispielunternehmen relevant und können in anderen Betrieben davon abweichen.

Im Beispielunternehmen ist in Abstimmung mit der Geschäftsführung eine Einteilung in direkte und indirekte Bereiche erfolgt. Direkten Funktionsbereichen können verkaufte Produkte als Einzelkosten *direkt* zugerechnet werden. Sie beziehen sich somit auf die Wertschöpfung vor Ort, wie Fertigen oder Montieren. Hierzu zählt im betrachteten Unternehmen auch die Funktion Lager/Kommissionierung. Indirekte Funktionsbereiche, wie z. B. Entwicklung/Konstruktion oder Marketing/Vertrieb, unterstützen die direkten Bereiche. Ihnen können keine Einzel-, sondern Gemeinkosten zugeordnet werden. Das Verhältnis der Anzahl von Mitarbeitern in indirekten zu Mitarbeitern in direkten Funktionsbereichen im Beispielunternehmen ist im Branchenvergleich als angemessen einzustufen, denn mit etwa 52 % in indirekten Funktionsbereichen liegt das Unternehmen im Branchendurchschnitt (vgl. Dorner/Baszenski 2013, S. 10).

Wichtig ist nach der Zusammenstellung entsprechend Abbildung 3.1.6, dass alle Angaben mit den Führungsverantwortlichen abgestimmt werden, da darauf später Potenzialabschätzungen beruhen.

Ausgefüllte Vordrucke

Checkliste Basisdaten		**Erfassung**	
Stand:	TT.MM.JJJJ	Bereich:	Unternehmen gesamt
Bearb.:	K. Jäger	Quelle:	N. Bieler (Leiterin Controlling)

Name, Anschrift:

____________ GmbH & Co. KG	Tel.: +49 5626/388-0
Industriestraße 123	Fax: +49 5626/388-20
D - 39556 Hesslingen	Internet:
	E-mail: info@ ________.de

Unternehmensstruktur:

Konzernbetrieb		Zweigbetrieb	
Stammbetrieb	X	Sonstiges:	

Rechtsform (AG, KG, GmbH, ...): GmbH & Co. KG

Eigner/Leitung:

Gesellschafter: Dr. W. Dreier

Techn. Geschäftsführung: Dipl.-Ing. J. Fasse

Kaufm. Geschäftsführung: Dipl.-Kfm. E. Heppner

Branche:

Elektroindustrie		Lebensmittelindustrie	
Energiewirtschaft		Logistik	
Fahrzeugbau		Maschinen-/Anlagenbau	X
Chemische Industrie		Metallindustrie	
Kunststoffindustrie		Möbelindustrie	

Sonstige:

Fertigungsart:

Einzelfertigung		Serienfertigung	X
Kleinserienfertigung	X	Massenfertigung	

Sonstige:

Fertigungsprinzip:

Punktfertigung		Gruppen/Linienfertigung	
Werkstattfertigung	X	Fließfertigung	X

Sonstige:

Abbildung 3.1.2: Erfassung der wesentlichen allgemeinen Unternehmensdaten eines Unternehmens des Maschinen- und Anlagenbaus (1)

Checkliste Basisdaten		**Erfassung**	
Stand:	TT.MM.JJJJ	Bereich:	Unternehmen gesamt
Bearb.:	K. Jäger	Quelle:	P. Fischer (Leiterin Personalwesen)

Organigramm vorhanden?	ja		nein	x
Managementhandbuch vorhanden?	ja		nein	x
Organisationshandbuch vorhanden?	ja		nein	x
Qualitätsmanagementhandbuch vorhanden?	ja	x	nein	
Industrial Engineering-Funktion vorhanden?	ja	x	nein	

Sonstiges/Anmerkungen: QM-Handbuch ist nicht aktuell

Organigramm (Skizze, ggf. auf separatem Blatt)

Skizze auf separatem Blatt

Abbildung 3.1.3: Erfassung der wesentlichen allgemeinen Unternehmensdaten eines Unternehmens des Maschinen- und Anlagenbaus (2)

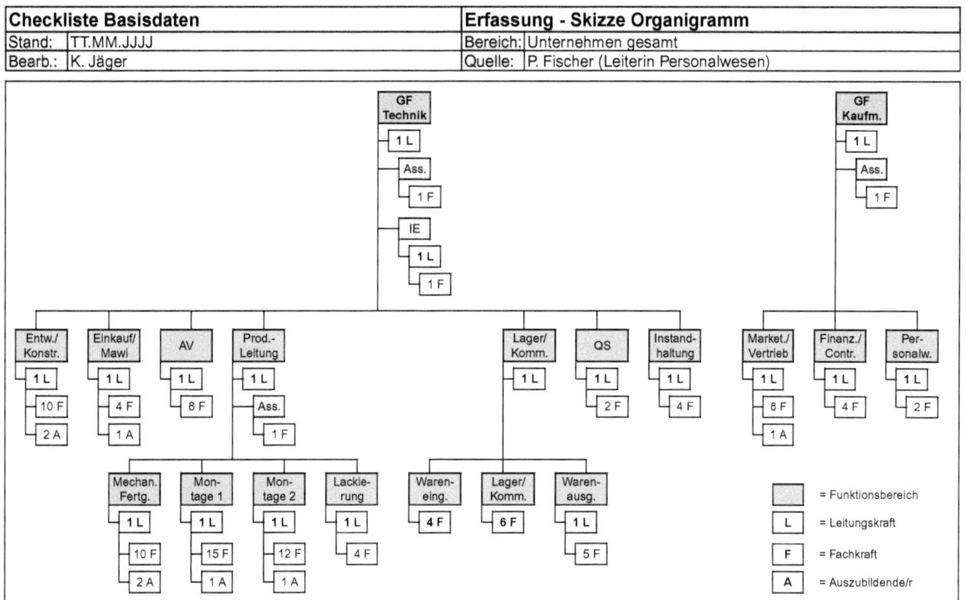

Abbildung 3.1.4: Organigramm eines Unternehmens des Maschinen- und Anlagenbaus
Anm.: AV = Arbeitsvorbereitung; QS = Qualitätssicherung

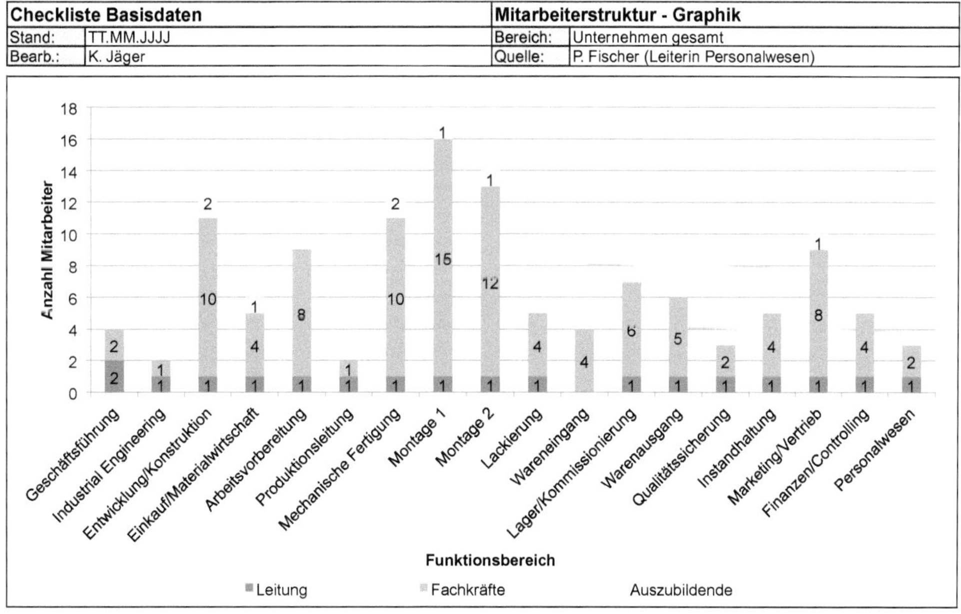

Abbildung 3.1.5: Mitarbeiterstruktur eines Unternehmens des Maschinen- und Anlagenbaus in graphischer Darstellung

Checkliste Basisdaten		Erfassung - Basiszahlen	
Stand:	TT.MM.JJJJ	Bereich:	Unternehmen gesamt
Bearb.:	K. Jäger	Quelle:	N. Bieler (Leiterin Controlling)

Umsatz Vorjahr (€)	32.000.000
Anzahl Mitarbeiter gesamt (inkl. Auszubildende)	128
Anzahl Mitarbeiter in direkten Funktionsbereichen (inkl. Auszubildende)	62
Anzahl Mitarbeiter in indirekten Funktionsbereichen (inkl. Auszubildende)	66
Altersdurchschnitt Mitarbeiter in direkten Funktionsbereichen (Jahre)	43,7
Altersdurchschnitt Mitarbeiter in indirekten Funktionsbereichen (Jahre)	44,2
∅ Kosten Mitarbeiter in direkten Funktionsbereichen (Produktion) (€/Jahr)	42.000
∅ Kosten Mitarbeiter in direkten Funktionsbereichen (Logistik) (€/Jahr)	38.000
∅ Kosten Mitarbeiter in indirekten Funktionsbereichen (€/Jahr)	45.000
Arbeitszeit in direkten Funktionsbereichen (Stunden/Woche)	38,5
Arbeitszeit in indirekten Funktionsbereichen (Stunden/Woche)	38,5
Anzahl Schichten in direkten Funktionsbereichen	1
Arbeitstage in direkten Funktionsbereichen (Tage/Jahr)	223
Arbeitstage in indirekten Funktionsbereichen (Tage/Jahr)	223
Anzahl verkaufte Produkte (Stück/Jahr)	190
Anzahl bearbeitete Angebote (Stück/Jahr)	910
Anzahl realisierte Auftragspositionen (Stück/Jahr) > 10.000 €	3.840
Verwaltungsfläche (qm)	1.200
Produktionsfläche (qm)	8.500
Gesamtfläche (qm)	9.700
Bestand zum Stichtag (Roh-, Hilfs-, und Betriebsstoffe) (€)	3.800.000
Bestand zum Stichtag (unfertige Erzeugnisse) (€)	1.200.000
Bestand zum Stichtag (fertige Erzeugnisse) (€)	600.000
Qualitätskosten (Reklamationen, Nacharbeit) (€/Jahr)	280.000
Reklamationsquote (% vom Umsatz)	0,9
Personalkosten (€/Jahr)	5.500.000
Personaleinsatzquote (% vom Umsatz)	17,2
Einkaufsvolumen (€/Jahr)	14.800.000
Materialeinsatzquote (% vom Umsatz)	46,3
Energiekosten (€/Jahr)	580.000
Energieeinsatzquote (% vom Umsatz)	1,8
∅ Flächenkosten/Quadratmeter (€/Jahr)	55
Mietkosten (Produktionsfläche) (€/Jahr)	467.500
Instandhaltungs- und Wartungskosten (€/Jahr)	190.000

Abbildung 3.1.6: Wesentliche Basiszahlen eines Unternehmens des Maschinen- und Anlagenbaus (z. T. gerundet)

3.2 Altersstrukturanalyse

Kurzbeschreibung

Aufgrund des demografischen Wandels ändert sich die Altersstruktur kontinuierlich: Immer mehr Menschen werden immer älter, die Geburtenrate stagniert jedoch. Dies bedeutet, dass sich die Zahl der derzeit 50 Mio. Erwerbsfähigen im Alter zwischen 20 bis 64 Jahren bis 2050 – je nach Zuwanderung – um 22 bis 29 % verringern wird. Fallen heute ca. 50 % der Erwerbsfähigen in die Gruppe der 30- bis 49-Jährigen, zählen ca. 30 % zu den 50- bis 70-Jährigen und nur ca. 20 % zu den 20- bis 29-Jährigen. Bereits 2020 werden die erstgenannten beiden Gruppen schon jeweils ca. 40 % ausmachen (vgl. BAuA/INQA 2011, S. 1).
Dies hat gravierende Folgen für viele Unternehmen (vgl. BAuA/INQA 2011, S. 6 ff.; Nerdinger u. a. 2016, S. 2):

- Wertvolles Erfahrungswissen geht verloren.
- Die Herausforderungen an ein lebensbegleitendes Qualifizieren für ältere Belegschaften werden steigen, um weiterhin im Wettbewerb ständiger Innovationen bestehen zu können.
- Es treten vermehrt physische und psychische Beanspruchungen bei Älteren auf, da sich Arbeitsanforderungen nicht selten an 20- bis 30-Jährigen orientieren.
- Die Rekrutierung qualifizierter Mitarbeiter wird zunehmend schwieriger.

Die Ausführungen zeigen, wie wichtig das Handlungsfeld 'Altersstruktur' für die künftige Wettbewerbsfähigkeit eines Unternehmens ist. Hier kommt die Methode **Altersstrukturanalyse** zum Einsatz. Mit ihr kann sich ein Unternehmen einen Überblick zur Ist-Situation verschaffen, darauf aufbauend Ziele formulieren und Maßnahmen entwickeln (vgl. BAuA/INQA 2011, S. 29 ff.).
Zur Beurteilung der jeweils vorliegenden Altersstruktur werden nach Abbildung 3.2.1 folgende Grundtypen unterschieden (vgl. Adenauer u. a. 2009, S. 20 f.; Stracke u. a. 2016):

- Bei einer *alterszentrierten Altersstruktur* dominieren die 35- bis 50-Jährigen. Wenn hier relativ viele ältere Mitarbeiter in naher Zukunft in Rente gehen, wird es wahrscheinlich zu Engpässen kommen. In einem solchen Fall sind frühzeitig jüngere Mitarbeiter einzustellen.
- Eine *gestauchte Altersstruktur* liegt vor, wenn Mitarbeiter mittleren Alters in der Überzahl sind. Falls nicht in den jüngeren und mittleren Altersklassen wieder eingestellt wird, kann eine alterszentrierte Altersstruktur die Folge sein.
- Von einer *jugendzentrierten Altersstruktur* spricht man, wenn die jüngeren Mitarbeiter (19- bis 35-Jährige) die Überzahl darstellen. Sollte das Unternehmen künftig Probleme mit der Rekrutierung junger Nachwuchskräfte haben, verschiebt sich die Struktur hin zu den Mitarbeitern der mittleren Altersklasse. Hier ist es angebracht, Tätigkeiten und Positionen für die mittelalten und älteren Mitarbeiter zu entwickeln.
- Eine *balancierte Altersstruktur* stellt kein Risiko dar.

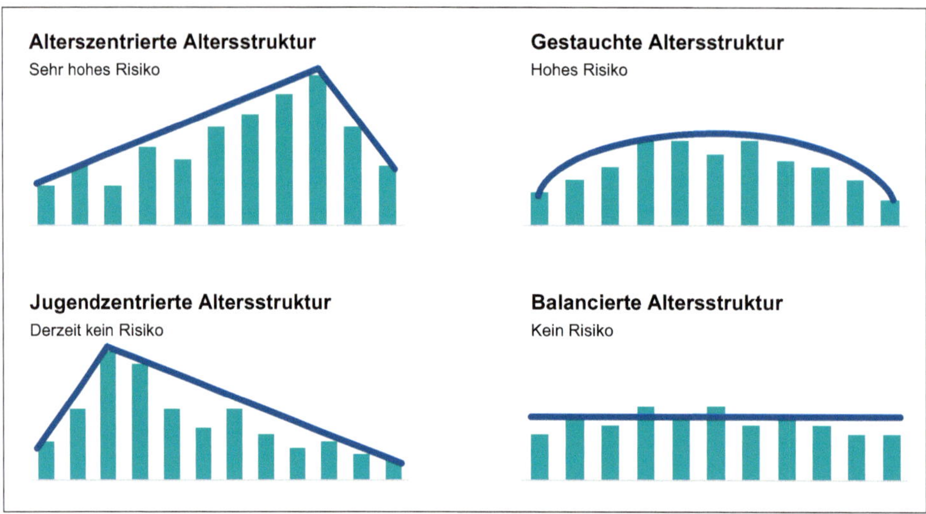

Abbildung 3.2.1: Vier Grundtypen betrieblicher Altersstrukturen (vgl. Adenauer u. a. 2009, S. 20 f.)
Anm: 'Risiko' bezieht sich hier ausschließlich auf das Kriterium 'Altersstruktur'

Abbildung 3.2.2 zeigt die Eignung der Altersstrukturanalyse im Rahmen der drei Strukturen.

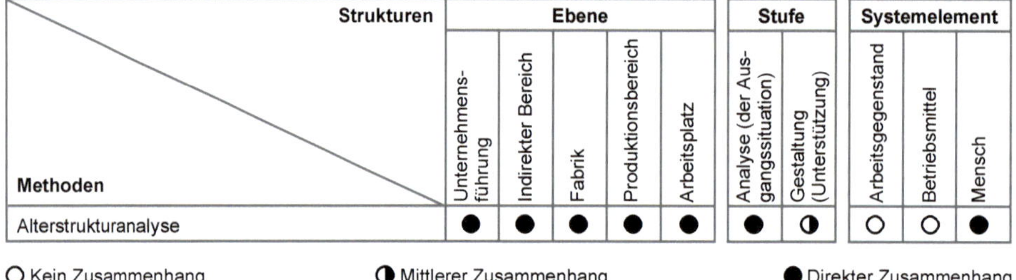

Strukturen / Methoden	Ebene					Stufe		Systemelement		
	Unternehmens-führung	Indirekter Bereich	Fabrik	Produktionsbereich	Arbeitsplatz	Analyse (der Aus-gangssituation)	Gestaltung (Unterstützung)	Arbeitsgegenstand	Betriebsmittel	Mensch
Alterstrukturanalyse	●	●	●	●	●	●	◑	○	○	●

○ Kein Zusammenhang ◑ Mittlerer Zusammenhang ● Direkter Zusammenhang

Abbildung 3.2.2: Einordnung der Altersstrukturanalyse in die drei Strukturen

Zweck

- Altersstruktur eines Unternehmens oder eines Unternehmensbereichs erfassen und künftige Personalprobleme identifizieren
- Gezielte Akquise- und Qualifizierungsmaßnahmen ableiten

Typische Anwendungsfälle

- Qualifizierung planen
- Nachfolge planen
- Maßnahmen zur alter(n)sgerechten Arbeitsgestaltung ableiten

Vorgehensweise

Am Beispiel eines Metallbau-Unternehmens soll für den Bereich Mechanische Fertigung das Vorgehen zur Altersstrukturanalyse erläutert werden. Ziel ist es, die Altersstruktur zu erfassen, zu bewerten und die Daten für eine Nachfolgeplanung zu verwenden.

1. **Erhebung vorbereiten**

   Zunächst werden die Ziele der Erhebung festgelegt, denn danach richten sich Umfang und Qualität der zu ermittelnden Daten. Im Fall des Beispielunternehmens soll neben der Analyse der Altersstruktur auch eine qualitative Erhebung zur Nachfolgeplanung erfolgen.

   Die Analyse sollte von einer Fachabteilung mit Zugriff auf die relevanten Daten durchgeführt und koordiniert werden; im Beispielunternehmen ist dies die Personalabteilung. Die Ergebnisse sind mit den Vorgesetzten der untersuchten Bereiche zu besprechen.

   Zuvor ist zudem zu klären, ob Auszubildende, Mitarbeiter in befristeten Arbeitsverhältnissen und Mitarbeiter in Altersteilzeit mit aufgenommen werden sollen. Als Entscheidungshilfe für die beiden erstgenannten Gruppen dienen hierbei die internen Übernahmequoten.

2. **Erhebung durchführen und auswerten**

   Für die Analyse ist – entsprechend dem Analysezweck – ein Vordruck zu erstellen (vgl. Abbildung 3.2.3). Im Bespielunternehmen sind neben den Basisdaten, wie Name, Vorname, Geburtsdatum, Alter und Geschlecht, zusätzlich Qualifikation, Tätigkeit, geplanter Austritt und geschätzte Anlernzeit mit aufgenommen worden (vgl. Stracke u. a. 2016).

   Im nächsten Schritt erfolgt die Auswertung. Dazu werden Altersklassen gebildet und die Mitarbeiter – auf Basis der Daten in Abbildung 3.2.3 – entsprechend zugeordnet. Zur graphischen Darstellung wird ein Balkendiagramm empfohlen (vgl. Abbildung 3.2.4). Auf der Ordinate können Absolut- oder Prozent-Werte, wie im Beispiel, aufgetragen werden.

   Im untersuchten Fertigungsbereich liegt, verglichen mit den Verläufen in Abbildung 3.2.1, eine alterszentrierte Altersstruktur vor. Dies zeigt sich auch am Durchschnittsalter von 43,2 Jahren.

   Auf Basis der Daten in Abbildung 3.2.3 können nun Prognosen darüber erstellt werden, wie die Personalstruktur künftig aussehen wird, wenn die Verantwortlichen nichts unternehmen. In der mechanischen Fertigung des Beispielunternehmens werden nach fünf Jahren etwa 6 %, in den nächsten zehn Jahren insgesamt 18 % und in den kommenden 15 Jahren sogar 37 % der Mitarbeiter den Bereich altersbedingt verlassen.

   Mit Hilfe der weiteren Daten in Abbildung 3.2.3 können die Abgänge nun gezielt auf einer Zeitachse dargestellt und frühzeitig neue Mitarbeiter für bestimmte Tätigkeiten akquiriert werden. Dabei sind unbedingt die entsprechenden Anlern-/Einarbeitungszeiten als Vorlauf zu berücksichtigen.

Ausgefüllte Vordrucke

Altersstrukturanalyse		Erfassung	
Stand:	TT.MM.JJJJ	Bereich:	Mechanische Fertigung (52 Mitarbeiter)
Bearb.:	P. Hübner	Quelle:	Daten der Personalabteilung

Nachname	Vorname	Qualifikation	Tätigkeit	Geb.-Datum	Alter (Jahre)	Geschlecht	Geplanter Austritt (gerundet)	Anlern-/ Einarbeitungszeit
Berger	Michael	Zerspanungs-mechaniker	Maschinen-führung	30.08.60	56	m	2026	1,5 Jahre
Müller	Heike	Facharbeiter für Werkstoffprüfung	Qualitäts-sicherung	19.11.80	36	w	2047	1 Jahr
Küster	Alexander	Maschinenbau-techniker	Schichtführung	02.03.54	62	m	2019	2 Jahre
Naumann	Bernd	Angelernter	Montage	21.04.68	48	m	2035	3 Monate
Vogel	Dietmar	Dipl.-Ing.	Abteilungs-leitung	23.08.58	58	m	2024	3,5 Jahre

Abbildung 3.2.3: Erfassungsvordruck zur Altersstrukturanalyse für den Bereich Mechanische Fertigung eines Metallbau-Unternehmens (Ausschnitt)

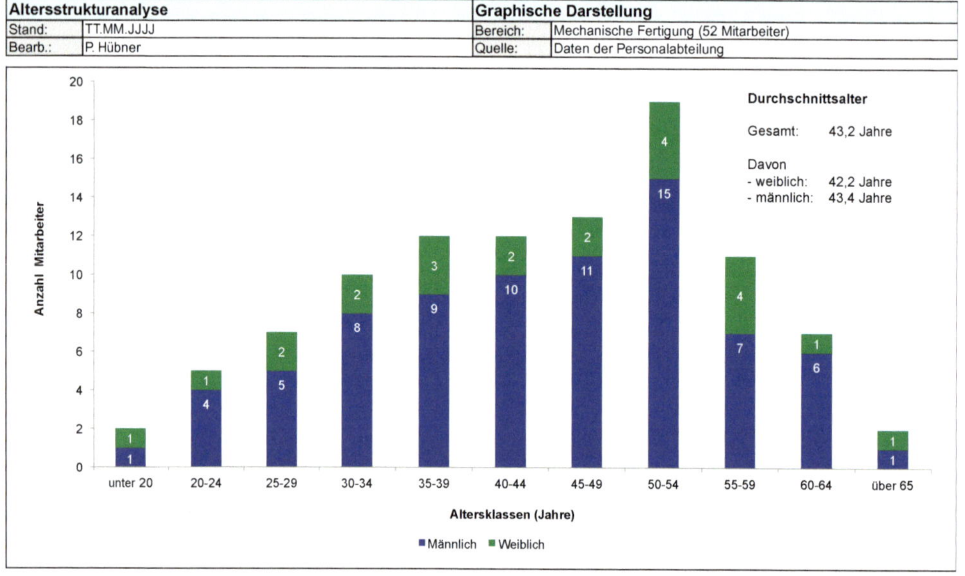

Abbildung 3.2.4: Ergebnisdarstellung zur Altersstrukturanalyse im Bereich Mechanische Fertigung eines Metallbau-Unternehmens (gerundet)

3.3 Checkliste Erfolgsfaktoren in Veränderungsprojekten

Kurzbeschreibung

Veränderungsprojekte – wie z. B. im Rahmen einer Prozessoptimierung – werden oft, trotz eines sehr guten Projektmanagements mit klaren Verantwortlichkeiten, definierten Aktivitäten, Meilensteinen und Standards, nur mit größten Anstrengungen abgeschlossen, ohne die gesteckten Ziele vollständig zu realisieren. Der wesentliche Grund dafür liegt meist im zwischenmenschlichen Bereich, also bei den Projektmitgliedern mit ihren individuellen Prägungen, Motivationen und Verhaltensweisen, die nur unzureichend im 'klassischen' Projektmanagement einbezogen werden (vgl. Heiming/Jungkind 2014, S. 30).
Hier setzt die **Checkliste Erfolgsfaktoren in Veränderungsprojekten** an. Sie ist so aufgebaut, dass zunächst die eher projektorganisatorischen und später die stärker zwischenmenschlichen Aspekte behandelt werden. Folgende typische Erfolgsfaktoren, die im Rahmen einer Literaturstudie herausgearbeitet werden konnten, finden in dieser Checkliste Berücksichtigung und werden daher im Folgenden näher erläutert:

- *Projektorganisation*: Dies ist ein eher klassischer Erfolgsfaktor. Hier geht es um eine strukturierte und geplante Projektvorbereitung, -durchführung sowie -kontrolle. Zur Reduzierung der Komplexität sollten Teilprojekte gebildet werden. Des Weiteren sind die Definition klarer Verantwortlichkeiten, das Vorhalten von notwendigen Ressourcen und die terminliche Planung maßgeblich für den Erfolg von Veränderungsprojekten (vgl. Lauer 2010, S. 163 f.).

- *Veränderungstempo*: Jeder Wandel führt i. d. R. zunächst zu Produktivitätsverlusten, da Widerstände überwunden werden und sich die Mitarbeiter neu orientieren müssen. Projekte sind daher mit einem nicht zu hohen Tempo voranzutreiben. Zwischen verschiedenen Veränderungsvorhaben sollte Zeit vergehen, sonst rutscht ein Unternehmen leicht in eine 'Produktivitätsverlustfalle' (vgl. Lauer 2010, S. 77).

- *Projektleitung*: Die Projektleitung nimmt eine zentrale Funktion in Veränderungsprojekten ein. Entscheidend ist zum Einen die Eignung des Projektleiters für diese Aufgabe. Zum Anderen ist ausreichend Arbeitszeit dafür vorzusehen, denn meist erhalten Mitarbeiter neben ihrem Tagesgeschäft die Projektleitung noch zusätzlich 'aufgebürdet'. Hier besteht die Gefahr, dass durch Überlastung und Zielkonflikte die Projekte qualitativ schlecht koordiniert werden bzw. die Projektleiter 'ausbrennen' (vgl. Lauer 2010, S. 77; Mollbach/Bergstein 2012, S. 15 f.).

- *Beratung*: Immer wieder zeigt sich, dass es in Unternehmen an Projektkoordinierungskompetenz mangelt. Deshalb ist es häufig erfolgsentscheidend, professionelle Berater hinzuziehen. Denn sie bringen Wissen und Erfahrungen ein, die sie in Projekten in anderen Unternehmen und Branchen gesammelt haben. Häufig besitzen externe Berater eine höhere Überzeugungskraft und können im Projekt in Vollzeit zur Verfügung stehen (vgl. Lauer 2010, S. 177 f.).

- *Gemeinsame Ziele im Management*: Die Führungskräfte und die Projektleitung haben oft voneinander abweichende Vorstellungen zu den Zielen und zum Vorgehen im Projekt. Zur Erfolgssicherung in Veränderungsprojekten ist es daher außerordentlich wichtig, gemeinsame Vorstellungen im Vorfeld sowie im Projektverlauf, etwa im Rahmen von Workshops, zu entwickeln. Denn besonders die Führungskräfte müssen sich mit den geplanten Veränderungen identifizieren und diese aktiv und sichtbar vorleben (vgl. Vahs/Leiser 2007, S. 61 f.; Mollbach/Bergstein 2012, S. 14 f.). Folgende Aspekte sind zu erörtern (vgl. Doppler/Lauterburg 2008, S. 169 f.):
  - Ausgangslage (Warum soll eine Veränderung erfolgen?),
  - Zielsetzung (Was soll erreicht werden?),
  - Erfolgskriterien (Wie soll Erfolg gemessen werden?),
  - Organisation (Wer trägt welche Verantwortung/wer übernimmt welche Aufgaben?),
  - Planung (Wie sieht der Terminplan aus/was sind die Meilensteine?) sowie
  - Kontrolle (Wie wird Fortschritt kontrolliert?).
- *Vision*: Je komplexer sich Veränderungsprojekte gestalten, desto weniger können sich meist die Mitarbeiter orientieren. In solchen Situationen gibt eine gemeinsame Vision Sicherheit und Kraft, besonders dann, wenn klar wird, welchen Beitrag das Projekt zur Realisierung der Vision leistet (vgl. Stolzenberg/Heberle 2009, S. 11; Berger u. a. 2013, S. 31 und Methode **Checklisten Vision und Unternehmensgrundsätze** (Kap. 3.6)).
- *Personalentwicklung*: Die Durchführung von Veränderungsprojekten erfordert von Führungskräften, Projektleitung und betroffenen Mitarbeitern häufig spezifische, bislang nicht notwendige Kompetenzen. Die gezielte Entwicklung der wesentlichen Akteure ist als ein wichtiger Erfolgsfaktor identifiziert worden. Neben dem Abbau von Qualifikationsdefiziten stellt Personalentwicklung meist einen Motivationsfaktor dar, mit dem auch zugleich die individuelle Wandlungsbereitschaft erhöht wird (vgl. Lauer 2010, S. 152 f.; Mollbach/Bergstein 2012, S. 19 f.).
- *Feedback*: In Veränderungsprojekten ist es unerlässlich, Feedback einzuholen und zu geben. Individuell trägt es vor allem dazu bei, Sozialkompetenz auszubauen. In Teams begünstigt es emotionale Beziehungen und Führungskultur. Feedback schafft Transparenz und dient dazu, frühzeitig Probleme zu erfassen (vgl. Doppler u. a. 2014, S. 260 f.).

  Die Geschäftsführung muss sich während der Durchführung eines Projekts jederzeit ein realistisches Bild über die Vorgänge und Entwicklungen verschaffen. Mögliche Risiken, die das Erreichen der Veränderungsziele gefährden könnten, sind regelmäßig zu analysieren (vgl. Mollbach/Bergstein 2012, S. 18).

- *Ganzheitliches Denken und Handeln*: Veränderungen betreffen oft einen großen Teil der Organisationsbereiche/Funktionen eines Unternehmens. Hier sind unbedingt die Wechselbeziehungen zwischen Funktionen und Mitarbeitern zu beachten; denn werden zwischenmenschliche Aspekte missachtet, besteht ebenso die Gefahr von Fehlschlägen wie bei einer Vernachlässigung der technischen und organisatorischen Gegebenheiten. Deshalb ist ganzheitliches Denken und Handeln – im Sinne des TOP-Modells (Technik + Organisation + Personal) – in allen Projektphasen ein erfolgsrelevanter Faktor (vgl. Vahs/Leiser 2007, S. 47 ff.).
- *Kommunikation*: Kommunikation ist einer der entscheidenden Erfolgsfaktoren mit folgenden Funktionen (vgl. Lauer 2010, S. 105 ff.):
  - informatorische Transparenz schaffen,
  - Widerstände erkennen und abschwächen sowie
  - soziale Integration fördern.

  Dabei gilt:
  - Kommunikation soll zielgruppenorientiert sein.
  - Wesentlicher Kommunikationskanal ist das persönliche Gespräch.
  - Informationen sind zeitnah und zeitgleich für alle Beteiligten zu übermitteln.
  - Kommunikation sollte möglichst von Seiten des oberen Managements erfolgen.
  - Erfolge sind schnell zu kommunizieren.
- *Partizipation*: Die Beteiligung aller Betroffenen sollte eine Selbstverständlichkeit sein, bestenfalls bereits in der Analysephase, jedoch auf jeden Fall in der Konzeptions- und Umsetzungsphase von Veränderungsprojekten. Nur so lassen sich Widerstände früh erkennen und beseitigen sowie Mitarbeiter für das Projekt motivieren (vgl. Lauer 2010, S. 125 ff.).
- *Führung*: Das Persönlichkeitsprofil und der Führungsstil der an Veränderungsprojekten beteiligten Führungskräfte haben sich als erfolgsrelevant herausgestellt. Denn in unsicheren Zuständen wünschen sich Mitarbeiter klare Führung (vgl. Doppler u. a. 2014, S. 80). Wichtig sind dabei folgende Eigenschaften (vgl. Lauer 2010, S. 73 ff.):
  - initiierend (Veränderungsbereitschaft erzeugen und Orientierung während des Veränderungsprozesses vermitteln, z. B. auf Basis einer Vision) und
  - begleitend (Motivation aufrecht erhalten, den Veränderungsprozess effizient steuern).

  Da eine Führungskraft meist nicht alle Ausprägungen abdecken kann, ist auf den richtigen 'Mix' der die Veränderung initiierenden und begleitenden Führungskräfte zu achten.

- *Schlüsselpersonen*: In Veränderungsprojekten gilt besonders der Grundsatz, dass Prozesse über Personen laufen. Es ist unabdingbar, im Vorfeld zu prüfen, wer die potenziellen Verbündeten sein können, ob es wichtige Meinungsführer gibt, die die Mehrheit mitziehen können und wer in der Lage ist, den Veränderungsprozess zu leiten. Vieles kann im Projektverlauf geändert werden, Fehler in der Besetzung von Schlüsselfunktionen sind jedoch praktisch nicht mehr korrigierbar. Es gibt keinen effizienteren Weg, um Veränderungen in Gang zu bringen und erfolgreich zu verwirklichen, als die richtigen Mitarbeiter auszuwählen und in Schlüsselpositionen einzusetzen (vgl. Doppler u. a. 2014, S. 181 f.).

- *Emotionen*: Neben der formellen 'Oberwelt' existiert immer auch eine informelle 'Unterwelt' – nämlich im Bereich der Emotionen. Hier geht es um Verlust-, Versagensängste, Rivalitäten oder Unsicherheit. „Eine der häufigsten Ursachen für Fehlschläge bei Veränderungsprojekten liegt darin, dass Technokraten am Werk sind, die bei ihrer Planung alle technischen, strukturellen und ökonomischen Aspekte berücksichtigen – und alle menschlichen und zwischenmenschlichen Aspekte ebenso konsequent missachten." (Doppler/Lauterburg 2008, S. 172). Die wesentlichen Ansatzpunkte liegen meist im nicht sichtbaren, kaum zugänglichen Graubereich – in der informellen Struktur. Es existieren durchaus Methoden zur Analyse dieser informellen Strukturen, etwa das Kräftediagramm, das Soziogramm oder die Cliquenanalyse (vgl. Heiming/Jungkind 2014).

- *Widerstand*: „Widerstand ist der siamesische Zwilling von Veränderung, also eine völlig normale Reaktion der Betroffenen." (Doppler u. a. 2014, S. 11). Veränderungsprojekte scheitern nicht selten an diesen Widerständen. Besonders im mittleren Management, als Hierarchieebene 'zwischen oben und unten', ist dies oft ausgeprägt. Aufkommende Widerstände sind daher unbedingt rechtzeitig zu identifizieren und direkt konstruktiv anzusprechen (vgl. Lauer 2010, S. 41 ff.).

Abbildung 3.3.1 zeigt die Eignung der Checkliste Erfolgsfaktoren in Veränderungsprojekten im Rahmen der drei Strukturen.

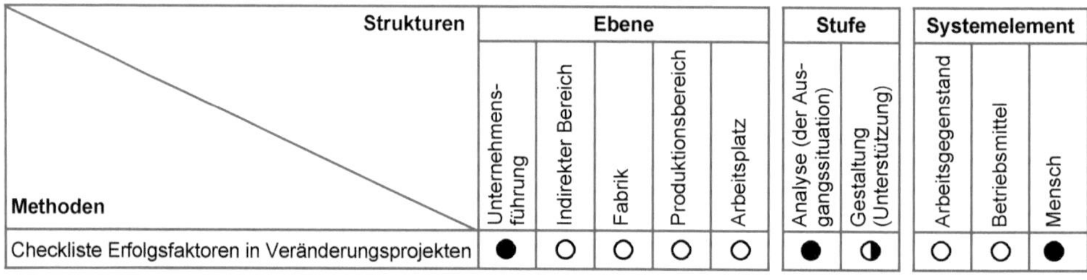

Strukturen / Methoden	Ebene					Stufe		Systemelement		
	Unternehmensführung	Indirekter Bereich	Fabrik	Produktionsbereich	Arbeitsplatz	Analyse (der Ausgangssituation)	Gestaltung (Unterstützung)	Arbeitsgegenstand	Betriebsmittel	Mensch
Checkliste Erfolgsfaktoren in Veränderungsprojekten	●	○	○	○	○	●	◑	○	○	●

○ Kein Zusammenhang ◑ Mittlerer Zusammenhang ● Direkter Zusammenhang

Abbildung 3.3.1: Einordnung der Checkliste Erfolgsfaktoren in Veränderungsprojekten in die drei Strukturen

Zweck

- Schwachstellen in der Führungs- und Projektorganisation zu Beginn von Prozessoptimierungsprojekten – anhand der Erfolgsfaktoren – analysieren, um sie vor Projektbeginn zu beseitigen bzw. abzumildern
- Veränderungsprojekte laufend dahingehend überprüfen, ob der Erfolg gefährdet ist

Typische Anwendungsfälle

- Als begleitende Methode im Rahmen von Veränderungsprojekten anwenden
- In der Konzeptions- und Umsetzungsphase der Einführung einer **Balanced Scorecard (BSC)** (Kap. 3.5) einsetzen

Vorgehensweise

Am Beispiel eines Herstellers von Büromöbeln, der zu einem Konzern gehört, wird der Einsatz der Checkliste Erfolgsfaktoren in Veränderungsprojekten beschrieben. Im betrachteten Unternehmen wird ein neues ERP-System implementiert. Seit etwa einem Jahr ist ein Projektteam installiert, das sich wie folgt zusammensetzt:

- zwei Projektleiter des Konzerns,
- ein Projektleiter des betreffenden Unternehmens sowie
- 10 Key User des betreffenden Unternehmens.

Im Projektverlauf treten immer wieder schwerwiegende Probleme auf, z. B. Interessensgegensätze der Key User, Stimmungsmacher im Hintergrund, starke Stimmungsschwankungen im Projektteam, Überforderung einzelner Projektteammitglieder oder mehrfache Abweichungen zum Projektplan, vor allem Terminverschiebungen (vgl. dazu auch Heiming/Jungkind 2014, S. 31 f.). Der Steuerkreis beabsichtigt durch den Einsatz der Checkliste Erfolgsfaktoren in Veränderungsprojekten, die wesentlichen Schwachstellen identifizieren zu lassen und Maßnahmen zur Beseitigung/Milderung einzuleiten.

1. **Analyse vorbereiten**

   Zunächst wird festgelegt, wer die Checkliste anwendet. Im Beispielunternehmen ist dies der unternehmensinterne Projektleiter, da er die Konzern- und Unternehmensstrukturen bestens kennt und die Fähigkeit besitzt, Abstand einnehmen zu können und wenig emotional zu sein.

   Es kann sehr sinnvoll sein, einen Externen mit der Durchführung der Analyse zu betrauen, um Neutralität sicherzustellen. In diesem Fall sind zahlreiche Gespräche mit allen Akteuren notwendig, um sich ein umfassendes Bild machen zu können.

   Danach werden die Mitglieder des Projektteams über die Anwendung der Checkliste informiert.

   Die Checkliste lässt sich auch ohne Integration der anderen Projektmitglieder einsetzen, um sich als Projektleiter einen strukturierten Überblick zur Situation zu verschaffen und eigene Schlüsse aus den Ergebnissen zu ziehen.

2. **Checkliste ausfüllen**

   Abbildung 3.3.2 zeigt die ausgefüllte Checkliste für das Beispielunternehmen. Das Ergebnis ist ernüchternd. Im oberen Teil finden sich die eher organisatorischen Erfolgsfaktoren, die vergleichsweise gut erfüllt sind.

   Problematischer wird es im mittleren und unteren Teil, in dem die zwischenmenschlichen Faktoren dominieren. Auf die Ergebnisse soll hier nicht im Detail eingegangen werden; eine Kommentierung findet sich unter *Bemerkungen*. Besonders auffällig ist, dass vor allem die 'weichen' Faktoren für den problematischen Projektverlauf verantwortlich waren und sind.

3. **Ergebnisse im Projektteam besprechen und Konsens erzielen**

   Die Ergebnisse werden nun allen Projektmitgliedern vorgestellt und gemeinsam besprochen. Hier ist Fingerspitzengefühl gefragt, denn wenn unter *Bemerkungen* allzu 'direkt' formuliert wird, kann das die zwischenmenschlichen Probleme noch verstärken und neue Fronten entstehen.

   Im Beispielunternehmen stellt der unternehmensinterne Projektleiter die Ergebnisse vor und erzielt nach längerer Diskussion einen Konsens.

4. **Ggf. Maßnahmen ergreifen**

   Das Projektteam erarbeitet nun – beginnend mit den rechts angekreuzten Faktoren (rote Ampelfarbe) – Maßnahmen zur Beseitigung bzw. Milderung der Schwachstellen.

   Die Ergebnisse der Analyse sowie die Vorschläge für Maßnahmen werden dem Steuerkreis vorgestellt und dort verabschiedet.

Ausgefüllter Vordruck

Checkliste Erfolgsfaktoren in Veränderungsprojekten		Erfassung	
Stand:	TT.MM.JJJJ	Projekt:	ERP-Einführung
Bearb.:	K. Reiter	Beteiligte:	F. Müller/K. Friedrich (Projektleitung Konzern)

Erfolgsfaktoren	Erläuterungen	Beurteilung/Berücksichtigung: Voll	Über-wiegend	Teil-weise	Ansatz-weise	Nicht	Bemerkungen
Projekt-organisation	Vorbereitung, Durchführung und Kontrolle/Verantwortlichkeiten/Ressourcen			X			Nur grobe Meilensteine vorhanden/Zeitplan kaum beachtet
Veränderungs-tempo	Projekttempo/Zeit zwischen Veränderungsprojekten		X				Angemessen
Projektleitung	Eignung/zeitliche Kapazität der Projektleitung				X		Kapazität der Projektleitung des Unternehmens für das Projekt: Ca. 30%
Beratung	Bei mangelnder Projekt-koordinierungskompetenz und/oder fehlenden Ressourcen			X			Keine externe Beratung: Kostspielige Systemein-stellungen in Eigenregie
Gemeinsame Ziele im Management	Gemeinsames Zielverständnis aller Beteiligten				X		Keine durchgängig vereinbarten Projektziele
Vision	Vorhandene Vision/Veränderungs-projekt unterstützt bei der Realisierung der Vision					X	Keine Vision vorhanden
Personal-entwicklung	Hauptakteure gezielt qualifizieren					X	Kaum ERP-Schulungen vorab für die Key User
Feedback	Feedback geben/Feedback einholen				X		Rauher Umgangston im Projekt/Feedbackregeln unbekannt
Ganzheitliches Denken und Handeln	Wechselbeziehungen zwischen Organsiationseinheiten/Funktionen					X	Projektleitung des Konzerns fokussiert den Vertrieb
Kommunikation	Zielgruppenorientiert/persönliche Gespräche/zeitnah und zeitgleich/Erfolge kommunizieren				X		Kaum organisierte Kommunikation/wenig bilaterale Gespräche
Partizipation	Beteiligung aller Betroffenen in der Analyse-, Konzeptions- und Umsetzungsphase			X			Nicht alle Key User sind hinreichend beteiligt
Führung	Initiierend/begleitend			X			Eher initiierend
Schlüsselpersonen	Verbündete/Meinungsführer/Leit-Personen			X			Verbündete und Meinungsführer sind weitgehend bekannt
Emotionen	Informelle Strukturen					X	Gefühlsausbrüche wegen Veränderung angestammter Verantwortungsbereiche
Widerstand	Besonders mittlere Führungs-ebene/rechtzeitige Identifizierung					X	Mitarbeiter mit Widerstand gegen das Projekt sind noch nicht klar identifiziert

Abbildung 3.3.2: Checkliste Erfolgsfaktoren in Veränderungsprojekten, eingesetzt im Rahmen eines ERP-Projekts bei einem Büromöbelhersteller

3.4 SWOT-Analyse

Kurzbeschreibung

Die **SWOT-Analyse** ist eine klassische Methode zum Aufdecken von Stärken und Schwächen sowie Chancen und Risiken eines Unternehmens. '**SWOT**' steht für '**S**trengths' (Stärken), '**W**eaknesses' (Schwächen), '**O**pportunities' (Chancen) und '**T**hreats' (Risiken) (vgl. Schuh/Kampker 2011, S. 117 f.).

Die Analyse der Chancen und Risiken wird eher dem *Umfeld* eines Unternehmens zugeordnet (Umfeldanalyse); dies betrifft z. B. Branchen, Märkte, Kunden oder Wettbewerber. Das *Unternehmen* selbst wird primär durch die Aufnahme der Stärken und Schwächen untersucht (Unternehmensanalyse), wie z. B. Maschinenpark, Mitarbeiterpotenzial, Auftragsabwicklungsprozesse oder interne Kommunikation (vgl. auch Dresselhaus/Jungkind 2014, S. 18 f.). Führt man die Analyseergebnisse zusammen, ergibt sich der strategische Handlungsbedarf (vgl. Dillerup/Stoi 2013, S. 271 ff.). Abbildung 3.4.1 zeigt, wie sich aus einer SWOT-Analyse spezifische Strategien ableiten lassen: S-O-Strategien sind ideal für ein Unternehmen, weil die eigenen Stärken für Chancen genutzt werden können. Im Falle der W-O-Strategien sollte das Unternehmen eigene Schwächen beseitigen bzw. reduzieren, indem es externe Chancen gezielt nutzt. S-T-Strategien dienen dazu, externe Risiken durch eigene Stärken abzuwehren bzw. abzumildern. W-T-Strategien sind notwendig, wenn eigene Schwächen und externe Risiken zusammentreffen; Schwächen sind abzubauen, damit Risiken nicht existenzbedrohend werden (vgl. Dillerup/Stoi 2013, S. 272).

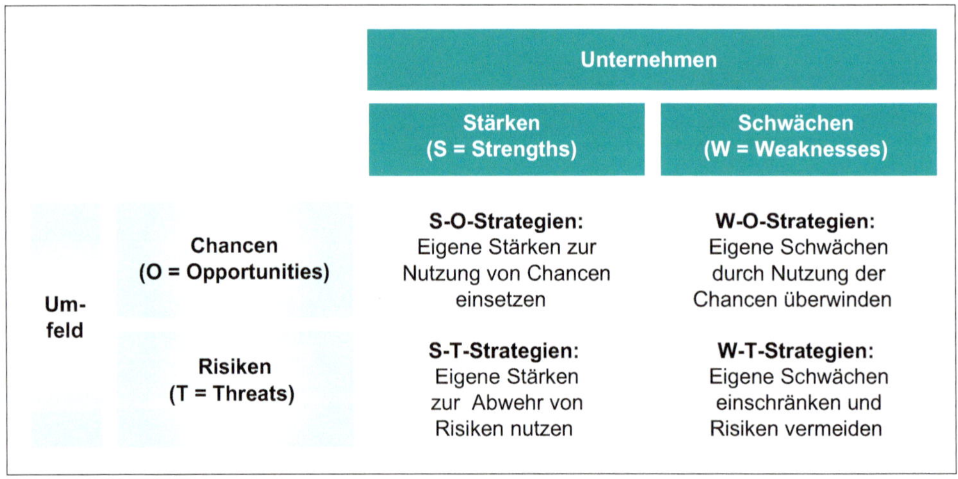

Abbildung 3.4.1: SWOT-Matrix (vgl. Macharzina/Wolf 2012, S. 347; Dillerup/Stoi 2013, S. 273)

Die im Folgenden beschriebene SWOT-Analyse stützt sich auf diese Grundlagen, jedoch werden hier die SWOT-Ergebnisse entsprechend der Dimensionen einer **Balanced Scorecard (BSC)** (Kap. 3.5) ausgewertet (vgl. Jungkind/Dresselhaus 2003, S. 197 f.). Es geht somit eher darum, Mitarbeiter einzubeziehen, deren Sicht auf das Unternehmen und das Umfeld kennenzulernen und wichtige Hinweise für die weiteren Schritte zu erhalten.

Abbildung 3.4.2 zeigt die Eignung der SWOT-Analyse im Rahmen der drei Strukturen.

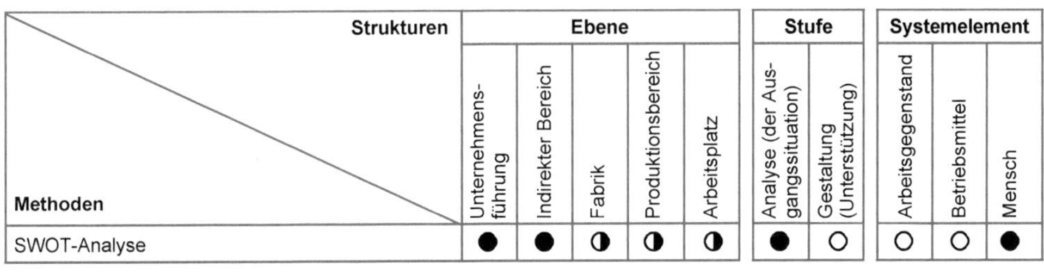

Strukturen / Methoden	Ebene					Stufe		Systemelement		
	Unternehmens-führung	Indirekter Bereich	Fabrik	Produktionsbereich	Arbeitsplatz	Analyse (der Aus-gangssituation)	Gestaltung (Unterstützung)	Arbeitsgegenstand	Betriebsmittel	Mensch
SWOT-Analyse	●	●	◑	◑	◑	●	○	○	○	●

○ Kein Zusammenhang ◑ Mittlerer Zusammenhang ● Direkter Zusammenhang

Abbildung 3.4.2: Einordnung der SWOT-Analyse in die drei Strukturen

Zweck

- Schnell einen Überblick zur Sicht von z. B. Geschäftsführung, Führungskräften, Fachkräften sowie des Betriebsrats in Bezug auf die Umwelt- und Unternehmenssituation erhalten
- Möglichst viele Betroffene in eine Analysephase einbeziehen

Typische Anwendungsfälle

- Wesentliche Basis für die Erarbeitung einer Balanced Scorecard (BSC) erhalten
- Einschätzung der Führungs- und Fachkräfte zur Unternehmensituation im Rahmen einer Potenzialanalyse gewinnen

Vorgehensweise

Am Beispiel eines Herstellers von Messgeräten mit ca. 100 Beschäftigten soll das Vorgehen zur Erstellung einer SWOT-Analyse erläutert werden (vgl. Jungkind u. a. 2004, S. 68 ff.). Die SWOT-Analyse soll im betrachteten Unternehmen als Basis für die Einführung einer Balanced Scorecard (BSC) dienen.

1. **Beteiligte auswählen und SWOT-Vordrucke verteilen**

   Für fast jeden Anwendungsfall hat es sich als sinnvoll erwiesen, möglichst Vertreter aus allen betrieblichen Hierarchieebenen sowie den Betriebsrat in die Analyse einzubeziehen. Im vorliegenden Fall wird die Geschäftsführung, der Führungskreis (einschließlich Meister), ausgewählte engagierte Mitarbeiter aus dem Gewerblichen- und Angestelltenbereich sowie ein Betriebsratsmitglied integriert. Um Offenheit bei den Beteiligten zu fördern, ist die Durchführung und Auswertung der Analyse durch einen Externen in Betracht zu ziehen, wie auch im Beispielunternehmen geschehen. Zudem muss Anonymität zugesichert werden.

   Wenn die Blanko-SWOT-Vordrucke verteilt werden, ist kurz zu erläutern, wie sie auszufüllen, wann und wo die Vordrucke abzugeben sind und wie die Auswertung ablaufen wird.

Beim Ausfüllen ist darauf zu achten, dass die Beteiligten

- den zur Verfügung stehenden Platz (max. 10 Nennungen je Feld) nicht überschreiten,
- Nennungen stichwortartig sowie möglichst konkret und prägnant eintragen und
- leserlich schreiben.

2. **Ausgefüllte SWOT-Vordrucke auswerten**

Nach max. einer Woche sind die ausgefüllten Vordrucke einzusammeln. Abbildung 3.4.3 zeigt ein Beispiel aus dem betrachteten Unternehmen, das von einer Führungskraft erstellt worden ist.

Nun werden, entsprechend der Balanced Scorecard-Dimensionen (hier: Finanzen, Markt und Kunden, Produkte, (interne) Prozess sowie Mitarbeiter und Führung), alle ausgefüllten SWOT-Vordrucke ausgewertet. Dazu sind, analog zu den Balanced Scorecard-Dimensionen, fünf Vordrucke vorzubereiten und dort die jeweils passenden Nennungen einzutragen.

Abbildung 3.4.4 zeigt für das betrachtete Unternehmen die Auswertung für die Dimension Markt und Kunden. Es ist darauf zu achten, dass die Nennungen jeweils nur *einer* Dimension zugeordnet werden. Dies ist manchmal schwierig und erfordert klare Entscheidungen. In den Auswertevordrucken sind ähnliche Nennungen zusammenzufassen und, wie in Abbildung 3.4.4 dargestellt, mit Strichen zu vermerken. Zur Priorisierung und Übersichtlichkeit sollten lediglich ähnliche Nennungen von mehr als zwei Beteiligten berücksichtigt werden; Nennungen von nur einer Person oder ähnliche von zwei Personen sollten nicht aufgeführt werden.

Zum Schluss sind die Nennungen je Feld – entsprechend der Anzahl der Striche – in eine Rangfolge zu bringen.

Nun können weitere Auswertungen erfolgen. Abbildung 3.4.5 zeigt die Verteilung der Nennungen entsprechend der vier Felder des SWOT-Vordrucks. Im betrachteten Unternehmen nennen die Beteiligten relativ viele Stärken; dies ist eher ungewöhnlich, denn meist dominieren die Schwächen. In dem Unternehmen diskutiert die Geschäftsführung sehr häufig mit dem Führungskreis das Unternehmensumfeld, was sich in einer relativ hohen Zahl an Nennungen im Bereich der Chancen zeigt.

Eine weitere Möglichkeit der Auswertung zeigt Abbildung 3.4.6. Hier erfolgt für die vier Felder des SWOT-Vordrucks eine Auswertung nach den fünf Balanced Scorecard-Dimensionen. Beispielsweise wird bei den Stärken für die Dimension Produkte das breite Angebotsportfolio als besonders positiv herausgestellt. Andererseits stellt die Dimension Produkte die gravierendste Schwäche dar; bemängelt werden fehlende Produktinnovationen, kaum Gleichteile in den Produkten oder wenig Alleinstellungsmerkmale. Vor dem Hintergrund der Schwächen werden für die Dimension Produkte jedoch klare Chancen gesehen, verbunden mit wenig Risiken.

3. **Ergebnisse vorstellen und diskutieren**

   Die Ergebnisse entsprechend Abbildungen 3.4.4 bis 3.4.6 sind den Beteiligten vorzustellen. In der Diskussion können Nennungen korrigiert werden, falls diese nicht 'treffsicher' formuliert sind. Abschließend ist ein Konsens zu erzielen.

   Die Ergebnisse stellen nun die Basis für die weiteren Aktivitäten dar. Im Falle des betrachteten Unternehmens dienen sie zur Einführung einer Balanced Scorecard (BSC).

Ausgefüllte Vordrucke

SWOT-Analyse		**SWOT-Vordruck**	
Stand:	TT.MM.JJJJ	Bereich:	Unternehmen gesamt
Bearb.:	J. Bauer		

	Stärken		**Schwächen**
1	Eigenständigkeit des Unternehmens	1	Wenig Export
2	Innovationsbereitschaft	2	Zu stark auf dt. Markt fixiert
3	Maschinenpark	3	Schlechte Liefertermintreue
4	Kundennähe	4	Keine ausreichenden Marktprognosen
5	Flexibel gegenüber Kundenwünschen	5	
6	Gutes Image	6	
7	Flache Hierarchie	7	
8	Gutes Betriebsklima	8	
9		9	
10		10	
	Chancen		**Risiken**
1	Neue Märkte erschließen	1	Wettbewerb wird stärker
2	Kundenbindung stärken	2	Abhängigkeit von Großkunden steigt
3	Qualität des Außendienstes verbessern	3	Firmenzusammenschlüsse
4	Führen mit Kennzahlen	4	Ertragsverlust
5	Mitarbeiter gezielt qualifizieren	5	
6		6	
7		7	
8		8	
9		9	
10		10	

Abbildung 3.4.3: Ausgefüllter SWOT-Vordruck (Beispiel Führungskraft eines Messgeräteherstellers)

SWOT-Analyse	**Auswertung für die Dimension 'Markt und Kunden' (≥ 3 ähnliche Nennungen)**		
Stand:	TT.MM.JJJJ	Bereich:	Unternehmen gesamt
Bearb.:	J. Bauer	Beteiligte:	Geschäftsführung, Führungskreis/Meister, P. Stenzel, H. Neumann, K. Pflüger, G. Hoppe, K. Lorenz

	Stärken			**Schwächen**	
1	Kundennähe	~~IIII~~ I	1	Geringe Exportquote	IIII
2	Hohe Flexibilität ggü. Kundenwünschen	~~IIII~~	2	Kaum Markt-/Kundenanalysen	III
3	'Ohr' am Marktgeschehen	IIII	3	Schwacher Service	III
4	Lange Kundenbindung	III	4		
5	Gutes Image	III	5		
6			6		
7			7		
8			8		
9			9		
10			10		
	Chancen			**Risiken**	
1	Märkte in Asien erschließen	~~IIII~~ II	1	Mehr Wettbewerber	~~IIII~~ II
2	Kundenbindung erhöhen	~~IIII~~	2	Erneuter Markteinbruch durch Krisen	~~IIII~~
3	Qualität des Außendienstes erhöhen	III	3	Verlust der engen Kundenbindung	III
4			4	Firmenzusammenschlüsse	III
5			5		
6			6		
7			7		
8			8		
9			9		
10			10		

Abbildung 3.4.4: Auswertung aller SWOT-Vordrucke für die Dimension Markt und Kunden eines Messgeräteherstellers
Anm.: Einzelnennungen oder ähnliche von zwei Personen sind nicht aufgeführt

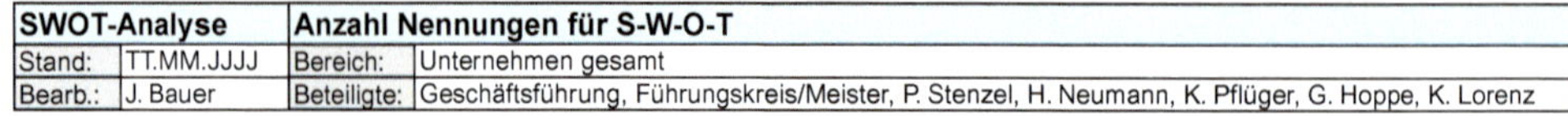

SWOT-Analyse		Anzahl Nennungen für S-W-O-T	
Stand:	TT.MM.JJJJ	Bereich:	Unternehmen gesamt
Bearb.:	J. Bauer	Beteiligte:	Geschäftsführung, Führungskreis/Meister, P. Stenzel, H. Neumann, K. Pflüger, G. Hoppe, K. Lorenz

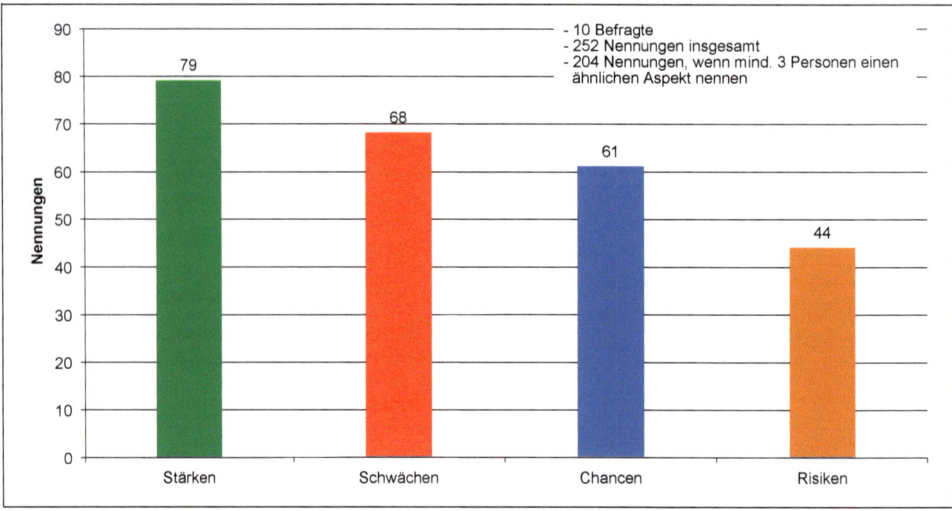

Abbildung 3.4.5: Auswertung der Anzahl Nennungen für Stärken, Schwächen, Chancen und Risiken eines Messgeräteherstellers

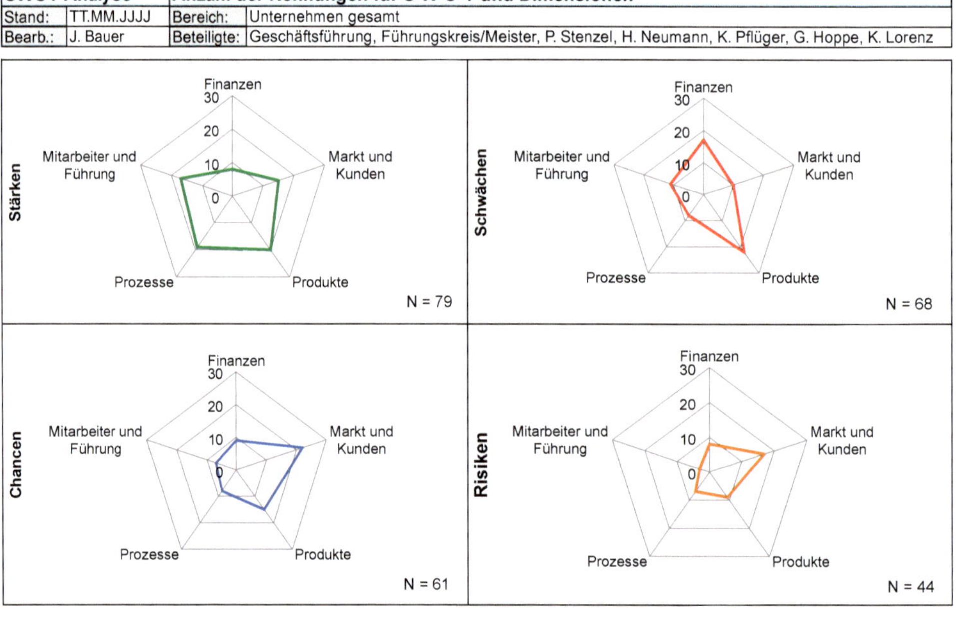

SWOT-Analyse		Anzahl der Nennungen für S-W-O-T und Dimensionen	
Stand:	TT.MM.JJJJ	Bereich:	Unternehmen gesamt
Bearb.:	J. Bauer	Beteiligte:	Geschäftsführung, Führungskreis/Meister, P. Stenzel, H. Neumann, K. Pflüger, G. Hoppe, K. Lorenz

Abbildung 3.4.6: Auswertung der Anzahl Nennungen für Stärken, Schwächen, Chancen und Risiken sowie Dimensionen eines Messgeräteherstellers

3.5 Balanced Scorecard (BSC)

Kurzbeschreibung

Klassische Kennzahlensysteme, wie das Du-Pont-Schema, fokussieren fast ausschließlich die finanziellen Aspekte eines Unternehmens. Sie sind i. d. R. vergangenheitsorientiert und machen daher negative Entwicklungen im Betriebsergebnis erst mit Zeitverzug sichtbar. Vor dem Hintergrund dieser Eindimensionalität traditioneller Kennzahlensysteme entwickelten Kaplan/Norton zusammen mit zwölf US-amerikanischen Unternehmen in den 1990er-Jahren ein System, die **Balanced Scorecard (BSC)**, das die finanzielle Dimension um eine Kundendimension, interne Geschäftsprozessdimension sowie Lern- und Entwicklungsdimension ergänzt (vgl. Kaplan/Norton 1997, S. 24 ff.; Weber/Schäffer 2000, S. 2 f.). Diese vier Dimensionen sind nach dem Ursache-Wirkungs-Prinzip miteinander verknüpft. In der Dimension Finanzen können beispielsweise der Unternehmenserfolg sowie die Zufriedenheit von Investoren im Vordergrund stehen. Dafür sind zufriedene Bestandskunden und eine gute Neukundenakquise in der Dimension Kunden relevant. Dies kann wiederum nur erreicht werden, wenn in der Dimension der internen Geschäftsprozesse kurze Durchlaufzeiten und ein hoher Liefergrad gewährleistet sind. Diese Prozesse hängen ihrerseits von der Qualifikation und Motivation der Mitarbeiter in der Dimension Lernen und Entwicklung ab (vgl. dazu auch Kaplan/Norton S. 28 ff.).
Das BSC-System hat folgende Vorteile (vgl. Jungkind/Dresselhaus 2003):

- Es ist durchgängig angelegt (von der Vision über Unternehmensgrundsätze, Unternehmensziele, Bereichs-/Abteilungsziele bis hin zu Gruppenzielen).
- Es werden sowohl finanzielle als auch nicht-finanzielle Kennzahlen einbezogen (ergebnis-, prozessorientiert und zielgerichtet).
- Es ist für alle Mitarbeiter nachvollziehbar, denn alle 'ziehen am selben Strang', da die Kennzahlen möglichst durchgängig verwendet werden (Unternehmensziele = Bereichs-/Abteilungsziele = Gruppenziele).
- Interne und externe Benchmarkings sind möglich.
- Es kann als ein Instrument zur Verbesserung der Führungsqualität gesehen werden (Planung, Kontrolle, Delegation von Verantwortung und Kompetenzen, Gestaltung von Anreizsystemen).
- Es verknüpft die strategische mit der operativen Planung.

Abbildung 3.5.1 zeigt die Eignung der BSC im Rahmen der drei Strukturen.

Strukturen / Methoden	Ebene					Stufe		Systemelement		
	Unternehmens-führung	Indirekter Bereich	Fabrik	Produktionsbereich	Arbeitsplatz	Analyse (der Aus-gangssituation)	Gestaltung (Unterstützung)	Arbeitsgegenstand	Betriebsmittel	Mensch
Balanced Scorecard (BSC)	●	○	○	○	○	●	●	○	○	●

○ Kein Zusammenhang ◑ Mittlerer Zusammenhang ● Direkter Zusammenhang

Abbildung 3.5.1: Einordnung der BSC in die drei Strukturen

Zweck

- Mittels eines umfassenden Ziel- und Führungsinstruments den strategischen Managementprozess unterstützen
- Die Realisierung von Visionen und Unternehmensgrundsätzen ermöglichen
- Möglichst alle betrieblichen Funktionsbereiche bzw. ihre Mitarbeiter einbeziehen, um eine hohe Mitarbeitermotivation und -identifizierung mit dem Unternehmen zu erreichen (vgl. Ehrmann 2006, S. 12 ff.; REFA 2011, S. 31)

Typische Anwendungsfälle

- Die strategische Ausrichtung eines Unternehmens im Zuge einer Reorganisation unterstützen
- Hilfsmittel, um das Führen mit Zielen zu praktizieren

Vorgehensweise

Am Beispiel eines mittelständischen Messgeräteherstellers sollen die wesentlichen Schritte und Hilfsmittel zur Erarbeitung einer BSC erläutert werden. Die vorliegende Literatur stellt primär die Hintergründe und Zusammenhänge zur BSC dar; es finden sich kaum Hinweise, wie eine BSC konkret in ein Unternehmen implementiert werden kann. In der **Fallstudie Balanced Scorecard als Führungs- und Zielsystem** (Kap. 4.2) sind der Erarbeitungs- und Implementierungsprozess ausführlich dargestellt. Im Folgenden soll die BSC im engeren Sinn erläutert werden. Das betrachtete Unternhemen ist in Bereiche strukturiert.

1. **Beteiligte auswählen, die die BSC erarbeiten werden**

   Zur Erarbeitung einer BSC sind Geschäftsführung, Führungskräfte, engagierte Mitarbeiter sowie Betriebsratsmitglieder zu beteiligen.

   Es ist sinnvoll, die Gesamtzahl von 20 Personen nicht zu überschreiten, damit der Erarbeitungsprozess noch gesteuert werden kann. Eine externe Moderation ist dabei sinnvoll.

2. **Input für das BSC-System aus der Analyse der 'Bedrohungen' ableiten**

   Als Basis für die Erarbeitung einer BSC sind zu nutzen:

   - eine Analyse der 'Bedrohungen' für das Unternehmen, auch als Umfeld- und Eigensituationsanalyse bezeichnet (vgl. Weissman 2006, S. 43 ff. und S. 79 ff.); dies können die Schwächen und Risiken aus einer **SWOT-Analyse** (Kap. 3.4) sowie zusätzlicher Fachinput aus den Bereichen sein sowie
   - die daraus abgeleitete Vision sowie die Unternehmensgrundsätze (**Checklisten Vision und Unternehmensgrundsätze**) (Kap. 3.6).

   Diese vorgeschalteten Schritte sind in der Methode SWOT-Analyse sowie in der Fallstudie Balanced Scorecard als Führungs- und Zielsystem beschrieben.

   Die Geschäftsführung muss zudem die Möglichkeit haben, Basisvorgaben einzubringen, die unbedingt mit einzubeziehen sind.

   Auf dieser Grundlage kann nun die Erarbeitung der BSC erfolgen. Die Erfahrungen der Autoren aus zahlreichen BSC-Projekten zeigen, dass es sinnvoll ist, die ursprünglich vier Dimensionen (Finanzen, Kunden, interne Geschäftsprozesse sowie Lernen und Entwicklung) um die Dimension Produkte zu erweitern und sie wie folgt zu benennen (vgl. Jungkind/Dresselhaus 2003):

   - Finanzen,
   - Markt und Kunden,
   - Produkte,
   - (interne) Prozesse sowie
   - Mitarbeiter und Führung.

3. **Teams zur Erarbeitung der Unternehmensziele bilden**

   Für jede der fünf Dimensionen wird aus der Gruppe der Beteiligten jeweils ein Team zusammengestellt. Dabei ist zu beachten: maximal fünf Mitglieder je Team, bereichsübergreifend (interdisziplinär) besetzt, Integration der Geschäftsführungsmitglieder als *gleichberechtigte* Beteiligte, jedes Team wählt ein Mitglied für die Teammoderation.

   Die Teammoderatoren sollten zuvor in der Moderationsmethode geschult werden. Es gelten folgende Regeln für die Moderation:

   - Statements einzelner Beteiligter sind nicht zulässig,
   - das Zeitmanagement und die Ergebnisorientierung sind unbedingt zu beachten und
   - für Entscheidungen gilt: 1. Konsens; wenn dies nicht möglich ist, 2. Mehrheitsentscheidung.

4. **Unternehmensziele auswählen**

   Die für die jeweilige Dimension relevanten 'Bedrohungen' für das Unternehmen, Kernaussagen zur Vision und zu den Unternehmensgrundsätzen sowie die Basisvorgaben der Geschäftsführung sind in jedem Team als Grundlage heranzuziehen.

In einem Brainstorming werden mittels Moderationskarten mögliche Unternehmensziele für die Dimension zusammengetragen (vgl. Abbildung 3.5.2).

Die zu erarbeitenden Unternehmensziele sollten **SMART** sein:

- **S**peziell (konkret, auf viele Bereiche übertragbar, nicht zu viele Ziele: max. zwei je Dimension),
- **M**essbar,
- **A**nforderungsgerecht (stimmig mit der Vision/den Unternehmensgrundsätzen, für alle nachvollziehbar),
- **R**ealistisch (voll beeinflussbar, reproduzierbar, geringer Erhebungsaufwand) und
- **T**ermingerecht (monatliche, wöchentliche oder tägliche Aktualisierung und Abrufbarkeit).

Zur Priorisierung fixiert jedes Teammitglied Klebepunkte auf die von ihm als besonders relevant eingeschätzten Zielgrößen. Je nach Anzahl der Moderationskarten erhält jedes Teammitglied vier bis sechs Klebepunkte (vgl. Abbildung 3.5.2).

Danach werden die priorisierten Zielgrößen auf ein vorbereitetes Flipchart geschrieben (vgl. Abbildung 3.5.3, hier bereits in den Vordruck übertragen). Soweit möglich, werden die Kernaussagen der Vision und der Unternehmensgrundsätze sowie Kennzahlen, Messgrößen und die Werte des vorangegangenen Geschäftsjahres zugeordnet.

Die Teams stellen ihre Ergebnisse im Plenum vor.

In einer sog. Beeinflussbarkeitsmatrix kann nun überprüft werden, welcher Bereich welche Zielgröße beeinflussen kann (vgl. Abbildung 3.5.4). Hier sollten Zielgrößen ausgewählt werden, die z. B.

- von vielen Bereichen beeinflussbar sind, denn dann ist der Effekt besonders groß,
- schnell und mit wenig Aufwand umzusetzen sind und
- sehr deutlich zur Realisierung der Vision/Unternehmensgrundsätze beitragen.

5. **Zielvereinbarungen durchführen**

Nun werden den Unternehmenszielgrößen Vergangenheitswerte (vom letzten Geschäftsjahr) zugeordnet und Werte für das kommende Geschäftsjahr festgelegt.

Die Unternehmensziele werden danach auf Bereichsebene 'heruntergebrochen', mit den Führungskräften auf Basis der Vergangenheitswerte für das anstehende Geschäftsjahr vereinbart und in Form von Zielgraphen visualisiert (vgl. Abbildung 3.5.5).

6. **BSC-Zielerreichung kommunizieren**

In jedem Bereich wird eine Informationstafel/-wand installiert, an der die Zielgraphen auszuhängen sind.

Jede Führungskraft informiert regelmäßig (z. B. einmal pro Woche) alle Mitarbeiter an der Informationstafel/-wand über den Stand der Zielerreichung und legt in Abstimmung mit den Mitarbeitern Maßnahmen fest. Diese Maßnahmen werden an der Informationstafel/-wand dokumentiert.

Darüber hinaus lädt die Geschäftsführung jedes Quartal alle Führungskräfte zu einem Workshop ein. Jede Führungskraft berichtet hier in Kurzform über den Stand der Zielerreichung anhand der Zielgraphen. Zudem wird gemeinsam vereinbart, ob Zielgrößen verändert oder welche Maßnahmen bei gravierenden Zielabweichungen ergriffen werden müssen.

Ausgefüllte Vordrucke

Balanced Scorecard (BSC)		Unternehmensziele 'Markt/Kunden'	
Stand:	TT.MM.JJJJ	Bereich:	Unternehmen gesamt
Bearb.:	J. Bauer	Beteiligte:	K. Lorenz, P. Meier, A. Müller, K. Pflüger, R. Schäfer

Unter-nehmensziele "Markt und Kunden"
Umsätze mit Neukunden ↑
Akquise von Neukunden ↑
Strategische Marktbearbeitung ↑
Qualität der Wettbewerbsanalysen ↑
Sich in Richtung "Problemlöser" entwickeln
Problemlösungskompetenz ↑
Aufnehmen von Kundenanforderungen ↑
Beratungskompetenz der Außendienstmitarbeiter ↑
Exportquote ↑
1 neues Land pro Jahr erschließen
Kunden-Lieferanten-Verhältnis ↑
Verhältnis zu größeren Kunden ↑
"Pflege" von Bestandskunden ↑
Kundenbindung ↑
Reklamationsquote ↓
Liefertermintreue ↑
Qualität (Produkt) ↑
Variantenvielfalt ↓
Neuentwicklungen schnell auf den Markt bringen
Attraktivität des Internetauftritts ↑

Abbildung 3.5.2: Brainstorming zu Unternehmenszielen der Dimension Markt und Kunden für einen Messgerätehersteller

Balanced Scorecard (BSC)		Unternehmenszielgrößen 'Markt/Kunden'	
Stand:	TT.MM.JJJJ	Bereich:	Unternehmen gesamt
Bearb.:	J. Bauer	Beteiligte:	K. Lorenz, P. Meier, A. Müller, K. Pflüger, R. Schäfer

Unternehmensziele 'Markt/Kunden'

Team: K. Lorenz, P. Meier, A. Müller, K. Pflüger, R. Schäfer

Vision/Unter-nehmensgrundsatz	Zielgröße	Kennzahl	Messgröße (Bezug: Tag, Woche, Monat, Jahr)		Ist Vorjahr
Profitables Wachstum	Umsatz	Neukunden-gewinnung	Anzahl Neukunden (Umsatz > 50.000 €)	Stück	15
		Exportumsatz	$\frac{\text{Exportumsatz} \cdot 100}{\text{Gesamtumsatz}}$	%	22
Kundenzufriedenheit	Liefertreue	Liefertermin-treue	$\frac{\text{Pünktliche Lieferungen} \cdot 100}{\text{Gesamtlieferungen}}$	%	13
	Reklamationen	Reklamations-quote	⌀ $\frac{\text{Reklamierte Produkte} \cdot 100}{\text{Insgesamt ausgelieferte Produkte}}$	%	13

Abbildung 3.5.3: Ausgewählte Unternehmenszielgrößen der Dimension Markt und Kunden sowie Zuordnung von möglichen Kennzahlen und Messgrößen für einen Messgerätehersteller

Balanced Scorecard (BSC)		**Beeinflussbarkeitsmatrix**	
Stand:	TT.MM.JJJJ	Bereich:	Unternehmen gesamt
Bearb.:	J. Bauer	Beteiligte:	Geschäftsführung, Führungskreis/Meister, H. Neumann, K. Pflüger

Dimension	**Vision/ Unternehmensgrundsatz**	**Zielgröße**	**Kennzahl**	**Messgröße** (Bezug: Tag, Woche, Monat, Jahr)		Vertrieb	Entwicklung	Einkauf	Produktion	Qualitätssicherung	Verwaltung
Finanzen	Wirtschaftlichkeit	Rentabilität	Umsatzrentabilität	$\frac{\text{Betriebsergebnis} \cdot 100}{\text{Umsatz}}$	%						
		Produktivität	Mitarbeiterumsatz	$\frac{\text{Umsatz}}{\text{Mitarbeiter}}$	$\frac{€}{\text{Mitarbeiter}}$						
		Personalkosten	Personalkostenquote	$\frac{\text{Personalkosten} \cdot 100}{\text{Umsatz}}$	%						
		Materialkosten	Materialkostenquote	$\frac{\text{Materialkosten} \cdot 100}{\text{Umsatz}}$	%						
		Betriebskosten	Instandhaltungskostenquote	$\frac{\text{Instandhaltungskosten} \cdot 100}{\text{Umsatz}}$	%						
		Eigenkapital	Eigenkapitalkostenquote	$\frac{\text{Eigenkapital} \cdot 100}{\text{Gesamtkapital}}$	%						
Markt/ Kunden	Profitables Wachstum	Umsatz	Neukundengewinnung	Anzahl Neukunden (> 50.000 €)	Stück						
			Exportumsatzquote	$\frac{\text{Exportumsatz} \cdot 100}{\text{Gesamtumsatz}}$	%						
	Kundenzufriedenheit	Liefertreue	Liefertermintreue	$\frac{\text{Pünktliche Lieferungen} \cdot 100}{\text{Gesamtlieferungen}}$	%						
		Reklamationen	Reklamationsquote	$\varnothing\ \frac{\text{Reklamierte Produkte} \cdot 100}{\text{Insgesamt ausgelieferte Produkte}}$	%						
Produkte	Wirtschaftlichkeit	Umsatz pro Produkt	Variantenvielfalt	Anzahl neuer Varianten	Stück						
			Produktfamilien	Anzahl neuer Produktfamilien	Stück						
	Hochwertige Produkte	Lieferanten	Klassifizierungen	Auditnote	ohne Einheit						
Prozesse	Prozessoptimierung	Auftragsabwicklung	Durchlaufzeit	Zeitpunkt der Auslieferung - Zeitpunkt der Anfrage (gemittelt über n Aufträge)	Tage						
		Auftragsänderungen	Eingriffe	Anzahl Korrekturen je Auftrag (ggf. gemittelt über n Aufträge)	Stück						
		KVP	Verbesserungsvorschläge	$\frac{\text{Umgesetzte Verbesserungen}}{\text{Mitarbeiter}}$	$\frac{\text{Stück}}{\text{Mitarbeiter}}$						
Mitarbeiter/ Führung	Mitarbeiterorientierung	Mitarbeiterentwicklung	Jahresgespräche	$\frac{\text{Jahresgespräche} \cdot 100}{\text{Mitarbeiter}}$	%						
			Qualifikationsgrad	$\frac{\text{Qualifizierte Mitarbeiter Ist}}{\text{Qualifizierte Mitarbeiter Soll}}$	ohne Einheit						

Stark/voll beeinflussbar | Teilweise beeinflussbar | Nicht/kaum beeinflussbar

Abbildung 3.5.4: Beeinflussbarkeitsmatrix für die erarbeiteten Unternehmenszielgrößen für einen Messgerätehersteller

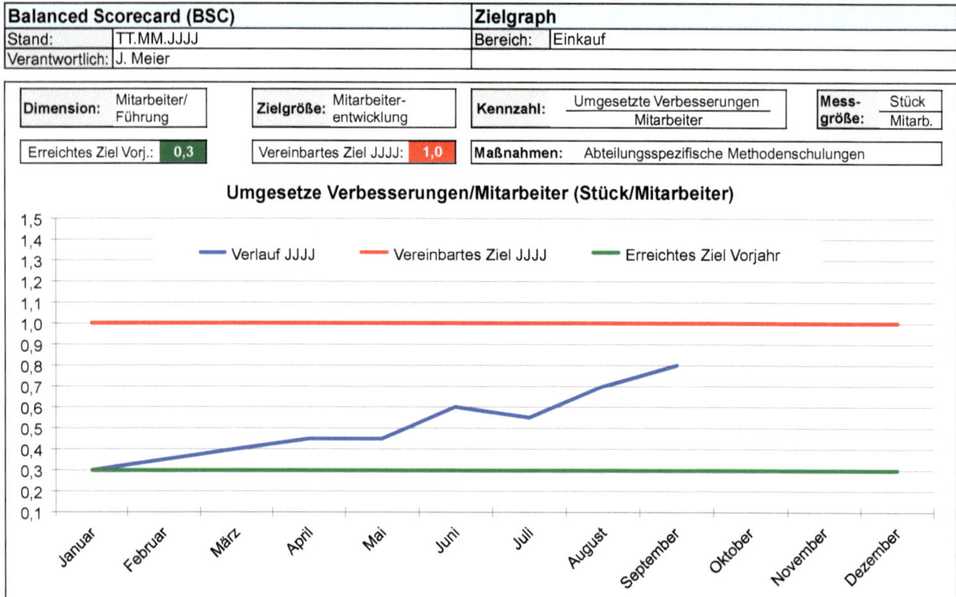

Abbildung 3.5.5: Beispiel für einen Zielgraphen (mit eingezeichnetem Verlauf in JJJJ) für einen Messgerätehersteller

3.6 Checklisten Vision und Unternehmensgrundsätze

Kurzbeschreibung

Im Bereich der Unternehmensführung bilden Vision, Unternehmensgrundsätze und Unternehmensziele die wesentliche Basis. Abbildung 3.6.1 zeigt den Zusammenhang.

An oberster Stelle des strategischen Managements steht die Vision. Sie ist als Ursprung und Leitidee unternehmerischer Tätigkeit zu verstehen, gibt dem Unternehmen Zukunft sowie Richtung und zeigt, woran alle weiteren Aktivitäten ausgerichtet sein sollten (vgl. Gausemeier/Plass 2014, S. 12 f.; Hungenberg 2014, S. 418). Betrachtet man strategisches Management als eine 'Reise', auf die sich ein Unternehmen begibt, eignet sich Abbildung 3.6.2 zusätzlich sehr gut zur Visualisierung. Hier wird die Vision als Abendsonne am Horizont symbolisiert. In diesem Zusammenhang wird auch oft von Unternehmensphilosophie gesprochen (vgl. Camphausen 2003, S. 18). Eine Vision kann neben der langfristigen Ausrichtung (5 bis 10 Jahre) auch Grundhaltungen, Werte und Ideale des Unternehmens und der Führungskräfte widerspiegeln (vgl. VDI 2870-1 2012, S. 7).

In der nächsten Ebene nach Abbildung 3.6.1 folgen die Unternehmensgrundsätze, auch als Mission oder Unternehmensleitlinie bezeichnet (vgl. Hungenberg 2014, S. 420). Sie dienen der Umsetzung der Vision und sind eher auf den Unternehmenszweck, die Kompetenzen und die Unternehmenswerte gerichtet, beschreiben also z. T. auch Verhaltensgrundsätze nach innen und nach außen (vgl. Hungenberg 2014, S. 420). Die Unternehmensgrundsätze stellen die Verbindung zwischen Vision und Unternehmenszielen dar und sind mittelfristig (3 bis 5 Jahre) angelegt (vgl. Weissman 2006; S. 35). In Abbildung 3.6.2 stehen dafür die Leitpfosten auf der Straße zur Vision. Diese Leitpfosten sind in größerer Entfernung nicht mehr sichtbar; dies soll die Mittelfristigkeit von Unternehmensgrundsätzen symbolisieren.

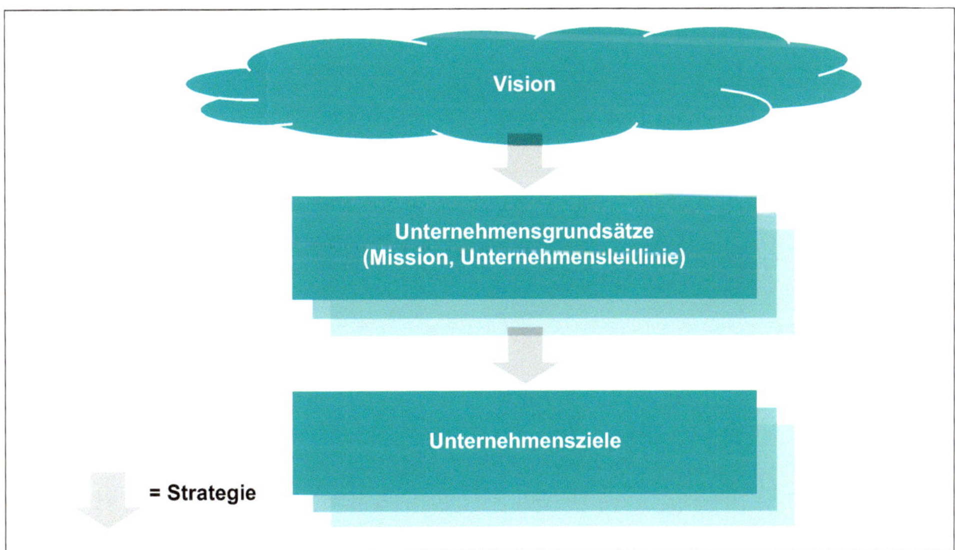

Abbildung 3.6.1: Hierarchie in der strategischen Unternehmensführung (in Anlehnung an Bea/Haas 1997, S. 61; Camphausen 2003, S. 18; Weissman 2006, S. 32 ff.; Hungenberg 2014, S. 420)

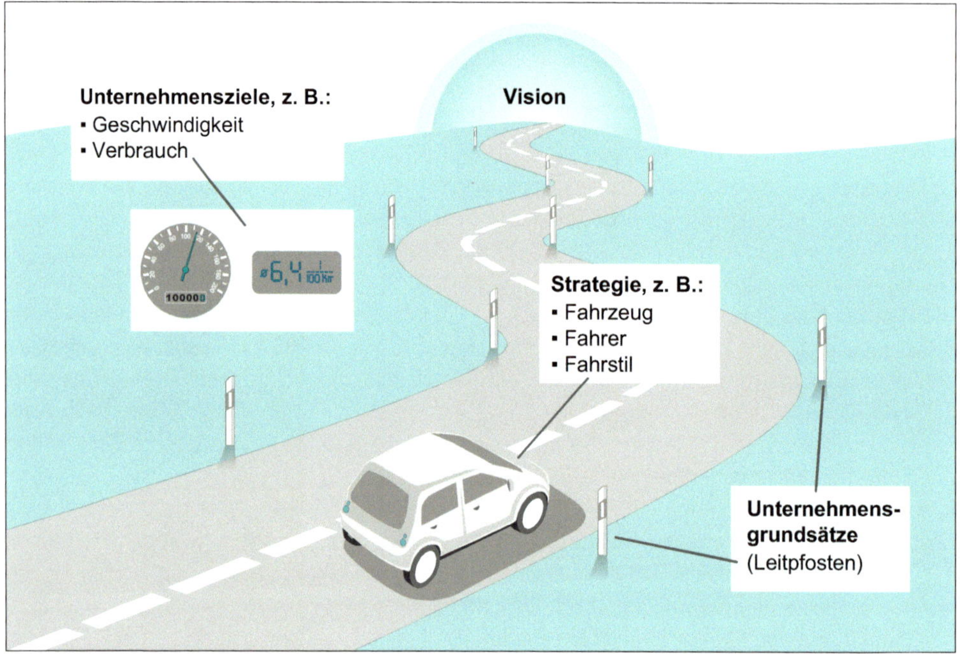

Abbildung 3.6.2: Zusammenhang zwischen Vision, Unternehmensgrundsätzen, Unternehmenszielen und Strategie

Die Konkretisierung folgt in der nächsten Ebene nach Abbildung 3.6.1 mit den Unternehmenszielen, die aus der Vision und den Unternehmensgrundsätzen abzuleiten sind. Diese Ziele werden i. d. R. jährlich vereinbart, wie etwa Geschwindigkeit oder Verbrauch in Abbildung 3.6.2.

Strategie wird in der einschlägigen Literatur sehr unterschiedlich definiert. Hier wird Strategie in Anlehnung an Mintzberg (1987, S. 11 ff.) als Weg oder beabsichtigte grundsätzliche Vorgehensweise zum Erreichen eines angestrebten Sollzustands verstanden (vgl. Horvath & Partners 2004, S. 41 f.), *wie* also Vision, Unternehmensgrundsätze und Unternehmensziele erreicht werden sollen (Pfeil in Abbildung 3.6.1). Dies kann z. B. mittels einer **Balanced Scorecard (BSC)** (Kap. 3.5) unterstützt werden, denn sie hilft, ein internes Commitment zur Strategie zu erreichen und die Strategie zu kommunizieren. Sie ermöglicht erst ein strategiefokussiertes Unternehmen (vgl. Kaplan/Norton 1997, S. 13; Weber/Schäffer 2000, S. 45; Horvath & Partners 2004, S. 43). In Abbildung 3.6.2 sind diesbezüglich Fahrzeug, Fahrer oder Fahrstil aufgeführt.

Aus der Analyse der einschlägigen Literatur zu Definitionen und Erfolgskriterien für Visionen und Unternehmensgrundsätze sind die beiden **Checklisten Vision und Unternehmensgrundsätze** abgeleitet worden (vgl. auch Dresselhaus/Jungkind 2003, S. 22; Hungenberg 2004, S. 418 ff.; Weissman 2006, S. 27 ff.; Schuh/Kampker 2011, S. 66 ff.; Barrett 2016, S. 70 ff.).

Diese Checklisten können als Orientierung dienen, Visionen und Unternehmensgrundsätze zu erstellen oder bestehende zu überprüfen.

Abbildung 3.6.3 zeigt die Eignung der Checklisten Vision und Unternehmensgrundsätze im Rahmen der drei Strukturen.

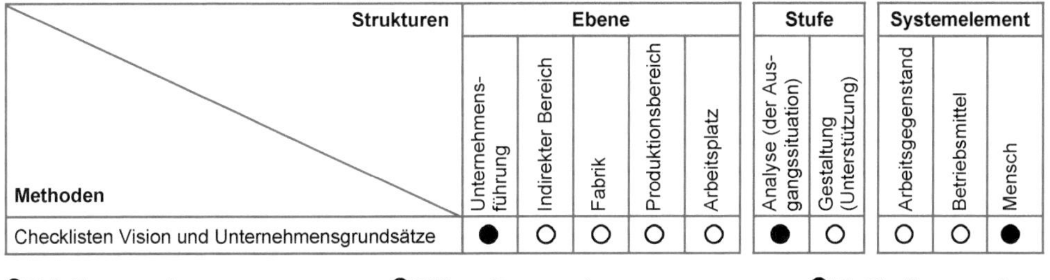

Strukturen / Methoden	Ebene					Stufe		Systemelement		
	Unternehmens-führung	Indirekter Bereich	Fabrik	Produktionsbereich	Arbeitsplatz	Analyse (der Aus-gangssituation)	Gestaltung (Unterstützung)	Arbeitsgegenstand	Betriebsmittel	Mensch
Checklisten Vision und Unternehmensgrundsätze	●	○	○	○	○	●	○	○	○	●

○ Kein Zusammenhang ◑ Mittlerer Zusammenhang ● Direkter Zusammenhang

Abbildung 3.6.3: Einordnung der Checklisten Vision und Unternehmensgrundsätze in die drei Strukturen

Zweck

- Die Zukunftsausrichtung eines Unternehmens unterstützen
- Führungskräfte und Mitarbeiter für relevante Aspekte einer Vision und von Unternehmensgrundsätzen sensibilisieren

Typische Anwendungsfälle

- Im Rahmen der Einführung einer Balanced Scorecard (BSC) die Erarbeitung einer Vision und von Unternehmensgrundsätzen unterstützen
- Eine bestehende Vision und existierende Unternehmensgrundsätze überprüfen

Vorgehensweise

Am Beispiel eines mittelständischen Unternehmens des Anlagenbaus soll dargestellt werden, wie die Checklisten Vision und Unternehmensgrundsätze eingesetzt werden können. Ziel ist es, das Unternehmen mit Hilfe der beiden Checklisten in dessen Zukunftsausrichtung zu unterstützen.

1. **Beteiligte auswählen**

   An der Erarbeitung von Vision und Unternehmensgrundsätzen sind, wie im Falle der Balanced Scorecard (BSC), möglichst Vertreter aus allen betrieblichen Hierarchieebenen sowie der Betriebsrat zu beteiligen. Denn gerade hier ist es außerordentlich wichtig, dass beide Zukunftsorientierungen später von allen mitgetragen werden. Im vorliegenden Fall werden die Geschäftsführung, der gesamte Führungskreis, ausgewählte engagierte Mitarbeiter aus dem gewerblichen Bereich und der Gruppe der Angestellten sowie Betriebsratsmitglieder integriert.

   Alle Beteiligten werden zu Beginn ausführlich über Sinn, Zweck, hierarchische Struktur und 'Verzahnung' von Vision, Unternehmensgrundsätzen, Unternehmenszielen sowie Strategie, entsprechend Abbildung 3.6.1 und 3.6.2, informiert.

2. **Basis erarbeiten**

   Basis für die Erarbeitung bilden im Beispielunternehmen, wie auch im Falle der Erarbeitung einer Balanced Scorecard (BSC), die 'Bedrohungen', also Schwächen und Risiken einer **SWOT-Analyse** (Kap. 3.4), sowie Fachinput aus den Abteilungen.

   Der Kreis der Beteiligten im Beipielunternehmen fasst den Beschluss, die Haupt-'Bedrohungen' als Grundlage für die Vision und Unternehmengrundsätze heranzuziehen.

3. **Vision und Unternehmensgrundsätze formulieren sowie Checklisten ausfüllen**

   Im Rahmen eines Workshops werden, orientiert an den Dimensionen einer Balanced Scorecard (BSC), erste Vorschläge zur Vision und – daraus abgeleitet – für Unternehmensgrundsätze erarbeitet. Die Aussagen werden mittels der Checklisten anschließend bewertet. Eine Ausrichtung an den Dimensionen der Balanced Scorecard ist insofern wichtig, weil später auch die Unternehmensziele entsprechend strukturiert werden. Nur so ist eine Durchgängigkeit nach Abbildung 3.6.1 sicherzustellen.

   Nach dem Workshop arbeitet ein Team aus dem Kreis der Beteiligten die Vorschläge weiter aus. Der finale Entwurf wird in einem weiteren Workshop ausführlich diskutiert, modifiziert und verabschiedet.

   Abbildung 3.6.4 zeigt das Ergebnis; Abbildung 3.6.5 und Abbildung 3.6.6 verdeutlichen, dass kurz vor dem Ende des Erarbeitungsprozesses die Anforderungen an Visionen und Unternehmensgrundsätze annähernd erreicht werden.

Ausgefüllte Vordrucke

Vision und Unternehmensgrundsätze		**Entwurf**	
Stand:	TT.MM.JJJJ	Bereich:	Unternehmen gesamt
Bearb.:	W. Klein	Beteiligte:	F. Becker, K. Demut, I. Ehrmann, R. Günther, L. Klein, A. Oppel, R. Rust

Dimension	Vision	Unternehmensgrundsätze
Finanzen	Als inhabergeführtes Unternehmen wachsen wir profitabel, nachhaltig und risikoarm.	Unser Wachstum realisieren wir primär im Export. Wir erzielen eine zweistellige Umsatzrendite.
Markt und Kunden	Wir stellen unsere Kunden in den Mittelpunkt. Im engen Dialog mit unseren Kunden erfüllen wir deren Wünsche.	Wir pflegen intensive Kundenkontakte, besonders zu unseren Hauptkunden. Produkte und Dienstleistungen entwickeln wir gemeinsam mit unseren Kunden, z. T. vor Ort.
Produkte	Unsere Produkte begeistern unsere Kunden durch Innovation und Anwendungsbezug.	Wir bauen unsere Forschung & Entwicklung kontinuierlich in Richtung 'Engineering' aus.
Prozesse	Wir realisieren eine exzellente Lieferbereitschaft mit beherrschbaren, flexiblen Auftragsabwicklungs- und Produktionsprozessen.	Wir stellen höchste Liefertermintreue mit unserem kontinuierlich weiterzuentwickelnden Produktionssystem sicher.
Mitarbeiter und Führung	Wir sind der attraktivste Arbeitgeber in unserer Branche.	Wir beteiligen uns an Awards zur Mitarbeiterorientierung, um hier zu den Besten zu gehören. Wir erhöhen die Präsenz an Schulen und Hochschulen in der Region, um die besten Absolventen zu akquirieren.

Abbildung 3.6.4: Beispiel einer Vision und zugeordneter Unternehmensgrundsätze für einen Anlagenbauer

Vision		**Checkliste Vision**	
Stand:	TT.MM.JJJJ	Bereich:	Unternehmen gesamt
Bearb.:	W. Klein	Beteiligte:	F. Becker, K. Demut, I. Ehrmann, R. Günther, L. Klein, A. Oppel, R. Rust

Die Vision ...

- [x] stellt ein Zukunftsbild der Unternehmensentwicklung dar/ist richtungsweisend
- [x] ist langfristig ausgerichtet (5-10 Jahre)
- [x] berücksichtigt die wesentlichen Balanced Scorecard-Dimensionen
- [x] ermöglicht das Ableiten von Unternehmensgrundsätzen, Unternehmenszielen und Strategien
- [x] spiegelt die Zielvorstellung der Geschäftsführung, Führungskräfte, gewerblicher und angestellter Fachkräfte sowie des Betriebsrates wider
- [x] stellt eine Orientierung für Kunden dar
- [x] trifft qualitative, keine quantitativen Aussagen
- [x] ist sinnstiftend (in Form von Leitideen)
- [x] ist plausibel (glaubwürdig, einleuchtend)
- [ ] ist ansporngebend ('Antriebskräfte' von vielen Mitarbeitern lassen sich freisetzen; Mitarbeiter lassen sich zu herausragenden Leistungen 'beflügeln')
- [x] ist prägnant formuliert (präzise, knapp, eingängig)
- [ ] ist veröffentlicht (innerhalb und außerhalb des Unternehmens)

Abbildung 3.6.5: Ausgefüllte Checkliste Vision für einen Anlagenbauer

Unternehmensgrundsätze		**Checkliste Unternehmensgrundsätze**	
Stand:	TT.MM.JJJJ	Bereich:	Unternehmen gesamt
Bearb.:	W. Klein	Beteiligte:	F. Becker, K. Demut, I. Ehrmann, R. Günther, L. Klein, A. Oppel, R. Rust

Die Unternehmensgrundsätze ...

- [x] stellen eine Orientierung auf dem Weg zur Vision dar (Kompass/'Leitplanken')
- [x] sind mittelfristig ausgerichtet (3-5 Jahre)
- [x] berücksichtigen wesentliche Balanced Scorecard-Dimensionen
- [x] ermöglichen das Ableiten von Unternehmenszielen und Strategien
- [x] dienen als Handlungsrahmen für Entscheidungen auf allen Ebenen
- [x] können als Orientierung in 'stürmischen Zeiten' herangezogen werden (gemeinsame Grundlage, auf die sich jeder beziehen kann)
- [ ] sind so formuliert, dass sich Eigner/Geschäftsführung/Führungskräfte darin festlegen (Absichten, Schwerpunkte)
- [x] geben konkrete Handlungsanweisungen für die tägliche Arbeit
- [x] zeigen den Nutzen auf (z. B. angestrebte Position am Markt, Alleinstellungsmerkmal, Interessengruppen)
- [x] sind erreichbar
- [x] sind prägnant formuliert (präzise, knapp, eingängig)
- [ ] sind *intern* veröffentlicht

Abbildung 3.6.6: Ausgefüllte Checkliste Unternehmensgrundsätze für einen Anlagenbauer

3.7 Checkliste Ziele

Kurzbeschreibung

Für Prozessoptimierungsprojekte ist es zwingend notwendig, zu Beginn Ziele (Zielgrößen, Kennzahlen und Messgrößen) festzulegen, damit den Ist-Zustand zu erfassen und nach Durchführung und Umsetzung der Projekte den Erfolg zu messen (vgl. auch Könneker/Jungkind 2016).
Die Autoren haben in diversen Projekten immer wieder die Erfahrung gemacht, dass Anwender erhebliche Probleme mit der Zieldefinition haben. Anwender neigen oft dazu,

- zu Beginn überhaupt keine konkreten Ziele festzulegen, weil es schlicht vergessen wird,
- Ziele zu definieren, die sehr allgemein gehalten und damit nicht messbar sind,
- Gestaltungslösungen (z. B. die Einführung eines Kanban-Systems) als Ziele festzusetzen.

Es hat sich bewährt, auf folgende Aspekte zu achten:

- Ziele sind möglichst aus betrieblichen Herausforderungen/Problemen/'Bedrohungen' abzuleiten. Dazu eignet sich die **Matrix Herausforderungen – Ziele**.
- Ein Ziel ist in Zielgröße, Kennzahl und Messgröße zu differenzieren, wie auch in der Methode **Balanced Scorecard (BSC)** (Kap. 3.5) ausgeführt.
- Ziele lassen sich sehr gut entsprechend der fünf Dimensionen Finanzen, Markt und Kunden, Produkte, Prozesse sowie Mitarbeiter und Führung strukturieren.

Auf Basis dieser Aspekte ist eine **Checkliste Ziele** erarbeitet worden (vgl. Abbildung 3.7.3-3.7.9 bzw. vollständig in Anhang A.1). Die dort aufgeführten Zielgrößen, Kennzahlen und Messgrößen sind mehrfach in Projekten der Autoren herangezogen worden. Die Checkliste ist als nicht vollständig anzusehen, sondern eher als 'Ideengeber' und Orientierung für Projekte zu verstehen.
Die Checkliste Ziele besteht, entsprechend der Balanced Scorecard Dimensionen, aus fünf Teilen. Jede Einzel-Checkliste beginnt in der ersten Spalte mit der eher allgemein gehaltenen *Zielgröße*, deren Präzisierung in der Spalte *Kennzahl* erfolgt. Diese wird wiederum in der Spalte *Messgröße* weiter operationalisiert. Die in der Checkliste aufgeführten Messgrößen können i. d. R. auf Zeiteinheiten bezogen werden (*Bezug: z. B. Tag, Woche, Monat, Jahr*). In der nächsten Spalte ist vermerkt, wenn die entsprechende Messgröße im Rahmen einer in diesem Buch beschriebenen Methode entwickelt bzw. verwendet wird (*Inhalt der Methoden*). Zudem zeigt die vorletzte Spalte unter *Ziele von Prozessverbesserungen entsprechend der Matrizen*, welche Messgrößen für die Erfassung welcher Ziele in der Matrix Herausforderungen – Ziele bzw. **Matrix Ziele – Methoden** geeignet sind. In der letzten Spalte kann eine projektbezogene (interne) Priorisierung der ausgewählten Ziele mit den drei Ampelfarben (*Relevanz*) vorgenommen werden.

Die Checkliste Ziele enthält auch Zielgrößen, Kennzahlen und Messgrößen für die Dimensionen Markt und Kunden sowie Produkte, die über den Rahmen von Prozessoptimierungen hinausgehen, um z. B. bei der Erarbeitung einer Balanced Scorecard zu unterstützen. Abbildung 3.7.1 zeigt die Eignung der Checkliste Ziele im Rahmen der drei Strukturen.

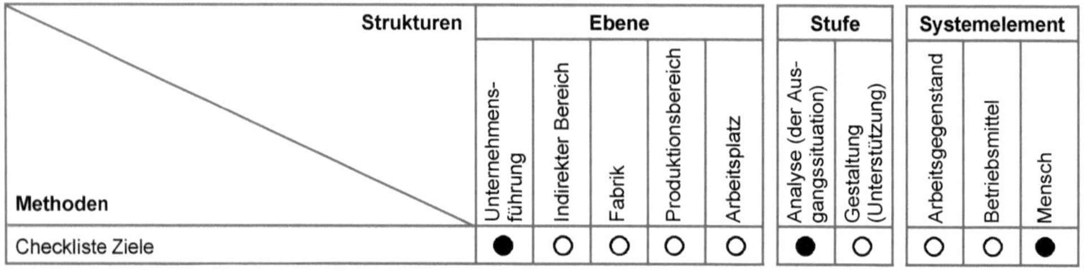

Strukturen / Methoden	Ebene					Stufe		Systemelement		
	Unternehmens-führung	Indirekter Bereich	Fabrik	Produktionsbereich	Arbeitsplatz	Analyse (der Aus-gangssituation)	Gestaltung (Unterstützung)	Arbeitsgegenstand	Betriebsmittel	Mensch
Checkliste Ziele	●	○	○	○	○	●	○	○	○	●

○ Kein Zusammenhang ◑ Mittlerer Zusammenhang ● Direkter Zusammenhang

Abbildung 3.7.1: Einordnung der Checkliste Ziele in die drei Strukturen

Zweck

- Geeignete Zielgrößen, Kennzahlen und Messgrößen für Projekte generieren
- Hilfestellung zur Operationalisierung von Zielen geben

Typische Anwendungsfälle

- Auf Basis der Matrizen Herausforderungen – Ziele bzw. Ziele – Methoden konkrete Kennzahlen und Messgrößen in Prozessoptimierungsprojekten ableiten
- Hinweise für Ziele im Rahmen der Erarbeitung einer **Balanced Scorecard (BSC)** (Kap. 3.5) erhalten

Vorgehensweise

Am Beispiel eines mittelständischen Herstellers von Schaltschränken soll das Vorgehen zur Anwendung der Checkliste Ziele erläutert werden. Das Unternehmen hat sowohl die Matrix Herausforderungen – Ziele verwendet als auch den **IWT-Produktionscheck**© (Kap. 3.13) bereits durchgeführt. Anliegen der Geschäftsführung ist es nun, konkrete Ziele zu erarbeiten und zu priorisieren, um danach Projekte aufzusetzen.

1. **Informationen zu den wesentlichen Herausforderungen zusammentragen**

   Im Rahmen eines durch einen Externen moderierten Workshops werden auf Basis der Matrix Herausforderungen – Ziele die wesentlichen derzeitigen und sich abzeichnenden externen und internen 'Bedrohungen' erarbeitet und fokussiert (vgl. dazu auch **Fallstudie Balanced Scorecard (BSC) als Führungs- und Zielsystem**) (Kap. 4.2): Die Anforderungen an Schaltschränke werden immer kundenindividueller. Die Folge sind eine steigende Anzahl von Produktvarianten, die externen und internen Reklamationen nehmen kontinuierlich zu, und die liquiden Mittel werden durch steigende Bestände zusehends gebunden. Nacharbeit und Bestandskosten senken die Margen besorgniserregend.

   Der IWT-Produktionscheck© zeigt, dass das Arbeitsgestaltungsniveau insgesamt deutlich unter dem Branchenschnitt liegt. Zudem ist der Auftragsdurchlauf wegen der zahlreichen Schnittstellen sehr komplex und schwer nachvollziehbar. Schließlich stoßen die Montagemitarbeiter qualifikatorisch zunehmend an ihre Grenzen.

   Diese Situationsbeschreibung ist die Basis zur Anwendung der Matrix Herausforderungen – Ziele und der Checkliste Ziele.

2. **Checkliste Ziele anwenden**

   Im betrachteten Unternehmen wird zunächst die Matrix Herausforderungen – Ziele herangezogen, um die zuvor erarbeiteten 'Bedrohungen' zuzuordnen. Im Wesentlichen ist das Unternehmen mit dem allgemeinen Megatrend *Individualisierung und Flexibilisierung* konfrontiert. Wenn dieser Megatrend spezifiziert wird, sehen die Geschäftsführung sowie der Führungskreis vor allem die Aspekte *Steigende Qualitätsanforderungen* sowie *Steigende Prozesskomplexität* (vgl. farbliche Markierungen in Abbildung 3.7.2). Für beide ausgewählte Aspekte werden nun Ziele zugeordnet, für die ein *Direkter Zusammenhang* besteht (ebenfalls farblich hinterlegt).

   Nach dieser Vorstufe wird die Checkliste Ziele bearbeitet. Im Folgenden sind aus Gründen der Übersichtlichkeit nur die relevanten Zielvordrucke dargestellt. In Anhang A.1 finden sich sämtliche Vordrucke. Entsprechend der Abbildungen 3.7.3-3.7.9 ist in der Spalte *Ziele von Prozessverbesserungen entsprechend der Matrizen* nach den in der Matrix Herausforderungen – Ziele markierten Zielen (vgl. Abbildung 3.7.2) gesucht worden. Geschäftsführung und Leitungskreis haben die in der letzten Spalte der Checkliste markierten Messgrößen ausgewählt und entsprechend der drei Möglichkeiten priorisiert *(Relevanz)*.

   In Abbildung 3.7.10 sind die Ergebnisse zusammengefasst. Hier wird übersichtlich gezeigt, wie auf Basis der Matrix Herausforderungen – Ziele mittels der Checkliste Ziele für die entsprechenden Dimensionen die Konkretisierung der am höchsten priorisierten Ziele erfolgt ist. Der Dimension Produkte sind hier keine Ziele zugeordnet.

Ausgefüllte Vordrucke

Checkliste Ziele		**Matrix Herausforderungen - Ziele**	
Stand:	TT.MM.JJJJ	Projekt:	Restrukturierung Schaltschrankbau
Bearb.:	F. Karstensen	Beteiligte:	Geschäftsführung und Leitungskreis

Megatrends (allgemein)	Megatrends (speziell) \ Ziele von Prozessoptimierungen	Steigern der Liefertreue	Reduzieren der Bestände und der Kapitalbindung	**Steigern der Produktqualität**	Reduzieren der Reklamationsquote	Steigern der Materialeffizienz	**Reduzieren der Durchlaufzeiten**	Steigern der Materialflussorientierung	Steigern der Flächeneffizienz	**Steigern der Betriebsmitteleffektivität**	**Steigern des Arbeitsgestaltungsniveaus**	Steigern der Energieeffizienz	**Steigern der Prozessstandardisierung**	Reduzieren von Prozessschnittstellen	Steigern der Prozesstransparenz	**Steigern der Arbeitsproduktivität**	**Steigern des Qualifikationsniveaus**	Steigern der Führungskompetenz	Steigern der Arbeitszufriedenheit	Reduzieren des Krankenstandes	Reduzieren der Arbeitsunfälle	**Steigern der Flexibilität**
Individualisierung und Flexibilisierung	**Steigende Qualitätsanforderungen**	○	◑	●	●	○	○	◑	○	○	◑	○	●	◑	◑	○	●	●	◑	○	○	◑
	Steigende Produktkomplexität und Produktvarianten	○	◑	●	○	◑	◑	○	◑	●	◑	○	●	◑	●	○	●	○	○	○	○	●
	Sinkende Produktlosgrößen	○	●	○	○	◑	○	○	○	●	○	○	◑	○	◑	○	○	○	○	○	○	◑
	Steigende Prozesskomplexität	○	◑	○	○	○	◑	●	●	◑	●	○	●	●	●	○	●	●	◑	○	○	●

○ Kein Zusammenhang ◑ Mittlerer Zusammenhang ● Direkter Zusammenhang

Hervorgehoben: Wesentliche Megatrends und Ziele

Abbildung 3.7.2: Wesentliche Herausforderungen und abgeleitete Ziele von Prozessverbesserungen für einen Schaltschrankhersteller (Ausschnitt Matrix Herausforderungen – Ziele)

Checkliste Ziele		**Erfassung**	
Stand:	TT.MM.JJJJ	Projekt:	Restrukturierung Schaltschrankbau
Bearb.:	F. Karstensen	Beteiligte:	Geschäftsführung und Leitungskreis

Dimension Finanzen

Zielgröße	**Kennzahl**	**Messgröße** (Bezug: Tag, Woche, Monat, Jahr)		**Inhalt der Methoden**	**Ziele von Prozessverbesserungen entsprechend der Matrizen**	**Relevanz**
Kosten allgemein	Flächenkosten	Belegte Fläche • Kostensatz (z. B. 100 €/qm pro Jahr)	€	Bestands- und Flächenanalyse	Flächeneffizienz	Geringste Priorität (gelb)
	Flächenproduktivität	$\frac{\text{Umsatz}}{\text{Fläche}}$	$\frac{€}{qm}$			Geringste Priorität (gelb)
	Qualitätskosten (Reklamation/Nacharbeit)	Reklamations- und Nacharbeitskosten	€			
		$\frac{\text{Reklamations- und Nacharbeitskosten} \cdot 100}{\text{Gesamtkosten}}$	%		Produktqualität/ Reklamationsquote	Höchste Priorität (rot)
	Instandhaltungs-/Wartungskosten	Istandhaltungs-/Wartungskosten	€			
	Energiekosten	Energiekosten	€		Energieeffizienz	
	Kapitalbindungskosten (untergliedert in Roh-, Hilfs-, Betriebsstoffe/unfertige Erzeugnisse/fertige Erzeugnisse	Durchschnittlicher Bestandswert • Zinssatz (z. B. 6 %)	€		Bestände/ Kapitalbindung	
		Durchschnittlicher Lagerwert • Zinssatz (z. B. 6 %)	€			

Höchste Priorität Mittlere Priorität Geringste Priorität

Abbildung 3.7.3: Erfassung der relevanten Ziele für die Dimension Finanzen mit Hilfe der Checkliste Ziele für einen Schaltschrankhersteller

Checkliste Ziele		Erfassung	
Stand:	TT.MM.JJJJ	Projekt:	Restrukturierung Schaltschrankbau
Bearb.:	F. Karstensen	Beteiligte:	Geschäftsführung und Leitungskreis

Dimension Markt und Kunden

Zielgröße	Kennzahl	Messgröße (Bezug: Tag, Woche, Monat, Jahr)		Inhalt der Methoden	Ziele von Prozessverbesserungen entsprechend der Matrizen	Relevanz
Kunden-bindung/-akquise	Persönliche Kundenkontakte	$\frac{\text{Kundenkontakte}}{\text{Vertriebsmitarbeiter}}$	$\frac{\text{Stück}}{\text{Mitarbeiter}}$			
		$\frac{\text{Kundenbesuche}}{\text{Vertriebsmitarbeiter}}$				
	Auftragsquote	$\frac{\text{Aufträge} \cdot 100}{\text{Angebote}}$	%			
	Kundenzufriedenheit	Auditnote	ohne Einheit			
Qualität	Reklamationsquote (extern/intern)	$\frac{\text{Reklamierte Produkte} \cdot 100}{\text{Verkaufte Produkte}}$	%		Reklamationsquote	(rot)
	Liefertermintreue	$\frac{\text{Termingerechte Aufträge} \cdot 100}{\text{Gesamtaufträge}}$	%		Liefertreue	

Höchste Priorität   Mittlere Priorität   Geringste Priorität

Abbildung 3.7.4: Erfassung der relevanten Ziele für die Dimension Markt und Kunden mit Hilfe der Checkliste Ziele für einen Schaltschrankhersteller

Checkliste Ziele		Erfassung	
Stand:	TT.MM.JJJJ	Projekt:	Restrukturierung Schaltschrankbau
Bearb.:	F. Karstensen	Beteiligte:	Geschäftsführung und Leitungskreis

Dimension Prozesse

Zielgröße	Kennzahl	Messgröße (Bezug: Tag, Woche, Monat, Jahr)		Inhalt der Methoden	Ziele von Prozessverbesserungen entsprechend der Matrizen	Relevanz
Wirtschaftlichkeit in Bezug auf Prozesse	Zeitanteile einer Multimomentaufnahme	Prozentwerte für Ereignisse je Ablaufart	%	Multimomentaufnahme	Arbeitsproduktivität/Betriebsmitteleffizienz	
	Materialfluss	Mengen-Wege-Produkt	$\frac{€}{\text{Jahr}}$	Materialflussanalyse	Materialflussorientierung	(gelb)
	Niveau der Arbeitsplatzgestaltung und Ergonomie	Erfüllungsgrad je Gestaltungsbereich	%	Checkliste Arbeitsplatzgestaltung und Ergonomie	Arbeitsproduktivität	
	Mehrmaschinenbedienung	$\frac{\text{Betriebsmittel}}{\text{Mitarbeiter}}$	$\frac{\text{Maschinen}}{\text{Mitarbeiter}}$		Arbeitsproduktivität	
	Fehler	Vermeidbare Fehler	$\frac{\text{Stück}}{\text{Produkt}}$	Fehlervermeidung (Poka Yoke)	Produktqualität	(orange)
	Kreuzungsfreiheit der Hauptmaterialflüsse	Kreuzungen im Hauptmaterialfluss	Anzahl		Materialflussorientierung	

Höchste Priorität   Mittlere Priorität   Geringste Priorität

Abbildung 3.7.5: Erfassung der relevanten Ziele für die Dimension Prozesse mit Hilfe der Checkliste Ziele für einen Schaltschrankhersteller (1)

Checkliste Ziele		Erfassung	
Stand:	TT.MM.JJJJ	Projekt:	Restrukturierung Schaltschrankbau
Bearb.:	F. Karstensen	Beteiligte:	Geschäftsführung und Leitungskreis

Dimension Prozesse

Zielgröße	Kennzahl	Messgröße (Bezug: Tag, Woche, Monat, Jahr)		Inhalt der Methoden	Ziele von Prozessverbesserungen entsprechend der Matrizen	Relevanz
Prozess-abwicklung	Durchlaufzeit	Zeitpunkt Auslieferung - Zeitpunkt Anfrage (gemittelt über n Aufträge)	Tage	Wertstrom-methode	Durchlaufzeit	
	Schnittstellen	Anzahl Schnittstellen im Auftragsdurchlauf	Stück	Auftragsdurch-laufanalyse	Prozessschnitt-stellen/Prozess-transparenz	Höchste Priorität
	Eingriffe	$\frac{\text{Anzahl Korrekturen je Auftrag (ggf. gemittelt über n Aufträge)} \cdot 100}{\text{Gesamtaufträge}}$	%		Arbeits-produktivität/ Durchlaufzeit	
	Fehlteile	$\frac{\text{Fehlteile}}{\text{Auftrag}}$	$\frac{\text{Stück}}{\text{Auftrag}}$		Reklamations-quote	Mittlere Priorität
	Realisierte Dienstleistungs-anforderungen	$\frac{\text{Realisierte Anforderungen} \cdot 100}{\text{Soll-Anforderungen}}$	%			
	Termineinhaltungsquote für Projekte	$\frac{\text{Termingerechte Projekte} \cdot 100}{\text{Gesamtprojekte}}$	%			

Höchste Priorität — Mittlere Priorität — Geringste Priorität

Abbildung 3.7.6: Erfassung der relevanten Ziele für die Dimension Prozesse mit Hilfe der Checkliste Ziele für einen Schaltschrankhersteller (2)

Checkliste Ziele		Erfassung	
Stand:	TT.MM.JJJJ	Projekt:	Restrukturierung Schaltschrankbau
Bearb.:	F. Karstensen	Beteiligte:	Geschäftsführung und Leitungskreis

Dimension Prozesse

Zielgröße	Kennzahl	Messgröße (Bezug: Tag, Woche, Monat, Jahr)		Inhalt der Methoden	Ziele von Prozessverbesserungen entsprechend der Matrizen	Relevanz
Wandlungs-fähigkeit/ Flexibili-tät/Gestal-tungs-niveau	Erweiterungsfähgkeit	$\frac{\text{Flächen}}{\text{Funktionsbereich}}$	$\frac{\text{qm}}{\text{Funktionsbereich}}$		Flächen-effizienz	
	Kommunikationsmöglichkeit	$\frac{\text{Kommunikationsbereiche}}{\text{Funktionsbereich}}$	$\frac{\text{Stück}}{\text{Funktionsbereich}}$		Führungs-kompetenz	
	Agilität	WQ (Wertstromquotient)	ohne Einheit	Wertstrom-methode	Flexibilität	
	Ordnung und Sauberkeit	5S-Status	'Note' bzw. Spinnweben-diagramm	5S-Check	Prozess-standardi-sierung	Geringste Priorität
	Produktionsniveau	Arbeitsgestaltungsniveau	'Note' bzw. Spinnweben-diagramm	IWT-Produktions-check©	Arbeits-gestaltungs-niveau	Höchste Priorität
		Einsatz von Methoden	'Note' bzw. Spinnweben-diagramm		Niveau des Einsatzes von Prozessoptimie-rungsmethoden	Geringste Priorität

Höchste Priorität — Mittlere Priorität — Geringste Priorität

Abbildung 3.7.7: Erfassung der relevanten Ziele für die Dimension Prozesse mit Hilfe der Checkliste Ziele für einen Schaltschrankhersteller (3)

Checkliste Ziele		**Erfassung**	
Stand:	TT.MM.JJJJ	Projekt:	Restrukturierung Schaltschrankbau
Bearb.:	F. Karstensen	Beteiligte:	Geschäftsführung und Leitungskreis

Dimension Mitarbeiter und Führung

Zielgröße	Kennzahl	Messgröße (Bezug: Tag, Woche, Monat, Jahr)		Inhalt der Methoden	Ziele von Prozessverbesserungen entsprechend der Matrizen	Relevanz
BVW/KVP	Betriebliches Vorschlagwesen (BVW)	Verbesserungsvorschläge / Mitarbeiter	Stück / Mitarbeiter		Führungskompetenz/Arbeitszufriedenheit	
	Kontinuierlicher Verbesserungsprozess (KVP)	Eingereichte KVP-Vorschläge / Mitarbeiter; Umgesetzte KVP-Vorschläge / Mitarbeiter	Stück / Mitarbeiter			
Persönliche Entwicklung	Qualifikationsniveau	Qualifikationsgrad: Qualifizierte Mitarbeiter Ist / Qualifizierte Mitarbeiter Soll	ohne Einheit	Qualifikationsmatrix	Qualifikationsniveau	(Höchste Priorität)
Führung	Zielvereinbarungsgespräche	Zielvereinbarungsgespräche / Mitarbeiter	Stück / Mitarbeiter	Balanced Scorecard (BSC)	Führungskompetenz	
	Führungsfunktionen	Besetze Führungsfunktionen • 100 / Führungsfunktionen gesamt	%			
	Information/Kommunikation	Anzahl schriftliche Informationen	Stück			
	Krankenstand	Erkrankungsbedingte Fehlzeiten • 100 / Soll-Arbeitszeit	%		Krankenstand	
	Arbeitsunfälle	Arbeitsunfälle • 100 / Mitarbeiter gesamt	%		Arbeitsunfälle	

Höchste Priorität — Mittlere Priorität — Geringste Priorität

Abbildung 3.7.8: Erfassung der relevanten Ziele für die Dimension Mitarbeiter und Führung mit Hilfe der Checkliste Ziele für einen Schaltschrankhersteller (1)

Checkliste Ziele		**Erfassung**	
Stand:	TT.MM.JJJJ	Projekt:	Restrukturierung Schaltschrankbau
Bearb.:	F. Karstensen	Beteiligte:	Geschäftsführung und Leitungskreis

Dimension Mitarbeiter und Führung

Zielgröße	Kennzahl	Messgröße (Bezug: Tag, Woche, Monat, Jahr)		Inhalt der Methoden	Ziele von Prozessverbesserungen entsprechend der Matrizen	Relevanz
Ergonomie/Demografie	Mitarbeiterzufriedenheit	'Note'	ohne Einheit		Arbeitszufriedenheit	
	Ergonomie	Checklisten: 'Noten' oder Ampelfarben: EAWS (Ergonomic Assessment Work Sheet)	'Noten' oder Ampelfarben		Arbeitsgestaltungsniveau	(Geringste Priorität)
	Altersdurchschnitt	Jahre (weiblich/männlich)	Jahre	Altersstrukturanalyse		

Höchste Priorität — Mittlere Priorität — Geringste Priorität

Abbildung 3.7.9: Erfassung der Ziele für die Dimension Mitarbeiter und Führung mit Hilfe der Checkliste Ziele für einen Schaltschrankhersteller (2)

Checkliste Ziele		Zusammenstellung von Zielen	
Stand:	TT.MM.JJJJ	Projekt:	Restrukturierung Schaltschrankbau
Bearb.:	F. Karstensen	Beteiligte	Geschäftsführung und Leitungskreis

Matrix Herausforderungen - Ziele			Checkliste Ziele				
Megatrend (allgemein)	**Mega-trend (speziell)**	**Ziel**	**Dimen-sion**	**Zielgröße**	**Kennzahl**	**Messgröße**	**Priori-sierung**
Individua-lisierung und Flexibili-sierung	Steigende Qualitäts-anforde-rungen	Steigern der Produktqualität	Finan-zen	Kosten (allgemein)	Qualitätskosten (Reklamationen/ Nacharbeit)	$\frac{\text{Reklamations- und Nacharbeitskosten} \cdot 100}{\text{Gesamtkosten}}$ (%)	
		Reduzieren der Reklamationsquote (Fehlteile und Qualität)	Markt und Kunden	Qualität	Reklamations-quote (extern/intern)	$\frac{\text{Reklamierte Produkte} \cdot 100}{\text{Verkaufte Produkte}}$ (%)	
	Steigende Prozess-kom-plexität	Steigern des Arbeits-gestaltungsniveaus	Pro-zesse	Wandlungsfähig-keit/Flexibilität/ Gestaltungs-niveau	Produktions-niveau	Arbeitsgestaltungsniveau ('Note' bzw. Spinnwebendiagramm)	
		Reduzieren von Prozessschnittstellen		Prozess-abwicklung	Schnittstellen	Anzahl Schnittstellen im Auftragsdurchlauf (Stück)	
		Steigern des Qualifikationsniveaus	Mitarbei-ter und Führung	Persönliche Entwicklung	Qualifikations-niveau	$\frac{\text{Qualifizierte Mitarbeiter Ist}}{\text{Qualifizierte Mitarbeiter Soll}}$ (ohne Einheit)	

Höchste Priorität　　Mittlere Priorität　　Geringste Priorität

Abbildung 3.7.10: Zusammenstellung von Zielen mit höchster Priorität aus der Matrix Herausforderungen – Ziele und der Checkliste Ziele für einen Schaltschrankhersteller

3.8 Qualifizierungsmatrix

Kurzbeschreibung

Unternehmen sind permanent gezwungen, die sich beschleunigenden gesellschaftlichen, technologischen und organisatorischen Veränderungen durch entsprechende Qualifizierungen ihrer Mitarbeiter zu antizipieren und sich bestmöglich darauf einzustellen (vgl. Hohlbaum/Olesch 2006, S. 153 ff.). Zur gezielten Personalentwicklung eignet sich dabei besonders die Methode **Qualifizierungsmatrix**.

Es ist sinnvoll, im Bereich der produktionsnahen Tätigkeiten, entsprechend Abbildung 3.8.1, eine Unterscheidung in folgende Kategorien vorzunehmen (vgl. Doleschal u. a. 1999, S. 125 ff.; Jungkind u. a. 2004, S. 92 ff.):

- Tätigkeiten in *Geschäfts-/Kernprozessen* beziehen sich auf die unmittelbare Wertschöpfung vor Ort, wie das Fertigen, Rüsten, Montieren oder Material bereitstellen.
- Tätigkeiten in *Unterstützungsprozessen* flankieren die Tätigkeiten in Geschäfts-/Kernprozessen, wie Produktionssteuerung, Qualitätssicherung, Wartung/Instandhaltung oder Materialdisposition.
- Tätigkeiten in *Führungsprozessen* beziehen sich auf Managementaspekte, wie An-/Abwesenheitsplanung, Qualifizierungsplanung, KVP oder die Pflege von Informationstafeln/-wänden.

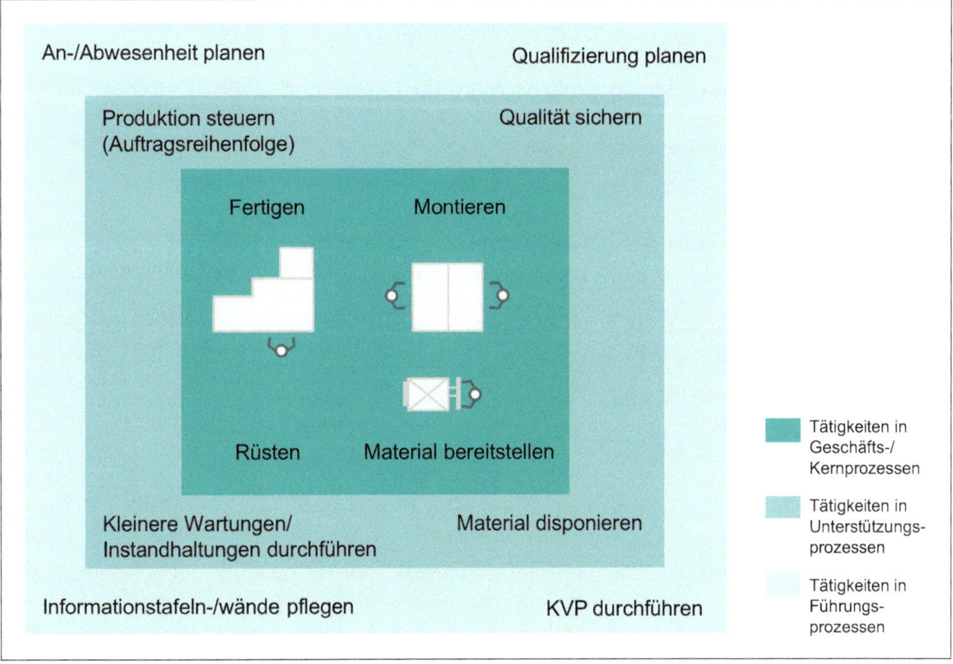

Abbildung 3.8.1: Unterscheidung von Tätigkeitskategorien in einem Produktionsunternehmen mit Beispielen (vgl. Doleschal u. a. 1999, S. 125)

Basis einer Qualifizierungsplanung sind die Tätigkeiten in den Geschäfts-/Kernprozessen. In Qualifizierungsmatrizen sollten jedoch immer auch Tätigkeiten in Unterstützungs- und Führungsprozessen aufgeführt werden. Denn es ist sinnvoll, dass in Geschäfts-/Kernprozessen tätige Mitarbeiter sukzessive Aufgaben aus Unterstützungs- und später aus Führungsprozessen übernehmen. Das schafft eine breit qualifizierte Mitarbeiterschaft, erhöht deren Identifikation mit der Organisationseinheit sowie dem Unternehmen und entlastet Führungskräfte vom Tagesgeschäft, die nun stärker strategisch agieren können.
Wichtig ist es, in die Qualifizierungsmatrizen nicht nur den Ist-Zustand festzuschreiben. Vielmehr sollten dort auch Tätigkeiten aufgeführt werden, mit denen die betreffende Organisationseinheit *zukünftig* konfrontiert sein wird.
Abbildung 3.8.2 zeigt die Eignung der Qualifikationsmatrix im Rahmen der drei Strukturen.

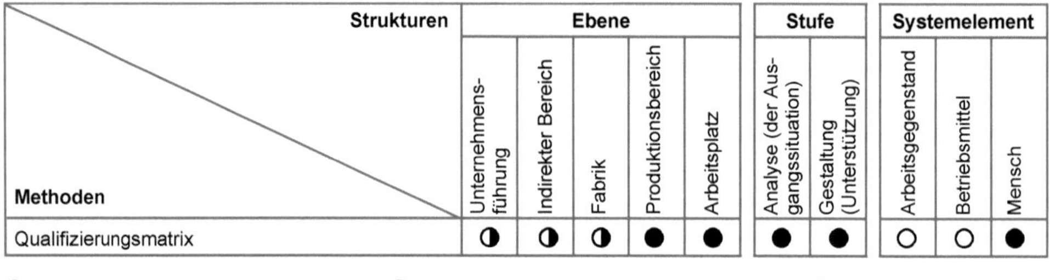

Strukturen / Methoden	Ebene					Stufe		Systemelement		
	Unternehmens-führung	Indirekter Bereich	Fabrik	Produktionsbereich	Arbeitsplatz	Analyse (der Ausgangssituation)	Gestaltung (Unterstützung)	Arbeitsgegenstand	Betriebsmittel	Mensch
Qualifizierungsmatrix	◑	◑	◑	●	●	●	●	○	○	●

○ Kein Zusammenhang ◑ Mittlerer Zusammenhang ● Direkter Zusammenhang

Abbildung 3.8.2: Einordnung der Qualifikationsmatrix in die drei Strukturen

Zweck

- Status der Ist- und Soll-Qualifikation in einer Organisationseinheit in übersichtlicher Form darstellen
- Notwendige Qualifizierungen von Mitarbeitern zielgerichtet planen
- Flexibilität in einer Organisationseinheit erhöhen
- Personaleinsatz planen

Typische Anwendungsfälle

- Grundlage für die Personalentwicklung in einer Organisationseinheit schaffen
- Engpässe bei Ausfällen von Mitarbeitern vermeiden
- Einführung von Gruppenarbeit unterstützen
- Basis für eine anforderungsgerechte Vergütung entwickeln

Vorgehensweise

Am Beispiel einer zehnköpfigen Gruppe von Mitarbeitern, die bei einem Hersteller von Verbindungstechnik eine Produktgruppe mit unterschiedlichen Varianten herstellt, soll die Vorgehensweise zur Erstellung einer Qualifizierungsmatrix erläutert werden. Ziel ist es, die Mitarbeiter sowohl auf Basis der derzeitigen als auch der künftigen Haupttätigkeiten zu bewerten, vorgesehene Qualifizierungen zu definieren und den Qualifikationsgrad zu ermitteln.

1. **Haupttätigkeiten zusammenstellen und Qualifikationsstand aller betroffenen Mitarbeiter ermitteln**

   Die Erstellung der Matrix ist Aufgabe der Führungskraft. Zunächst stellt sie sämtliche relevanten Haupttätigkeiten zusammen und trägt diese – untergliedert in Tätigkeiten aus Geschäfts-/Kern-, Unterstützungs- und Führungsprozessen – in den Vordruck ein (vgl. Abbildung 3.8.3).

   Wie bereits erwähnt, werden hier auch künftig geplante Haupttätigkeiten mit aufgenommen. Da im betrachten Beispielunternehmen gerade Gruppenarbeit eingeführt worden ist, plant die Führungskraft innerhalb eines Jahres die Integration von Tätigkeiten aus Unterstützungs- und Führungsprozessen, wie in Abbildung 3.8.3 aufgeführt.

   Nachdem alle betroffenen Mitarbeiter im Vordruck eingetragen worden sind, erfolgt deren Einstufung entsprechend der Qualifizierungsstufen in Abbildung 3.8.3. Hier sind unterschiedliche Vorgehensweisen denkbar:

   - Die Führungskraft stuft allein ein.
   - Sowohl die Führungskraft als auch der jeweilige Mitarbeiter stufen ein und erzielen anschließend einen Konsens.
   - Die Führungskraft stuft zunächst ein und bespricht die Einstufung mit dem jeweiligen Mitarbeiter, um einen Konsens zu erzielen.

   Im Beispielunternehmen geht die Führungskraft nach der letztgenannten Vorgehensweise vor.

2. **Für jede Haupttätigkeit das Ist-Qualifikationsniveau errechnen und das Soll-Qualifikationsniveau festlegen**

   Im nächsten Schritt wird je Haupttätigkeit die Anzahl der qualifizierten Mitarbeiter ermittelt. Es sind nur Einstufungen mit 3 und mehr Punkten (je Symbol) zu berücksichtigen, da erst dann ein Mitarbeiter in der Lage ist, die Tätigkeit eigenständig in der beabsichtigten Qualität auszuführen. Nach Abbildung 3.8.3 ergeben sich beispielsweise für die lfd. Nr. 3 *Verpacken der Produktgruppe ABC nach Mustern*, dass dafür 5 Mitarbeiter qualifiziert sind (Ist $\geq$ 3 Punkte).

   Danach ist die Summe aller für die Haupttätigkeiten qualifizierten Mitarbeiter im Ist-Zustand zu bilden, im Beispiel: 45.

Nun wird definiert, wie viele Mitarbeiter für die jeweilige Haupttätigkeit qualifiziert sein sollten (Soll $\geq$ 3 Punkte). Beispielsweise legt die Führungskraft für die Haupttätigkeit entsprechend der lfd. Nr. 3 in Abbildung 3.8.3 fest, dass es 9 Mitarbeiter sein sollen (gelb hinterlegte Felder, da hier Bedarf besteht). Das Formulieren der Soll-Qualifikationen liegt im Ermessen der Führungskraft. Je mehr Mitarbeiter die Tätigkeiten beherrschen, desto flexibler ist das Gesamtsystem. Wegen der Qualifizierungskosten sollte hier mit Augenmaß vorgegangen werden.

Im Folgenden ist die Summe für das 'Soll' zu bilden, im Beispiel: 60.

Das Verhältnis aus der Ist- und Soll-Summe ergibt den Qualifikationsgrad, im Beispiel liegt er bei 0,75 (oder 75 %).

3. **Für jeden Mitarbeiter das Ist-Qualifikationsniveau errechnen und das Soll-Niveau vereinbaren**

   In Abstimmung mit jedem Mitarbeiter wird vereinbart, welches Qualifikationsniveau er z. B. nach einem Jahr erreicht haben sollte. Mit Mitarbeiter *Dallmann* vereinbart die Führungskraft z. B. eine Summe von 21.

   Die Führungskraft hat nun die Aufgabe, die Abweichung zwischen Ist- und Soll-Qualifikationsniveau je Haupttätigkeit durch entsprechende individuelle Mitarbeiterqualifizierungen auszugleichen.

   Das Erfassungsblatt ist monatlich zu aktualisieren (Ausfüllen der Symbole entsprechend der Qualifikationsfortschritte der Mitarbeiter, Neuberechnung der Summe und des Qualifikationsgrades).

4. **Qualifikationsgrad visualisieren**

   Zur Visualisierung des Qualifizierungsgrades eignen sich Zielgraphen, wie in Abbildung 3.8.4 für das Beispielunternehmen dargestellt. Hier ist ein Zielwert von 0,9 zum Jahresende vereinbart worden. Der Verlauf des Qualifikationsgrades ist im Beispiel bis zum Monat Juli dargestellt. Der 'Einbruch' im Juni ist darin begründet, dass ein Mitarbeiter ausgeschieden und ein neuer, noch nicht ausreichend qualifizierter, eingestellt worden ist.

   Der Zielgraph ist möglichst an einer Informationstafel/-wand auszuhängen und monatlich, entsprechend dem Erfassungsblatt, zu aktualisieren.

Ausgefüllte Vordrucke

Qualifizierungsmatrix		**Erfassung**	
Stand:	Februar JJJJ	Bereich:	Montagegruppe ABC
Bearb.:	U. Schubert	Quelle:	Stellenbeschreibungen, Einstufungen abgestimmt mit allen betroffenen Mitarbeitern

Lfd. Nr.	Art	Haupttätigkeit / Mitarbeiter	A. Althoff	F. Beyer	D. Dallmann	U. Hahmann	M. Manz	S. Pietz	S. Spieker	B. Tötz	P. Uzinski	A. Zabel	Ist (≥ 3 Punkte)	Soll (≥ 3 Punkte)
1	G	Montieren der Produktgruppe ABC nach Fertigungsplänen	◕	◕	◕	●	◕	◕	◕	●	◕	●	10	10
2	G	Prüfen der montierten Produkte der Produktgruppe ABC	◕	◕	○	●	◑	◕	○	●	◕	◔	6	7
3	G	Verpacken der Produktgruppe ABC nach Mustern	●	◑	◕	◕	●	◑	◑	◑	◕	○	5	9
4	G	Rüsten der Montagebänder	●	◕	◑	◕	◑	◕	◕	○	◔	○	5	5
5	U	Materialbereitstellung für Folgeaufträge	●	◔	○	◕	◕	◔	●	◕	○	◕	6	6
6	U	Wartungsarbeiten entsprechend Wartungsplänen durchführen	○	◕	◔	◕	◕	○	●	◑	◑	◕	5	7
7	U	Korrekturmaßnahmen einleiten	◕	○	◔	○	◑	◕	◕	◔	○	◑	3	5
8	F	Qualifikationsmatrix pflegen	○	◑	○	○	◑	◔	◕	●	◑	◑	2	3
9	F	Informationswand der Gruppe pflegen	◑	○	◑	○	●	○	◑	◕	◑	○	2	5
10	F	Gruppengespräche vorbereiten, durchführen und nachbereiten	◑	○	◑	◔	◑	◔	◕	◑	◑	○	1	3
	Ist	Februar JJJJ	25	17	14	21	27	17	27	25	18	15	45	60
	Soll	Januar Folgejahr	27	22	21	24	29	19	30	28	22	22		

G = Tätigkeiten in Geschäfts-/Kernprozessen
U = Tätigkeiten in Unterstützungsprozessen
F = Tätigkeiten in Führungsprozessen

Qualifikationsgrad: 0,75

○ = Ist nicht qualifiziert (= 0 Punkte)
◔ = Ist für die Qualifizierung vorgesehen bzw. hat sich dafür beworben (= 1 Punkt)
◑ = Befindet sich in der Qualifizierungsphase (= 2 Punkte)
◕ = Ist qualifiziert = (3 Punkte)
● = Ist in der Lage andere zu qualifizieren (= 4 Punkte)

Abbildung 3.8.3: Erfassung der Ist- und Soll-Qualifikationen einer Montagegruppe (Stand: Februar JJJJ)

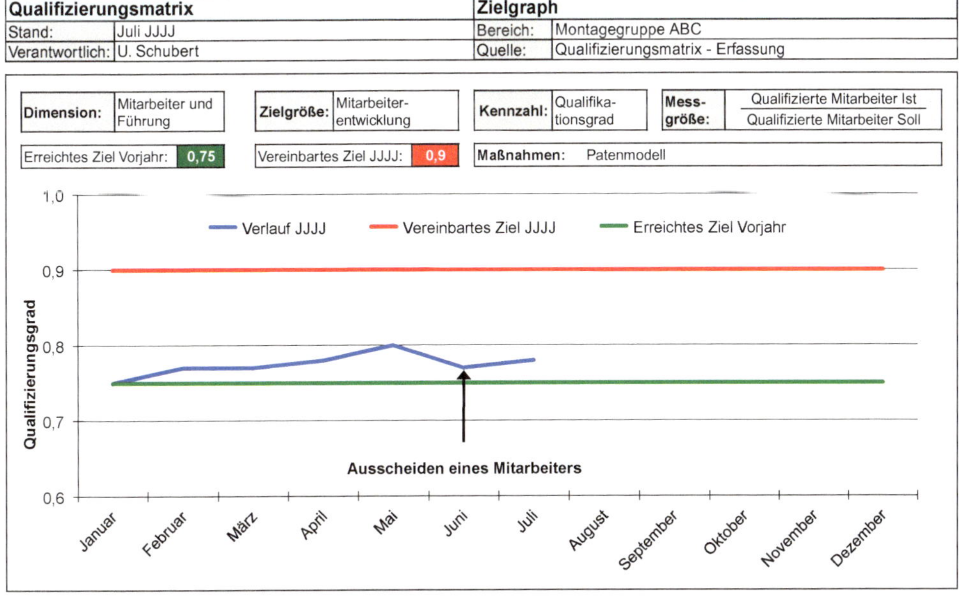

Abbildung 3.8.4: Zielgraph für den Qualifikationsgrad einer Montagegruppe (Stand: Juli JJJJ)

3.9 ABC-/XYZ-Analyse

Kurzbeschreibung

Die **ABC-Analyse** beschrieb Dickie (1951, S. 93) als eine Methode bei General Electric, um sich auf Artikel zu konzentrieren, die hohe Lagerkosten verursachen. Er stellte fest, dass ein sehr geringer Anteil an Artikeln für den Großteil dieser Lagerkosten verantwortlich war. Die ABC-Analyse setzte er als graphische Darstellung zur Auswahl der relevanten Lagerartikel ein. Er stützte sich dabei auf die Erkenntnisse der Ökonomen Pareto und Lorenz zur Untersuchung der Konzentration von Einkommen und Besitz auf gesellschaftliche Klassen. Pareto und Lorenz stellten fest, dass 80 % des Einkommens auf 20 % der bestverdienenden Personen entfallen (vgl. Lorenz 1905, S. 216 f.; Wagener 2009, S. 42). Die zugrunde liegende Verteilung im Verhältnis von etwa 80/20 wurde im Folgenden auch in anderen Zusammenhängen festgestellt.
Eine ABC-Analyse ist somit eine einfache Methode, um eine größere Menge von Elementen nach bestimmten Kriterien zu ordnen und zu klassifizieren. Elemente können beispielsweise Probleme, Fehler, produzierte Artikel, Rohmaterial oder Lagerware sein; Kriterien sind z. B. Häufigkeiten, Stückzahlen, Umsatz, Kosten oder Verbräuche pro Zeiteinheit.
Als Darstellungsform eignet sich besonders ein Balkendiagramm (vgl. Abbildung 3.9.6) mit der Einteilung in drei Segmente:

- *A-Segment:* Wenige Elemente besitzen einen großen Anteil am Gesamtergebnis (Erfahrungswerte: Ca. 5 bis 10 % der Elemente machen 70 bis 80 % des Gesamteinflusses aus).
- *B-Segment:* Diese Elemente besitzen eine normale/mittlere Bedeutung (Erfahrungswerte: Ca. 15 bis 20 % machen 15 bis 20 % des Gesamteinflusses aus).
- *C-Segment:* Viele Elemente besitzen einen kleinen Anteil am Gesamtergebnis (Erfahrungswerte: Ca. 70 bis 80 % der Elemente machen 5 bis 10 % des Gesamteinflusses aus).

Bei der **XYZ-Analyse** geht es z. B. um die zeitliche Verteilung von Artikeln anhand ihrer Verbrauchsstruktur mit folgenden drei Segmenten (vgl. Wannenwetsch 2007, S. 83; REFA 2011, S. 15 f.):

- *X-Segment:* Es besteht ein konstanter Artikelverbrauch mit nur wenigen Schwankungen und hoher Vorhersagegenauigkeit. Die Bedarfe sind langfristig planbar; das Bestandsrisiko ist gering.
- *Y-Segment:* Es liegen Artikelverbrauchsschwankungen mit mittlerer Vorhersagegenauigkeit vor. Bedarfsschwankungen sind wahrscheinlich.
- *Z-Segment:* Der Artikelverbrauch ist unregelmäßig mit geringer Vorhersagegenauigkeit.

XYZ-Analysen basieren auf Vergangenheitswerten, dem Ergebnis der Auflösung von Stücklisten und der Ermittlung von Variationskoeffizienten (vgl. Arnolds u. a. 2010, S. 25). Der Variationskoeffizient ist das Verhältnis aus Standardabweichung zu Mittelwert. Das Ergebnis kann, ähnlich der ABC-Analyse, als Graphik dargestellt werden (vgl. Abbildung 3.9.1). In produzierenden Unternehmen ist – bezogen auf die Summe aller Artikel – folgende Verteilung üblich (vgl. Arnolds u. a. 2010, S. 16):

- X-Artikel: 50-60 %,
- Y-Artikel: 10-25 %,
- Z-Artikel: 20-30 %.

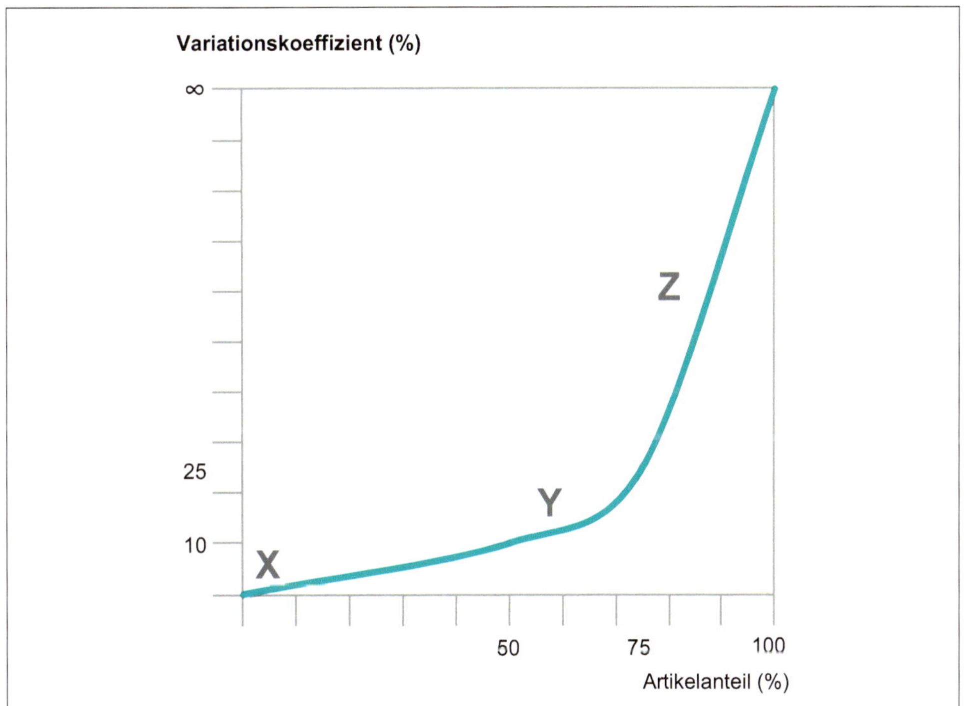

Abbildung 3.9.1: Ergebnis einer XYZ-Analyse (vgl. Arnolds u. a. 2010, S. 26; REFA 2011, S. 18)

Durch Kombination einer ABC- mit einer XYZ-Analyse lässt sich eine Matrix erstellen, die als Basis für die künftig zu wählende Materialsteuerungsart in der Produktion herangezogen werden kann (vgl. Abbildung 3.9.2). Dies ist z. B. zur Beurteilung der Kanban-Fähigkeit von Teilen relevant.

Bedarfsverlauf		Wertigkeit: A	Wertigkeit: B	Wertigkeit: C
Be-darfs-ver-lauf	X	Verbrauchswert hoch Vorhersagegenauigkeit hoch Verbrauchsverlauf stetig	Verbrauchswert mittel Vorhersagegenauigkeit hoch Verbrauchsverlauf stetig	Verbrauchswert niedrig Vorhersagegenauigkeit hoch Verbrauchsverlauf stetig
	Y	Verbrauchswert hoch Vorhersagegenauigkeit mittel Verbrausverlauf halbstetig	Verbrauchswert mittel Vorhersagegenauigkeit mittel Verbrausverlauf halbstetig	Verbrauchswert niedrig Vorhersagegenauigkeit mittel Verbrausverlauf halbstetig
	Z	Verbrauchswert hoch Vorhersagegenauigkeit niedrig Verbrauchsverlauf unregelmäßig	Verbrauchswert mittel Vorhersagegenauigkeit niedrig Verbrauchsverlauf unregelmäßig	Verbrauchswert niedrig Vorhersagegenauigkeit niedrig Verbrauchsverlauf unregelmäßig

Abbildung 3.9.2: Klassifizierung nach Bedarfsverlauf und Wertigkeit von Teilen (vgl. Wannenwetsch 2007, S. 85; Arnolds u. a. 2010, S. 27; REFA 2011, S. 16)

Abbildung 3.9.3 zeigt die Eignung der ABC-/XYZ-Analyse im Rahmen der drei Strukturen.

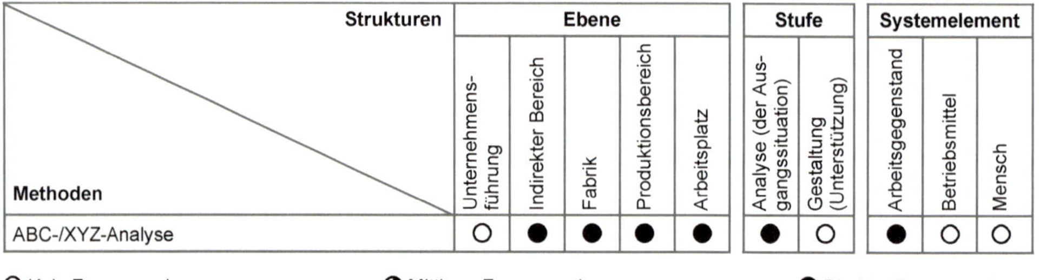

Strukturen / Methoden	Ebene: Unternehmensführung	Ebene: Indirekter Bereich	Ebene: Fabrik	Ebene: Produktionsbereich	Ebene: Arbeitsplatz	Stufe: Analyse (der Ausgangssituation)	Stufe: Gestaltung (Unterstützung)	Systemelement: Arbeitsgegenstand	Systemelement: Betriebsmittel	Systemelement: Mensch
ABC-/XYZ-Analyse	○	●	●	●	●	●	○	●	○	○

○ Kein Zusammenhang ◑ Mittlerer Zusammenhang ● Direkter Zusammenhang

Abbildung 3.9.3: Einordnung der ABC-/XYZ-Analyse in die drei Strukturen

Im Folgenden soll der Fokus auf der ABC-Analyse liegen, da sie – nach Erfahrung der Autoren – in der Praxis viel häufiger zum Einsatz kommt als die XYZ-Analyse.

Zweck

- Aus einer Vielzahl von Elementen diejenigen identifizieren, die den größten Einfluss besitzen, z. B. 'A-Produkte' für eine Neu- oder Umplanung
- Datenumfang zur Verbesserung der Übersichtlichkeit reduzieren
- Planungsaufwand (Kosten und Zeit) minimieren, indem nur die 'A-Produkte' als repräsentative Produkte betrachtet werden

Typische Anwendungsfälle

- Repräsentative Artikel für Neuplanungs- und Optimierungsprojekte auswählen
- Lagerartikel mit sehr hoher oder sehr geringer Umschlaghäufigkeit zur Stellplatzanordnung identifizieren
- Reklamationen hinsichtlich vorkommender Produktionsfehler (Häufigkeit, Kosten, ...) analysieren

- Lieferantenstruktur in Bezug auf die Versorgungssicherheit zur Festlegung individueller Beschaffungsstrategien untersuchen

Vorgehensweise

Am Beispiel eines mittelständischen Produzenten von Transportwagen soll das Vorgehen der ABC-Analyse für die Kriterien Menge (Produkt – Quantum: PQ) und Umsatz (Produkt – Umsatz: PU) erläutert werden. Ziel ist es, die repräsentativen Artikel zu ermitteln.

1. **PQ-Analyse durchführen**

   Zunächst wird die Menge, in der Einheit Stück/Jahr, für jeden Artikel ermittelt. Als Basisunterlagen sind beispielsweise Verkaufsstatistiken oder Produktionsprogramme heranzuziehen. Im Beispiel ist es die Verkaufsstatistik aus dem Vorjahr.

   In einer Tabelle (vgl. Abbildung 3.9.4) werden die betreffenden Artikel, entsprechend der Menge, absteigend sortiert und der jeweilige prozentuale Anteil an der Gesamtstückzahl ermittelt (*Relative Menge*). In einer weiteren Spalte werden die prozentualen Mengenanteile kumuliert (*Relative Menge, kumuliert*). *Stückpreis* und *Umsatz* pro Jahr sind für spätere Auswertungen relevant.

   In der Visualisierung der PQ-Analyse (vgl. Abbildung 3.9.6) sind die drei Segmente (A, B, C) entsprechend der zuvor erläuterten groben Erfahrungswerte markiert. Manchmal ist dies nicht möglich. Dann sollte entsprechend dem Verlauf des Balkendiagramms bei deutlichen 'Sprüngen' in der Darstellung die Unterteilung vorgenommen werden.

   Eine weitere Darstellungsform der PQ-Analyse ist die sog. Lorenzkurve (vgl. Abbildung 3.9.5). Hier werden die relativen Mengenanteile kumuliert dargestellt. Die drei Segmente sind in dieser Abbildung problemlos voneinander abzugrenzen, da die 'Prozent-Grenzen' direkt abgelesen werden können.

2. **PU-Analyse durchführen**

   Zwei Möglichkeiten der Darstellung sind üblich:

   Die Artikel (Abszisse) werden der Größe nach fallend entsprechend dem Kriterium Umsatz geordnet, oder besser:

   Die Artikel werden in derselben Abfolge wie im Falle der PQ-Analyse angeordnet (vgl. Abbildung 3.9.7). Auch hier können A-/B-/C-Segmente kenntlich gemacht werden (horizontal). Man orientiert sich am Paretodiagramm – Menge (Abbildung 3.9.6) oder der Lorenzkurve – Menge (Abbildung 3.9.5) und wählt als Segmentgrenzen die entsprechenden Produkte: Produkt 10001009 für das B-Segment und 10001011 für das C-Segment. Nun wird unter Umständen deutlich, dass es auch Produkte gibt, die zwar nicht mengenmäßig im A-Segment liegen, dafür aber aufgrund ihres hohen Umsatzes betrachtet werden sollten, z. B. Produkt 10001004 in Abbildung 3.9.7. In solchen Fällen stellen dann die A-Produkte aus der PQ-Analyse und die A-Produkte aus der PU-Analyse die repräsentativen Produkte dar.

Ausgefüllte Vordrucke

ABC-Analyse		Ausgangsdaten	
Stand:	TT.MM.JJJJ	Artikel:	Transportwagen (absteigend sortiert)
Bearb.:	F. Schulze	Quelle:	Verkaufsstatistik Vorjahr

Art.-Nr.	Menge (Stück/Jahr)	Relative Menge (%)	Relative Menge, kumuliert (%)	Stückpreis (€)	Umsatz (€/Jahr)
10001007	156.412	34,0	34,0	70,67	11.053.636,04
10001005	135.998	29,6	63,6	74,72	10.161.770,56
10001009	85.238	18,6	82,2	62,67	5.341.865,46
10001004	30.998	6,7	88,9	222,98	6.911.934,04
10001018	19.913	4,3	93,3	143,89	2.865.281,57
10001011	13.990	3,0	96,3	89,77	1.255.882,30
10001020	5.023	1,1	97,4	522,34	2.623.713,82
10001003	3.057	0,7	98,1	123,99	379.037,43
10001010	1.693	0,4	98,4	74,72	126.500,96
10001006	1.225	0,3	98,7	69,27	84.855,75
10001015	910	0,2	98,9	77,27	70.315,70
10001030	749	0,2	99,1	107,94	80.847,06
10001027	727	0,2	99,2	121,29	88.177,83
10001013	683	0,1	99,4	165,57	113.084,31
10001021	574	0,1	99,5	82,72	47.481,28
10001017	544	0,1	99,6	140,49	76.426,56
10001034	502	0,1	99,7	74,72	37.509,44
10001025	473	0,1	99,8	130,84	61.887,32
10001019	403	0,1	99,9	117,83	47.485,49
10001032	375	0,1	100,0	146,39	54.896,25
Summe	**459.487**	**100**			**41.482.589,17**

Abbildung 3.9.4: ABC-Analyse für Transportwagen – Ausgangsdaten

ABC-Analyse		Paretodiagramm - Menge	
Stand:	TT.MM.JJJJ	Artikel:	Transportwagen
Bearb.:	F. Schulze	Quelle:	Verkaufsstatistik Vorjahr

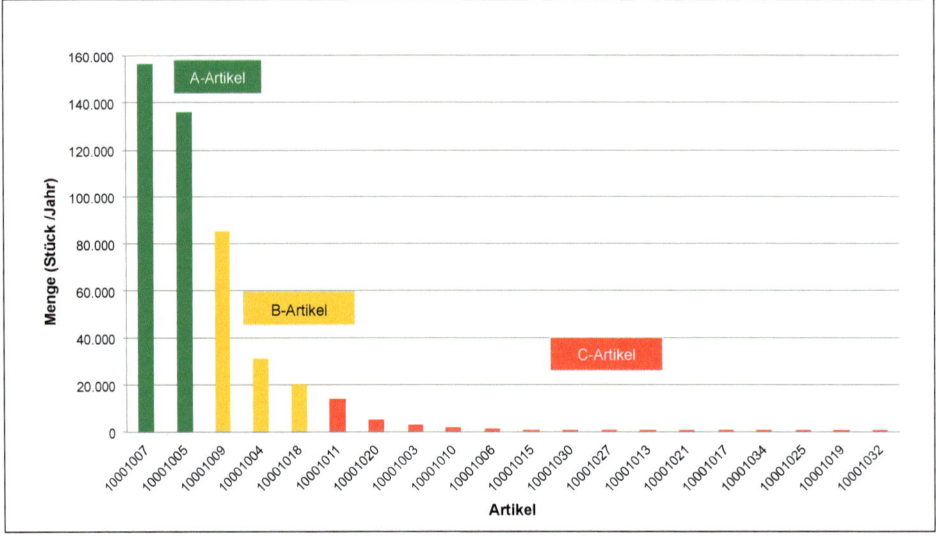

Abbildung 3.9.5: ABC-Analyse für Transportwagen – Paretodiagramm (Menge)

ABC-Analyse		Lorenzkurve - Menge	
Stand:	TT.MM.JJJJ	Artikel:	Transportwagen
Bearb.:	F. Schulze	Quelle:	Verkaufsstatistik Vorjahr

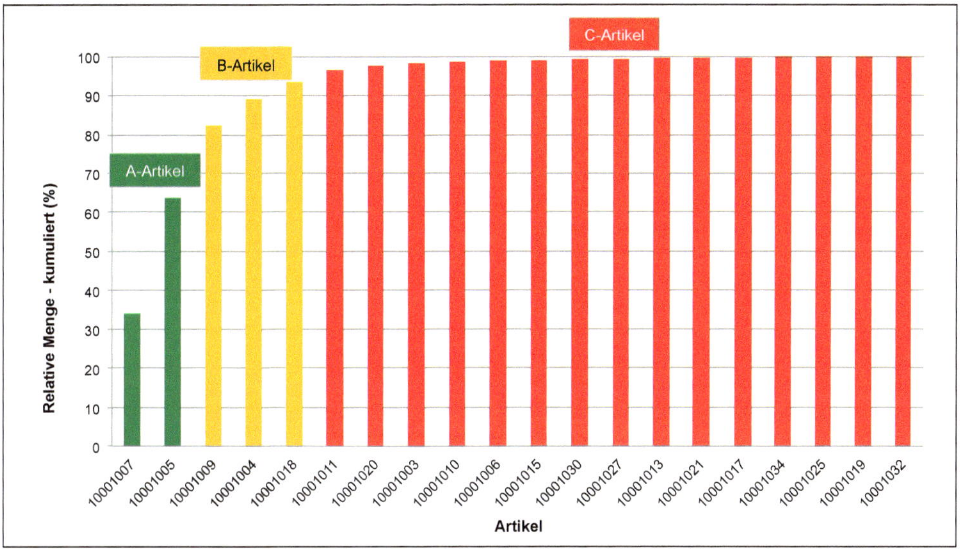

Abbildung 3.9.6: ABC-Analyse für Transportwagen – Lorenzkurve (Menge)

ABC-Analyse		A-/B-/C-Segmentierung - Umsatz	
Stand:	TT.MM.JJJJ	Artikel:	Transportwagen
Bearb.:	F. Schulze	Quelle:	Verkaufsstatistik Vorjahr

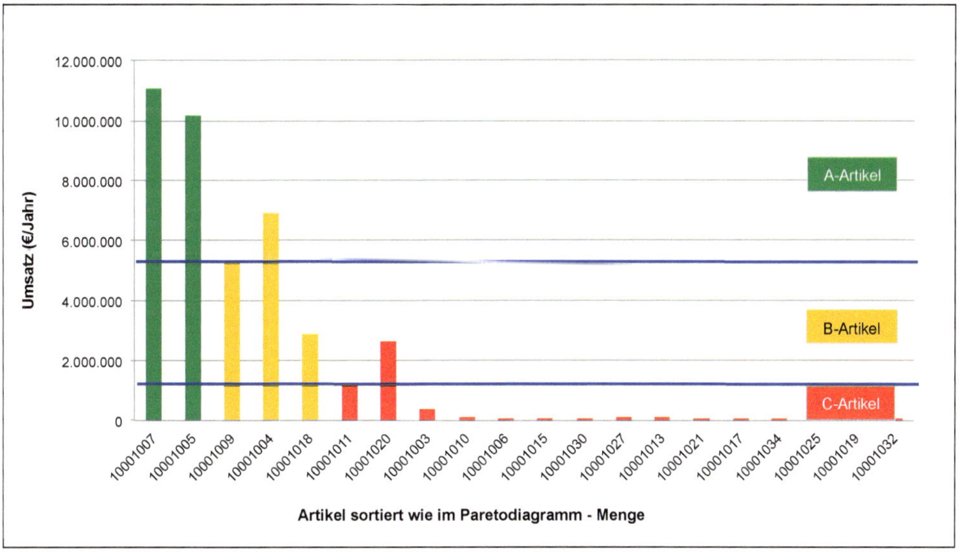

Abbildung 3.9.7: ABC-Analyse für Transportwagen – A-/B-/C-Segmentierung (Umsatz)
Anm.: Die Segmentgrenzlinien sind entsprechend Abbildung 3.9.6 oder Abbildung 3.9.5 gewählt worden: B-Segment ab Produkt 10001009 und C-Segment ab Produkt 10001011

3.10 Wertstrommethode

Kurzbeschreibung

Wertströme dienten bereits in den Ursprüngen des Toyota-Produktionssystems der Visualisierung von Material- und Informationsflüssen für Ist- und Sollzustände (vgl. Liker 2013, S. 65). Rother und Shook (2004) publizierten die **Wertstrommethode** (WSM) erstmalig im deutschsprachigen Raum.
Der WSM liegen folgende Prinzipien zugrunde (vgl. Rother/Shook 2004, S. 4; Klevers 2007, S. 30; Erlach 2010, S. 34; REFA-AD 2012, S. 30):

- Kundenfokus,
- Prozessorientierung,
- Ganzheitlichkeit (Material- *und* Informationsflüsse),
- verschwendungsfreie Produktion sowie
- synchroner Fluss.

Die Methode lässt sich durch folgende Merkmale charakterisieren:

- systematisches Vorgehen, speziell
  - Identifizieren von Verschwendung und deren Ursachen,
  - Bewerten der Verschwendung mit Kennzahlen,
  - gezieltes Erarbeiten von Gestaltungsmaßnahmen nach Richtlinien und
  - Erstellen eines Umsetzungsplans,
- einfache und verständliche 'Sprache',
- Darstellung des Ist- und Soll-Wertstroms jeweils auf einem DIN A3-Blatt,
- Verwenden von Papier, Bleistift und Radiergummi (eine Person notiert) und
- direktes und 'ungefiltertes' Erfassen der tatsächlich vorliegenden Verhältnisse vor Ort (Beobachten, Befragen, Aufnehmen von Zeiten direkt vor Ort mittels Stoppuhr, Zählen, ...).

Im Vordergrund der Methode steht eine schnelle und wenig aufwändige Aufnahme der Ist-Prozesse mit definierten Parametern, um einen groben Überblick zu erhalten. Es geht darum, *die aktuelle Situation vor Ort* aufzunehmen und nicht Daten zu analysieren, die in Systemen hinterlegt sind; denn diese entsprechen selten der betrieblichen Realität (vgl. dazu Rother/Shook 2004, S. 12; Klevers 2007, S. 46; Erlach 2010, S. 59).
Ein Grundgedanke der Wertstrommethode ist es, dass *eine* 'Sprache' zur Anwendung kommt: Neben einem immer gleichen Aufbau von Wertstromdiagrammen (vgl. Abbildung 3.10.1) werden auch gleiche Symbole verwendet. In Anhang A.2 sind die wesentlichen Symbole sowie die Definitionen für ausgewählte Kennzahlen, wie sie in der einschlägigen Literatur publiziert werden, zusammengefasst.

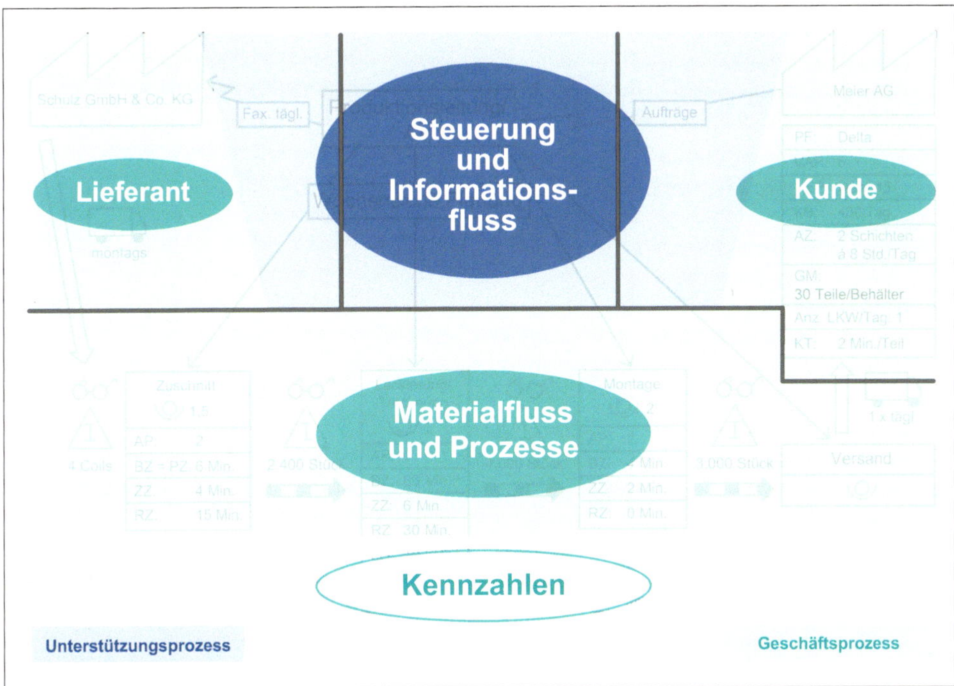

Abbildung 3.10.1: Aufbau eines Wertstromdiagramms (vgl. Erlach 2010, S. 126; Klevers 2012, S. 37)

Abbildung 3.10.2 zeigt die Eignung der Wertstrommethode im Rahmen der drei Strukturen.

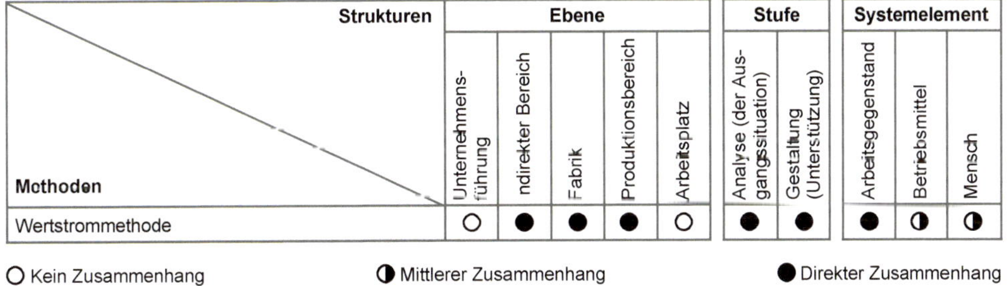

Strukturen / Methoden	Ebene					Stufe		Systemelement		
	Unternehmens-führung	Indirekter Bereich	Fabrik	Produktionsbereich	Arbeitsplatz	Analyse (der Ausgangssituation)	Gestaltung (Unterstützung)	Arbeitsgegenstand	Betriebsmittel	Mensch
Wertstrommethode	○	●	●	●	○	●	●	●	◑	◑

○ Kein Zusammenhang ◑ Mittlerer Zusammenhang ● Direkter Zusammenhang

Abbildung 3.10.2: Einordnung der Wertstrommethode in die drei Strukturen

Zweck

- Am Kunden orientierte Produktions- und Informationsflüsse mit hoher Wertschöpfung schaffen
- Hauptziele realisieren, wie Durchlaufzeiten reduzieren, Bestände senken, Qualität verbessern, Produktivität erhöhen (Mitarbeiter-, Betriebsmittel-, Flächenproduktivität, Materialnutzung)

- Nebenziele erreichen, wie Prozesstransparenz herstellen, Mitarbeiter, Führungskräfte, Fachleute sowie Betriebsrat in die Analyse- und Gestaltungsphase einbeziehen, Blickwinkel auf Ganzheitlichkeit erweitern, gemeinsame Kommunikationsplattform schaffen

Typische Anwendungsfälle

- Schnellen Einstieg in ein Projekt zur Optimierung
  - des Auftragsdurchlaufs sowie
  - einer Fabrik oder von Produktionsbereichen ermöglichen
- Hauptschwachstellen im Informations- und Materialfluss identifizieren

Vorgehensweise

Die nachfolgend beschriebene Vorgehensweise orientiert sich am REFA-Standard Wertstrommethode (vgl. dazu auch Rother/Shook 2004; Klevers 2007; Erlach 2010; Klevers 2012; REFA-AA 2012, S. 27 ff.; Nolte 2015). Als Beispiel ist ein mittelständisches Unternehmen gewählt worden, das Schaltschränke herstellt. Ziel ist es hier, den Ist-Wertstrom abzubilden und erste Hinweise auf Optimierungspotenziale abzuleiten.

1. **Voraussetzungen für die Wertstromanalyse schaffen**

   Zunächst ist ein Wertstrommanager zu benennen, der das eingesetzte Wertstromteam koordiniert. Diese Person ist an die oberste Führungskraft eines Unternehmens angebunden, agiert bereichs-/abteilungsübergreifend und ist befugt, Veränderungen um- und durchzusetzen.

   Im nächsten Schritt sind Produktfamilien zu bilden. Sie besitzen üblicherweise produktionsrelevante Ähnlichkeitskriterien, für die ein eigener Wertstrom aufgenommen werden kann. Produktfamilien stellen quasi Segmente dar, die man aus einer Fabrik 'herausschneiden' und für sich separat betrachten kann. Solche Produktfamilien werden mit einer Produkt-Prozess-Matrix herausgefiltert. Nach Abbildung 3.10.3 sind auf der Ordinate die Produkte und auf der Abszisse alle relevanten Prozesse (Produktionsschritte) einzutragen. Die zutreffenden Kombinationen werden gekennzeichnet. Produkte mit gleichen oder ähnlichen Markierungen sind zu Produktfamilien zusammenzufassen, in Abbildung 3.10.3 grau hinterlegt. Alpha 88 durchläuft dieselben Prozesse wie Delta 12. Da es sich jedoch nur um ein Produkt einer anderen Produktfamilie mit relativ geringen Stückzahlen handelt, wird es nicht integriert. Repräsentative Produkte je Produktfamilie können wiederum mittels einer **ABC-Analyse** (Kap. 3.9) ausgewählt werden.

2. **Ist-Wertstrom aufnehmen**

   Erster Durchgang:

   Zunächst ist der Materialfluss von der Kundenschnittstelle (meist Versand) bis zur Lieferantenschnittstelle (meist Wareneingang) auf einem DIN A3-Blatt (Bleistift und Radiergummi) vor Ort aufzunehmen.

Zu Beginn ist das Kundensymbol mit allen relevanten Angaben, entsprechend Abbildung 3.10.4, einzuzeichnen (vgl. auch Anhang A.2). Für das Beispielunternehmen ergibt sich ein Kundentakt von etwa 2 Min./Teil.

Danach sind, wie in Abbildung 3.10.5 dargestellt, ausgehend von der Kundenschnittstelle, die Prozesse mit den relevanten Parametern einzuzeichnen.

Nun werden Bestände zwischen den Prozessen gezählt und mit Bestandssymbolen gekennzeichnet (vgl. Abbildung 3.10.6). Unter dem jeweiligen Symbol sind die gezählten Stückzahlen zu vermerken.

Abschließend werden die verbindenden Materialflüsse mit der entsprechenden Symbolik im Wertstromdiagramm eingezeichnet (vgl. Abbildung 3.10.7).

Zweiter Durchgang:

Nun sind, entsprechend Abbildung 3.10.8, die Unterstützungsprozesse zur Auftragsabwicklung mit den zugehörigen Informationsflüssen aufzunehmen und in das Ist-Wertstromdiagramm einzuzeichnen. Startpunkt ist wieder die Schnittstelle der Auftragsabwicklung zum Kunden.

Schließlich sind die relevanten Kennzahlen in den unteren Teil des Diagramms einzutragen (vgl. Abbildung 3.10.9). Auf den hochgesetzten Linien werden die Reichweiten der gelagerten Teile, auf den herabgesetzten Linien die Bearbeitungszeiten in den jeweiligen Prozessen vermerkt.

Nun lässt sich der Wertstromquotient (WQ) errechnen: Er ist das Verhältnis von gesamter Durchlaufzeit (DLZ) zu tatsächlicher gemessener Bearbeitungszeit BZ_{ges}. Nach Abbildung 3.10.10 ergibt sich im Beispiel ein WQ von etwa 310, der im vorliegenden Fall als 'schlecht' zu beurteilen ist.

3. **Ist-Wertstrom bewerten**

   Zur Bewertung des Ist-Wertstroms (vgl. Abbildung 3.10.11) sind folgende Gestaltungsrichtlinien heranzuziehen:

   (a) Produktion am Kundentakt ausrichten,
   (b) kontinuierliche Fließfertigung durch Zusammenfassen von Prozessen, One-Piece-Flow, FIFO-Verkopplungen und Supermarkt-Pullsysteme realisieren,
   (c) parallel zu (b): den Produktionsprozess am Schrittmacherprozess orientieren,
   (d) Losgrößen durch Rüstoptimierung verringern,
   (e) Produktionsvolumen durch Pitchintervalle glätten und
   (f) Produktionsmix durch Heijunka-Boards (Ausgleichskästen) sicherstellen.

   Auf eine detaillierte Erläuterung der Richtlinien soll an dieser Stelle verzichtet werden. Abbildung 3.10.12 zeigt das mittels sog. Kaizen-Blitze bewertete Ist-Wertstromdiagramm (die Blitze kennzeichnen identifizierte Schwachstellen und sind hier in Form von Sternen dargestellt). Zum besseren Verständnis sind die Kaizen-Blitze in Abbildung 3.10.13 detailliert erläutert.

4. **Soll-Wertstrom entwickeln**

   Auf Basis des bewerteten Ist-Wertstroms sind nun die Gestaltungsrichtlinien konsequent in der vorgegebenen Reihenfolge anzuwenden.

   Ergebnis ist ein Soll-Wertstrom, wie in Abbildung 3.10.14 dargestellt und in Abbildung 3.10.15 erläutert. Es zeigt sich für das Beispielunternehmen, dass ein WQ von etwa 32 realisiert werden kann, wenn alle Maßnahmen umgesetzt werden.

5. **Maßnahmen definieren und Kontrolle planen**

   Um den Soll-Wertstrom zu realisieren, sollte ein Wertstromjahresplan mit folgenden Angaben erstellt werden:

   - Maßnahmen,
   - jeweilige Kenngrößen, um den Erfolg der Umsetzung zu messen,
   - Monatsplanung,
   - Verantwortliche,
   - betroffene Bereiche/Abteilungen und
   - Status der Umsetzung.

   Man startet immer mit dem Schrittmacherprozess, da dieser als interner Kunde die Nachfrage der vorgelagerten Prozesse steuert (vgl. dazu auch Abbildung 3.10.16).

Ausgefüllte Vordrucke

Wertstrommethode		**Produkt-Prozess-Matrix**	
Stand:	TT.MM.JJJJ	Produktfamilien:	Alpha, Beta, Delta
Bearb.:	F. Schulze	Quelle:	Produktionsprogramm Vorjahr, Arbeitspläne

Prozesse / Produkte	Zuschnitt	Lackieren	Montage	Verpacken	Stück/Tag*
Beta 43	x		x		218
Beta 55	x		x		188
Delta 22	x	x	x		112
Delta 15	x	x	x		235
Delta 12	x	x	x	x	65
Beta 18	x		x	x	98
Beta 23	x	x		x	77
Delta 38	x	x	x		32
Delta 8	x	x	x		19
Alpha 33	x	x		x	62
Alpha 88	x	x	x	x	35
Delta 55	x	x	x		17

* Aus Produktionsprogramm (hier bei 250 Arbeitstagen/Jahr als Stück/Tag aufgeführt)

Abbildung 3.10.3: Produkt-Prozess-Matrix für einen Hersteller von Schaltschränken (vgl. Rother/Shook 2004; S. 6)

Die nachfolgenden allgemein gültigen Wertstromsymbole sind angelehnt an Rother/Shook 2004, Erlach 2007, Erlach 2010; Klevers 2012.

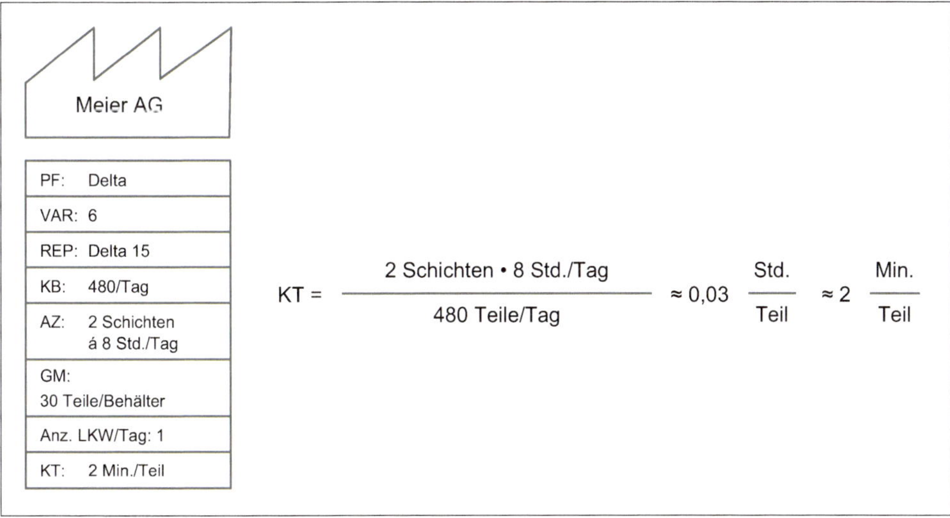

Abbildung 3.10.4: Kundensymbol mit Kundentakt KT (vgl. Erlach 2007, S. 47 ff.)

Anm.: Die Symbolik und Kennzahlen dieser und der folgenden Abbildungen sind im Anhang A.2 erläutert

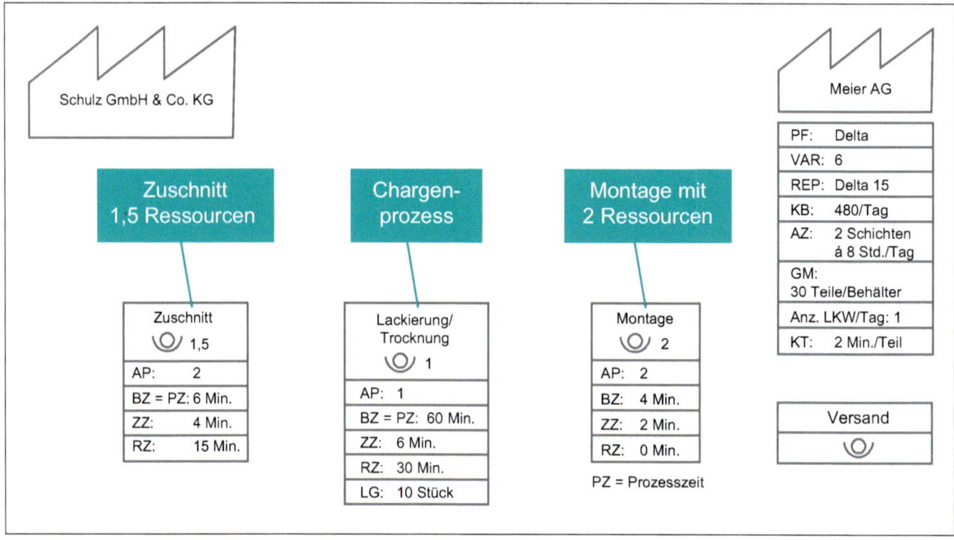

Abbildung 3.10.5: Prozesssymbole

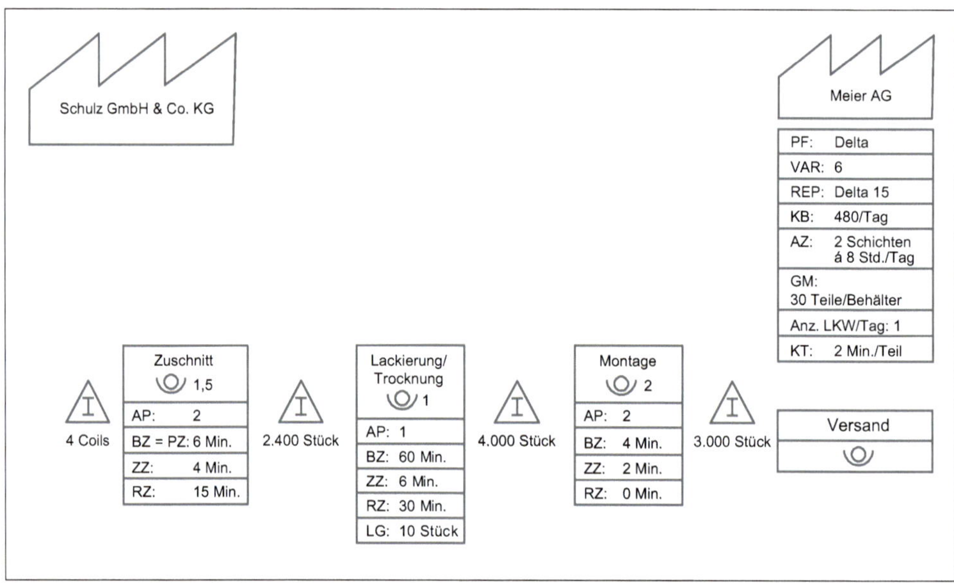

Abbildung 3.10.6: Bestandssymbole

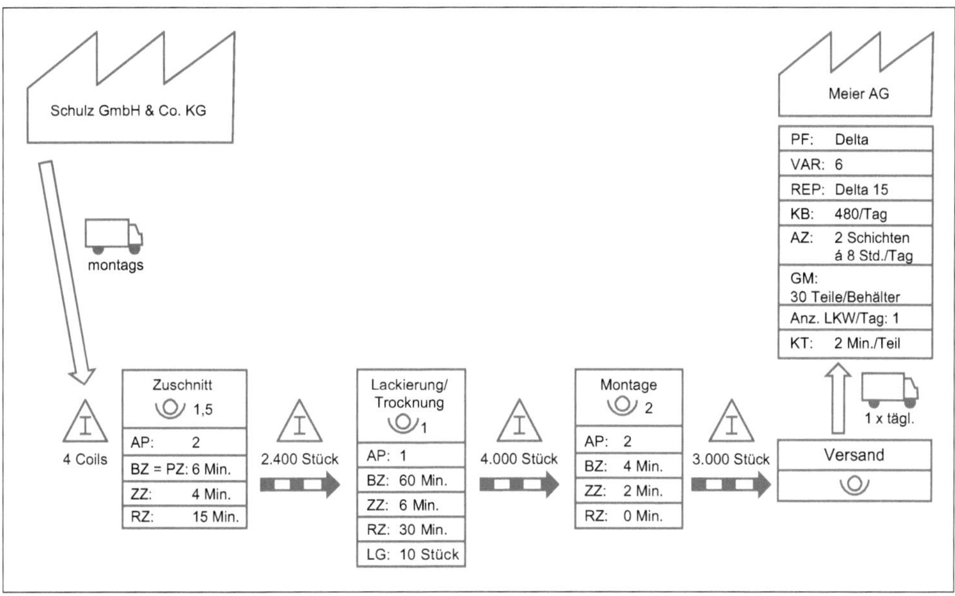

Abbildung 3.10.7: Materialfluss

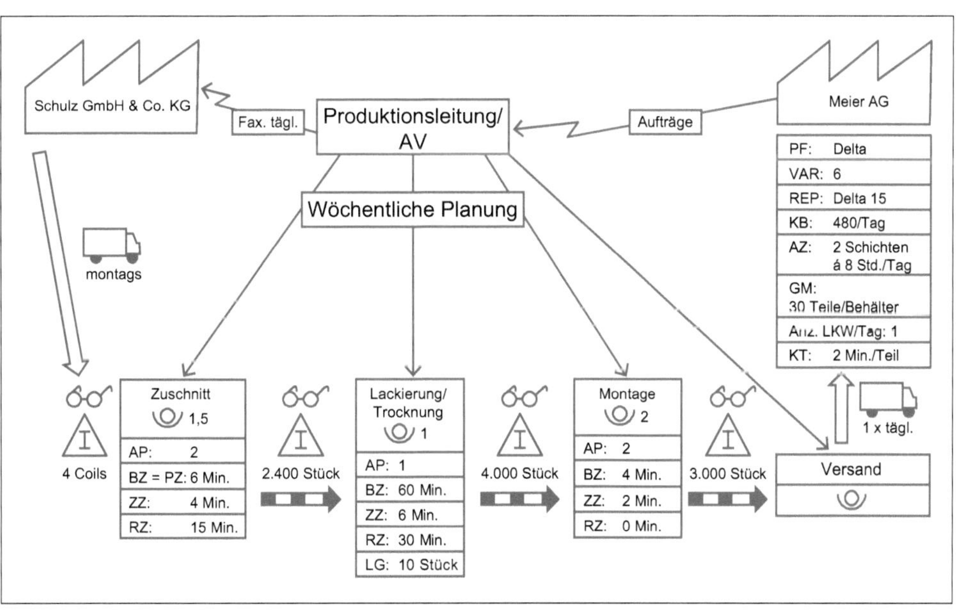

Abbildung 3.10.8: Informationsfluss

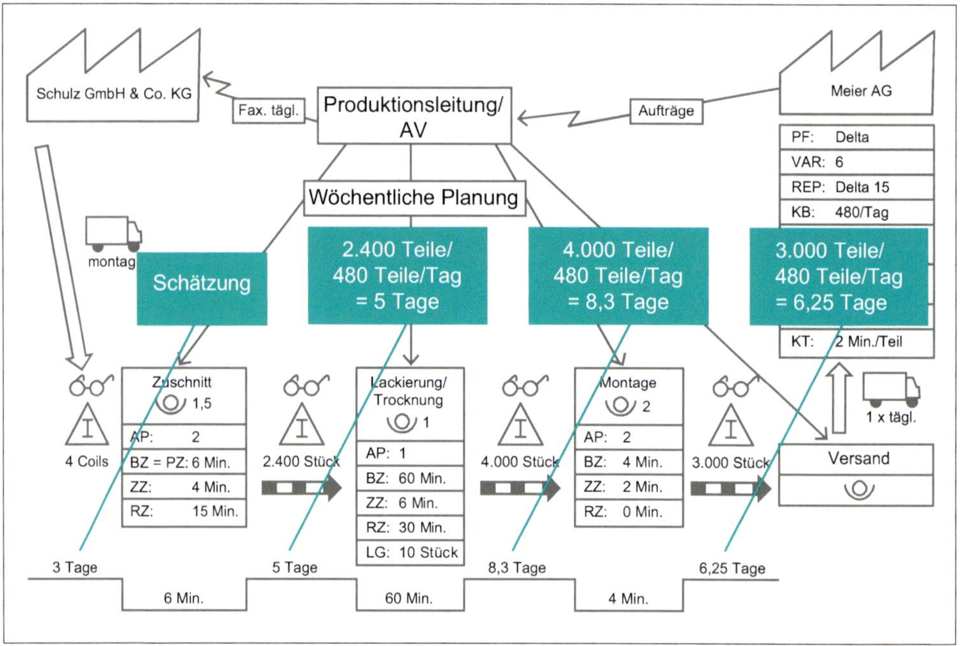

Abbildung 3.10.9: Kennzahlen

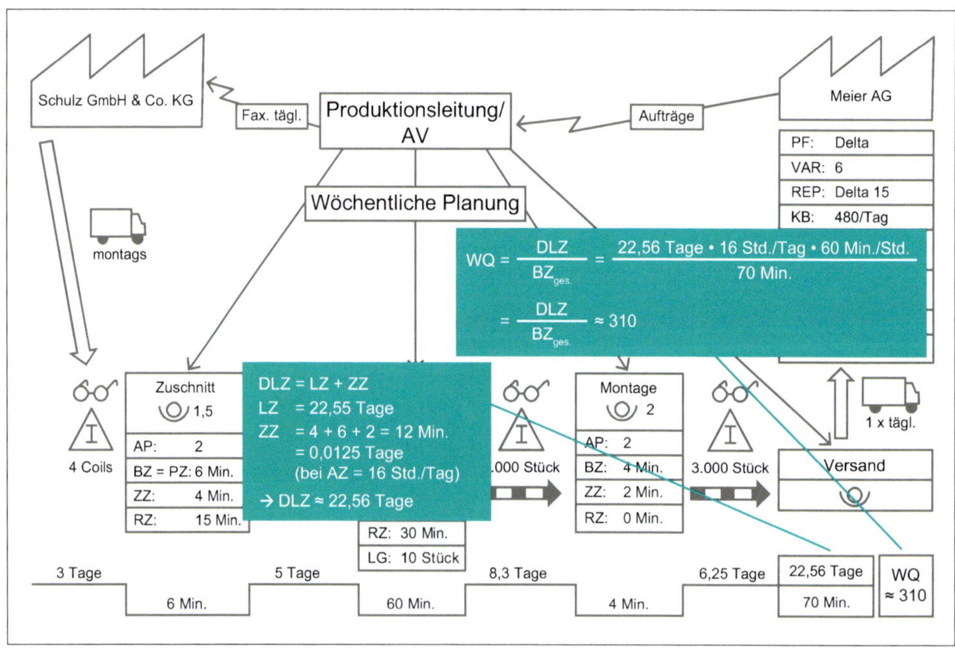

Abbildung 3.10.10: Wertstromquotient WQ (vgl. Klevers 2012, S. 59)

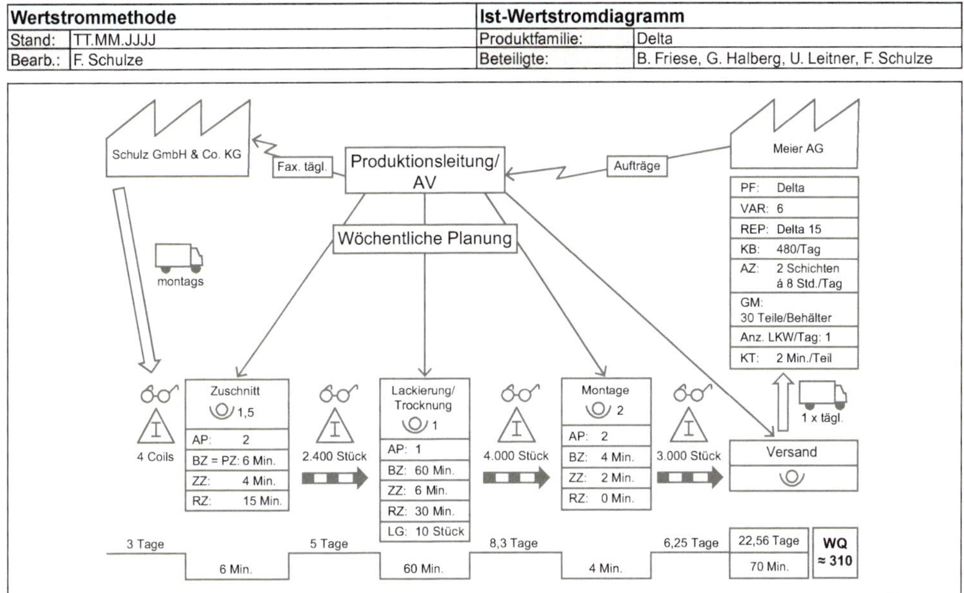

Abbildung 3.10.11: Ist-Wertstromdiagramm für einen Hersteller von Schaltschränken

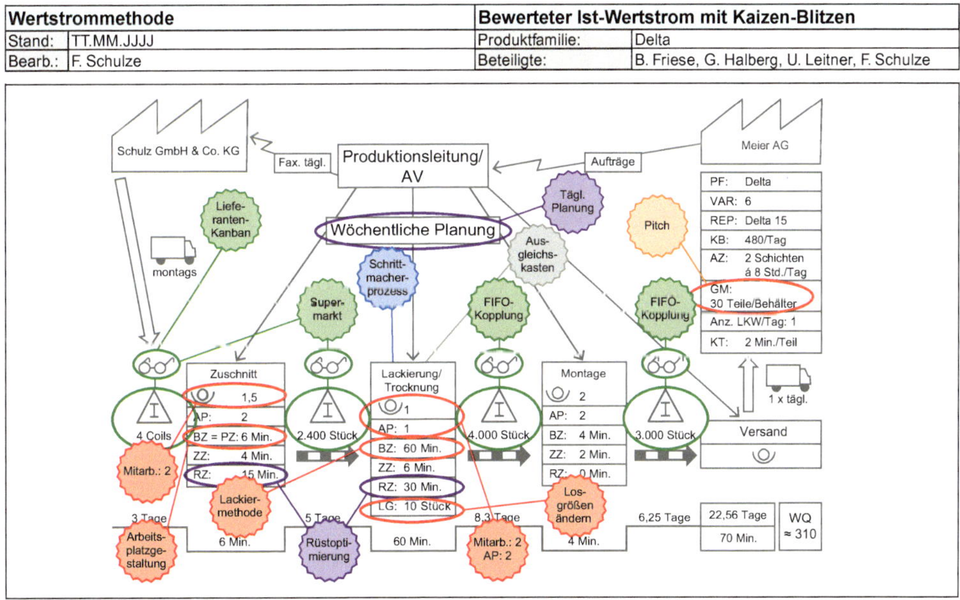

Abbildung 3.10.12: Mit 'Kaizen-Blitzen' bewerteter Ist-Wertstrom für einen Hersteller von Schaltschränken

Anm.: Die Farben der Blitze entsprechen den Farben der Erläuterungen in Abb. 3.10.13.

Wertstrommethode		Verbesserungspotenziale im Ist-Wertstrom	
Stand:	TT.MM.JJJJ	Produktfamilie:	Delta
Bearb.:	F. Schulze	Quelle:	B. Friese, G. Halberg, U. Leitner, F. Schulze

Gestaltungsrichtlinien	Wesentliche Verbesserungspotenziale
a.) Produktion am Kundentakt ausrichten	Lackierung/Trocknung: 2 Mitarbeiter/-innen vorsehen → ZZ = KT = 3 Min./durch Optimierungen der Lackiermethode/ggf. auch der Trocknungstechnik BZ reduzieren, damit ZZ = 2 Min. erreicht wird
	Zuschnitt: 2 Mitarbeiter/-innen vorsehen → ZZ = 3 Min./durch Arbeitsplatzgestaltung BZ reduzieren, damit ZZ = KT = 2 Min.
b.) Kontinuierliche Fließfertigung durch Zusammenfassen von Prozessen, One-Piece-Flow, FIFO-Verkopplungen und Supermarkt-Pullsysteme realisieren	Zwischen Zuschnitt und Lackierung/Trocknung: Supermarkt-Pullprinzip (Kanban) vorsehen (da mehrere Varianten/große Entfernungen)
	Zwischen Lackierung/Trocknung und Montage: FIFO-Kopplung vorsehen (da Lackierung/Trocknung Schrittmacherprozess wird)
	Zwischen Montage und Versand: FIFO-Kopplung vorsehen (dto.)
	Lieferant: Reduzieren der Liefermengen an Coils durch zweimaliges Anliefern pro Woche
c.) Parallel zu 2.: Produktion am Schrittmacherprozess orientieren	Lackierung/Trocknung: Schrittmacherprozess (Lackierung als Impulsgeber)
d.) Losgrößen durch Rüstoptimierung verringern	Zuschnitt und Lackiererei/Trocknung: RZ reduzieren verringern, um variantenreich fertigen zu können
	Tägliche Produktionsplanung
e.) Mittelfristig: Produktionsvolumen durch Pitch-Intervalle glätten	Kundenlieferung mit Behältern á 10 Teile → Pitch: 10 Teile/Behälter • Kundentakt KT von 2 Min./Teil = 20 Min. (wie in der Lackierung)
f.) Mittelfristig: Produktionsmix durch Heijunka-Boards (Ausgleichskästen) sicherstellen	Ausgleichskasten vorsehen

Abbildung 3.10.13: Verbesserungspotenziale im Ist-Wertstrom für einen Hersteller von Schaltschränken entsprechend den Kaizen-Blitzen in Abb. 3.10.12

Wertstrommethode		Soll-Wertstromdiagramm	
Stand:	TT.MM.JJJJ	Produktfamilie:	Delta
Bearb.:	F. Schulze	Beteiligte:	B. Friese, G. Halberg, U. Leitner, F. Schulze

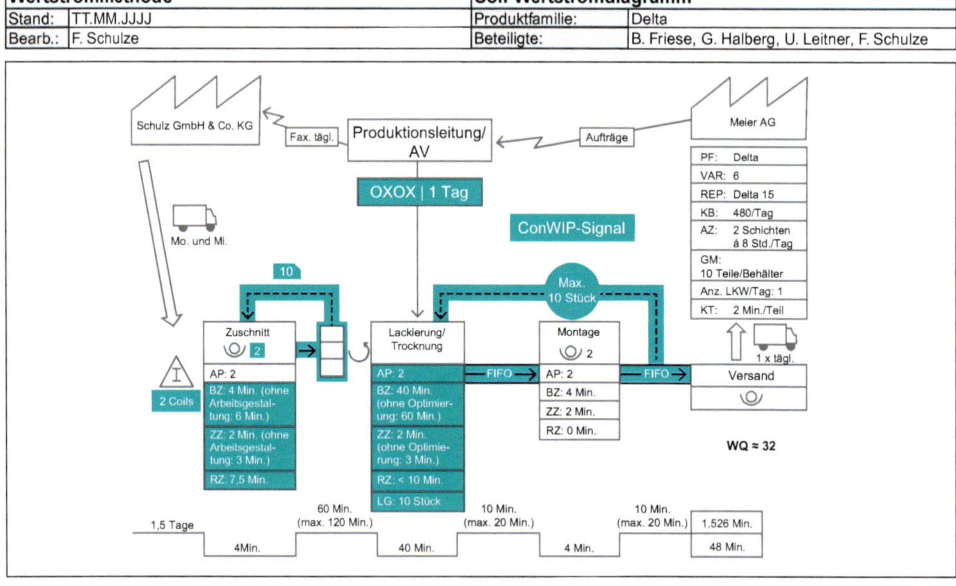

Abbildung 3.10.14: Soll-Wertstromdiagramm für einen Hersteller von Schaltschränken

Wertstrommethode		**Verbesserungen im Soll-Wertstrom**	
Stand:	TT.MM.JJJJ	Produktfamilie:	Delta
Bearb.:	F. Schulze	Quelle:	B. Friese, G. Halberg, U. Leitner, F. Schulze

Gestaltungsrichtlinien	**Maßnahmen**
a.) Produktion am Kundentakt ausrichten	Lackiererei/Trocknung: 2 Mitarbeiter/-innen (2 Arbeitsplätze) und Optimierung der Lackiermethode/Trocknungstechnik → BZ = 40 Min. → ZZ = 2 Min.
	Zuschnitt: 2 Mitarbeiter/-innen und Arbeitsplatzgestaltung → BZ = 4 Min. → ZZ = 2 Min.
b.) Kontinuierliche Fließfertigung durch Zusammenfassen von Prozessen, One-Piece-Flow, FIFO-Verkopplungen und Supermarkt-Pull-Systeme realisieren	Zwischen Zuschnitt und Lackierung/Trocknung: Supermarkt-Pullprinzip (Kanban), weil die Lackiererei/Trocknung Schrittmacherprozess wird (Zuschnitt: kundenanonyme Vorproduktion).
	Kanbans: 1 Kanban für 10 Teile entspricht der Losgröße im Lackierungs/Trocknungsprozess. Maximalbestand im Kanbanregal: 6 Varianten des Produktes Delta • 10 Teile/Gebinde • 1 Kanbankarte = 60 Teile. Da Lackierung/Trocknung Teile entnimmt, beträgt der durchschnittliche Bestand 50 % des Maximalbestands, also 30 Teile. Bei KT = 2 Min./Teil ist die Regalreichweite max. 120 und durchschnittlich 60 Min.
	Zwischen Lackierung/Trocknung und Montage: FIFO-Kopplung (ab hier kundenauftragsbezogener Folgeprozess)
	Maximalbestand auf der FIFO-Bahn: 10 Teile (= 1 Losgröße = 1 Gebinde); dies entspricht 10 Teile • ZZ = 2 Min. = 20 Min. Bestand
	Durchschnittsbestand: 50 % des Maximalbestands, da Montage kontinuierlich entnimmt; dies entspricht 10 Min. Bestand
	Zwischen Montage und Versand: FIFO-Kopplung, wie zuvor erläutert
	Steuerung vom Versand aus zur Lackierung/Trocknung mit ConWIP-Karten. Jeweils Freigabe von 10 Teilen (= 1 Losgröße = 1 Gebinde). Damit lassen sich im Schrittmacherprozess nach einem Los z. B. neue Farben einsteuern
	Lieferant: Anlieferung zweimal pro Woche → Halbierung des Bestands
c.) Parallel zu 2.: Produktion am Schrittmacherprozess orientieren	Lackierung/Trocknung: Schrittmacherprozess als wesentlicher Impulsgeber für die gesamte Produktion, da hier die Kundenspezifik über die Farbgebung in einem vergleichsweise aufwändigen Fertigungsprozess stattfindet
d.) Losgrößen durch Rüstoptimierung verringern	Lackierung/Trocknung: Rüstzeit deutlich reduzieren, um variantenreich in kleinen Losgrößen fertigen zu können
	Zuschnitt: Rüstzeit reduzieren, um auch hier den Supermarkt schnell mit den geforderten Varianten zu beliefern
	Tägliche Produktionsplanung
e.) Mittelfristig: Produktionsvolumen durch Pitch-Intervalle glätten	Kundenbelieferung mit Gebinden á 10 Teile (entspricht Losgröße und Gebindegröße im Produktionsprozess). Pitch = 10 Teile/Behälter • Kundentakt von 2 Min./Teil = 20 Min.
f.) Mittelfristig: Produktionsmix durch Heijunka-Boards (Ausgleichskästen) sicherstellen	Schrittmacherprozess Lackiererei/Trocknung wird weiterhin täglich gesteuert, jedoch mit einem Ausgleichskasten mit Pitch-Größe

Abbildung 3.10.15: Erläuterungen der Verbesserungen im Soll-Wertstrom nach Abbildung 3.10.14 für einen Hersteller von Schaltschränken

Wertstrommethode		**Wertstromjahresplan**	
Stand:	TT.MM.JJJJ	Produktfamilie:	Delta
Bearb.:	F. Schulze	Quelle:	B. Friese, G. Halberg, U. Leitner, F. Schulze

Werkstattleitung	G. Halberg	**Produktfamilie:**	Delta	**Werks-/Betriebsleitung**	**Betriebsrat**	**Produktion**	**Instandhaltung**
Wertstrommanager	F. Schulze	**Hauptkunde:**	Meier AG	U. Leitner	H. Glück	B. Friese	H. Müller

Ziele für die Produktfamilie:	
	1. Qualität ↑ , insbes. Lieferfähigkeit und Reaktionsfähigkeit ↑
	2. Wirtschaftlichkeit ↑ , insbes. Arbeitsproduktivität ↑
	3. Variabilität ↑ , insbes. Reaktion auf Produktvielfalt ↑

Wertstromschleife	**Wertstrom-Maßnahmen**	**Wertstrom-Kennzahlen**		**Monatsplanung JJJJ**												**Verantwortliche/r**	**Betroffene Abteilungen**	**Status ▼**
		Ist	**Soll**	**1**	**2**	**3**	**4**	**5**	**6**	**7 ▼**	**8**	**9**	**10**	**11**	**12**			
Schrittmacherschleife	Für Lackierkabine/ Trocknungsofen 2. Lackierarbeitsplatz einrichten	BZ: 60 Min. ZZ: 6 Min.	BZ: 40 Min. ZZ: 2 Min.							■	■	■				H. Müller	Produktion, Instandhaltung	In Arbeit
	Rüstworkshop Lackierkabine	RZ: 30 Min.	RZ: < 10 Min.						■	■								Erledigt
	Fertigungssteuerung mittels Ausgleichskasten										■	■	■	■		L. Schäfer	Produktion, AV	Noch nicht begonnen

Abbildung 3.10.16: Ausschnitt aus einem Wertstrom-Jahresplan für einen Hersteller von Schaltschränken (in Anlehnung an Rother/Shook 2014, S. 76 ff.)

3.11 Auftragsdurchlaufanalyse

Kurzbeschreibung

Jedes Unternehmen erzielt durch seine Geschäfts-/Kernprozesse einen Kundennutzen (vgl. Bullinger/Warnecke 1996, S. 1024 ff.). Unterstützungsprozesse stellen Ressourcen bereit, verwalten diese und bieten sie quasi als 'interne Prozesse' an, damit die Funktion der Geschäfts-/Kernprozesse sichergestellt ist. Führungsprozesse unterstützen die anderen beiden Prozessarten, können diese aber auch auslösen, z. B. bei Neuentwicklungsvorhaben (vgl. Vahs 2012, S. 256 ff.; REFA-Institut 2016, S. 170 ff.).
Die drei Prozessarten lassen sich in der Ebenen-Struktur (vgl. Abbildung 1.2.4) entsprechend zuordnen:

- Ebene Unternehmensführung → Führungsprozesse,
- Ebene Indirekter Bereich → Unterstützungsprozesse sowie
- Ebenen Fabrik/Produktionsbereich/Arbeitsplatz → Geschäfts-/Kernprozesse.

Da die kundenbezogene Wertschöpfung in verarbeitenden Unternehmen vor allem im Bereich der Produktion stattfindet, werden die Geschäfts-/Kernprozesse primär den Ebenen Fabrik/Produktionsbereich/Arbeitsplatz zugeordnet (vgl. auch Schenk u. a. 2014, S. 113).
Die nachfolgend beschriebene **Auftragsdurchlaufanalyse** wird in erster Linie für die Ebene des indirekten Bereichs durchgeführt und betrifft damit die Unterstützungsprozesse. Denn wenn dort beispielsweise Kundenaufträge nicht eindeutig dokumentiert, Teile nicht frühzeitig beschafft oder Fertigungsunterlagen nicht produktionsgerecht aufbereitet und weitergeleitet werden, muss in der Produktion zur Kompensation dieser Schwierigkeiten meist viel zusätzlicher Aufwand betrieben werden und Lieferzeiten sind oft nicht zu halten (vgl. Dresselhaus/Jungkind 2007, S. 33).
Prozesse lassen sich unterschiedlich strukturieren, etwa in zeitlicher Abfolge, vom Groben ins Detail oder entsprechend verschiedener Anwendungsfälle. Auftragsdurchlaufanalysen, die von den Autoren bislang durchgeführt wurden, bezogen sich meist mit folgenden typischen Ausprägungen auf die letztgenannte Strukturierungsmöglichkeit:

- Aufträge ohne Einbindung der Entwicklung/Konstruktion (Wiederholaufträge) oder mit Einbindung der Entwicklung/Konstruktion (Produkte müssen konstruktiv modifiziert werden),
- Standardaufträge (häufig hergestellte, relativ einfache Produkte) oder Sonderaufträge (selten hergestellte, aufwändige Produkte) und
- Produktentwicklung.

Prozesse lassen sich z. B. mit Flussdiagrammen, Folgestrukturplänen, Organisationsprozessdarstellungen oder Prozesslandkarten darstellen (vgl. Binner 2004, S. 324 ff.). Will man betroffene Mitarbeiter mit einbeziehen, sollte die Darstellung von Prozessen so einfach wie möglich sein. In Anlehnung an ein Wertstromdiagramm (vgl. **Wertstrommethode** (Kap. 3.10)) hat sich die Visualisierung mittels eines 'Unternehmensbildes' als sehr hilfreich erwiesen. Ein solches Bild kann in einer Moderation zusammen mit den Betroffenen – für alle sichtbar und verständlich – auf einem großen Bogen Papier erarbeitet werden.

Da im indirekten Bereich nur sehr wenig beobachtet werden kann, stützt sich eine Auftragsdurchlaufanalyse auf die Aussagen der Betroffenen. In diversen Moderationen hat sich gezeigt, dass die Beteiligten dabei auch ein sehr gutes Gefühl für die Quantifizierung von Schwachstellen besitzen. Durch Diskussionen untereinander werden auch einige Aussagen relativiert.
Um Daten und Fakten für den Ist-Zustand zu erhalten, ist parallel zur Anfertigung eines 'Unternehmensbildes' eine Tabelle mit den wesentlichen zugeordneten Ergebnissen anzulegen, ebenfalls für alle sichtbar auch auf einem großen Bogen Papier.
Als Messgrößen (vgl. auch **Checkliste Ziele** (Kap. 3.7)) zur Bewertung auftretender Schwachstellen eignen sich z. B.

- Personalaufwand (Mehraufwand),
- Zeit (Verzögerungen),
- Bestände (Material) sowie
- Qualität (für Dienstleistungen oder Produkte).

Abbildung 3.11.1 zeigt die Eignung der Auftragsdurchlaufanalyse im Rahmen der drei Strukturen.

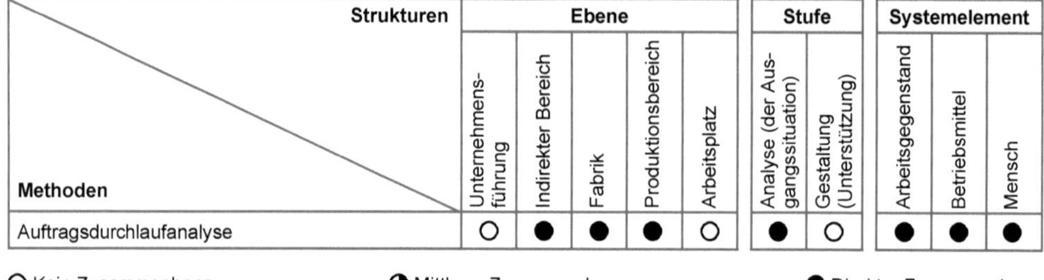

Strukturen / Methoden	Ebene					Stufe		Systemelement		
	Unternehmensführung	Indirekter Bereich	Fabrik	Produktionsbereich	Arbeitsplatz	Analyse (der Ausgangssituation)	Gestaltung (Unterstützung)	Arbeitsgegenstand	Betriebsmittel	Mensch
Auftragsdurchlaufanalyse	○	●	●	●	○	●	○	●	●	●

○ Kein Zusammenhang ◑ Mittlerer Zusammenhang ● Direkter Zusammenhang

Abbildung 3.11.1: Einordnung der Altersstrukturanalyse in die drei Strukturen

Zweck

- Ist-Auftragsdurchlauf für alle nachvollziehbar dokumentieren und bewerten
- Basis zur Optimierung des indirekten Bereiches schaffen

Typische Anwendungsfälle

- Nach einer Optimierung der Fabrik/Produktionsbereiche/Arbeitsplätze im nächsten Schritt den indirekten Bereich restrukturieren
- Basis für die Einführung eines PPS-Systems schaffen (Lastenheft)
- Schwachstellen zwischen indirektem Bereich und Produktion aufzeigen

Vorgehensweise

Bei einem mittelständischen Hersteller von Küchen sind die Produktionsbereiche bereits optimiert worden. Die Geschäftsführung beabsichtigt nun, den Auftragsdurchlauf analysieren zu lassen, weil innerhalb der Produktionsbereiche noch immer gravierende Probleme auftreten, etwa nicht rechtzeitig zur Verfügung stehende Küchenfronten. Nicht vollständige Küchen blockierten dann den Versand und Liefertermine können nicht eingehalten werden. An diesem Beispielunternehmen wird im Folgenden die Vorgehensweise beschrieben.

1. **Zu untersuchenden Prozess auswählen und Beteiligte benennen**

   Die Geschäftsführung des Beispielunternehmens beschließt, dass der Standardprozess betrachtet werden soll, weil hier die größten Potenziale vermutet werden.

   Der Auftragsdurchlauf soll im Rahmen eines Workshops zusammen mit den wesentlichen Akteuren erarbeitet werden. Bei deren Auswahl ist darauf zu achten, dass dies Mitarbeiter sind, die im Tagesgeschäft die Prozesse abwickeln, denn Führungskräfte sind oft zu weit weg vom unmittelbaren Geschehen. Im Beispielunternehmen werden jeweils eine Fachkraft der Sachbearbeitung, des Einkaufs, der Arbeitsvorbereitung, der Tourenplanung und zwei Meister aus der Produktion (Maschinensaal und Montage) beteiligt.

   Im Beispielunternehmen wird der Workshop von einem Externen moderiert.

2. **Auftragsdurchlauf mit Schwachstellen analysieren**

   Der Auftragsdurchlauf wird, für alle sichtbar, auf einer Pinnwand mit Packpapier mittels Moderationskarten fixiert bzw. aufgezeichnet. Abbildung 3.11.2 zeigt das Ergebnis, hier bereits mit einem Graphikprogramm visualisiert. Im rechten Teil der Unternehmensskizze zeichnet man den/die Kunden und im linken Teil den/die Lieferanten ein. Alle wesentlichen Informationsflüsse werden im oberen Teil des Unternehmensbildes (in Abbildung 3.11.2 als schwarze Pfeile), die Materialflüsse im unteren Teil (in Abbildung 3.11.2 als grüne Pfeile) skizziert. Funktionen (z. B. auch ein ERP-System) werden beispielsweise mittels Moderationskarten angeheftet oder als Kästchen gezeichnet.

   Parallel werden die Schwachstellen zusammengestellt, ebenfalls für alle sichtbar, z. B. auf Flipchartpapier. Dies kann mit einer Tabelle, wie in Abbildung 3.11.3 dargestellt, erfolgen; hier sind die handschriftlichen Ergebnisse bereits in eine Tabellendatei übertragen worden. Die Nummern entsprechen denen an den Pfeilen in Abbildung 3.11.2. Die Aktivitäten je Nummerierung werden zunächst stichwortartig beschrieben. In der nächsten Spalte wird aufgeführt, zwischen welchen betrieblichen Funktionen die jeweilige Aktivität stattfindet. Nun werden die Schwachstellen zusammengetragen und in der nächsten Spalte quantifiziert. Im Falle des betrachteten Unternehmens sind dies primär personeller Zusatzaufwand und Kapitalbindung infolge hoher Bestände.

   Gravierende Schwachstellen können, wie in Abbildung 3.11.2 geschehen, mit Blitzen markiert werden.

3. **Weiteres Vorgehen festlegen**

Wenn man die Auswirkungen in Abbildung 3.11.3 summiert, ergibt sich ein Gesamtpotenzial. Im Falle des betrachteten Unternehmens sind dies ca. 180.000 €/Jahr. Es wird von den Beteiligten abgeschätzt, dass davon ca. 120.000 €/Jahr kurzfristig (innerhalb von 6 Monaten) mit relativ geringem Aufwand realisiert werden können. Die Geschäftsführung initiiert daraufhin ein neues Umsetzungsprojekt.

Ausgefüllte Vordrucke

Auftragsdurchlaufanalyse		Auftragsdurchlauf im Unternehmensbild	
Stand:	TT.MM.JJJJ	Prozess:	Standardprozess
Bearb.:	K. Meier	Quelle:	Workshop: K. Albrecht, M. Beier, U. Frese, L. Krömer, M. Richter, P. Zecher

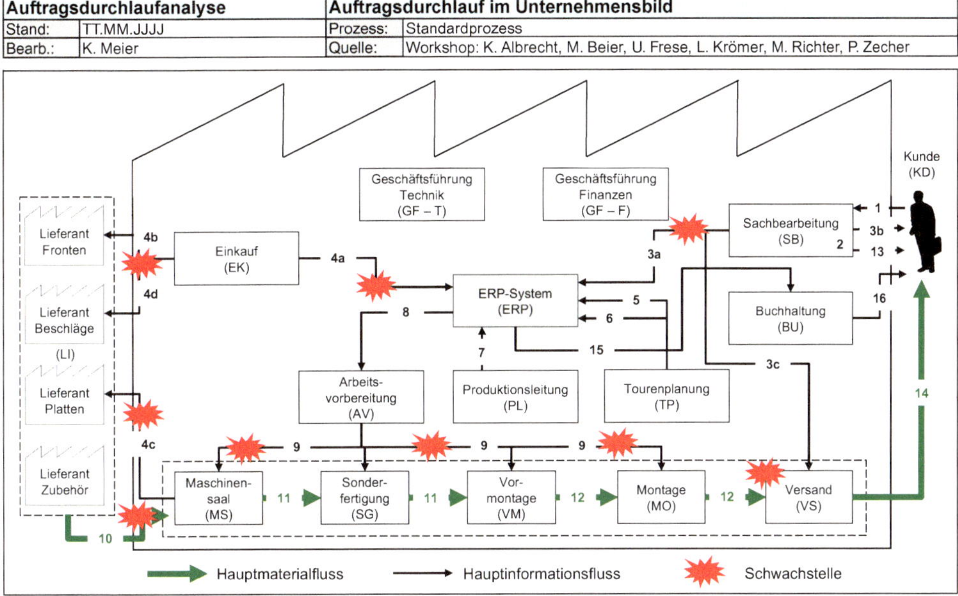

Abbildung 3.11.2: Auftragsdurchlauf im Unternehmensbild für einen Küchenmöbelhersteller

Auftragsdurchlaufanalyse		Schwachstellen im Auftragsdurchlauf	
Stand:	TT.MM.JJJJ	Prozess:	Standardprozess
Bearb.:	K. Meier	Quelle:	Workshop: K. Albrecht, M. Beier, U. Frese, L. Krömer, M. Richter, P. Zecher

Nr.	Beschreibung	Betr. Funktion (von - nach)	Schwachstelle	Auswirkung	Mögliche Maßnahme
9	Weitergeben der Arbeitspläne und Etiketten	AV - MS, VM, MO, VS	**Fehlende Informationen:** Mitarbeiter (MA) verlassen die Arbeitsplätze, um Informationen im Verwaltungstrakt zu erfragen	**Produktion:** 20 MA • 10 Min./Tag = 200 Min./Tag **Verwaltung:** 20 MA • 5 Min./Tag = 100 Min./Tag **Summe:** 300 Min./Tag • 220 Arbeitstage/Jahr • 20 €/Std. **= 22.000 €/Jahr**	Verantwortlichkeiten zur Informationsweitergabe eindeutig festlegen
10	Anliefern von Material	LI - MS	Ca. 10 % der **Kommissionsfronten nicht termingerecht** bestellt: Dadurch Umpacken von Material und Verschieben der Auftragsreihenfolge; zudem verärgerte Kunden	**Produktion:** 2 Std./Tag • 220 Arbeitstage/Jahr = 440 Std./Jahr • 20 €/Std. = **8.800 €/Jahr**	
11	Kommissionieren der Fronten	SG - VM			
12	Produzieren der Küchen	MO - VS	**Fehlteile:** Häufige Nachlieferungen und aufwändiges Nachbearbeiten in Produktion und Verwaltung	**Produktion und Verwaltung:** 6 Teile/Tag • 40 Min./Teil = 4 Std./Tag • 220 Arbeitstage/Jahr = 880 Std./Jahr • 20 €/Std. **= 17.600 €/Jahr**	Messen der Fehlteilquote und Analysieren der Ursachen
13	Termine bestätigen 1x wöchentlich (Bestätigungs-E-mail)	SB - KD			

Gesamtpotenzial: **180.000 €/Jahr**

davon umsetzbar innerhalb von 6 Monaten: **120.000 €/Jahr**

nach 6-12 Monaten: **60.000 €/Jahr**

Abbildung 3.11.3: Schwachstellen im Auftragsdurchlauf für einen Küchenmöbelhersteller (Ausschnitt) entsprechend Abbildung 3.11.2

3.12 Multimomentaufnahme

Kurzbeschreibung

Eine **Multimomentaufnahme** wurde erstmalig im Jahr 1925 bei der Untersuchung von Betriebsmittelzeiten einer Durchzieh-Glühofenanlage angewandt. Die Methode ist seit 1954 im REFA-Schrifttum fest verankert und fand eine schnelle Verbreitung (vgl. REFA 1978, S. 232). Sie ist eine der wichtigsten Methoden zur Erfassung der Häufigkeit von Ereignissen/Ablaufarten in Arbeitssystemen, die zu festgelegten Zeitpunkten während Rundgängen festgehalten werden. Auf Basis vieler ('Multi') solcher 'Moment'-Beobachtungen kann ein aussagefähiges Abbild von Ist-Abläufen ermittelt werden (vgl. REFA 1978, S. 232).
An dieser Stelle wird das am häufigsten angewandte Multimoment-Häufigkeitszählverfahren erläutert. Hier geht es um die Häufigkeit des Auftretens von Ereignissen/Ablaufarten (nachfolgend nur als *Ablaufarten* bezeichnet), die als Prozentsatz dargestellt werden.
Mit diesem Verfahren lassen sich viele Arbeitssysteme (bis zu 50) zeitgleich erfassen.
Die statistische Sicherheit ist über die Stichprobenstruktur und vor allem den Stichprobenumfang beeinflussbar. Die notwendige Zahl an Notierungen für die wichtigste Ablaufart kann mittels folgender Formel berechnet werden (vgl. REFA 2011, S. 55 ff.; REFA-MM 2012, S. 6 ff.):

$$n' = \frac{1,96^2 \cdot p' \cdot (100 - p')}{f'^2}$$

Mit n': Vorläufige Anzahl Beobachtungen für die wichtigste (interessierende) Ablaufart p' und eines gewählten Wertes für f'

p': Vorläufiger Anteil der wichtigsten (interessierenden) Ablaufart (i. d. R. Schätzung)

f': Zulässiger absoluter Vertrauensbereich (prozentuale Abweichung des Wertes eines Anteils p nach oben oder unten, auch Streumaß genannt)

$1,96^2$: Statistischer Sicherheitsfaktor (Aussagewahrscheinlichkeit einer Standardabweichung S = 95 %)

In der Praxis lassen sich zwei Anwendungsfälle für Multimomentaufnahmen unterscheiden:

- **Potenzialanalysen** (vgl. Fallstudie **Potenzialanalyse** (Kap. 4.1)): Sie dienen der groben orientierenden Erfassung. Hier steht im Vordergrund, schnell und aufwandsarm erste Hinweise zu Optimierungspotenzialen zu erhalten. Dafür genügt ein reduzierter Beobachtungsumfang (f' ca. 10 %).
- **Detailanalysen**: Hier geht es um das Gewinnen von statistisch gesicherten Aussagen zu Häufigkeiten/Mengen und Zeitverbräuchen für festgelegte Ablaufarten mit einem deutlich geringeren Streumaß.

Als Darstellungsform werden Kreisdiagramme empfohlen, um die prozentualen Anteile der einzelnen Ablaufarten darstellen zu können.

Abbildung 3.12.1 zeigt die Eignung der Multimomentaufnahme im Rahmen der drei Strukturen.

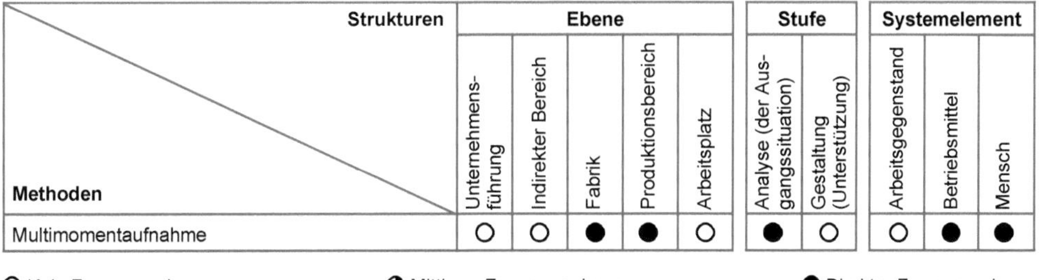

Strukturen / Methoden	Ebene					Stufe		Systemelement		
	Unternehmensführung	Indirekter Bereich	Fabrik	Produktionsbereich	Arbeitsplatz	Analyse (der Ausgangssituation)	Gestaltung (Unterstützung)	Arbeitsgegenstand	Betriebsmittel	Mensch
Multimomentaufnahme	○	○	●	●	○	●	○	○	●	●

○ Kein Zusammenhang ◑ Mittlerer Zusammenhang ● Direkter Zusammenhang

Abbildung 3.12.1: Einordnung der Multimomentaufnahme in die drei Strukturen

Zweck

- Häufigkeit von Ereignissen/Ablaufarten analysieren, wie z. B. die Nutzung von Arbeitssystemen, auftretende Störungen oder ausgeführte Tätigkeiten in einer Periode
- Wertschöpfende Anteile, nicht wertschöpfende und Verschwendungs-Anteile in Arbeitssystemen identifizieren

Typische Anwendungsfälle

- Erste Aussagen zu Optimierungsansätzen (bezogen auf Betriebsmittel und/oder Menschen) im Rahmen von Potenzialanalysen treffen
- Lauf- und Stillstandzeiten von Betriebsmitteln erfassen
- Auslastung von Fördermitteln ermitteln

Vorgehensweise

Am Beispiel der Lackierkabine eines Landmaschinenherstellers soll das Verfahren, entsprechend dem REFA-Standard Multimomentaufnahme, erläutert werden (vgl. REFA 2011, S. 55 ff.; REFA-MM 2012, S. 6 ff.). Ziel ist es, Ursachen für die Verluste zu ermitteln.

1. **Untersuchungsbereich und Ziel(e) festlegen**

   Zunächst ist der Untersuchungsbereich (Arbeitsplatz, Produktionsbereich, Fabrik) festzulegen. Im Beispielunternehmen ist dies ein Arbeitsplatz.

   Nun sollte das Ziel bzw. sollten die Ziele definiert werden; im vorliegenden Fall geht es darum, die groben Zeitanteile für Verlustarten zu bestimmen.

2. Ereignisse/Ablaufarten festlegen

Im nächsten Schritt werden die Ereignisse/Ablaufarten entsprechend dem ausgewählten Arbeitssystem und dem Ziel/den Zielen definiert. Dabei ist darauf zu achten, dass die Ereignisse/Ablaufarten eindeutig beobachtbar bzw. erkennbar sind und durch klar wahrnehmbare Merkmale beschrieben werden können.

Die Ereignisse/Ablaufarten werden nun in einen Aufnahmebogen eingetragen. Im Beispiel (vgl. Abbildung 3.12.2) sind definiert worden:

- Lackieren,
- Ausfall/Kurzstillstand,
- Umrüsten/Einstellen,
- Werkzeugwechsel,
- Shutdown (Abfahren) und
- organisatorischer Stillstand (mögliche Ursachen: Material fehlt, Mitarbeiter abwesend, Arbeitsinformation fehlt).

3. Rundgangsplan mit Beobachtungsstandpunkten festlegen

Nun wird der Rundgangsplan definiert und skizziert. Hier sind auch die jeweiligen Beobachtungsstandpunkte einzuzeichnen. Beobachtungsstandpunkte sind die Stellen, von denen aus das Arbeitssystem im Augenblick des Vorbeigehens jeweils beobachtet wird. Die Rundgänge können an unterschiedlichen Beobachtungsstandpunkten beginnen und enden; Rundgänge können im Uhrzeiger- oder Gegenuhrzeigersinn erfolgen. Somit ist das Zufallsprinzip gewahrt.

Die eindeutige Festlegung des Rundgangsplans empfiehlt sich besonders, wenn mehrere Personen an der Multimomentaufnahme beteiligt sind.

4. Erforderlichen Beobachtungsumfang n' bestimmen

Anschließend ist der Beobachtungsumfang zu bestimmen. Die wesentliche Ablaufart im Beispiel ist das Lackieren mit geschätzten 50 % Zeitanteil. Sollte das Ergebnis stark vom hier geschätzten Wert abweichen, ist der Beobachtungsumfang anzupassen und die Berechnung muss wiederholt werden.

Da es im Beispiel lediglich um eine grobe Abschätzung der Ursachen für Verluste geht, genügt ein Streumaß f' von ca. 10 %:

$$n' = \frac{1,96^2 \cdot p' \cdot (100 - p')}{f'^2} = \frac{1,96^2 \cdot 50 \cdot (100 - 50)}{10^2} = 96$$

Mit p': 50 % für die Ablaufart Lackieren

f': 10 % genügt für eine grobe Erfassung

Die Berechnung ergibt, dass 96 Beobachtungen durchgeführt werden müssen. Die relevanten Werte sind im Erfassungsvordruck einzutragen (vgl. Abbildung 3.12.2).

5. **Rundgangshäufigkeit und -zeitpunkte bestimmen**

Im Weiteren wird die Anzahl der täglichen Rundgänge mit nachfolgender Formel bestimmt. Für das Beispiel ergibt sich:

$$R_T = \frac{n'}{T \cdot n_R} = \frac{96}{5\ \text{Tage} \cdot 1} \approx 20$$

Mit R_T: Anzahl täglich auszuführender Rundgänge

T: Untersuchungszeitraum

n_R: Anzahl zu beobachtender Arbeitssysteme

Auch dieser Wert wird in das Formular eingetragen.

Diese 20 Rundgänge pro Tag müssen nun noch über einen Arbeitstag verteilt werden. In Abbildung 3.12.2 sind daher pro Tag 20 Spalten vorgesehen worden. Da über 5 Tage ermittelt wird, sind demnach 5 solcher Aufnahmebögen auszufüllen.

Die Länge des Ermittlungszeitraums orientiert sich dabei an der Dauer, die für einen Rundgang benötigt wird. Bei einer hohen Anzahl an täglich auszuführenden Rundgängen und einer Dauer von beispielsweise 30 Minuten je Rundgang ist dementsprechend ein längerer Untersuchungszeitraum zu wählen.

Die Zeitpunkte, zu denen die Rundgänge begonnen werden sollen, sind nach dem Zufallsprinzip zu bestimmen und in den Aufnahmebogen einzutragen (vgl. Abbildung 3.12.2).

6. **Rundgänge durchführen**

Nun erfolgen die Rundgänge entsprechend dem festgelegten Rundgangsplan und den zufällig ausgewählten Zeiten. Hierbei wird die zu dem Beobachtungszeitpunkt stattfindende Ablaufart jeweils im Aufnahmebogen mit einem Strich vermerkt (vgl. Abbildung 3.12.2).

Sollte zum Beobachtungszeitpunkt ein Übergang der Ablaufart stattfinden, wird die vorangegangene Ablaufart notiert.

7. **Multimomentaufnahme auswerten**

Abschließend werden die erfassten Daten ausgewertet, indem die prozentualen Anteile der jeweiligen Ablaufarten berechnet werden; die Visualisierung erfolgt durch ein Kreisdiagramm (vgl. Abbildung 3.12.3).

Als Ergebnis im Beispiel lässt sich feststellen, dass der Lackieranteil bei 45 % liegt. Als technisch bedingte Hauptverluste kristallisieren sich Ausfälle/Kurzstillstände mit 20 % heraus. Die organisatorisch bedingten Verluste mit insgesamt 15 % werden primär durch Materialmangel hervorgerufen.

Ausgefüllte Vordrucke

Multimomentaufnahme		**Erfassung**	
Stand:	TT.MM.JJJJ	Bereich:	Lackierkabine (tägl. Arbeitszeit: 8 Stunden)
Bearb.:	F. Beier	Quelle:	Rundgänge: 11.-15.07.JJJJ

Tag	15.07.JJJJ																					
Nr.	1	2	3	4	5	6	7	8	9	10	11	12	13	14	15	16	17	18	19	20	Ergebnis	
Ereignis/ Ablaufart / Uhrzeit	07:02	07:29	07:55	08:12	08:32	09:01	09:38	09:57	10:08	10:28	10:55	11:18	11:48	12:13	12:44	13:12	13:47	14:19	15:02	15:17	Anzahl	Anteil (%)
Lackieren	I	I		I		I				I	I			I			I		I		9	45
Ausfall/Kurzstillstand			I									I	I					I			4	20
Umrüsten/Einstellen							I								I						2	10
Werkzeugwechsel								I												I	2	10
Shutdown (Abfahren)																					0	0
Organisatorischer Stillstand					I MA				I MA							I MI					2 MA 1 MI	10 5
																					20	100

* Ggf. Ursachen durch Befragen:
MA: Material fehlt
MI: Mitarbeiter abwesend
IN: Arbeitsinformation fehlt

Stichprobe:
p´ (Lackieren) = 50 %
f´ = 10 %
n´ = 96
R_T ≈ 20

Abbildung 3.12.2: Ausgefüllter Multimoment-Erfassungsvordruck für eine Lackierkabine (Beispiel für einen Arbeitstag)

Multimomentaufnahme		**Ergebnis**	
Stand:	TT.MM.JJJJ	Bereich:	Lackierkabine (tägl. Arbeitszeit: 8 Stunden)
Bearb.:	F. Beier	Quelle:	Rundgänge: 11.-15.07.JJJJ

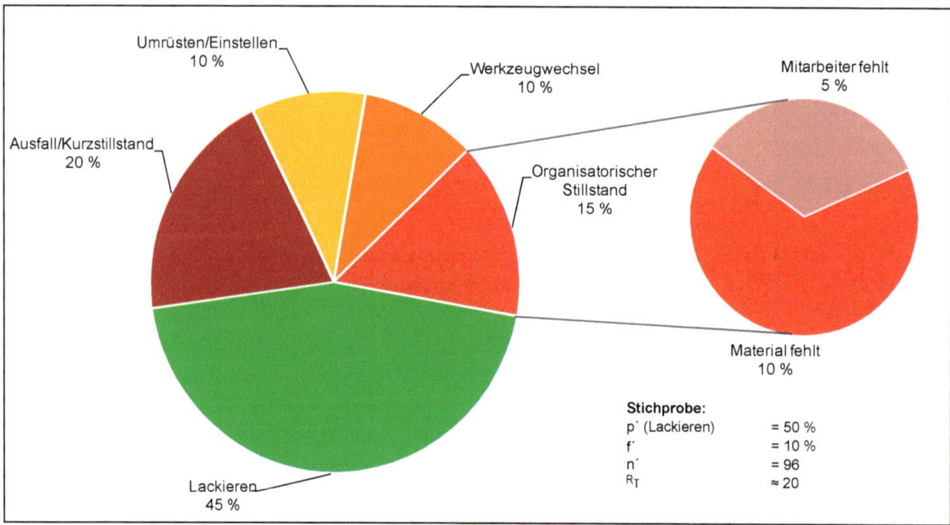

Abbildung 3.12.3: Ergebnis der Multimomentaufnahme für eine Lackierkabine (für einen Beobachtungszeitraum von fünf Arbeitstagen)

3.13 IWT-Produktionscheck©

Kurzbeschreibung

Wie bereits in der Einleitung zu diesem Buch ausgeführt, fehlt es vielen Unternehmensleitungen und Führungsverantwortlichen an Sensibilität für das Thema 'Prozessoptimierung' und die damit verbundenen möglichen Potenziale. Genau hier setzt der **IWT-Produktionscheck©** als *qualitative* Methode zur strukturierten Selbstdiagnose an (vgl. Reuber 2016; Reuber/Jungkind 2017). Er kann von Anwendern als Vorstufe einer quantitativen Potenzialanalyse eingesetzt werden (vgl. Fallstudie **Potenzialanalyse** (Kap. 4.1)), um zwei Bereiche zu untersuchen:

- *Niveau der Arbeitsgestaltung*: Dadurch lässt sich erkennen, welche Gestaltungsmaßnahmen in einem Produktionsunternehmen – orientiert an sogenannten Gestaltungsfeldern – umgesetzt worden sind.
- *Niveau des Einsatzes von Prozessoptimierungsmethoden*: Durch eine systematische Analyse der eingesetzten Methoden kann ein Rückschluss auf die 'Methodendurchdringung' im Unternehmen und damit i. d. R. auf das vorhandene Qualifikationsniveau gezogen werden.

Die Ergebnisse beider Untersuchungen können mit den Daten einer Vielzahl inzwischen durchgeführter Erhebungen verglichen werden (Vergleich mit dem Gesamtdurchschnitt, dem Branchendurchschnitt oder dem besten Unternehmen). Die Abweichungen in beiden Bereichen zeigen den jeweiligen Handlungsbedarf auf.
Der IWT-Produktionscheck© bietet folgende Vorteile:

- Möglichkeit der Selbstdiagnose während eines Betriebsrundgangs (Arbeitsgestaltungsniveau) bzw. durch Befragen von betrieblichen Fachleuten (Einsatz von Prozessoptimierungsmethoden),
- kurze Einarbeitungszeit (max. 4 Stunden),
- kurze Durchfuhrungsdauer (max. 1 Tag),
- Methoden-Ziel-Verknüpfung sowie
- Möglichkeit des Benchmarkings.

Abbildung 3.13.1 zeigt die Eignung des IWT-Produktionschecks© im Rahmen der drei Strukturen.

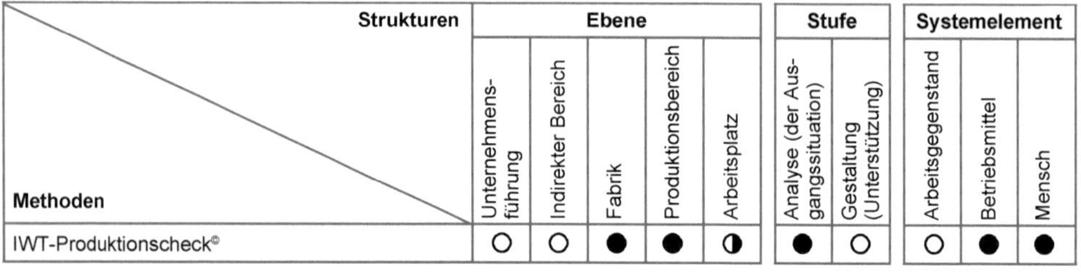

Strukturen / Methoden	Ebene					Stufe		Systemelement		
	Unternehmensführung	Indirekter Bereich	Fabrik	Produktionsbereich	Arbeitsplatz	Analyse (der Ausgangssituation)	Gestaltung (Unterstützung)	Arbeitsgegenstand	Betriebsmittel	Mensch
IWT-Produktionscheck©	○	○	●	●	◑	●	○	○	●	●

○ Kein Zusammenhang ◑ Mittlerer Zusammenhang ● Direkter Zusammenhang

Abbildung 3.13.1: Einordnung des IWT-Produktionschecks© in die drei Strukturen

Zweck

- Niveau der Arbeitsgestaltung und des Einsatzes von Prozessoptimierungsmethoden ermitteln
- Benchmarking mit anderen Unternehmen (Durchschnitt, Branche, bestes Unternehmen) durchführen
- Führungs- und Fachkräfte für das Thema Prozessoptimierung sensibilisieren
- Ziele und Methoden für eine Potenzialanalyse festlegen

Typische Anwendungsfälle

- Als Basis für Potenzialanalyse- und Prozessoptimierungsprojekte einsetzen
- Werte für Benchmarks und abzuleitende Produktionsziele ermitteln, z. B. im Rahmen einer strategischen Analyse oder der Einführung einer **Balanced Scorecard (BSC)** (Kap. 3.5)
- Als Methode zur Überprüfung der Zielerreichung anwenden

Vorgehensweise

Am Beispiel eines mittelständischen Metallbau-Unternehmens soll das Vorgehen zum IWT-Produktionscheck© erläutert werden. Ziel ist es, das Niveau der Arbeitsgestaltung und des Einsatzes von Prozessoptimierungsmethoden zu ermitteln, die Ergebnisse mit allen bislang untersuchten Unternehmen zu vergleichen sowie daraus Schlussfolgerungen für weitere notwendige Aktivitäten zu ziehen.

1. **Beteiligte und Untersuchungsbereich auswählen**

   Im Beispielunternehmen wird der Assistent der technischen Geschäftsführung mit der Durchführung des IWT-Produktionschecks© beauftragt.

Untersuchungsbereich ist die gesamte Fabrik (Vorfertigung, Endmontage, Läger). Grundsätzlich ist die Durchführung auch nur für einzelne Produktionsbereiche möglich.

2. **Erhebung durchführen**

Zunächst erfolgt die Erhebung des Arbeitsgestaltungsniveaus. Die Ergebnisse werden dabei direkt im Erfassungsvordruck vermerkt (vgl. Abbildung 3.13.2). Die Fragen zu den 29 Gestaltungselementen sind im Check zu folgenden 10 Gestaltungsfeldern zusammengefasst worden, um eine übersichtlichere graphische Darstellung der Ergebnisse zu ermöglichen:

- Arbeitsplatzausstattung,
- Werkzeuge,
- Produktionsbereichsgestaltung,
- Materialbereitstellung und -entnahme,
- innerbetrieblicher Transport,
- Fertigungssteuerung,
- Lagertechnik,
- Beleuchtung,
- visuelles Management sowie
- Ordnung und Sauberkeit.

Vorab sind alle Fragen zu den Gestaltungselementen durchzulesen. Anschließend wird der Betriebsrundgang durchgeführt, z. B. beginnend mit dem ersten Produktionsbereich im Materialfluss. In jedem Produktionsbereich werden alle Arbeitsplätze betrachtet und zusammengefasst grob eingestuft.

Im Erfassungsvordruck ist jede Frage zu bearbeiten. Die zutreffenden Einstufungen (0 bis 5 Punkte) werden zunächst mit Bleistift markiert (angekreuzt oder eingekreist), um sie ggf. im Weiteren noch korrigieren zu können. Die Fotos im Vordruck dienen dabei als Orientierung für die Einstufungen. Die finale Punktevergabe erfolgt am Ende des Rundgangs, wenn alle Produktionsbereiche betrachtet worden sind.

Wird eine Frage mit *nein* beantwortet, kann dies zwei Gründe haben:

- Der Ansatz wird nicht angewendet bzw. ist nicht vorhanden und ist auch *nicht sinnvoll*. → In diesem Fall ist kein Wert (auch nicht '0') einzutragen; die Frage wird am Ende nicht gewertet.
- Der Ansatz wird nicht angewendet bzw. ist nicht vorhanden, könnte aber *evtl. sinnvoll* sein. → In diesem Fall sind 0 Punkte einzutragen.

Nach dem Rundgang (und der Betrachtung aller Produktionsbereiche) werden die Punkte vergeben (vgl. Abbildung 3.13.2).

Die Fragen zum Methodeneinsatz werden analog mithilfe des Erhebungsvordrucks beantwortet (vgl. Abbildung 3.13.3).

3. **Erhebung auswerten**

Der Anwender hat die Möglichkeit, den Produktionscheck hochzuladen (Link auf dem äußeren, hinteren Buchrücken). Nach vollständigem Ausfüllen der Erfassungsvordrucke *Gestaltungsfelder* (Niveau der Arbeitsgestaltung) und *Methoden* (Niveau des Einsatzes von Prozessoptimierungsmethoden) kann von den Autoren ein Benchmark durchgeführt werden. Die Daten werden dazu anonymisiert in eine Benchmark-Datenbank eingetragen. Im Anschluss erhält der Anwender eine detaillierte Auswertung in elektronischer Form.

Abbildung 3.13.4 zeigt das Ergebnis für das Beispielunternehmen im Bereich der Arbeitsgestaltung für die 10 Gestaltungsfelder. Hier ist unterschieden in *eigenes Unternehmen*, Durchschnitt von *65 KMU* und *bestes KMU*. Es ist eine relativ große Abweichung in den Gestaltungsfeldern Fertigungssteuerung, visuelles Management und Ordnung und Sauberkeit zu erkennen.

In Abbildung 3.13.5 ist das Ergebnis zum Einsatz von Prozessoptimierungsmethoden dargestellt. Im Vergleich zu den 65 bereits analysierten KMU ist das Beispielunternehmen beim Einsatz der Methoden 5S-Check, Checkliste Arbeitsgestaltung und Ergonomie, XYZ-Analyse, Kanban, Bestands- und Flächenanalyse und Materialflussanalyse als überdurchschnittlich zu bewerten. Dies korreliert auch weitgehend mit den Ergebnissen in Abbildung 3.13.4. Der Grund hierfür liegt darin, dass der technische Geschäftsführer in den vergangenen Jahren zunächst mit einem durchgängigen Projekt zu Ordnung und Sauberkeit der Fabrik begonnen hat. Wie Abbildung 3.13.4 verdeutlicht, ergibt sich im Bereich Ordnung und Sauberkeit lediglich ein Durchschnittswert von 1,0, da die Nachhaltigkeit fehlt. Nach diesem ersten Optimierungsprojekt ist die gesamte innerbetriebliche Logistik in Angriff genommen worden. Abbildung 3.13.4 zeigt daher ein vergleichsweise gutes Arbeitsgestaltungsniveau in den Bereichen Materialbereitstellung und -entnahme oder Lagertechnik.

4. **Weitere Aktivitäten ableiten**

Mit Hilfe der Matrix Ziele – Gestaltungsfelder (vgl. Abbildung 3.13.6) lassen sich folgende Aktivitäten ableiten: Sind schon Unternehmens- oder Bereichsziele festgelegt, lässt sich mit den Ergebnissen des IWT-Produktionschecks© überprüfen, inwieweit die bisherigen Maßnahmen zur Arbeitsgestaltung 'zielführend' waren bzw. welche Gestaltungsfelder bei deutlichen Abweichungen zum KMU-Durchschnitt neu zu priorisieren sind. Im Beispielunternehmen ist es beispielsweise dringend nötig, die Bestände zu reduzieren, um die Liquidität zu erhöhen. Nach Abbildung 3.13.6 sind hier die Felder Materialentnahme und -bereitstellung, Fertigungssteuerung und Lagertechnik relevant. In der Vergangenheit ist, entsprechend Abbildung 3.13.4, in diesem Feld schon einiges geschehen, jedoch muss der Bereich Fertigungssteuerung massiv forciert werden.

Es ist auch möglich, mit Hilfe der **Matrix Ziele – Methoden** zu arbeiten. Für das Unternehmensziel *Reduzieren der Bestände und der Kapitalbindung* lassen sich aus dieser Matrix entsprechende Methoden auswählen, z. B. die Wertstrommethode oder die Rüstanalyse. Diese Methoden sind z. T. auch in Abbildung 3.13.5 als eher schwach ausgeprägt zu erkennen (Wertstrommethode, TPM und Rüstanalyse).

Sind keine Ziele im Unternehmen vorhanden oder bekannt, können – entsprechend der zu verbessernden Gestaltungsfelder – Ziele mithilfe der Matrix Ziele – Gestaltungsfelder (vgl. Abbildung 3.13.6) zugeordnet werden.

Ausgefüllte Vordrucke

IWT-Produktionscheck©		Erfassung - Arbeitsgestaltung	
Stand:	TT.MM.JJJJ	Bereich:	Gesamte Fabrik
Bearb.:	P. Hübner	Quelle:	Erfassung Arbeitsgestaltung im Betriebsrundgang

Besteht ein einheitliches Konzept (z.B. durch Farbgebung) bzgl. der Lagerhilfsmittel (Gitterboxen, Behälter, Kartons, ...)?					
Gestaltungsfeld			Lagertechnik		
	Ein einheitliches Konzept ist nur ansatzweise erkennbar			Ein einheitliches Konzept ist durchgängig im Einsatz	
0	1	2	3	4	5
Nein	Ja, in ersten Ansätzen sehr vereinzelt vorhanden/angewendet	Einzelne Arbeitssysteme professionell (Stufe 5)	Einzelne Produktionsbereiche professionell (Stufe 5)	Mehrheitlich Produktionsbereiche professionell (Stufe 5)	Ja, durchgängig in der Fabrik vorhanden/angewendet
			x		

Abbildung 3.13.2: IWT-Produktionscheck© für ein Metallbau-Unternehmen – Erfassungsvordruck zur Arbeitsgestaltung (Ausschnitt)

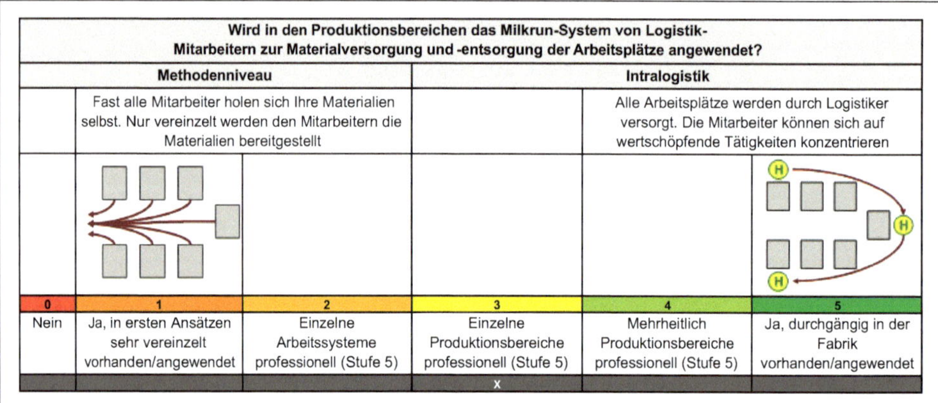

IWT-Produktionscheck©		Erfassung - Einsatz von Prozessoptimierungsmethoden	
Stand:	TT.MM.JJJJ	Bereich:	Gesamte Fabrik
Bearb.:	P. Hübner	Quelle:	S. Friedrichs (Produktionsleitung)

Wird in den Produktionsbereichen das Milkrun-System von Logistik-Mitarbeitern zur Materialversorgung und -entsorgung der Arbeitsplätze angewendet?					
Methodenniveau			Intralogistik		
	Fast alle Mitarbeiter holen sich Ihre Materialien selbst. Nur vereinzelt werden den Mitarbeitern die Materialien bereitgestellt			Alle Arbeitsplätze werden durch Logistiker versorgt. Die Mitarbeiter können sich auf wertschöpfende Tätigkeiten konzentrieren	
0	1	2	3	4	5
Nein	Ja, in ersten Ansätzen sehr vereinzelt vorhanden/angewendet	Einzelne Arbeitssysteme professionell (Stufe 5)	Einzelne Produktionsbereiche professionell (Stufe 5)	Mehrheitlich Produktionsbereiche professionell (Stufe 5)	Ja, durchgängig in der Fabrik vorhanden/angewendet
			x		

Abbildung 3.13.3: IWT-Produktionscheck© für ein Metallbau-Unternehmen – Erfassungsvordruck zum Einsatz von Prozessoptimierungsmethoden (Ausschnitt)

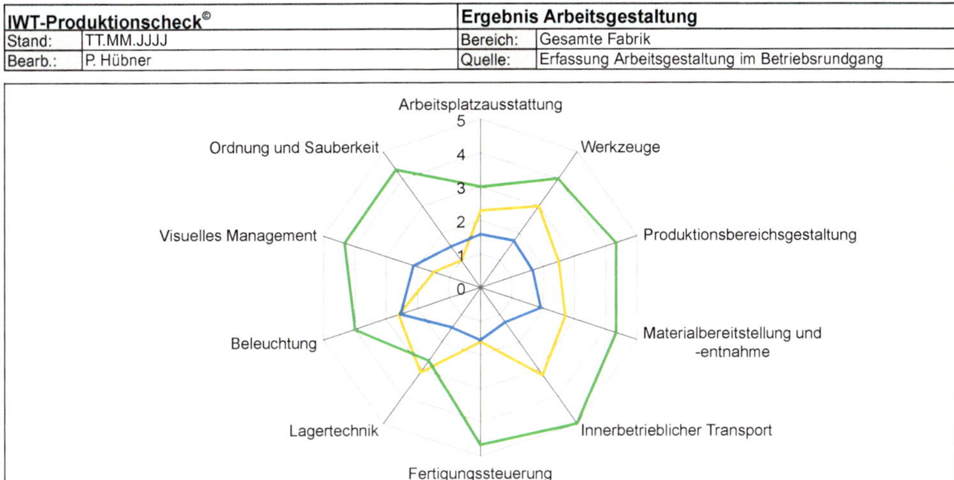

Abbildung 3.13.4: IWT-Produktionscheck© in einem Metallbau-Unternehmen – Ergebnis im Bereich der Arbeitsgestaltung für die 10 Gestaltungsfelder

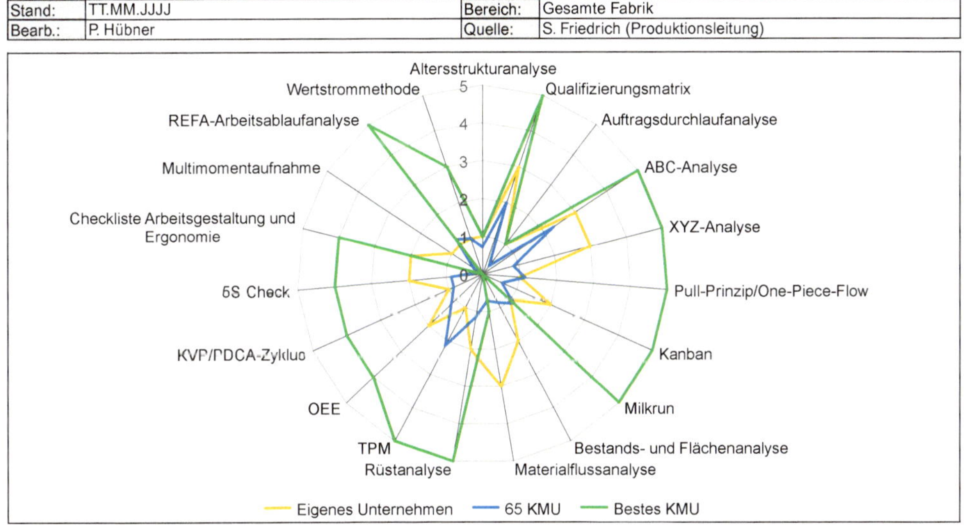

Abbildung 3.13.5: IWT-Produktionscheck© in einem Metallbau-Unternehmen – Ergebnis im Bereich der Prozessoptimierungsmethoden

IWT-Produktionscheck©		**Matrix Ziele - Gestaltungsfelder**	
Stand:	TT.MM.JJJJ	Bereich:	Gesamte Fabrik
Bearb.:	P. Hübner	Quelle:	Selbstaufschreibung/S. Friedrich (Produktionsleitung)

Gestaltungsfelder **Ziele**	Arbeitsplatz- ausstattung	Werkzeuge	Produktionsbe- reichsgestaltung	Materialbereitstel- lung und -entnahme	Innerbetrieblicher Transport	Fertigungs- steuerung	Lagertechnik	Beleuchtung	Visuelles Management	Ordnung und Sauberkeit
Steigern der Arbeitsproduktivität	●	●	●	●	●	●	●	●	●	●
Steigern der Betriebsmitteleffektivität	◑	●	◑	●	◑	●	◑	◑	●	●
Steigern des Arbeitsgestaltungsniveaus	●	●	●	●	●	◑	●	●	●	●
Reduzieren der Durchlaufzeiten	○	○	●	●	○	●	●	○	◑	◑
Steigern des Qualifikationsniveaus	○	○	○	○	○	◑	○	○	○	○
Steigern der Führungskompetenz	○	○	○	○	○	●	○	○	◑	○
Reduzieren der Bestände und der Kapitalbindung	○	○	◑	●	○	●	●	○	◑	◑
Steigern der Produktqualität	○	●	●	●	●	◑	●	●	◑	◑
Reduzieren von Prozessschnittstellen	○	○	●	○	○	●	○	○	◑	●
Steigern der Flächeneffizienz	◑	○	●	●	◑	○	●	○	●	●
Steigern der Prozessstandardisierung	○	◑	○	◑	○	◑	◑	○	●	●
Steigern der Prozesstransparenz	○	○	◑	●	○	●	●	○	●	●
Steigern der Flexibilität (Produkte, Prozesse, Mitarbeiter)	◑	◑	◑	◑	●	●	◑	○	◑	●

○ kein Einfluss ◑ mittlerer Einfluss, gibt Hinweise ● voller Einfluss

Abbildung 3.13.6: IWT-Produktionscheck© für ein Metallbau-Unternehmen – Anwendung der Matrix Ziele – Gestaltungsfelder

3.14 Bestands- und Flächenanalyse

Kurzbeschreibung

Für fast alle Optimierungsprojekte in Fabriken oder in Produktionsbereichen sind aktuelle Gebäudelayouts und Auflistungen des Inventars unerlässlich. Solche Unterlagen sind, wenn sie in Unternehmen vorliegen, aus Erfahrung der Autoren meist nicht aktuell, denn im Laufe der Jahre sind oft Umbauten durchgeführt worden, ohne die Änderungen in die Unterlagen einzupflegen. Zudem mangelt es vielfach am notwendigen Detaillierungsgrad, um die Daten z. B. für eine **Feinlayoutplanung** (Kap. 3.22) verwenden zu können.
Hier setzt die Methode **Bestands- und Flächenanalyse** an, um die aktuellen Gebäudestrukturen und das wesentliche Inventar, wie Maschinen und Arbeitsplätze, Lagermittel sowie Förder- und Förderhilfsmittel, aufzunehmen. Wenn das Layout erfasst wird, kann gleichzeitig auch eine Ermittlung der Flächen, einschließlich deren Nutzung, erfolgen.
Abbildung 3.14.1 zeigt die Eignung der Bestandsanalyse im Rahmen der drei Strukturen.

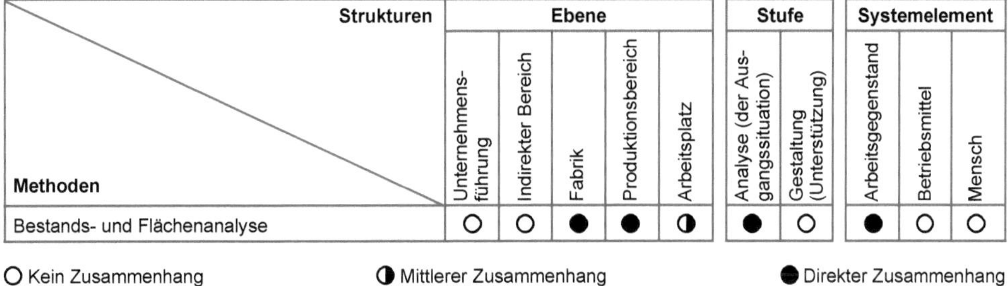

Strukturen / Methoden	Ebene					Stufe		Systemelement		
	Unternehmens-führung	Indirekter Bereich	Fabrik	Produktionsbereich	Arbeitsplatz	Analyse (der Aus-gangssituation)	Gestaltung (Unterstützung)	Arbeitsgegenstand	Betriebsmittel	Mensch
Bestands- und Flächenanalyse	○	○	●	●	◑	●	○	●	○	○

○ Kein Zusammenhang ◑ Mittlerer Zusammenhang ● Direkter Zusammenhang

Abbildung 3.14.1: Einordnung der Bestands- und Flächenanalyse in die drei Strukturen

Zweck

- Einen schnellen Überblick zur Gebäudestruktur, zu den vorhandenen Flächen, den Maschinen/Arbeitsplätzen und zum weiteren Inventar sowie dessen Nutzung im Unternehmen gewinnen
- Die Daten der Flächenanalyse mit ähnlich strukturierten Unternehmen vergleichen und daraus Schlüsse ziehen
- Durch frühzeitiges Einbeziehen vorhandener relevanter Betriebsmittel die Qualität der Layoutplanung verbessern (keine Fehlplanungen, Nachbesserungen oder Zeitverluste)

Typische Anwendungsfälle

- Eine Ist-Analyse im Rahmen von Neu- und Umplanungen von Fabriken/Produktionsbereichen unterstützen
- Eine Flächenanalyse, z. B. im Rahmen einer Potenzialanalyse (vgl. Fallstudie **Potenzialanalyse** (Kap. 4.1)) oder einer Flächenbedarfsplanung, durchführen

Vorgehensweise

Am Beispiel eines mittelständischen Metallbau-Unternehmens soll gezeigt werden, wie eine Bestands- und Flächenanalyse durchgeführt werden kann. Die nachfolgend erläuterten Vordrucke haben sich in vielen Projekten der Autoren bewährt (vgl. auch Jungkind u. a. 2004, S. 113 ff.). Sie können vom Anwender, je nach Anwendungsfall, verändert oder ergänzt werden.
Generell gilt, dass zunächst vorhandene betriebliche Unterlagen zusammengetragen und gesichtet werden (indirekte Datenaufnahme). Im zweiten Schritt sind die Daten vor Ort (direkte Datenaufnahme) auf Aktualität hin zu überprüfen bzw. auch neu aufzunehmen.

1. **Daten zum Gebäude bzw. zu den Gebäuden aufnehmen**

   Zu Beginn sind Informationen zu den wesentlichen Gebäuden und den darin befindlichen Flächen zu ermitteln. Abbildung 3.14.2 zeigt den Erfassungsvordruck für das Beispielunternehmen.

   Sinnvollerweise wird unterschieden in Produktionsfläche, Büro- und Sozialfläche (z. B. Toiletten oder Waschräume), Lagerfläche (zentral oder arbeitsplatznah), Wege (Haupt- und Stichwege) sowie sonstige Flächen (z. B. Informations-, Energieerzeugungsbereiche oder Werkzeugschränke). Relevant sind darüber hinaus noch die Durchgänge (wenn z. B. Maschinen ausgetauscht werden) sowie die lichten Deckenhöhen, um z. B. hohe Regale aufstellen zu können.

2. **Flächenanalyse durchführen**

   Im nächsten Schritt werden die Flächen in ein aktuelles Produktionslayout schraffiert eingetragen. Für das Beispielunternehmen ist in Abbildung 3.14.3 dargestellt, wie dies für Halle 2 aussieht. Produktionsflächen werden hier grün, Büro- und Sozialflächen grau, Lagerflächen rot, Wege blau und sonstige Flächen gelb markiert. Im Beispielunternehmen ordnet die Geschäftsführung Lagerflächen der Kategorie Verschwendung zu (daher rot markiert).

   Anschließend werden die Ergebnisse in einer Graphik dargestellt (vgl. Abbildung 3.14.4). Für das Beispielunternehmen zeigt sich, dass die wertschöpfende Fläche mit 23 % im Vergleich zum Wettbewerb als schlecht einzustufen ist. Auch die gesamte Lagerfläche ist mit 39 % vergleichsweise hoch.

3. **Wesentliche Betriebsmittel erfassen**

   Die wesentlichen Betriebsmittel (Maschinen/Arbeitsplätze) sind, ebenso wie bei der Gebäudestruktur, zunächst indirekt, also mittels vorhandener Inventar- und Maschinenlisten, zu erfassen (vgl. Abbildung 3.14.5).

   Liegen diese nicht vor oder sind unvollständig, empfiehlt sich auch hier eine Erfassung vor Ort. Es hat sich bewährt, sowohl die Betriebsmittelabmessungen als auch die Betriebsmittelarbeitsfläche (inklusive Bedien-, Wartungs- und Sicherheitsstreifen) aufzunehmen. Nun kann beispielsweise überprüft werden, ob die Betriebsmittelarbeitsflächen überdimensioniert sind.

4. **Wesentliche Lagermittel und Fördermittel/Förderhilfsmittel erfassen**

Das Erfassen von Lagermitteln und Fördermitteln/Förderhilfsmitteln erfolgt in gleicher Weise wie bei den Betriebsmitteln. Abbildung 3.14.6 und 3.14.7 zeigen die Ergebnisse für das Beispielunternehmen.

Ausgefüllte Vordrucke

Bestands- und Flächenanalyse		**Erfassung - Gebäude**	
Stand:	TT.MM.JJJJ	Bereich:	Fabrik gesamt
Bearb.:	P. Hübner	Quelle:	P. Müller (Leiter Instandhaltung), Zählen/Messen vor Ort

Lfd. Nr.	Gebäude			Bruttofläche (qm)						Durchgänge BxH (m)	Lichte Deckenhöhe (m)	Sonstige bauliche Gegebenheiten
	Art	Bezeichnung	Nutzung	Produktionsfläche	Büro- und Sozialfläche	Lagerfläche	Wege	Sonstige Fläche	Gesamt			
1	Flachbau	Halle 1	Produktion, Lager, Hilfs-/ Nebenbetriebe	140	-	340	160	130	**770**	Rolltor 4,00 x 4,00 0,90 x 2,25	4,3	
2	Flachbau	Halle 2	Montage, Lager, Hilfs-/ Nebenbetriebe	440	150	740	450	120	**1.900**	4,00 x 2,50 2,80 x 2,50 2,80 x 2,50 0,90 x 2,25	4,3	Schlechter Fußboden
3	Flachbau	Halle 3	Produktion, Lager	320	-	450	310	110	**1.190**	2,80 x 2,50 1,70 x 2,25 0,95 x 2,25	4,3	Brandschutztore
4	Flachbau	Halle 4	Produktion, Lager	120	-	80	40	-	**240**	2,80 x 2,50	4,3	
5	Flachbau	Halle 5	Lager	-	-	520	350	30	**900**	Rolltor 4,00 x 4,00 2,80 x 2,50 1,30 x 2,25	4,3	Keine Fenster
6	Flachbau	Anbau	Verwaltung	-	180	-	70	160	**410**	0,90 x 2,25	2,8	
				1.020	**330**	**2.130**	**1.380**	**550**	**5.410**			

Abbildung 3.14.2: Erfassung der Gebäudestruktur für ein Metallbau-Unternehmen

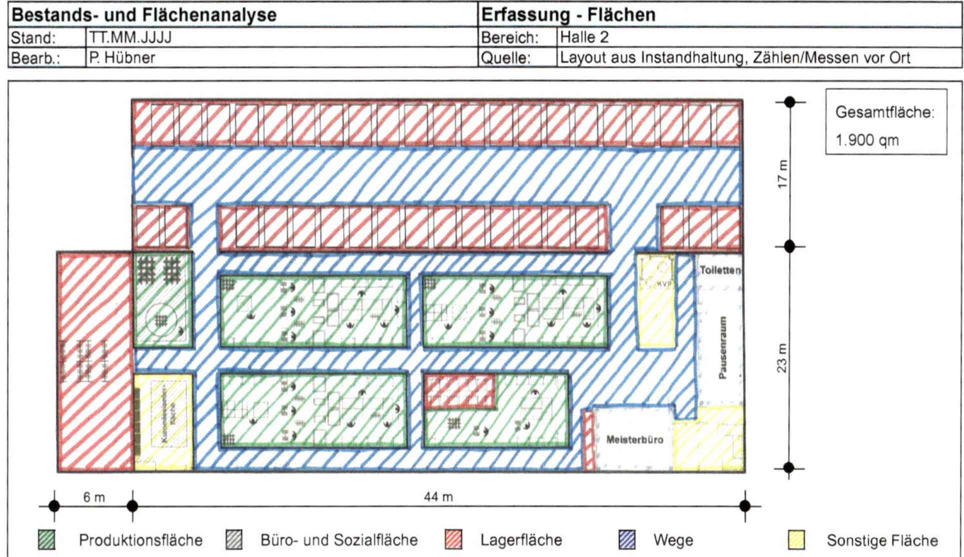

Abbildung 3.14.3: Erfassung der Flächenstruktur für ein Metallbau-Unternehmen – Beispiel Halle 2

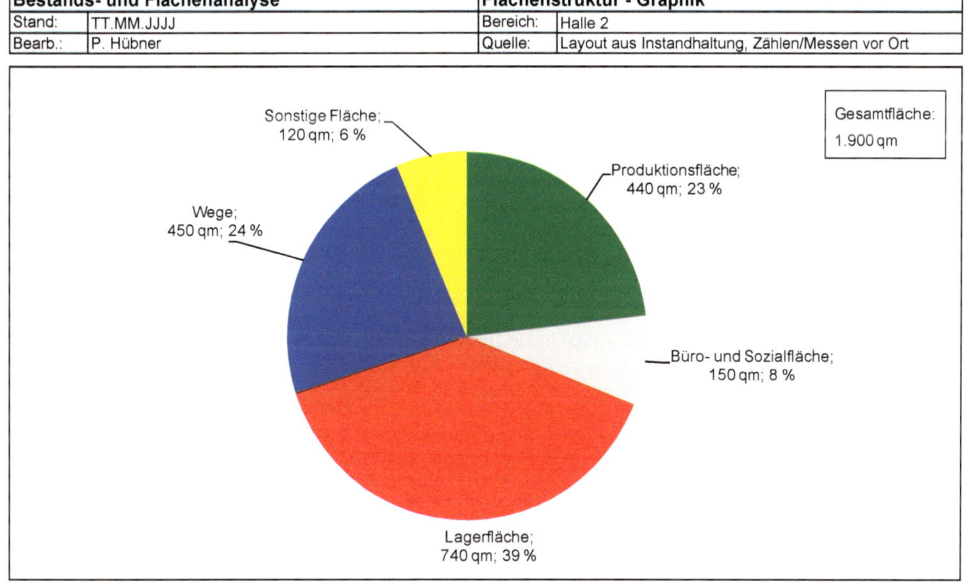

Abbildung 3.14.4: Flächenstruktur in graphischer Darstellung für ein Metallbau-Unternehmen – Beispiel Halle 2

Bestands- und Flächenanalyse		Erfassung - Betriebsmittel	
Stand:	TT.MM.JJJJ	Bereich:	Metallfertigung, Schweißerei
Bearb.:	P. Hübner	Quelle:	P. Müller (Leiter Instandhaltung), Zählen/Messen vor Ort

Lfd. Nr.	Inventar-Nr.	Typ	Abteilung	Leistung (KW)	Abmessungen ohne Bedienstreifen			Abmessungen inkl. Bedienstreifen			Anschlüsse	Bedienart	Bemerkungen
					Breite (m)	Tiefe (m)	Höhe (m)	Breite (m)	Tiefe (m)	Gesamt (qm)			
1	297741	DKM 800 L	Metallfertigung	7,5	4,6	1,3	1,4	5,6	3,3	**18,5**	Strom/Luft	Einseitig	
2	297742	CTX alpha 300	Metallfertigung	14,0	3,7	1,7	1,8	5,7	3,7	**21,1**	Strom/Luft	Rundum	12 Werkzeuge
3	297743	CTX betha 800 linear	Metallfertigung	34,0	4,8	1,9	2,0	6,8	3,9	**26,5**	Strom/Luft	Rundum	16 Werkzeuge
4	297744	RatioLine G 250	Metallfertigung	103,0	7,1	2,3	2,4	9,1	4,3	**39,1**	Strom/Luft	Rundum	Drehlänge 1.400 mm
5	297745	RatioLine G 400	Metallfertigung	126,0	8,2	2,7	2,6	10,2	4,7	**47,9**	Strom/Luft	Rundum	Drehlänge 2.000 mm
6	297747	GB 50 MV plus	Metallfertigung	3,0	0,6	1,1	2,5	1,6	3,1	**5,0**	Strom	Einseitig	
7	297748	BFM 40	Metallfertigung	1,5	1,7	1,5	2,5	2,7	3,5	**9,5**	Strom	Einseitig	
8	297749	Xpert 40	Metallfertigung	7,5	1,6	1,5	2,4	3,6	3,5	**12,6**	Strom/Luft	Einseitig	Presskraft 400 kN
9	297751	Xact Smart 100/3100	Metallfertigung	7,5	1,5	3,9	2,7	2,5	5,9	**14,8**	Strom/Luft	Einseitig	Presskraft 1.000 kN
10	297752	DMU 50	Metallfertigung	1,1	3,4	2,9	2,7	5,4	4,9	**26,5**	Strom/Luft	Rundum	
										221,4			

Abbildung 3.14.5: Erfassung der Maschinen/Arbeitsplätze für ein Metallbau-Unternehmen

Bestands- und Flächenanalyse		Erfassung - Lagermittel	
Stand:	TT.MM.JJJJ	Bereich:	Metallfertigung, Schweißerei
Bearb.:	P. Hübner	Quelle:	P. Müller (Leiter Instandhaltung), Zählen/Messen vor Ort

Lfd. Nr.	Bezeichnung	Anzahl	Hersteller	max. Abmessungen inkl. Bedienstreifen			Einlagerungsart	Flächenbedarf (qm)	Nutzlast/ Etage (kg)	Etagen	Standort
				Breite (m)	Tiefe (m)	Höhe (m)					
1	Regal	10	Dexion	2,7	2,9	2,2	Quer	**7,8**	1.000	2	Halle 1
2	Regal	5	Jungheinrich	2,7	3,9	2,2	Quer	**10,5**	1.000	3	Halle 2
3	Regal	20	Jungheinrich	2,7	4,9	2,2	Quer	**13,2**	1.000	3	Halle 3
4	Regal	10	Jungheinrich	2,7	5,9	2,2	Quer	**15,9**	1.000	3	Halle 4
5	Regal	13	Jungheinrich	2,7	6,9	2,2	Quer	**18,6**	1.000	3	Halle 5
6	Regal	7	Jungheinrich	2,9	2,1	0,7	Längs	**6,1**	1.000	2	Halle 1
7	Regal	6	Dexion	2,9	3,1	1,5	Längs	**9,0**	1.000	2	Halle 2
8	Regal	20	Dexion	2,9	3,1	1,5	Längs	**9,0**	1.000	2	Halle 3
9	Regal	4	Dexion	2,9	5,1	1,5	Längs	**14,8**	1.000	3	Halle 5
10	Schrank	5	Schäfer	0,8	1,6	1,0		**1,3**		3	Halle 1
11	Schrank	5	Schäfer	0,8	2,6	1,4		**2,1**		3	Halle 1
12	Aktenschrank	3	Schäfer	0,8	3,6	1,4		**2,9**		3	Halle 2
13	Prüfschrank	2	Schäfer	0,6	4,6	1,3		**2,8**		2	Halle 4
14	Schrank	10	Schäfer	1,6	1,5	1,6		**2,4**		2	Halle 5

Abbildung 3.14.6: Erfassung der Lagermittel für ein Metallbau-Unternehmen

Bestands- und Flächenanalyse		**Erfassung - Fördermittel/Förderhilfsmittel**	
Stand:	TT.MM.JJJJ	Bereich:	Metallfertigung, Schweißerei
Bearb.:	P. Hübner	Quelle:	P. Müller (Leiter Instandhaltung), Zählen/Messen vor Ort

Lfd. Nr.	Bezeichnung	Anzahl	Hersteller	Abmessungen			Antrieb	Bemerkung
				Breite (m)	Tiefe (m)	Höhe (m)		
1	Europalette	227	-	1,2	0,8	0,2		
2	EJE M15	3	Jungheinrich	0,7	1,6	1,2	Elektrisch	
3	EJC 112	3	Jungheinrich	0,8	1,8	2,1	Elektrisch	
4	ESC 316	3	Jungheinrich	0,9	2,1	2,3	Elektrisch	
5	LHM230	5	Toyota	0,5	1,5	1,2	Per Hand	
6	HHM100	4	Toyota	0,6	1,6	1,2	Per Hand	
7	SWE160	2	Toyota	0,8	2,0	1,9	Elektrisch	
8	Rollwagen für Rahmen und Masken	1	Eigenbau	0,6	0,5	1,6	Per Hand	
9	Rollwagen für Rahmen und Masken	17	Eigenbau	0,6	0,5	1,6	Per Hand	
10	Rollwagen für Rahmen und Masken	53	Eigenbau	0,6	0,5	1,6	Per Hand	
11	Handwagen	1	Eigenbau	0,6	0,4	0,3	Per Hand	
12	Regalwagen	1	Eigenbau	0,6	0,7	0,9	Per Hand	
13	Regalwagen	1	Eigenbau	0,7	0,4	1,1	Per Hand	
14	Regalwagen	1	Eigenbau	0,7	0,4	1,2	Per Hand	
15	Standard EF-Kasten A	1378	SSI Schäfer	0,4	0,3	0,1		

Abbildung 3.14.7: Erfassung der Förder- und Förderhilfsmittel für ein Metallbau-Unternehmen

3.15 Fotodokumentation

Kurzbeschreibung

Eine **Fotodokumentation** dient vor allem dazu, einen visuellen Vorher-Nachher-Vergleich, etwa im Rahmen der Gestaltung von Arbeitssystemen, zu ermöglichen. Denn oft hat man im Nachhinein keine Aufzeichnungen zur Ausgangssituation mehr und kann die Erfolge einer Optimierung kaum beschreiben.
Beim Einsatz der Methode Fotodokumentation sind unbedingt die rechtlichen Gegebenheiten zu beachten. Selbstverständlich ist vorab das Einverständnis des Betriebsrates sowie der betroffenen Mitarbeiter einzuholen, wenn diese fotografiert werden sollen.
Abbildung 3.15.1 zeigt die Eignung der Fotodokumentation im Rahmen der drei Strukturen.

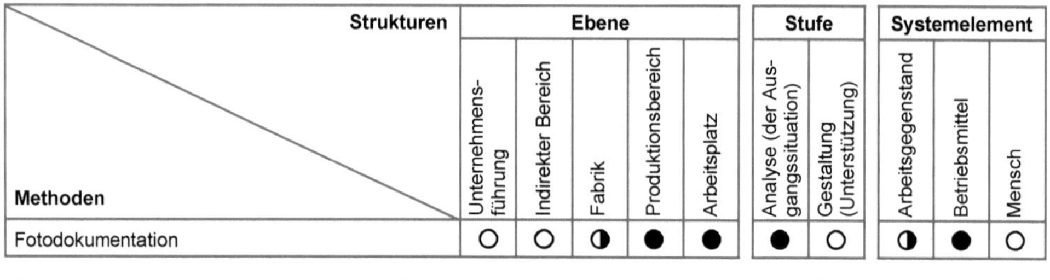

Strukturen / Methoden	Ebene					Stufe		Systemelement		
	Unternehmensführung	Indirekter Bereich	Fabrik	Produktionsbereich	Arbeitsplatz	Analyse (der Ausgangssituation)	Gestaltung (Unterstützung)	Arbeitsgegenstand	Betriebsmittel	Mensch
Fotodokumentation	○	○	◑	●	●	●	○	◑	●	○

○ Kein Zusammenhang ◑ Mittlerer Zusammenhang ● Direkter Zusammenhang

Abbildung 3.15.1: Einordnung der Fotodokumentation in die drei Strukturen

Zweck

- Schwachstellen in Arbeitssystemen im Ist-Zustand dokumentieren
- Arbeitssysteme vor und nach einer Optimierung zu Dokumentations- und Informationszwecken visualisieren

Typische Anwendungsfälle

- Ergebnisse zur Gestaltung von Arbeitsplätzen oder Produktionssystemen, z. B. in Präsentationen oder an Informationswänden, dokumentieren
- Workshop-Ergebnisse, z. B. zur Einführung einer **Balanced Scorecard (BSC)** (Kap. 3.5), festhalten
- Vorher- und Nachher-Situationen – im Rahmen von 5S-Aktivitäten – visualisieren
- Vereinfachte Arbeitsanweisungen bzw. Vorgaben zur Handhabung erstellen

Vorgehensweise

Im Folgenden werden die einzelnen Schritte zur Anfertigung einer Fotodokumentation am Beispiel eines Bereichs im Versand eines Möbelherstellers erläutert. Ziel ist es, mittels einer Fotodokumentation den Zustand vor und nach 5S-Aktivitäten zu dokumentieren.

1. **Zu fotografierenden Bereich auswählen und ggf. Betriebsrat sowie betroffene Mitarbeiter einbinden**

   Nach Auswahl des zu dokumentierenden Sachverhalts sind zunächst sämtliche rechtlichen Rahmenbedingungen zu klären, falls Mitarbeiter fotografiert werden sollen. Im gezeigten Beispiel ist dies nicht notwendig.

2. **Fotografien anfertigen**

   Nun werden die Fotografien angefertigt, im Beispiel vor der 5S-Aktivität. Es ist sinnvoll, die Bilder zu kommentieren, wie in Abbildung 3.15.2 geschehen.

   Nach einer Optimierung ist eine erneute Dokumentation mittels Fotografie notwendig. Hierbei ist darauf zu achten, dass etwa die gleiche Perspektive eingenommen wird und Kameraeinstellungen wie zuvor erfolgen. Abbildung 3.15.2 zeigt den Bereich nach durchgeführten 5S-Aktivitäten mit Kommentaren.

Ausgefüllter Vordruck

Fotodokumentation		**Vorher-Nachher-Vergleich**	
Stand:	TT.MM.JJJJ	Bereich:	Versand-Nebenhalle
Bearb.:	P. Fischer		

Vorher	**Nachher**

Fläche mit Halbfertigteilen, nicht mehr im Programm befindlichen Fertigprodukten und Verpackungsmüll belegt	Maßnahme: Entsorgung Gewonnene Freifläche: 120 qm Neue Nutzung: Zwischenlager für den Wareneingang; dadurch erhebliche Entlastung für den Versand

Abbildung 3.15.2: Vorher-Nachher-Vergleich der Versand-Nebenhalle eines Möbelherstellers

3.16 Ablaufschema

Kurzbeschreibung

Das **Ablaufschema**, auch als Arbeitsablaufschema oder Operationsfolgediagramm bezeichnet, wird zur Erfassung und Darstellung von Struktur, Bestandteilen und Daten eines Ablaufs über mehrere Arbeitssysteme angefertigt. Hier dient es dazu, übersichtlich zu zeigen, wie mehrere Teile bzw. Baugruppen die Arbeitssysteme eines Unternehmens durchlaufen. Als Visualisierungsform eignet sich eine Matrix mit den relevanten Teilen/Baugruppen auf der Abszisse und den Arbeitssystemen auf der Ordinate. Die Operationen werden mit Symbolen, z. B. für Bearbeiten, Transportieren/Fördern, Prüfen, Lagern und Liegen/Unterbrechung, in der Matrix dargestellt (vgl. REFA-AA 2012, S. 43). Durch Verbindungslinien zwischen den Symbolen wird der Materialfluss gekennzeichnet.
Abbildung 3.16.1 zeigt die Eignung des Ablaufschemas im Rahmen der drei Strukturen.

Strukturen / Methoden	Ebene					Stufe		Systemelement		
	Unternehmensführung	Indirekter Bereich	Fabrik	Produktionsbereich	Arbeitsplatz	Analyse (der Ausgangssituation)	Gestaltung (Unterstützung)	Arbeitsgegenstand	Betriebsmittel	Mensch
Ablaufschema	○	○	●	●	◑	●	◑	●	●	○

○ Kein Zusammenhang ◑ Mittlerer Zusammenhang ● Direkter Zusammenhang

Abbildung 3.16.1: Einordnung des Ablaufschemas in die drei Strukturen

Zweck

- Alle wesentlichen Prozessschritte zur Fertigung/Montage von Teilen/Baugruppen oder zum Erstellen von Dienstleistungen entlang der Arbeitssysteme visualisieren
- Funktionale Verknüpfungen zwischen Prozessschritten erkennen
- Engpass-Arbeitssysteme identifizieren
- Basis für eine Transport- und/oder Wegematrix schaffen

Typische Anwendungsfälle

- Neu-, Um- oder Erweiterungsplanungen durchführen
- Zusätzliche Arbeitssysteme integrieren
- Veränderungen des Produktionsprogramms planerisch berücksichtigen
- Produktfamilien im Rahmen der **Wertstrommethode** (Kap. 3.10) festlegen

Vorgehensweise

Am Beispiel eines mittelständischen Produzenten von Transportwagen soll das Vorgehen zur Erstellung eines Ablaufschemas für mehrere Teile/Baugruppen erläutert werden. Ziel ist es, eine übersichtliche Darstellung der wesentlichen Prozessschritte zur Herstellung der Produkte zu erhalten, die gleichzeitig Basis für eine nachfolgende **Materialflussanalyse** (Kap. 3.17) ist.

1. **Zu untersuchende Produkte mit Teilen/Baugruppen auswählen**

   Zunächst werden die zu untersuchenden Produkte definiert. Bei einem großen Produktportfolio empfiehlt sich, eine Beschränkung auf die repräsentativen Produkte mittels einer ABC-Analyse (vgl. Methode **ABC-/XYZ-Analyse** (Kap. 3.9)) vorzunehmen.

   Auf Basis von Zeichnungen und Stücklisten müssen nun die Teile/Baugruppen der ausgewählten Produkte identifiziert werden.

   Den Arbeitsplänen sind die Arbeitssysteme zu entnehmen, welche von den ausgewählten Teilen/Baugruppen durchlaufen werden.

2. **Ablaufschema erstellen**

   Nun kann das Ablaufschema gezeichnet werden. Nach Abbildung 3.16.2 sind auf der Abszisse die wesentlichen Teile/Baugruppen (sowie auch die fertigen Produkte) entsprechend der Produktentstehung aufzulisten. Auf der Ordinate werden die relevanten Arbeitssysteme entsprechend des Produktionsablaufs aufgeführt.

   Auf Basis der Arbeitspläne können nun die Symbole für jedes Teil/jede Baugruppe in die Matrix eingetragen werden; zudem sind die Symbole entsprechend der Abfolge vertikal mit Linien zu verbinden. Grundsätzlich sollte aufgrund der Übersichtlichkeit der Darstellung die Flussrichtung von oben nach unten erfolgen. Es kann allerdings auch vorkommen, dass es Rückflüsse gibt, wie etwa bei den lackierten Makrolonböden in Abbildung 3.16.2, die nach dem Lackieren wieder eingelagert werden.

   Nach Abbildung 3.16.2 enden z. B. Rollenhalter (kurz oder lang), Zahnkranz, Drehkranz und Bremse im Arbeitssystem Taumelpressen (Liegezeichen). Diese Teile 'warten' auf die Weiterverarbeitung und werden schließlich zum Rollenhaltermodul verpresst. Zusammen mit dem Rad findet im Arbeitssystem Vormontage die Komplettmontage zur Baugruppe Vormontierte Lenkrolle statt. Diese Baugruppe wird sowohl in die Endmontage als auch über die Verpackung und den Warenausgang direkt zum Kunden geliefert.

   Das Ablaufschema in Abbildung 3.16.2 zeigt, dass fast alle Teile gelagert werden. Zudem werden zahlreiche Teile mechanisch bearbeitet. Dies kann ein Indiz dafür sein, dass im Lager hohe Bestände vorliegen und dass die mechanische Fertigung stark beansprucht ist.

   Das Ablaufschema dient später – im Rahmen einer Materialflussanalyse – als Basis für die Transportmatrix.

Ausgefüllter Vordruck

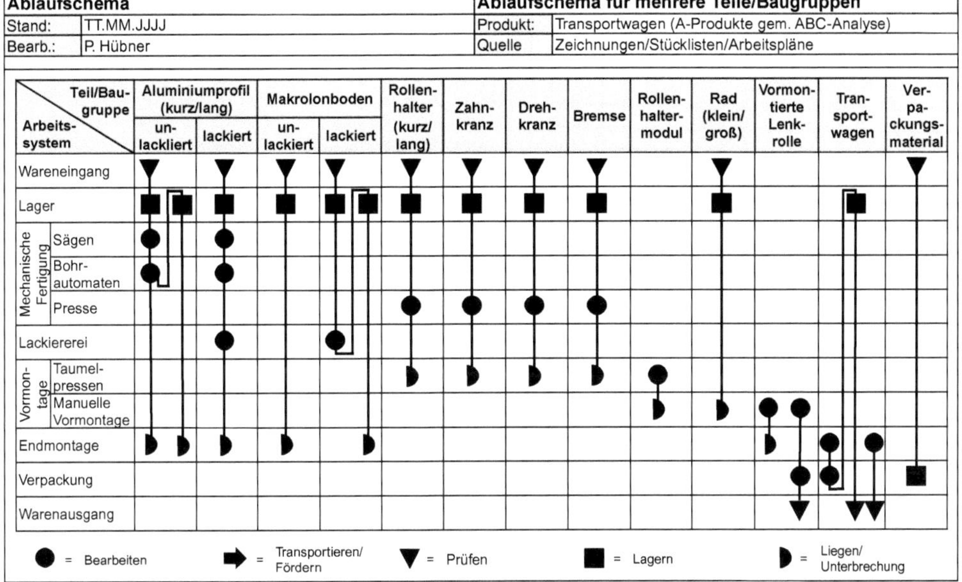

Abbildung 3.16.2: Ablaufschema der Transportwagenproduktion

3.17 Materialflussanalyse

Kurzbeschreibung

Der Begriff 'Materialfluss' beschreibt die Bewegung stofflicher Güter; dabei können Weg, Menge und Geschwindigkeit pro Zeiteinheit variieren (vgl. Gienke/Kempf 2007, S. 369). Folgende Stufen lassen sich dabei unterscheiden (vgl. auch VDI 3300 1976):

1. Stufe: Transporte zwischen Fabrik und Kunden bzw. Lieferanten,
2. Stufe: fabrikinterne Transporte (zwischen Hallen/Gebäuden),
3. Stufe: gebäudeinterne Transporte (z. B. zwischen Produktionsbereichen oder Arbeitsplätzen) und
4. Stufe: arbeitsplatzinterne Transporte (Handhabungen am Arbeitsplatz).

Die **Materialflussanalyse** dient zur Ermittlung von Transportkosten zwischen bestehenden Arbeitssystemen oder für geplante Layoutvarianten. Der Fokus liegt dabei auf den ersten drei Stufen. Zu den Materialflussprozessen zählen das Transportieren, Handhaben und Lagern von Arbeitsgegenständen; für die Materialflussanalyse wird hier jedoch ausschließlich der Prozess des Transportierens untersucht.
Zur Durchführung einer Materialflussanalyse werden eine *Transport-* und eine *Wegematrix* erstellt, deren Inhalte zur Berechnung des *Mengen-Wege-Produktes* dienen (vgl. dazu Jungkind u. a. 2004, S. 123 ff.; Grundig 2018, S. 111 f.).
Zur Visualisierung der Materialflussbeziehungen eignet sich ein *Sankey-Diagramm* (vgl. Grundig 2018, S. 117). Es stellt eine Transportmatrix graphisch dar und gibt erste Hinweise auf die materialflussgerechte Anordnung von Arbeitssystemen (vgl. Jungkind u. a. 2004, S. 151).
Abbildung 3.17.1 zeigt die Eignung der Materialflussanalyse im Rahmen der drei Strukturen.

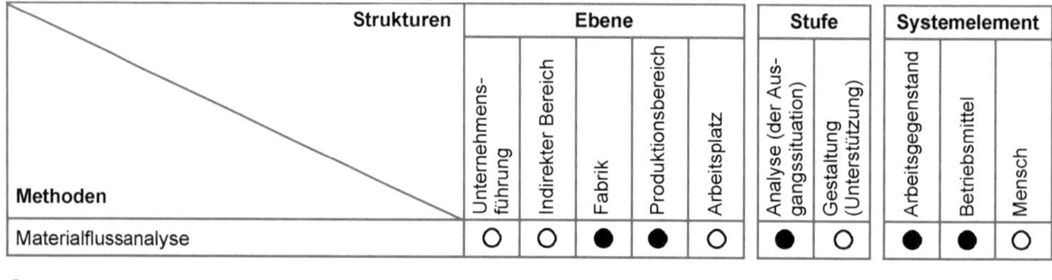

Strukturen / Methoden	Ebene					Stufe		Systemelement		
	Unternehmensführung	Indirekter Bereich	Fabrik	Produktionsbereich	Arbeitsplatz	Analyse (der Ausgangssituation)	Gestaltung (Unterstützung)	Arbeitsgegenstand	Betriebsmittel	Mensch
Materialflussanalyse	○	○	●	●	○	●	○	●	●	○

○ Kein Zusammenhang ◑ Mittlerer Zusammenhang ● Direkter Zusammenhang

Abbildung 3.17.1: Einordnung der Materialflussanalyse in die drei Strukturen

Zweck

- Transporthäufigkeiten und Entfernungen zwischen einzelnen Arbeitssystemen erfassen
- Transportbeziehungen zwischen Arbeitssystemen visualisieren

- Hauptmaterialflüsse identifizieren
- Transportkosten berechnen

Typische Anwendungsfälle

- Neu-, Um- oder Erweiterungsplanungen unter materialflussbezogenen Aspekten durchführen
- Neue Bereitstellsysteme einführen und auf Basis der Transportkosten bewerten
- Engpässe bei den Transporten identifizieren

Vorgehensweise

Am Beispiel eines mittelständischen Produzenten von Transportwagen soll das Vorgehen zur Materialflussanalyse mit der Erstellung einer Transportmatrix, eines Sankey-Diagramms, einer Wegematrix und der Berechnung des Mengen-Wege-Produktes erläutert werden. Ziel ist es, die Transportkosten des bestehenden Layouts zu ermitteln, um danach zu entscheiden,

- ob die existierende Transportwagenproduktion erweitert werden soll, indem die benachbarte Fertigung für Aufbaumodule umzieht und somit weitere 420 qm für ein prognostiziertes Umsatzwachstum im Bereich der Transportwagen zur Verfügung stehen oder
- ob eine neue etwa 2.500 qm große Halle angemietet werden soll, um dorthin umzuziehen.

1. **Transportmatrix erstellen**

   Zunächst ist zu entscheiden, innerhalb welcher Grenzen die Transporte erfasst werden sollen (z. B. für die gesamte Fabrik oder für einzelne Produktionsbereiche). Im vorliegenden Fall ist der Bereich der Transportwagen-Produktion ausgewählt worden. Anschließend werden alle betroffenen Arbeitssysteme, zwischen denen Transporte erfolgen, in eine Matrix eingetragen (vgl. Ordinate *Von* und Abszisse *Nach* in Abbildung 3.17.2).

   Im nächsten Schritt wird die sog. Transporteinheit definiert (z. B. Paletten/Jahr, Gitterboxen/Jahr, Mitarbeitertransporte/Jahr). Hier ist zu beachten, dass die Mitarbeiterkosten bei manuellen Transporten i. d. R. die absolut bestimmende Größe für den Transportkostensatz darstellen. Im Vergleich zum Fördermittel machen sie nicht selten etwa 80 % der Gesamtkosten aus. Es sollten somit die 'Mitarbeiterbewegungen' erfasst werden. Meist wird die Transporteinheit mit einer 'Mitarbeiterbewegung' korrelieren, etwa wenn eine Palette von einem Fördermittel transportiert wird, das ein Mitarbeiter bedient.

Manchmal sind die Transporteinheiten wegen unterschiedlicher Transporthilfsmittel nicht eindeutig zu bestimmen. Im Beispielunternehmen erfolgen die Transporte der meisten Teile des Transportwagens auf Paletten mit gestapelten Kleinladungsträgern. Die Aluminiumprofile werden hingegen auf Langgutpaletten zu den Sägen und die fertig montierten Transportwagen auf speziellen Transportgestellen transportiert. Wie zuvor beschrieben, sind in solchen Fällen die 'Mitarbeiterbewegungen' zu erfassen und ggf. als Transporteinheit zu notieren. Dies ist in Abbildung 3.17.3 geschehen.

Nun werden die Transporthäufigkeiten zwischen den ausgewählten Arbeitssystemen aufgenommen und für ein Jahr hochgerechnet. Dies kann durch eine indirekte Datenaufnahme, also mittels vorhandener Unterlagen, erfolgen (vgl. Gienke/Kempf 2007, S. 374 ff.). Man fokussiert sich hier auf die A-Produkte (**ABC-Analyse** (Kap. 3.9)), die als repräsentative Produkte heranzuziehen sind. Sie werden auf Basis der Jahresproduktionszahlen ermittelt. Mit den entsprechenden Zeichnungen/Stücklisten und Arbeitsplänen der A-Produkte kann nun ein **Ablaufschema** (Kap. 3.16) angefertigt werden. Sind die Losgrößen und Ladungsträger je Teil bekannt, kann die Anzahl der Transporte pro Jahr berechnet werden. Die Beispiele aus der Vorgehensweise zur Methode ABC-Analyse sowie zur Methode Ablaufschema bilden die Basis in Abbildung 3.17.3.

Die Transporthäufigkeiten lassen sich auch durch eine direkte Datenaufnahme, also vor Ort, durch Beobachten, Zählen, Befragen oder Selbstaufschreibungen der Fahrer der Fördermittel erfassen.

Die erhobenen Daten werden nun in die Transportmatrix übertragen. Hierbei ist zu beachten, dass die Werte in den richtigen Zellen, entsprechend der Richtung (*Von/Nach*), eingetragen werden (vgl. Abbildung 3.17.2). Eine Verwechslung hat Auswirkungen auf das Sankey-Diagramm.

Abschließend werden die Hauptmaterialflüsse festgelegt und gekennzeichnet. Die Untergrenze dafür sollte mit Augenmaß definiert werden. Manchmal zeigen die Zahlen in der Transportmatrix, wegen der offensichtlichen Differenz zueinander, was als Hauptmaterialfluss zu wählen ist (vgl. Abbildung 3.17.2).

2. **Sankey-Diagramm zeichnen**

   Auf Basis der Transportmatrix kann nun das Sankey-Diagramm erstellt werden (vgl. Abbildung 3.17.3).

   Arbeitssysteme, die im Hauptmaterialfluss liegen, sollten im Sankey-Diagramm möglichst mittig eingezeichnet werden; die entsprechenden Hauptmaterialflüsse sind mit dicken Pfeilen zu versehen. Mit diesen Arbeitssystemen sollte immer begonnen werden. Nebenflüsse werden mit dünnen Pfeilen gekennzeichnet. Es ist auch möglich, die Pfeildicken entsprechend der Transportintensitäten zu gestalten, wie in der Fallstudie **Fabrikplanung** (Kap. 4.3) geschehen.

   Entsprechend der Transportmatrix in Abbildung 3.17.2 sind sechs Hauptmaterialflüsse definiert worden. 'Haupt'-Arbeitssysteme, die keine Transporte erhalten (leere Spalten in der Transportmatrix), werden als Anfangs-Systeme ('Quellen') oben eingezeichnet (WE in Abbildung 3.17.3). Dementsprechend sind die Arbeitssysteme, aus denen keine Transporte erfolgen (leere Zeilen in der Transportmatrix), als End-Systeme ('Senken') unten zu positionieren (WA in Abbildung 3.17.3).

Das Sankey-Diagramm in Abbildung 3.17.3 beginnt mit WE. Nun werden für die Hauptmaterialflüsse der Reihe nach die 'Haupt'-Arbeitssysteme bis WA eingezeichnet. Im Beispielunternehmen liegen zwischen LA und EM weitere drei Hauptmaterialflüsse.

Jedes Mal, wenn ein Pfeil eingezeichnet ist, sollte die entsprechende Zahl in der Transportmatrix gestrichen werden (eine Zahl in der Transportmatrix entspricht einem Pfeil im Sankey-Diagramm).

Zuletzt werden die 'Neben'-Materialflüsse eingezeichnet. Auf zwei Aspekte ist hier besonders zu achten:

- Die Flussrichtung eines Sankey-Diagramms sollte von oben nach unten gerichtet sein. Lediglich bei den Rückflüssen ist es erwünscht, dass Pfeile entgegen der Hauptflussrichtung verlaufen. Dies sind Transportbewegungen unterhalb der Diagonalen in Abbildung 3.17.2, also die Flüsse BO → LA, LK → LA und VP → LA.
- Zudem wird auf Kreuzungsfreiheit der Materialflüsse Wert gelegt.

3. **Wegematrix erstellen**

   Als Grundlage zur Erstellung der Wegematrix dient die Transportmatrix. Diese kann kopiert werden; anstatt der Transporthäufigkeiten wird die jeweilige Entfernung zwischen den Arbeitssystemen eingetragen (vgl. Abbildung 3.17.4).

   Die Entfernungen zwischen den Arbeitssystemen lassen sich indirekt, anhand eines vorliegenden maßstabsgetreuen Layouts, oder direkt, durch Messen vor Ort, ermitteln. Es werden nur dort Werte in die Wegematrix eingetragen, wo dies auch in der Transportmatrix erfolgt ist, denn nur diese Wege sind relevant.

   Gemessen werden die Transportwege des Fördermittels. Als Anfangs- und Endpunkte in den Arbeitssystemen werden i. d. R. die Mittelpunkte der Materialbereitstellflächen angenommen. Ist dies nicht möglich oder sollten diese nicht vorhanden sein, wird die Mitte der Arbeitssysteme gewählt.

   Im Beispielunternehmen liegt ein maßstabsgetreues Layout vor (vgl. Abbildung 3.17.5).

4. **Mengen-Wege-Produkt berechnen**

   Mithilfe des Mengen-Wege-Produktes werden nun die Transportkosten für das Layout und später für die Layoutvarianten berechnet. Basis dafür sind die Transport- und die Wegematrix.

   Im ersten Schritt sind die Werte aus der Transportmatrix jeweils mit den korrespondierenden Daten aus der Wegematrix zu multiplizieren. Die somit berechneten Mengen-Wege-Produkte werden in die jeweiligen Zellen der Mengen-Wege-Produkt-Matrix übertragen (vgl. Abbildung 3.17.6).

   Abschließend werden alle Werte in dieser Matrix summiert. Im Beispiel (Abbildung 3.17.6) ergeben sich 4.973.005 (Mitarbeiter-) Transportmeter/Jahr.

Je nach Fördermittel und den spezifischen Gegebenheiten vor Ort lassen sich abschließend die Transportkosten pro Jahr berechnen. Im konkreten Fall sind für einen elektrisch betriebenen Dreiradstapler, einschließlich Fahrer, im Einschichtbetrieb etwa 0,038 €/m errechnet worden. In diesem Faktor sind zu 100 % Leerfahrten berücksichtigt, da nach Absetzen einer Ladeeinheit (z. B. Palette) in einem Arbeitssystem fast nie eine neue Ladeeinheit aufgenommen werden kann. Weiterhin geht eine Pauschale für das Absetzen/Aufnehmen der Last mit ein. Die Werte liegen in der Praxis nach Erfahrungen der Autoren zwischen 0,03 und 0,04 €/m.

Für das Beispielunternehmen betragen die Transportkosten knapp 189.000 €/Jahr. Bei angenommenen Personalkosten von ungefähr 40.000 €/Jahr (einschließlich Arbeitgeberanteil) sind somit durchschnittlich etwa 4,7 Mitarbeiter dauerhaft mit logistischen Tätigkeiten beschäftigt.

Derzeit kann noch keine Entscheidung gefällt werden, ob eine Layoutoptimierung in der bestehenden Halle sinnvoll ist oder die Anmietung einer neuen Halle angestrebt werden sollte. Dazu ist es erforderlich, die Methode **Anordnungsoptimierung/Ideallayout-Skizzen** (Kap. 3.18) anzuwenden.

Ausgefüllte Vordrucke

Materialflussanalyse		**Transportmatrix**	
Stand:	TT.MM.JJJJ	Datenquelle:	Verkaufszahlen Vorjahr
Bearb.:	P. Hübner	Artikel:	Transportwagen (A-Artikel)

Von \ Nach		WE	LA	MF			LK	VM		EM	VP	WA
				SÄ	BO	PR		TP	MV			
WE			13.782								250	
LA				1.649		132	1.250		4.167	10.834		2.084
MF	SÄ				15.000							
	BO		3.000				1.500			10.500		
	PR							17.969				
LK			1.250							1.500		
VM	TP								9.170			
	MV									8.336	834	
EM											7.918	417
VP			2.084									11.946
WA												

Transporteinheit: Mitarbeiterbewegungen/Jahr

Hauptmaterialfluss: ≥ 10.000 Mitarbeiterbewegungen/Jahr

WE = Wareneingang
LA = Lager
MF = Mechanische Fertigung
SÄ = Säge
BO = Bohrautomat
PR = Presse
LK = Lackierei
VM = Vormontage
TP = Taumelpresse
MV = Manuelle Vormontage
EM = Endmontageplätze
VP = Verpackung
WA = Warenausgang

Abbildung 3.17.2: Transportmatrix für die Produktion von Transportwagen (A-Artikel)

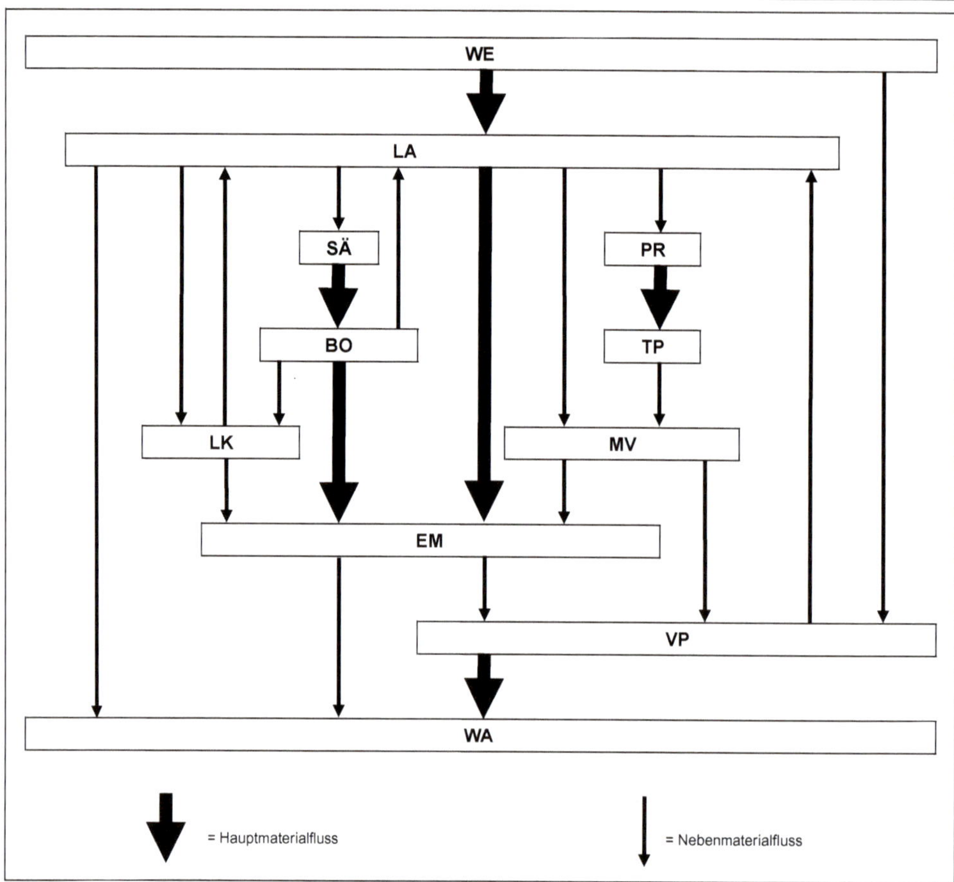

Abbildung 3.17.3: Sankey-Diagramm für die Transportwagenproduktion
Anm.: Legende für die Arbeitssysteme in Abb. 3.17.2

Materialflussanalyse				**Wegematrix**	
Stand:	TT.MM.JJJJ	Datenquelle:	Existierendes Ist-Layout/Vor-Ort-Messung	Bereich:	Produktionshalle Transportwagen
Bearb.:	P. Hübner	Artikel:	Transportwagen (A-Artikel)		

Von \ Nach		WE	LA	MF			LK	VM		EM	VP	WA
				SÄ	BO	PR		TP	MV			
WE			44								49	
LA				39		49	53		30	56		68
MF	SÄ				33							
	BO		30				39			65		
	PR							25				
LK			53							36		
VM	TP								23			
	MV									43	35	
EM											32	31
VP			45									41
WA												

Einheit: m

WE = Wareneingang
LA = Lager
MF = Mechanische Fertigung
SÄ = Säge
BO = Bohrautomat
PR = Presse
LK = Lackierei
VM = Vormontage
TP = Taumelpresse
MV = Manuelle Vormontage
EM = Endmontageplätze
VP = Verpackung
WA = Warenausgang

Abbildung 3.17.4: Wegematrix für die Transportwagenproduktion

Materialflussanalyse		**Ist-Layout**	
Stand:	TT.MM.JJJJ	Datenquelle:	Vor-Ort-Aufnahme
Bearb.:	P. Hübner	Bereich:	Produktionshalle Transportwagen

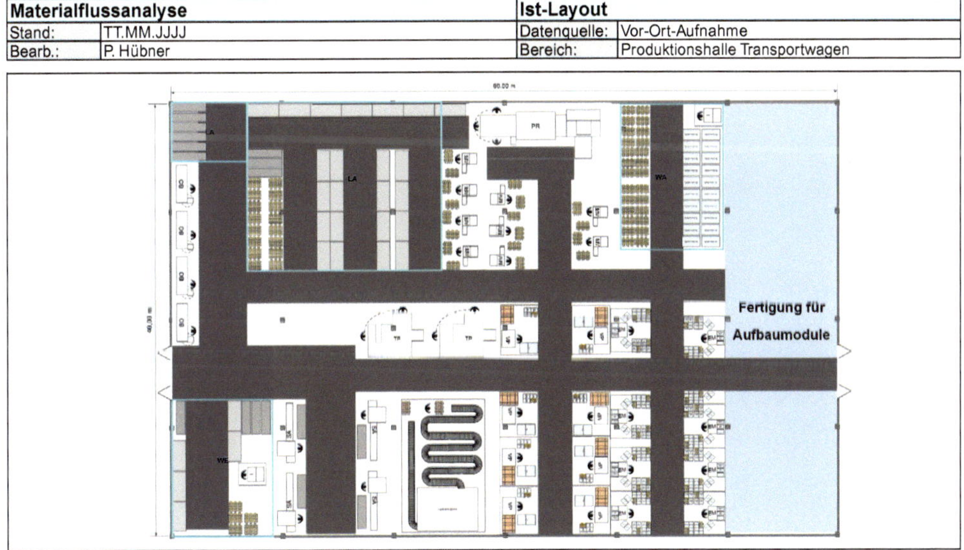

Abbildung 3.17.5: Ist-Layout der Produktionshalle Transportwagen
Anm.: Legende für die Arbeitssysteme in Abb. 3.17.2. Die blauen Rahmen zeigen die Begrenzungen von Abteilungen

Materialflussanalyse				**Mengen-Wege-Produkt-Matrix**	
Stand:	TT.MM.JJJJ	Datenquelle:	Transport- und Wegematrix	Bereich:	Produktionshalle Transportwagen
Bearb.:	P. Hübner	Artikel:	Transportwagen (A-Artikel)		

Von \ Nach		WE	LA	MF			LK	VM		EM	VP	WA
				SÄ	BO	PR		TP	MV			
WE			606.408	-	-	-	-	-	-	-	12.250	-
LA		-		64.311	-	6.468	66.250	-	125.010	606.704	-	141.712
MF	SÄ	-	-		495.000	-	-	-	-	-	-	-
	BO	-	90.000	-		-	58.500	-	-	682.500	-	-
	PR	-	-	-	-		-	449.225	-	-	-	-
LK		-	66.250	-	-	-		-	-	54.000	-	-
VM	TP	-	-	-	-	-	-		210.910	-	-	-
	MV	-	-	-	-	-	-	-		358.448	29.190	-
EM		-	-	-	-	-	-	-	-		253.376	12.927
VP		-	93.780	-	-	-	-	-	-	-		489.786
WA		-	-	-	-	-	-	-	-	-	-	

Summe Mengen-Wege-Produkt (Transportmeter/Jahr)	**4.973.005**
Transportkosten bei 0,038 € pro Transportmeter (€/Jahr)	**188.974**

Einheit: $\frac{\text{Mitarbeitertransporte} \cdot \text{m}}{\text{Jahr}}$

Abbildung 3.17.6: Mengen-Wege-Produkt-Matrix für die Transportwagenproduktion
Anm.: Legende für die Arbeitssysteme in Abb. 3.17.2

3.18 Anordnungsoptimierung/Ideallayout-Skizzen

Kurzbeschreibung

Eine Layoutoptimierung nach Materialflussgesichtspunkten bedeutet, Arbeitssysteme (z. B. Produktionsbereiche oder Arbeitsplätze) so zueinander anzuordnen, dass der Transportaufwand zwischen diesen Arbeitssystemen minimal ist. Ein weit verbreitetes Verfahren für eine solche Anordnungsoptimierung ist 1970 von Schmigalla als modifiziertes Dreiecksverfahren publiziert worden. Hierbei handelt es sich um ein heuristisches Aufbauverfahren, mit dem eine – unter Materialflussgesichtspunkten – nahezu optimale Lösung erreicht werden kann (vgl. Grundig 2018, S. 149 f.).
Basis für die Anordnungsoptimierung ist eine *richtungsunabhängige* Transportmatrix (vgl. Schmigalla 1970, S. 119 ff.). Ausgehend von den beiden Arbeitssystemen mit dem größten Transportaufkommen in der Transportmatrix werden zunächst diese beiden Arbeitssysteme in einem Dreieckraster, das die Grundstruktur der Positionierung vorgibt, platziert. Im nächsten Schritt wird dann das Arbeitssystem ausgewählt und im Dreiecksraster angeordnet, das zu den schon platzierten beiden Arbeitssystemen die größte Transportintensität aufweist usw. Es wird immer der freie Rasterpunkt gewählt, für den sich ein minimaler Transportaufwand ergibt.
Inzwischen sind EDV-gestützte Berechnungsverfahren zur Anordnung von Arbeitssystemen entwickelt worden (z. B. visTABLE®). Anordnungsoptimierungen stellen in KMU jedoch keine laufende Planungsaufgabe dar, sodass i. d. R. die nachfolgend beschriebene manuelle Methode genügt.
Abbildung 3.18.1 zeigt die Eignung der Anordnungsoptimierung im Rahmen der drei Strukturen.

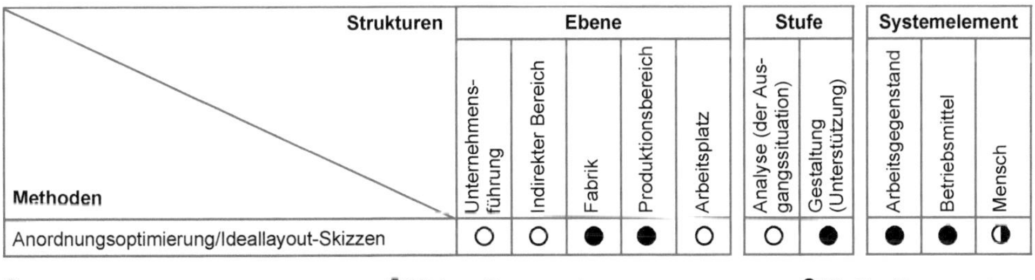

Strukturen / Methoden	Ebene					Stufe		Systemelement		
	Unternehmens-führung	Indirekter Bereich	Fabrik	Produktionsbereich	Arbeitsplatz	Analyse (der Ausgangssituation)	Gestaltung (Unterstützung)	Arbeitsgegenstand	Betriebsmittel	Mensch
Anordnungsoptimierung/Ideallayout-Skizzen	○	○	●	●	○	○	●	●	●	◑

○ Kein Zusammenhang ◑ Mittlerer Zusammenhang ● Direkter Zusammenhang

Abbildung 3.18.1: Einordnung der Anordnungsoptimierung in die drei Strukturen

Zweck

- Basis, um Layouts mit geringsten Materialflusskosten zu erzielen
- Mit relativ geringem Planungsaufwand (Kosten und Zeit), ohne Investitionen in Software, eine hinreichend genaue Grundlage für materialflussoptimierte Layouts erarbeiten
- Betroffene Mitarbeiter in den Planungsprozess einbeziehen, da das Verfahren transparent und für alle nachvollziehbar ist

Typische Anwendungsfälle

- Materialflussoptimierte Ideallayout-Skizzen bei der Neu- und Umplanung von Fabriken/Produktionsbereichen erarbeiten
- Materialflussoptimierte Ideallayout-Skizzen bei Erweiterungsplanungen von bestehenden Fabriken/Produktionsbereichen infolge Wachstums von Arbeitssystemen oder wegen Hinzunahme neuer Produktionsprozesse realisieren

Vorgehensweise

Am Beispiel eines mittelständischen Produzenten von Transportwagen soll das Vorgehen zur Methode **Anordnungsoptimierung/Ideallayout-Skizzen** erläutert werden. Basis bildet die Transportmatrix aus der Erläuterung der Vorgehensweise zur Methode **Materialflussanalyse** (Kap. 3.17).
Die Geschäftsführung hat entschieden, die bestehende Produktion wegen des prognostizierten Absatzzuwachses um 420 qm auszudehnen (vgl. Abbildung 3.17.5 und Erläuterung der Vorgehensweise zur Methode Materialflussanalyse). Dafür soll nun die Methode Anordnungsoptimierung/Ideallayout-Skizzen als Grundlage für die dann folgende **Ideallayoutplanung** (Kap. 3.19) und **Groblayoutplanung** (Kap. 3.21) angewendet werden.
Aufgrund der notwendigen umfangreicheren Methodenbeschreibung sind hier – zur besseren Lesbarkeit – die Abbildungen in den Text eingebunden.

1. **Transportmatrix spiegeln**

   Im modifizierten Dreiecksverfahren wird stets von einer *richtungsunabhängigen* Transportmatrix ausgegangen. Relevant ist hier nur die Summe der Transportbeziehungen zwischen Arbeitssystemen; die Richtung der Materialflüsse ist nicht entscheidend. Abbildung 3.18.2 zeigt oben die *richtungsabhängige* Transportmatrix des Beispielunternehmens. In der Transportmatrix unten in Abbildung 3.18.2 sind die Werte unterhalb der Diagonale der richtungsabhängigen Matrix in den Bereich oberhalb der Diagonale gespiegelt worden, um damit eine *richtungsunabhängige* Transportmatrix zu erhalten. Sollte beim Spiegeln der Matrix oberhalb der Diagonalen bereits ein Wert in einem Feld vermerkt sein, ist der gespiegelte Wert zu dem vorhandenen zu addieren. Dies ist in Abbildung 3.18.2 zwischen den Arbeitssystemen LA und LK der Fall.

2. **Vorüberlegungen zur Fertigungsstruktur treffen**

   Es ist sinnvoll, vor der Anordnungsoptimierung Aspekte zur künftigen Fertigungsstruktur bzw. zum künftigen Fertigungsprinzip zu berücksichtigen. Wenn einige Layout-Einflussfaktoren bzw. -Restriktionen bereits gegeben sind, wie Hallentore aufgrund der logistischen Anbindung oder im Hauptfluss liegende Arbeitssysteme, die eine Sichtverbindung nach außen besitzen sollen, sind diese in der Anordnung im Dreiecksraster zu berücksichtigen (vgl. Methode **Checkliste Layout-Einflussfaktoren** (Kap. 3.20)).

Anordnungsoptimierung/Ideallayout-Skizzen		**Transportmatrix**	
Stand:	TT.MM.JJJJ	Datenquelle:	Verkaufszahlen Vorjahr
Bearb.:	P. Hübner	Artikel:	Transportwagen (A-Artikel)

Von \ Nach		WE	LA	MF			LK	VM		EM	VP	WA
				SÄ	BO	PR		TP	MV			
WE			13.782								250	
LA				1.649		132	1.250		4.167	10.834		2.084
MF	SÄ				15.000							
	BO		3.000				1.500			10.500		
	PR							17.969				
LK			1.250							1.500		
VM	TP								9.170			
	MV									8.336	834	
EM											7.918	417
VP			2.084									11.946
WA												

Transporteinheit: Mitarbeiterbewegungen/Jahr **Hauptmaterialfluss: ≥ 10.000 Mitarbeiterbewegungen/Jahr**

WE = Wareneingang
LA = Lager
MF = Mechanische Fertigung
SÄ = Säge
BO = Bohrautomat
PR = Presse
LK = Lackierei
VM = Vormontage
TP = Taumelpresse
MV = Manuelle Vormontage
EM = Endmontageplätze
VP = Verpackung
WA = Warenausgang

Anordnungsoptimierung/Ideallayout-Skizzen		**Transportmatrix gespiegelt**	
Stand:	TT.MM.JJJJ	Datenquelle:	Verkaufszahlen Vorjahr
Bearb.:	P. Hübner	Artikel:	Transportwagen (A-Artikel)

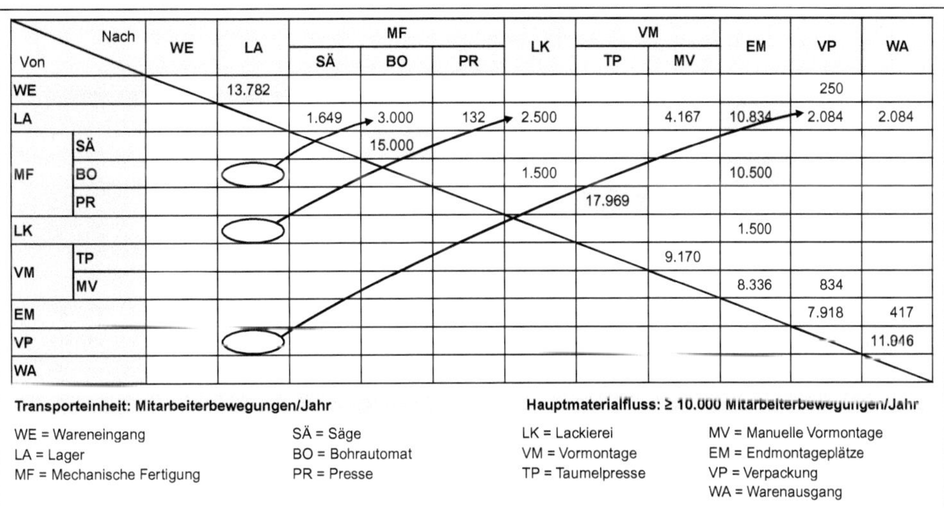

Von \ Nach		WE	LA	MF			LK	VM		EM	VP	WA
				SÄ	BO	PR		TP	MV			
WE			13.782								250	
LA				1.649	3.000	132	2.500		4.167	10.834	2.084	2.084
MF	SÄ				15.000							
	BO						1.500			10.500		
	PR							17.969				
LK										1.500		
VM	TP								9.170			
	MV									8.336	834	
EM											7.918	417
VP												11.946
WA												

Transporteinheit: Mitarbeiterbewegungen/Jahr **Hauptmaterialfluss: ≥ 10.000 Mitarbeiterbewegungen/Jahr**

WE = Wareneingang
LA = Lager
MF = Mechanische Fertigung
SÄ = Säge
BO = Bohrautomat
PR = Presse
LK = Lackierei
VM = Vormontage
TP = Taumelpresse
MV = Manuelle Vormontage
EM = Endmontageplätze
VP = Verpackung
WA = Warenausgang

Abbildung 3.18.2: Richtungsabhängige und richtungsunabhängige/gespiegelte Transportmatrix für die Produktion von Transportwagen

Abbildung 3.18.3 zeigt Beispiele möglicher Strukturen des Hauptmaterialflusses (mit freien Feldern für eigene Konzepte). Für die Transportwagenproduktion sind die beiden gekennzeichnete Strukturen gewählt worden. Lediglich für die in Abbildung 3.18.3 dargestellte erste markierte Struktur (WE im Westen, WA im Osten) wird die Vorgehensweise im Folgenden erläutert.

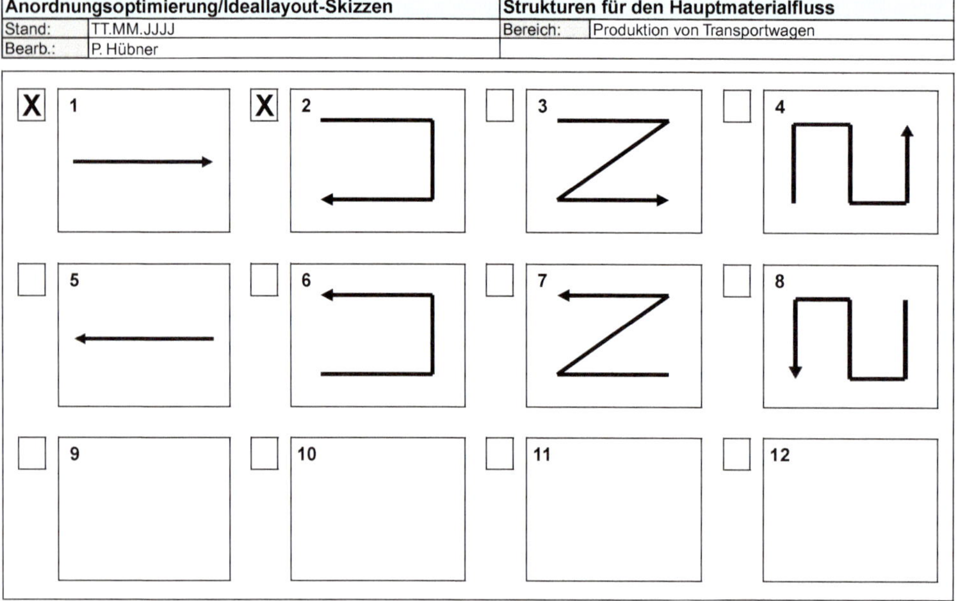

Abbildung 3.18.3: Strukturen für den Hauptmaterialfluss (Beispiele)

3. Anordnungstabelle und Dreiecksraster erstellen

Für die Anordnungsoptimierung werden, neben der richtungsunabhängigen/gespiegelten Transportmatrix, zwei Hilfsmittel benötigt:

- eine Anordnungstabelle, die in der Spaltenüberschrift der Transportmatrix entspricht und über dieselbe Anzahl unbeschrifteter Zeilen verfügt. Die Spalten können mit *Noch zu positionieren* und die Zeilen mit *Positioniert* benannt werden (vgl. Abbildung 3.18.4 oben) sowie
- ein Dreiecksraster zur Positionierung der Arbeitssysteme (vgl. Abbildung 3.18.4 unten).

4. Arbeitssysteme positionieren

Erstes und zweites Arbeitssystem in das Dreiecksraster einzeichnen

Zu Beginn wird das größte Transportaufkommen (größte Zahl) in der richtungsunabhängigen/gespiegelten Transportmatrix identifiziert. Verfügt die Transportmatrix über mehrere gleich große Maxima, kann der Anwender eines auswählen. In Abbildung 3.18.2 sind dies 17.969 Mitarbeiterbewegungen/Jahr zwischen PR und TP.

Anordnungsoptimierung/Ideallayout-Skizzen				**Anordnungstabelle**	
Stand:	TT.MM.JJJJ	Datenquelle:	Transportmatrix	Zeitraum:	Vorjahr
Bearb.:	P. Hübner	Artikel:	Transportwagen (A-Artikel)		

Noch zu positionieren / Positioniert	WE	LA	MF			LK	VM		EM	VP	WA
			SÄ	BO	PR		TP	MV			

Anordnungsoptimierung/Ideallayout-Skizzen				**Dreiecksraster**	
Stand:	TT.MM.JJJJ	Datenquelle:	Transportmatrix	Zeitraum:	Vorjahr
Bearb.:	P. Hübner	Artikel:	Transportwagen (A-Artikel)		

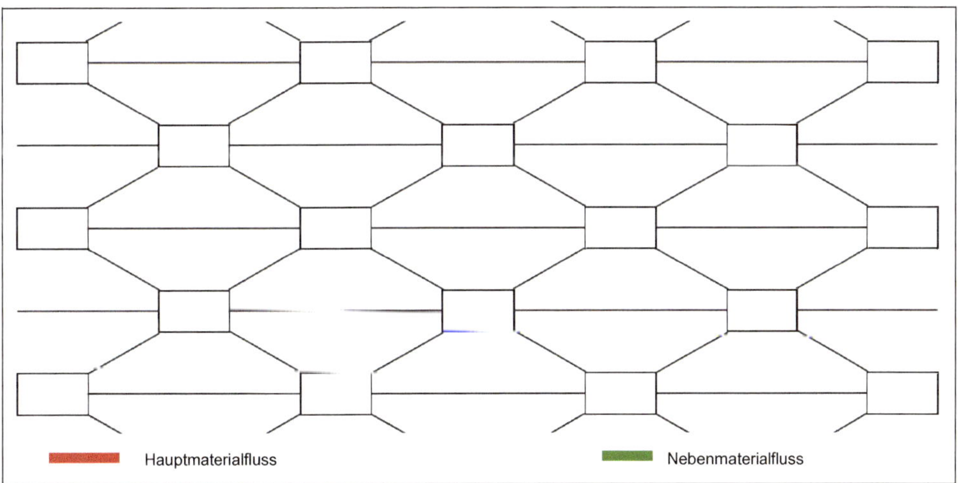

Abbildung 3.18.4: Anordnungstabelle und Dreiecksraster für die Idealplanung der Produktion von Transportwagen

Diese beiden Arbeitssysteme werden in die ersten beiden Zeilen der Anordnungstabelle unter *Positioniert* eingetragen, wie in Abbildung 3.18.5 oben als (1) blau markiert. Danach werden diese beiden positionierten Arbeitssysteme sofort in den entsprechenden Spalten der Anordnungstabelle gestrichen (vgl. die blau markierte (2) in Abbildung 3.18.5 unter *Noch zu positionieren*).

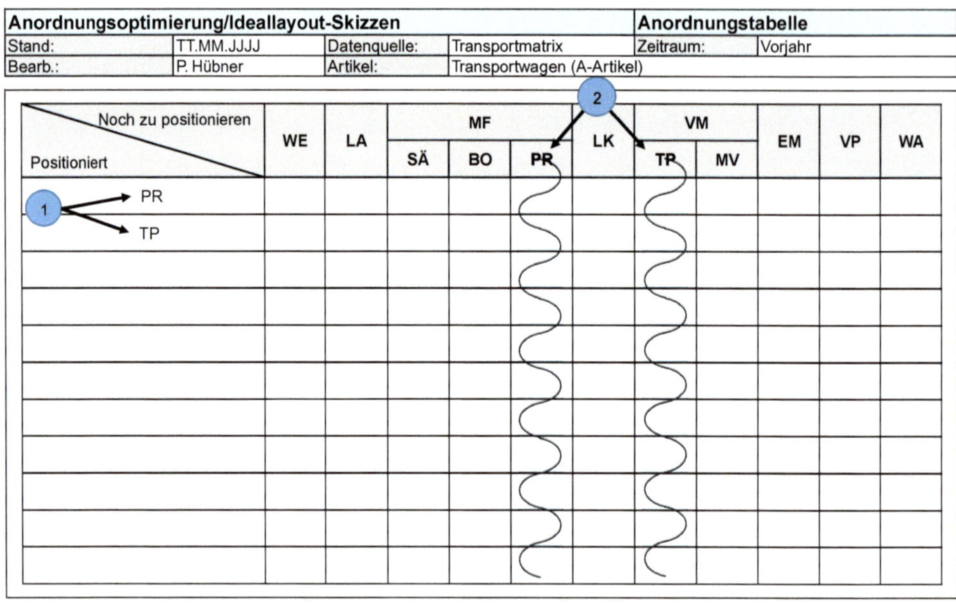

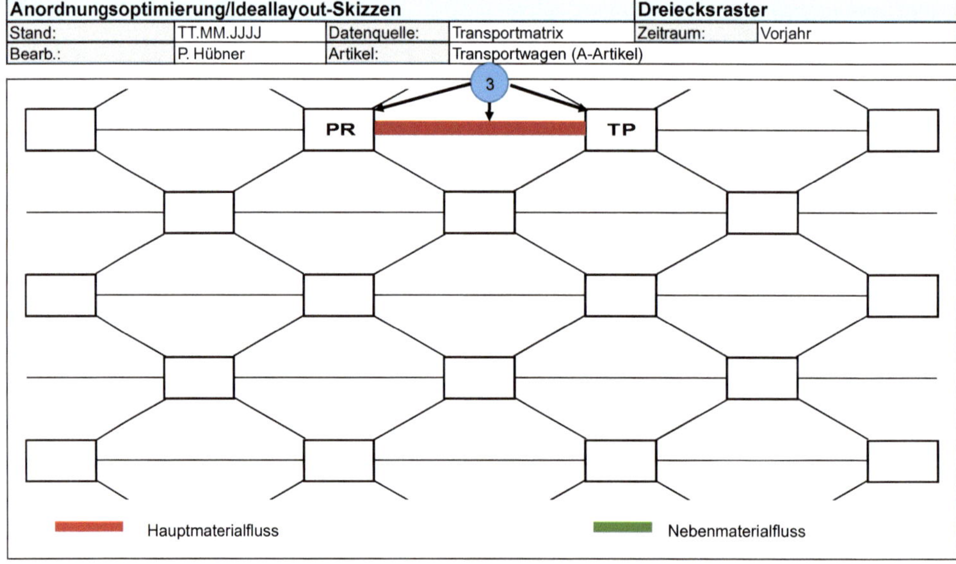

Abbildung 3.18.5: Positionierung der ersten beiden Arbeitssysteme im Dreiecksraster für die Transportwagenproduktion

Die beiden Arbeitssysteme PR und TP werden nun im Dreiecksraster auf unmittelbar benachbarten Kreuzungspunkten positioniert und die Materialflussbeziehung zwischen ihnen als Hauptmaterialfluss (dicke Verbindungslinie, hier in roter Farbe) eingetragen (vgl. blau markierte (3) in Abbildung 3.18.5 unten).

Drittes Arbeitssystem im Dreiecksraster platzieren

Nun werden die Materialflussbeziehungen der beiden zuvor positionierten Arbeitssysteme PR und TP zu den übrigen Arbeitssystemen in die Anordnungstabelle eingetragen (vgl. Abbildung 3.18.6).

Anordnungsoptimierung/Ideallayout-Skizzen				**Anordnungstabelle**	
Stand:	TT.MM.JJJJ	Datenquelle:	Transportmatrix	Zeitraum:	Vorjahr
Bearb.:	P. Hübner	Artikel:	Transportwagen (A-Artikel)		

Noch zu positionieren / Positioniert	WE	(4) LA	MF			LK	VM	(5)	EM	VP	WA
			SÄ	BO	PR		TP	MV			
PR		132									
TP								9.170			
(7) → MV											
		(6) Σ									

Abbildung 3.18.6: Ermitteln des dritten zu positionierenden Arbeitssystems im Dreiecksraster für die Transportwagenproduktion

Dazu wird in der *richtungsunabhängigen/gespiegelten* Transportmatrix jeweils die *Spalte* des gerade im Dreiecksraster positionierten Arbeitssystems von oben nach unten nach Werten durchsucht und diese in die Anordnungstabelle übertragen. Im Beispiel ergeben sich für PR 132 Mitarbeiterbewegungen/Jahr bei LA (vgl. blau markierte (4) in Abbildung 3.18.6). Für TP können bei PR 17.969 Mitarbeiterbewegungen/Jahr abgelesen werden; da aber PR in der Anordnungstabelle bereits gestrichen ist (bereits positioniert), ist hier nichts einzutragen.

Genauso ist nun je Zeile für die beiden Arbeitssysteme PR und TP zu verfahren. In der *richtungsunabhängigen/gespiegelten* Transportmatrix ergeben sich für PR bei TP 17.969 Transporte/Jahr; da TP in der Anordnungstabelle bereits gestrichen worden ist, kann hier nichts eingetragen werden. Weiterhin lassen sich für TP bei MV 9.170 Mitarbeiterbewegungen/Jahr ablesen, die in die Anordnungstabelle einzutragen sind (vgl. blau markierte (5) in Abbildung 3.18.6).

Die Werte in der Anordnungstabelle werden nun spaltenweise summiert (vgl. blau markierte (6) in Abbildung 3.18.6). Das Arbeitssystem mit der größten Summe wird als nächstes im Dreiecksraster positioniert. Existieren mehrere gleich große Maxima, kann wieder gewählt werden. Im Beispiel ergibt die Summation für LA 132 und für MV

9.170 Mitarbeiterbewegungen/Jahr. Daher wird MV als nächstes zu positionierendes Arbeitssystem gewählt und in der Anordnungstabelle unter *Positioniert* eingetragen (vgl. blau markierte (7) in Abbildung 3.18.6).

Die Positionierung von MV im Dreieckraster erfolgt nach dem geringsten Transportaufwand. Eine Verbindungslinie zwischen zwei Kreuzungspunkten entspricht *einer* Entfernungseinheit, also einem 'Einer-Weg'. Das Arbeitssystem ist so zu platzieren, dass das Mengen-Wege-Produkt im Dreiecksraster (Transportintensität x Entfernung im Raster) zu den bereits platzierten Arbeitssystemen minimal ist.

Die Anordnungstabelle gibt Aufschluss darüber, an welches bereits platzierte Arbeitssystem bzw. an welche bereits platzierten Arbeitssysteme das neu anzuordnende Arbeitssystem 'angebunden' werden muss. Man sucht, wie in Abbildung 3.18.7 oben dargestellt, in der Kopfspalte der Anordnungstabelle das anzuordnende Arbeitssystem, hier MV (vgl. blau markierte (8)) und schaut in der betreffenden Spalte nach anderen Arbeitssystemen, mit denen das zu positionierende System in einer Materialflussbeziehung steht – im Beispiel nur mit TP. Daher hat MV im Dreiecksraster auch nur eine Verbindung zu TP, hier als Nebenmaterialfluss (grüne Verbindungslinie). Im Beispiel fällt die Entscheidung, MV unterhalb zwischen PR und TP zu platzieren, um links und rechts – entsprechend der gewählten Struktur nach Abbildung 3.18.3 – Platz für andere Arbeitssysteme zu lassen, die im Hauptmaterialfluss liegen (vgl. blau markierte (9) in Abbildung 3.18.7).

Da MV nun im Dreiecksraster positioniert ist, wird dieses Arbeitssystem in der Anordnungstabelle gestrichen (hier aus Gründen der Lesbarkeit von Abbildung 3.18.7 nicht geschehen).

Viertes Arbeitssystem positionieren

Mit dem vierten zu positionierenden Arbeitssystem wird so verfahren, wie zuvor für MV erläutert: In der *richtungsunabhängigen/gespiegelten* Transportmatrix werden die entsprechenden Werte für MV spalten- und zeilenweise herausgesucht und in die Zeile von MV in der Anordnungstabelle eingetragen, bei LA 4.167, bei TP 9.170 (ist aber bereits gestrichen), bei EM 8.336 und bei VP 834 Mitarbeiterbewegungen/Jahr (vgl. blau markierte (10) in Abbildung 3.18.8). Addiert man die Transportbeziehungen erneut spaltenweise, (vgl. blau markierte (11)), ergeben sich im Beispiel für LA 4.299, für EM 8.336 und für VP 834 Mitarbeiterbewegungen/Jahr. EM ist somit das nächste zu positionierende Arbeitssystem (vgl. blau markierte (12)). Dieses Arbeitssystem hat laut Anordnungstabelle (Spalte EM) nur eine Verbindung zu MV. Für EM gibt es im Dreiecksraster vier Plätze für eine optimale Anordnung: rechts, links sowie rechts und links schräg unter MV. Da es sich hier um einen Nebenmaterialfluss handelt, wird EM schräg rechts unter MV platziert (vgl. blau markierte (13) in Abbildung 3.18.8); so bleibt genügend Platz für Arbeitssysteme, die im Hauptmaterialfluss liegen.

Da EM nun im Dreiecksraster positioniert ist, wird dieses Arbeitssystem in der Anordnungstabelle gestrichen (hier aus Gründen der Lesbarkeit von Abbildung 3.18.8 nicht geschehen).

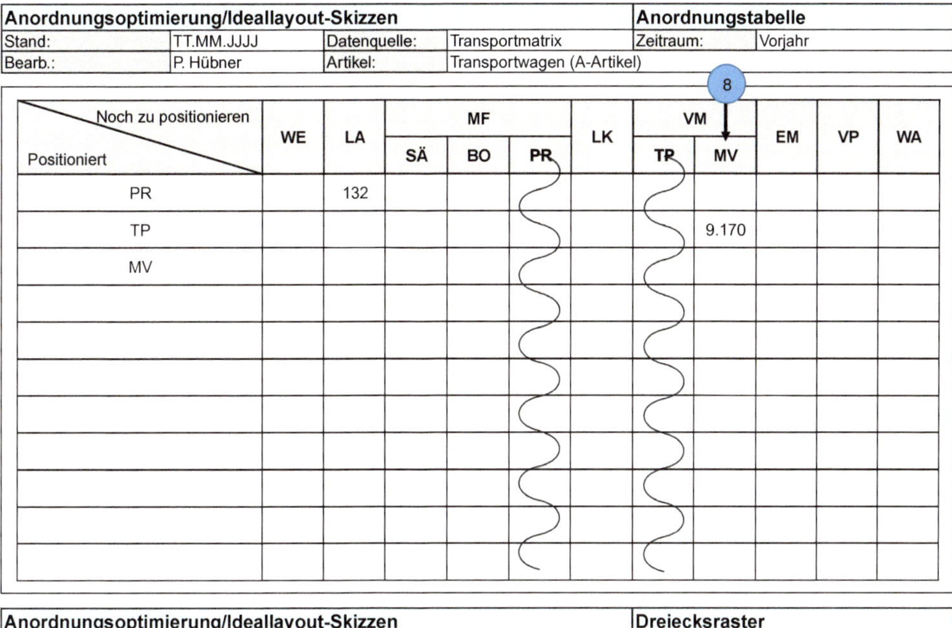

Anordnungsoptimierung/Ideallayout-Skizzen				Anordnungstabelle	
Stand:	TT.MM.JJJJ	Datenquelle:	Transportmatrix	Zeitraum:	Vorjahr
Bearb.:	P. Hübner	Artikel:	Transportwagen (A-Artikel)		

8

Noch zu positionieren / Positioniert	WE	LA	MF			LK	VM		EM	VP	WA
			SÄ	BO	PR		TP	MV			
PR		132									
TP								9.170			
MV											

Anordnungsoptimierung/Ideallayout-Skizzen				Dreiecksraster	
Stand:	TT.MM.JJJJ	Datenquelle:	Transportmatrix	Zeitraum:	Vorjahr
Bearb.:	P. Hübner	Artikel:	Transportwagen (A-Artikel)		

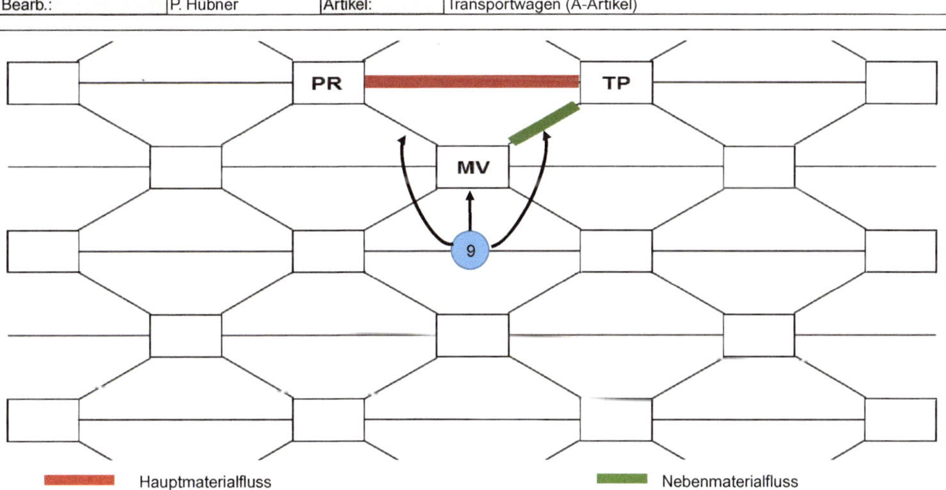

Abbildung 3.18.7: Positionieren des dritten Arbeitssystems im Dreiecksraster für die Transportwagenproduktion

Anordnungsoptimierung/Ideallayout-Skizzen				Anordnungstabelle	
Stand:	TT.MM.JJJJ	Datenquelle:	Transportmatrix	Zeitraum:	Vorjahr
Bearb.:	P. Hübner	Artikel:	Transportwagen (A-Artikel)		

Noch zu positionieren / Positioniert	WE	LA	MF			LK	VM		EM	VP	WA
			SÄ	BO	PR		TP	MV			
PR		132									
TP						10		9.170			
MV		4.167							8.336	834	
12 → EM											
		11	Σ								

Anordnungsoptimierung/Ideallayout-Skizzen				Dreiecksraster	
Stand:	TT.MM.JJJJ	Datenquelle:	Transportmatrix	Zeitraum:	Vorjahr
Bearb.:	P. Hübner	Artikel:	Transportwagen (A-Artikel)		

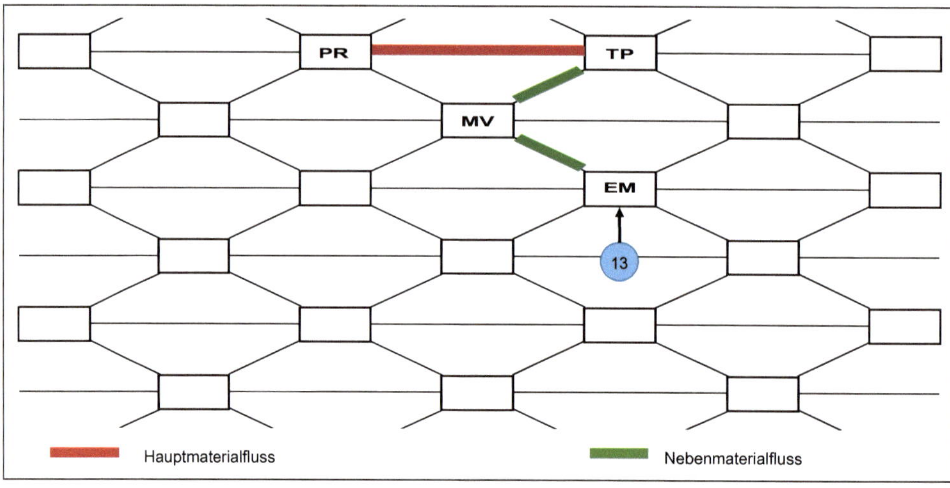

Abbildung 3.18.8: Ermitteln und Positionieren des vierten Arbeitssystems im Dreiecksraster für die Transportwagenproduktion

Restliche Arbeitssysteme einzeichnen

Für die restlichen zu platzierenden Arbeitssysteme ist, wie beschrieben, in gleicher Weise zu verfahren. Als nächstes wird LA ausgewählt. LA besitzt einen Hauptmaterialfluss zu EM mit 10.834 sowie Nebenmaterialflüsse zu MV mit 4.167 und zu PR mit 132 Mitarbeiterbewegungen/Jahr.

Die optimale Position für LA im Dreiecksraster mit minimalem Mengen-Wegeprodukt ist links neben EM (vgl. blau markierte (14) in Abbildung 3.18.9).

Anordnungsoptimierung/Ideallayout-Skizzen				Anordnungstabelle	
Stand:	TT.MM.JJJJ	Datenquelle:	Transportmatrix	Zeitraum:	Vorjahr
Bearb.:	P. Hübner	Artikel:	Transportwagen (A-Artikel)		

Noch zu positionieren / Positioniert	WE	LA	MF			LK	VM		EM	VP	WA
			SÄ	BO	PR		TP	MV			
PR		132									
TP								9.170			
MV		4.167							8.336	834	
EM		10.834		10.500		1.500				7.918	417
LA	13.782		1.649	3.000		2.500				2.084	2.084
WE										250	
BO			15.000			1.500					
SÄ											
VP											11.946
WA											
LK											

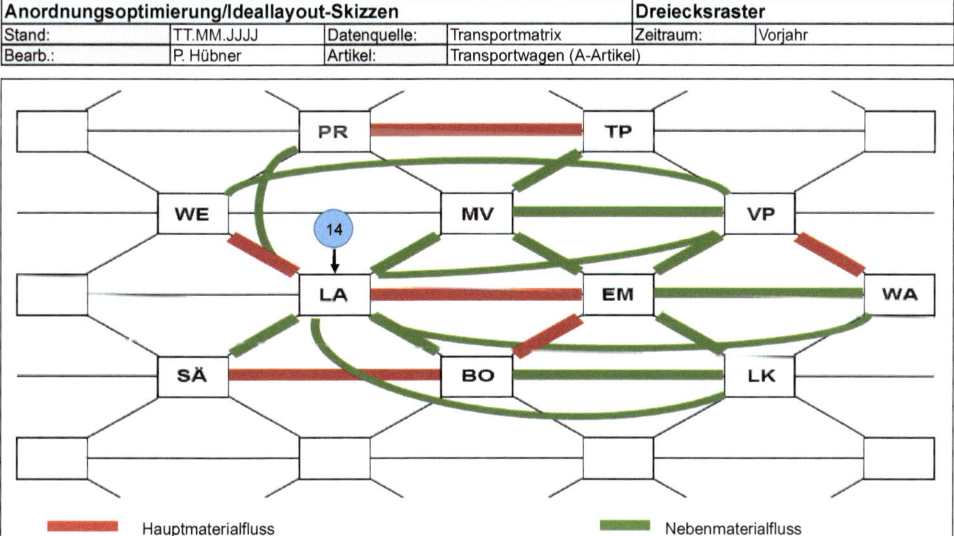

Abbildung 3.18.9: Positionierung aller weiteren Arbeitssysteme im Dreiecksraster für die Transportwagenproduktion

Für diese Position ergibt sich im Dreiecksraster folgendes Mengen-Wege-Produkt für LA-EM: (10.834 • Einer-Weg) + LA-MV: (4.167 • Einer-Weg) + LA-PR: (132 • Zweier-Weg) = 15.265. Für alle anderen Positionen resultieren höhere Werte.

Generell gilt: Falls sich mehrere Platzierungsmöglichkeiten für ein Arbeitssystem im Dreiecksraster ergeben, ist der Platz mit minimalem Mengen-Wege-Produkt im Dreiecksraster immer, wie zuvor beschrieben, zu berechnen!

5. **Ideallayout-Skizzen zeichnen**

   Auf Basis der Anordnungsoptimierung können nun Ideallayout-Skizzen erstellt werden. Ideallayout-Skizzen unterliegen keinerlei Restriktionen. Die Arbeitssysteme werden unabhängig von ihrer realen Größe in möglichen Layout-Konzepten positioniert.

   Zunächst werden die Arbeitssysteme aus dem Dreiecksraster anordnungsgerecht als 'Kästchen' übertragen (vgl. Abbildung 3.18.10 oben links). Der Hauptmaterialfluss, entsprechend der *richtungsabhängigen* Transportmatrix (bzw. des Sankey-Diagramms), ist einzuzeichnen.

   Nun werden auf dieser Basis Prinzip-Skizzen für mögliche Hallenlayouts in mehreren Varianten erarbeitet. Hier sollten bereits gedachte Hauptwege eingetragen werden. Dabei ist zunächst darauf zu achten, dass jedes Arbeitssystem direkt von einem Hauptweg erreichbar ist.

   Die Varianten (drei in Abbildung 3.18.10) sind nun grob zu bewerten, um ein favorisiertes Ideallayout als Basis für die Groblayoutplanung zu erhalten. Zur Bewertung der Varianten ist die Methode **Nutzwertanalyse** (Kap. 3.23) zu verwenden.

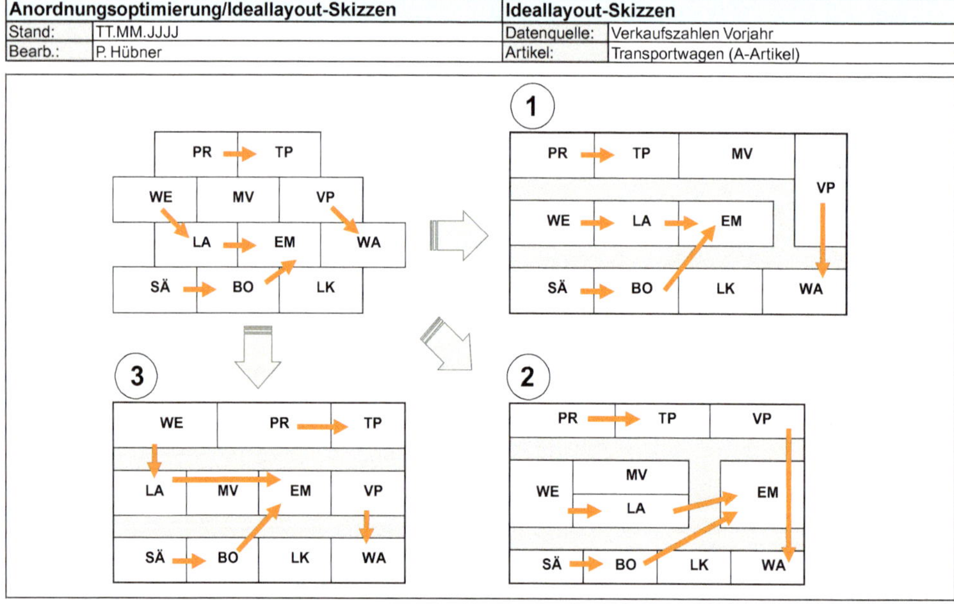

Abbildung 3.18.10: Ideallayout-Skizzen für die Transportwagenproduktion

3.19 Ideallayoutplanung

Kurzbeschreibung

Eine **Ideallayoutplanung** ist die Basis für eine (flächenmaßstäbliche) **Groblayoutplanung** (Kap. 3.21). Zudem kann später die Qualität von Groblayouts überprüft werden, indem ein Vergleich mit den Ideallayouts erfolgt (vgl. Kettner u. a. 1984, S. 239).
Ideallayouts werden auf Basis der **Anordnungsoptimierung/Ideallayout-Skizzen** (Kap. 3.18) erstellt und unterliegen, mit Ausnahme der ermittelten Flächenbedarfe, keinen Restriktionen.
Der Anordnung der Arbeitssysteme zueinander muss nicht nur der Materialfluss als bestimmendes Kriterium zugrunde liegen. Es können ebenso Aspekte aus den vorgegebenen/gewählten Planungszielen, wie die Übersichtlichkeit des Produktionsablaufs oder die Nutzungsflexibilität von Flächen, berücksichtigt werden.
Zunächst wird die ausgewählte Ideallayout-Skizze durch Berücksichtigung der benötigten Arbeitssystemflächen zu einem flächenmaßstäblichen Beziehungsschema erweitert. Danach kann daraus ein Blocklayout erstellt werden, das zwar eine rechteckige Form, jedoch noch keinen Bezug zu einem konkreten Gebäude aufweist (vgl. Schenk u. a. 2014, S. 341).
Abbildung 3.19.1 zeigt die Eignung der Ideallayoutplanung im Rahmen der drei Strukturen.

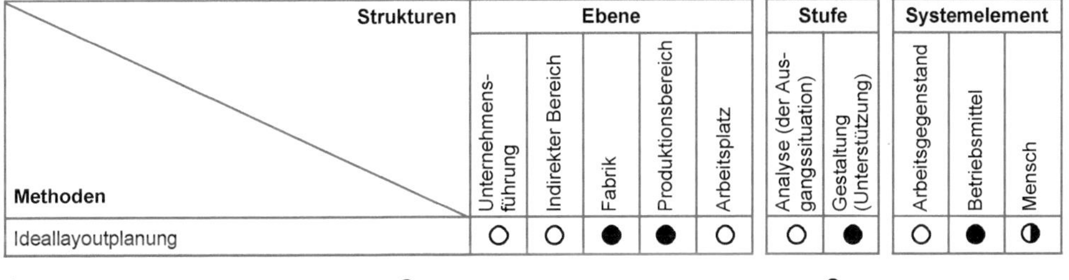

Methoden \ Strukturen	Ebene					Stufe		Systemelement		
	Unternehmens-führung	Indirekter Bereich	Fabrik	Produktionsbereich	Arbeitsplatz	Analyse (der Ausgangssituation)	Gestaltung (Unterstützung)	Arbeitsgegenstand	Betriebsmittel	Mensch
Ideallayoutplanung	○	○	●	●	○	○	●	○	●	◑

○ Kein Zusammenhang ◑ Mittlerer Zusammenhang ● Direkter Zusammenhang

Abbildung 3.19.1: Einordnung der Ideallayoutplanung in die drei Strukturen

Zweck

- Eine 'ideale' Planungsbasis schaffen
- Kann als Bewertungsmaßstab für spätere Groblayoutvarianten dienen

Typische Anwendungsfälle

Auf Basis einer Anordungsoptimierung/von Ideallayoutskizzen:

- Materialflussoptimierte Ideallayouts bei der Neu- und Umplanung von Fabriken/Produktionsbereichen erarbeiten
- Materialflussoptimierte Ideallayouts bei Erweiterungsplanungen von bestehenden Fabriken/Produktionsbereichen infolge Wachstums von Arbeitssystemen oder wegen Hinzunahme neuer Produktionsprozesse realisieren

Vorgehensweise

Am Beispiel eines mittelständischen Produzenten von Transportwagen soll das Vorgehen zur Ideallayoutplanung beschrieben werden. Die Geschäftsführung hat entschieden, dass als Basis herangezogen werden sollen:

- die drei Ideallayout-Skizzen aus dem Beispiel zur Vorgehensweise der Methode Anordnungsoptimierung/Ideallayout-Skizzen mit dem Wareneingang an der Westseite und dem Warenausgang an der Ostseite (vgl. Abbildung 3.18.10) und
- ein weiteres erarbeitetes Ideallayout, in dem der Warenein- und Warenausgang auf der Westseite der Halle positioniert sind (hier aus Platzgründen nicht dargestellt).

Ziel ist das Erstellen einer flächenmaßstäblichen und materialflussoptimierten Produktionsstruktur als Grundlage für die anschließende Groblayoutplanung.

1. **Flächenmaßstäbliche Beziehungsschemata erstellen**

   Aus einer Flächenbedarfsanalyse werden die Flächenbedarfe für die zu planenden Arbeitssysteme entnommen (vgl. Grundig 2018, S. 95 ff.).

   Die Arbeitssysteme in den Ideallayout-Skizzen sind nun mit den realen Flächenbedarfen zu skizzieren (vgl. Abbildung 3.19.2). Dabei ist unbedingt darauf zu achten, dass die Grundstrukturen der Ideallayout-Skizzen beibehalten werden. Es dürfen somit keine Arbeitssysteme vertauscht oder gravierend verschoben werden, damit man sich so nah wie möglich an die Ideallayoutskizzen mit minimalem Mengen-Wege-Produkt anlehnt.

2. **Blocklayouts zeichnen**

   Die flächenmaßstäblichen Beziehungsschemata werden nun zu Rechtecken (Form einer Halle oder eines Produktionsbereiches) 'zusammengeschoben' (vgl. Abbildung 3.19.2). Die Hauptwege sollen hier entsprechend der Ideallayout-Skizzen berücksichtigt werden.

   Diese Rechtecke sind vorerst unabhängig von einer eventuell bereits bekannten Produktionshalle. Die äußere Form wird so gewählt, dass möglichst geringe Abweichungen zu den Beziehungsschemata bestehen.

   Die Größe der einzelnen Arbeitssysteme wird vorerst beibehalten. Die Form der einzelnen Arbeitssystemflächen kann jedoch entsprechend der Bedarfe (z. B. Maschinenabmessungen) später angepasst werden; es sollten nur Rechtecke gewählt werden.

Ausgefüllter Vordruck

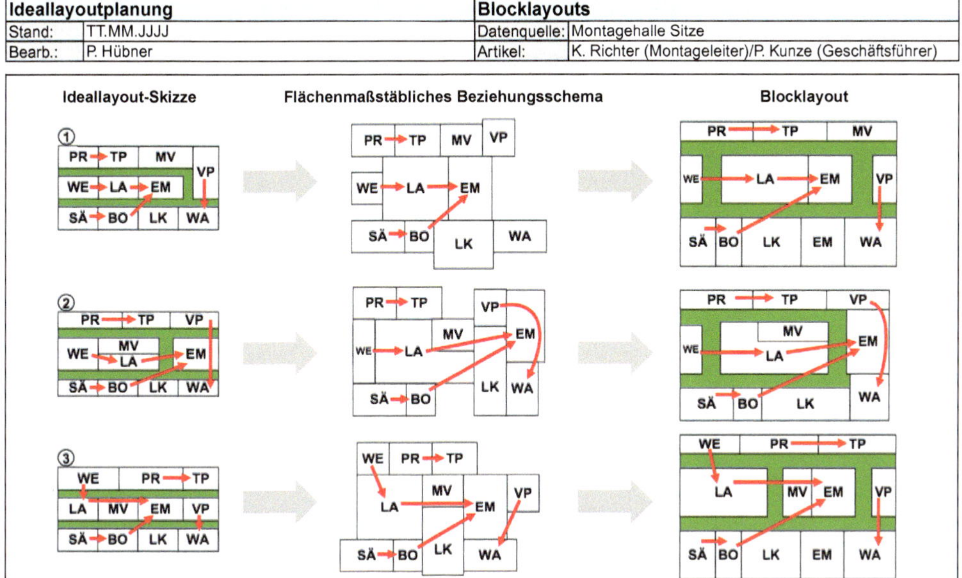

Ideallayoutplanung		**Blocklayouts**	
Stand:	TT.MM.JJJJ	Datenquelle:	Montagehalle Sitze
Bearb.:	P. Hübner	Artikel:	K. Richter (Montageleiter)/P. Kunze (Geschäftsführer)

Abbildung 3.19.2: Ideallayout-Skizzen, flächenmaßstäbliche Beziehungsschemata sowie Blocklayouts für die materialflussoptimierte Transportwagenproduktion

3.20 Checkliste Layout-Einflussfaktoren

Kurzbeschreibung

Mit fortschreitendem Stand der Layoutplanung nehmen i. d. R. die Restriktionen für die Planung zu. Die **Ideallayoutplanung** (Kap. 3.19) kommt, mit Ausnahme der Flächenbedarfe, noch gänzlich ohne Einschränkungen aus. In der **Groblayoutplanung** (Kap. 3.21) muss das Ideallayout jedoch an die realen Gegebenheiten angepasst werden. Beispielsweise sind Grundstücksflächen, Gebäudekonstruktionen, besondere Anforderungen aufgrund von Fertigungsprinzipien oder gesetzliche Vorgaben zu berücksichtigen. Für diese Planungsphase existieren keine allgemeingültigen Methoden, denn die zu berücksichtigenden Einflussgrößen sind z. T. vielfältig und widersprüchlich (vgl. Kettner u. a. 1984, S. 137 ff.; Grundig 2018, S. 152).

Auf Basis der Literatur (Kettner 1984; Grundig 2018) und der Erfahrungen der Autoren ist eine **Checkliste Layout-Einflussfaktoren** erarbeitet worden, die entsprechend Abbildung 3.20.1 untergliedert ist.

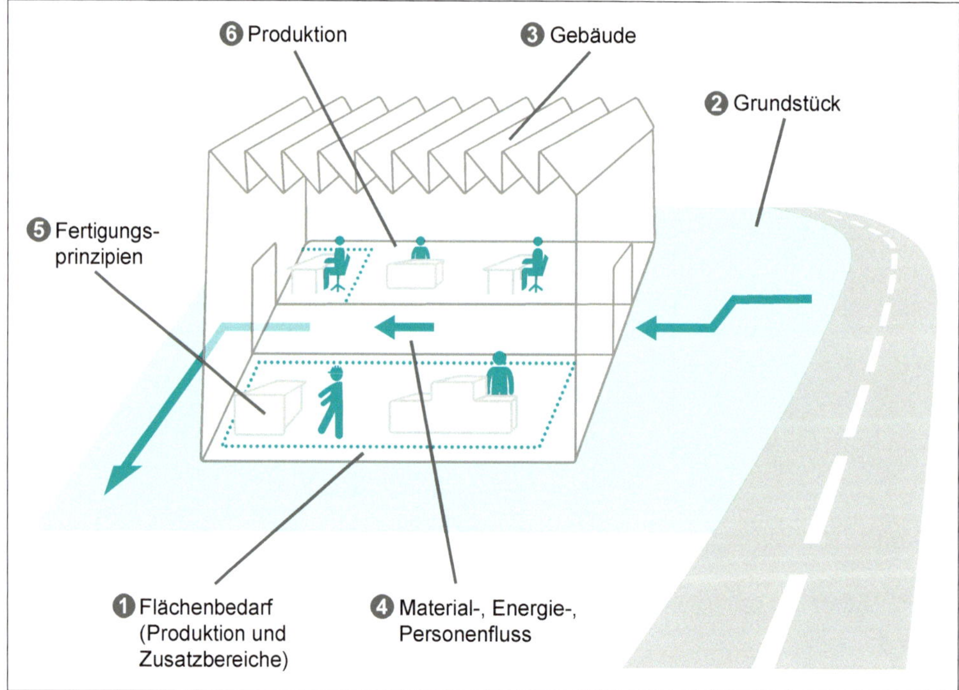

Abbildung 3.20.1: Bereiche der Einflussfaktoren für eine Groblayoutplanung

Abbildung 3.20.2 zeigt die Eignung der Checkliste Layout-Einflussfaktoren im Rahmen der drei Strukturen.

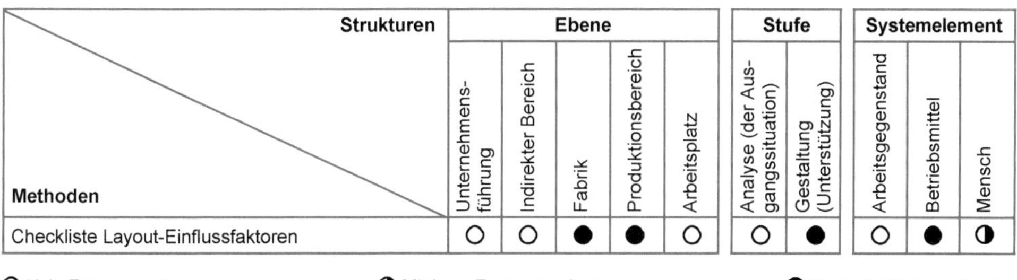

Methoden \ Strukturen	Ebene: Unternehmens-führung	Ebene: Indirekter Bereich	Ebene: Fabrik	Ebene: Produktionsbereich	Ebene: Arbeitsplatz	Stufe: Analyse (der Aus-gangssituation)	Stufe: Gestaltung (Unterstützung)	Systemelement: Arbeitsgegenstand	Systemelement: Betriebsmittel	Systemelement: Mensch
Checkliste Layout-Einflussfaktoren	○	○	●	●	○	○	●	○	●	◑

○ Kein Zusammenhang ◑ Mittlerer Zusammenhang ● Direkter Zusammenhang

Abbildung 3.20.2: Einordnung der Checkliste Layout-Einflussfaktoren in die drei Strukturen

Zweck

- Die Checkliste Layout-Einflussfaktoren für die Grobplanung als 'Gedankenstütze' nutzen, um relevante Einflussgrößen/Restriktionen zu berücksichtigen
- Durch frühzeitiges Einbeziehen relevanter Einflussgrößen die Qualität der Layoutplanung verbessern (keine Fehlplanungen, Nachbesserungen und Zeitverluste)

Typische Anwendungsfälle

Ergänzend zur Ideallayoutplanung:

- Bei der Erarbeitung von Groblayouts im Rahmen von Neu- und Umplanungen von Fabriken/Produktionsbereichen relevante Einflussgrößen berücksichtigen
- Bei der Erarbeitung von Groblayouts im Rahmen von Erweiterungsplanungen bestehender Fabriken/Produktionsbereiche infolge Wachstums oder wegen Hinzunahme neuer Produktionsprozesse relevante Einflussfaktoren einbeziehen

Vorgehensweise

Am Beispiel einer Produktion für Transportwagen soll das Vorgehen zum Einsatz der Checkliste Layout-Einflussfaktoren erläutert werden. Ziel ist es, frühzeitig planungsrelevante Einflussfaktoren zu identifizieren und im weiteren Planungsverlauf (Groblayoutplanung) zu berücksichtigen. Die Geschäftsführung hat sich für die Erweiterung und Optimierung der Produktion in der bestehenden Halle entschieden, da die Möglichkeit besteht, dass ein benachbarter Fertigungsbereich in eine andere Halle umzieht und dadurch Erweiterungsfläche zur Verfügung steht.

1. **Flächenbedarf ermitteln**

   Die erste zu berücksichtigende Einflussgröße ist der Flächenbedarf für die Produktion sowie die Zusatzbereiche aus der Phase der Ideallayoutplanung (vgl. Abbildung 3.20.1). Dieser sollte mittels einer sog. Flächenbedarfsanalyse erfasst werden (vgl. Grundig 2018, S. 195 f.). Für die Transportwagenproduktion ist eine Hallenfläche von ca. 2.000 qm ermittelt worden. Sie soll auf ca. 2.400 qm aufgrund eines prognostizierten Umsatzwachstums von ca. 20 % erweitert werden.

2. **Grundstückbezogene Einflussfaktoren prüfen**

   Im nächsten Schritt wird das Grundstück näher betrachtet (vgl. Abbildung 3.20.1). Liegt ein Grundstück z. B. in einem Mischgebiet, ist mit strengeren Vorgaben im Hinblick auf Emissionen (z. B. Lärm) zu rechnen als in einem Gewerbegebiet, in dem sich die jetzige Produktionshalle für Transportwagen befindet (vgl. Abbildung 3.20.3). Weiterhin sind Himmelsrichtung und Windrichtung in die Planung einzubeziehen.

   Der Baugrund hat Einfluss auf die Möglichkeiten der Bebauung. Geschossbauten erfordern eine höhere Stabilität des Untergrunds als beispielsweise Flachbauten. Ebenso sind für schwere Produktionsanlagen sowie Lagereinrichtungen, wie ein Hochregallager, ggf. Vorkehrungen (beispielsweise eine weitere Fundamentierung) zu treffen. Höhenunterschiede im Baugrund sind u. U. relevant für die Logistik (in Bezug auf Fördermittel und Laderampen).

   Das Gelände der Transportwagenproduktion ist tragfähig; es gibt auch für die Erweiterung keine Probleme durch das Grundwasser. Zudem sind keine Höhenunterschiede vorhanden. Nach Abbildung 3.20.3 besteht hier kein weiterer Handlungsbedarf.

   Die gesetzlichen Auflagen werden im Beispielunternehmen nach Abbildung 3.20.3 erfüllt. Die halleninterne Erweiterung der Produktion ist diesbezüglich unproblematisch.

   Bei der Grundstückswahl sind zudem strategische Ziele zu berücksichtigen. Es sollten genügend Erweiterungsmöglichkeiten auf dem Grundstück oder daran angrenzend verfügbar sein, um ein geplantes Wachstum zu realisieren.

   Die Infrastruktur berücksichtigt Aspekte, wie Verkehrsanbindung, Parkplätze, Energieversorgung sowie Abwasser- Wertstoff- und Müllentsorgung. Eine einseitige Straßenanbindung hat i. d. R. eine U-Form der Fertigungsprozesse zur Folge, da Wareneingang und Warenausgang auf derselben Hallenseite liegen müssen. Das vorhandene Grundstück hat jeweils eine Straßenanbindung nach Osten und nach Westen (vgl. auch Abbildung 3.20.3).

3. **Gebäudebezogene Einflussfaktoren prüfen**

   Nun wird entsprechend Abbildung 3.20.1 der Fokus auf das Gebäude gelegt. Die Kriterien des Vordrucks orientieren sich stark an den Produktionsanforderungen mit der Untergliederung in Flach-, Hallen- und Geschossbau; zudem sind noch Unterkellerung und Wetterschutz ergänzt (vgl. Abbildungen 3.20.4 und 3.20.5).

   Insgesamt bestehen aktuell und auch zukünftig keine besonderen Anforderungen an die Gebäudeart für die Transportwagenproduktion. Wie die Einstufung zeigt, eignet sich ein Flachbau, wie derzeit vorhanden, bestens als Gebäudeform. Auch ein Hallenbau wäre nach Abbildung 3.20.4 denkbar, jedoch wird die Bauhöhe einer Halle nicht benötigt. Ein Flachbau hat zudem den Vorteil einer Erweiterungsfähigkeit in jeder Richtung, und die Anschaffungskosten sind geringer als bei einem Hallenbau. Die Kosten lassen sich generell durch ein engeres Stützenraster reduzieren. Im Beispielunternehmen liegt das Maß bei 10 m, was die weitere Planung einschränkt.

   Die Versorgung mit Energie wird bereits jetzt von der Decke aus vorgenommen. Das gewährleistet geringe Umbaukosten bei späteren Layoutänderungen.

4. **Einflussfaktoren aus Material-, Energie- und Personenfluss prüfen**

Im vierten Schritt geht es nach Abbildung 3.20.1 um die 'Flüsse' innerhalb der Produktion, die mit dem Vordruck Material-, Energie- und Personenfluss erfasst werden (vgl. Abbildung 3.20.6). Für die Transportwagenproduktion kann, bezogen auf den Aspekt Materialfluss, eine Verkehrsanbindung nach Osten sowie nach Westen erfolgen (vgl. Vordruck Grundstück). Die Straßenanbindung in beiden Richtungen bietet genügend Kapazität, um sowohl eingehendes Material als auch ausgehende Fertigprodukte abwickeln zu können. Die Mitarbeiter- und Besucherparkplätze sind bereits jetzt, aufgrund des hohen Aufkommens zu Stoßzeiten, aus Richtung Norden angebunden, da hier eine höhere Kapazität vorhanden ist.

Der Materialfluss innerhalb des Gebäudes orientiert sich eng an der materialflussoptimierten Ideallayoutplanung. Die wesentlichen Kriterien nach Abbildung 3.20.6 können realisiert werden. Die Transportwegbreiten werden mit mindestens 3 m geplant. In Bereichen, in denen Roh-Aluminiumprofile transportiert werden, sind mindestens 5 m vorgesehen.

Für den Aspekt Energiefluss müssen noch einige Anforderungen bearbeitet werden, für den Aspekt Personenfluss sind nur noch die Fluchtwege im Detail zu prüfen.

5. **Einflussfaktoren durch das Fertigungsprinzip prüfen**

Nun werden, entsprechend Abbildung 3.20.1, die Fertigungsprinzipien näher betrachtet. Der zugehörige Vordruck Fertigungsprinzipien (vgl. Abbildung 3.20.7) orientiert sich vor allem am Kundenverhalten, an den Produkteigenschaften sowie den organisatorischen Anforderungen, die sich in den Kriterien widerspiegeln. Der Anwender des Vordrucks kann nun eines der Fertigungsprinzipien – Punkt-, Werkstatt-, Gruppen-/ Linien- oder Fließfertigung – wählen.

Für die Transportwagenproduktion ist sowohl eine Werkstatt- als auch Linienfertigung geeignet. Die Entscheidung fällt in Richtung Werkstattfertigung, weil vor allem die Varianten bei immer kleineren Losgrößen in Zukunft deutlich zunehmen werden.

6. **Einflussfaktoren aufgrund der Anforderungen der Produktion prüfen**

Schließlich stehen nach Abbildung 3.20.1 noch Anforderungen an die Produktion im Vordergrund. Die Abbildungen 3.20.8 und 3.20.9 zeigen die ausgefüllten Vordrucke Produktion für das Beispielunternehmen. Es ist zu erkennen, dass in diesem frühen Stadium der Gesamtplanung zahlreiche Kriterien gelb oder gar rot markiert sind. Die produktionsbezogenen Einflussfaktoren sind nämlich vor allem in der **Feinlayoutplanung** (Kap. 3.22) relevant und werden erst im weiteren Prozess konkret bearbeitet.

Besonders im Vordruck Produktion müssen die Ziele berücksichtigt werden, die vorab vereinbart worden sind, im Fall des Beispielunternehmens:

- Freiflächen in definierten Produktionsbereichen für ein Umsatzwachstum schaffen,
- Montage/Verpackung und maschinelle Fertigung voneinander trennen, um den Lärm in der personalintensiven Montage/Verpackung zu reduzieren und
- Mehrmaschinenbedienung ermöglichen.

Ausgefüllte Vordrucke

Checkliste Layout-Einflussfaktoren		**Grundstück**	
Datum:	TT.MM.JJJJ	Datenquelle:	Blocklayouts, Bestandsaufnahme
Bearb.:	P. Hübner	Projekt:	Produktionshalle Transportwagen

Kriterium		**Zu beachtende wichtige Aspekte**	**Umsetzung**	**Bemerkungen**
Grundstückslage	Bebauungsplan	Misch-, Kern-, Gewerbe-, Industrie-gebiet		Gewerbegebiet
	Himmelsrichtung	Sonneneinstrahlung sowie Witterungseinflüsse		Sheddach nach Osten; Fensterfront nach Süden
	Windrichtung	Auswirkung von Emissionen (Stäube, Dämpfe, Lärm) auf die Nachbarschaft		Keine nennenswerten Emissionen
Baugrund	Tragfähigkeit	Geologisches Gutachten		Tragfähiger Baugrund, daher keine Einschränkungen
	Grundwasser	Probebohrungen		Keine Probleme mit dem Grundwasser
	Höhen-unterschiede	Besondere Relevanz: Beim Einsatz von Fördermitteln oder Laderampen		Keine Höhenunterschiede
Gesetzliche Auflagen		Insbesondere Baugesetze, Bau-ordnungen, Nachbarrechtsgesetze		Werden bereits erfüllt
Erweiterungs-möglichkeiten	Etappenplanung	Erweiterungsstufen in der Generalbebauungsplanung		Erweiterungsflächen im Norden möglich: Grundstück ist bereits erworben
Infrastruktur	Verkehsanbindung	Anbindung an das öff. Straßen- und Schienennetz sowie LKW-Aufkommen (Durchschnitt/Spitzenaufkommen)		Straßenanbindung nach Osten und Westen möglich: Im Westen nur Wareneingang (WE) oder nur Warenausgang (WA), im Osten ist beides zusammen möglich
	Mitarbeiter-/ Besucher-parkplätze	Parkplatzkapazität (Durchschnitt/ Spitzenaufkommen, z. B. zu Stoß-zeiten)		Parkplatzkapazität reicht aus
	Energie-versorgung	Energieträger, wie Elektrizität, Wasser, Prozesswärme, ... (Durchschnitt/ Spitzenaufkommen)		Versorgung mit Elektrizität und Wasser muss noch erhoben werden; Prozesswärme entsteht nicht
	Abwasser-entsorgung	Aufbereitung/Klärprozess		Wasseraufbereitung auf dem Gelände vorhanden
	Wertstoff-, Müllentsorgung	Ggf. separate Entsorgungs- und Verkehrsflächen		Weitere Entsorgungsflächen in der Nähe des Warenausgangs (WA) geplant

Vollständig umgesetzt/berücksichtigt   Ansatzweise umgesetzt/berücksichtigt   Nicht umgesetzt/berücksichtigt

Abbildung 3.20.3: Ausgefüllte Checkliste Layout-Einflussfaktoren – Grundstück für die Transportwagenproduktion

Checkliste Layout-Einflussfaktoren		**Gebäude - Teil 1**	
Datum:	TT.MM.JJJJ	Datenquelle:	Blocklayouts, Bestandsaufnahme
Bearb.:	P. Hübner	Projekt:	Produktionshalle Transportwagen

		Kriterium	**Flachbau**	**Umsetzung**	**Hallenbau**	**Umsetzung**	**Geschossbau**	**Umsetzung**	**Unterkellerung**	**Umsetzung**	**Wetterschutz**	**Umsetzung**	**Bemerkungen**
Fläche		Traglasten	Groß		Groß		Gering		Bei Flach- und Geschossbau möglich, bei Halle selten		Beliebig		Genügend Grundstücksfläche vorhanden
Fläche		Nutzung (Nutz- und Zusatzflächen)	Zusammenhängende Fläche		Zusammenhängende Fläche		Keine zusammenhängende Fläche		Verdoppelung der Nutzfläche		Flexible Nutzung unbebauter Flächen		Zusammenhängende Fläche ist wünschenswert, um sehr flexibel in der Anordnung von Arbeitssystemen zu sein
Fläche	Traglasten	Statisch	Nahezu unbegrenzt		Nahezu unbegrenzt		Begrenzt in oberen Geschossen		Begrenzt im Erdgeschoss		Nahezu unbegrenzt		
Fläche	Traglasten	Dynamisch	Keine Einschränkungen		Keine Einschränkungen		Maschinen können Gebäudeschwingungen hervorrufen		Im Erdgeschoss schwingende Maschinen vom Fußboden entkoppeln		Keine Einschränkungen		Keine besonderen Anforderungen
Fläche	Traglasten	Bodentragfähigkeit	Hoch		Hoch		Gering		Gering				
Raumhöhe			Bis ca. 6 m		Auch große Höhen realisierbar		Bis ca. 5 m		Bis ca. 5 m		Auch große Höhen realisierbar		Raumhöhen von 6 m wegen der Läger notwendig
Kranlasten			Gering bis mittel		Hoch		Gering		Gering bis mittel		Hoch		Nur geringe Kranlasten notwendig
Nutzung			Flexible Nutzung; ggf. Einschränkungen durch Brand- und Katastrophenschutz		Flexible Nutzung; ggf. Einschränkungen durch Brand- und Katastrophenschutz		Anordnung von materialflussarmen Prozessen in höheren Etagen		Bereichsnahe Verlagerung von Zuführeinrichtungen oder Sanitär-/ Sozialflächen		Lagerung von witterungsbeständigen Materialien und Anlagen		Wandlungsfähiges Layout ist wünschenswert
Spannweiten			Mittel		Weit		Gering		Gering		Abhängig von der jeweiligen Konstruktion		Engeres Stützenraster ist möglich
Stützen			Vorhanden; Abstand mittel bis groß		Vermeidbar		Vorhanden; Abstand eher gering		Vorhanden; Abstand eher gering		Abhängig von der Art der Konstruktion		

Vollständig umgesetzt/berücksichtigt — Ansatzweise umgesetzt/berücksichtigt — Nicht umgesetzt/berücksichtigt

Abbildung 3.20.4: Ausgefüllte Checkliste Layout-Einflussfaktoren – Gebäude für die Transportwagenproduktion (1)

Checkliste Layout-Einflussfaktoren		**Gebäude - Teil 2**	
Datum:	TT.MM.JJJJ	Datenquelle:	Blocklayouts, Bestandsaufnahme
Bearb.:	P. Hübner	Projekt:	Produktionshalle Transportwagen

	Kriterium	Flachbau	Umsetzung	Hallenbau	Umsetzung	Geschossbau	Umsetzung	Unterkellerung	Umsetzung	Wetterschutz	Umsetzung	Bemerkungen
Versorgung	Energie-versorgung	Bodenkanäle oder Decke		Bodenkanäle oder Wände		Bodenkanäle oder Decke		Bodenkanäle oder Decke		Selten		Energieversorgung ist von der Decke aus vorgesehen
	Beleuchtung	Gute Tageslichtbeleuchtung über Lichtkuppeln oder, je nach Ausrichtung, über Sheddächer		Gute Tageslichtbeleuchtung über Lichtkuppeln oder, je nach Ausrichtung, über Sheddächer		Tageslicht in unteren Geschossen nur eingeschränkt		Kein Tageslicht		Je nach Art der Konstruktion möglich		Sheddach ist vorgesehen
	Heizung/ Klimatisierung	Luftheizung/ Klimatisierung, Abkühlung durch das Dach		Luftheizung/ Dachentlüftung, Abkühlung durch Wände und Dach		Örtliche Heizkörper/Fensterentlüftung, gute Wärmehaltung		Örtliche Heizkörper/ggf. Fensterentlüftung/ Klimatisierung, gute Wärmehaltung		Unbeheizt		Klimatisierung ist vorgesehen
Zu-/Abgänge/Tore		Überall möglich		Überall möglich, auch Gleiseinführung machbar		Direkt nur über das Erdgeschoss nach außen und über Treppen/ Aufzüge nach oben		Direkt nur über das Erdgeschoss nach außen und über Treppen/Aufzüge nach oben				Derzeit sind Tore im Osten und Westen angedacht
Aufzüge/Treppen		Nicht notwendig		Nicht notwendig		Möglicher Engpass, Restriktion im Materialfluss, kann Transporte verlängern, Fluchtweglänge zu Treppen max. 30 m		Möglicher Engpass, Restriktion im Materialfluss, kann Transporte verlängern, Fluchtweglänge zu Treppen max. 30 m		Nicht notwendig		Nicht relevant
Bodenniveau		Ebenerdig; Rampenbeladung möglich		Ebenerdig; Rampenbeladung möglich		Rampenbeladung nur im Erdgeschoss möglich		Rampenbeladung nur mit Aushub möglich		I. d. R. nur Seitenbeladung möglich		Grundstück ist ebenerdig
Erweiterungsfähigkeit (Produktion, Lager, Verwalung,...)		Bei ausreichender Fläche in jeder Richtung möglich		Bei ausreichender Fläche in jeder Richtung möglich		Durch Anbau und ggf. Aufstockung		Sehr eingeschränkt und kostenintensiv				Erweiterung in Richtung Norden geplant
Flexibilität	Flächen-nutzung	Hoch		Hoch		Eingeschränkt		Erhöht die Flexibilität im Erdgeschoss, z. B. durch Auslagerung von Ver- und Entsorgungseinrichtungen		Hoch		Ziel: Wandlungsfähige Produktion
	Flexibilität in der Wahl der Fördermittel	Hoch: Unterflur- und Flurförderer, Kran bedingt		Hoch: Unterflur-, Flur- und Überflurförderer		Gering: Nur Flurförderer und leichte Überflurförderer		Gering: Nur Flurförderer und leichte Überflurförderer		Gering: Nur Flurförderer und ggf. Kräne		Nur Flurförderfahrzeuge und lokale Kräne vorgesehen

Vollständig umgesetzt/berücksichtigt Ansatzweise umgesetzt/berücksichtigt Nicht umgesetzt/berücksichtigt

Abbildung 3.20.5: Ausgefüllte Checkliste Layout-Einflussfaktoren – Gebäude für die Transportwagenproduktion (2)

Checkliste Layout-Einflussfaktoren		Material-, Energie- und Personenfluss	
Datum:	TT.MM.JJJJ	Datenquelle:	Blocklayouts, Bestandsaufnahme
Bearb.:	P. Hübner	Projekt:	Produktionshalle Transportwagen

Kriterium		Zu beachtende wichtige Aspekte	Umsetzung	Bemerkungen
Materialfluss	Anbindung an das externe Verkehrsnetz	Fokus LKW-Verkehr: LKW-Verkehr vom Personenfluss und von den Mitarbeiter-/ Besucherparkplätzen trennen	grün	Parkplätze über eigene Zufahrt an der Nordseite; am Wareneingang (WE) und Warenausgang (WA) nur LKW-Verkehr
	Auf dem Werksgelände	Orientierung an der Ideallayoutplanung; getrennt vom Personenfluss; Fixpunkte einbeziehen	grün	Zugang vom Parkplatz aus nicht durch Zonen mit LKW-Verkehr
	Gebäudeintern	Orientierung an der Ideallayoutplanung; getrennt vom Personenfluss; Fixpunkte einbeziehen	grün	Keine 'Durchmischung' von Fertigung (MF), Montage/Verpackung (VM, EM, VP), WE, WA oder Lagerbereichen (LA)
	Förder-/ Förderhilfsmittel	Insbesondere Dimensionen und Eigenschaften von Fördermitteln, Förderhilfsmitteln und zu transportierenden Arbeitsgegenständen	grün	Einsatz von Elektrostaplern innerhalb der Halle mit Mindestwegbreiten von 3 m und zus. von gasbetriebenen Staplern im WE; Transportwege bis in Abt. Sägen (SÄ) wegen Langgutpaletten mit Wegbreiten von ca. 5 m planen
Energiefluss	Energiearten (Elektrizität, Wasser, Dampf, ...)	Beim Leistungsbedarf: Sowohl Durchschnitt als auch Spitzen	gelb	Analyse der Einzelbedarfe steht noch aus; Versorgung über Deckenleitungen
	Ver-/ Entsorgungswege	Sowohl Ver-/Entsorgungswege innerhalb des Werksgeländes als auch innerhalb von Gebäuden	gelb	Muss noch final geprüft werden
	Notstationen	Soweit notwendig die Notversorgung sicherstellen	grün	Nicht relevant
Personenfluss	Wege	Wege innerhalb des Werksgeländes und innerhalb von Gebäuden (Produktion, Läger, Sozialräume, Verwaltungsbereiche, ...)	grün	Sozialräume werden im angrenzenden Verwaltungsgebäude eingerichtet
	Fluchtwege	Insbes. Anforderungen nach ASR A2.3, 2007; ASR A1.3, 2013	gelb	Grobplanung ist vorhanden
	Treppen/Personen-aufzüge	Bei der Dimensionierung: Durchschnitts- und Spitzenbelastungen	grün	Keine Treppen und Aufzüge im Produktionsbereich vorgesehen

Legende: grün = Vollständig umgesetzt/berücksichtigt; gelb = Ansatzweise umgesetzt/berücksichtigt; rot = Nicht umgesetzt/berücksichtigt

Abbildung 3.20.6: Ausgefüllte Checkliste Layout-Einflussfaktoren – Material-, Energie-, Personenfluss für die Transportwagenproduktion

Checkliste Layout-Einflussfaktoren		**Fertigungsprinzipien**	
Datum:	TT.MM.JJJJ	Datenquelle:	Blocklayouts, Bestandsaufnahme
Bearb.:	P. Hübner	Projekt:	Produktionshalle Transportwagen

Kriterium	**Punktfertigung**	**Umsetzung**	**Werkstattfertigung**	**Umsetzung**	**Gruppen-/ Linienfertigung**	**Umsetzung**	**Fließfertigung**	**Umsetzung**	**Bemerkungen**
Charakteristika	Zusammenfassung aller benötigten Betriebsmittel an einem ortsfesten Arbeitsgegenstand		Anordnung der Betriebsmittel entsprechend gleichartiger Arbeitsverrichtungen zu organisatorischen Einheiten	Vollständig umgesetzt/berücksichtigt	**Gruppenfertigung:** Räumliche Konzentration der Betriebsmittel, die zur Bearbeitung ähnlicher Arbeitsgegenstände notwendig sind **Linienfertigung:** Anordnung der Betriebsmittel nach Reihenfolge des Arbeitsablaufs; Verbindung durch einfache Transporteinrichtungen möglich		Anordnung der einzelnen Arbeitsplätze/ Maschinen entsprechend der Reihenfolge des Arbeitsablaufs; Verbindung durch Fördersysteme möglich (z. B. Rollenbahnen, Stetigförderer)		Nach Ansicht der Geschäftsführung soll, wenn möglich, zunächst die Abteilungsstruktur beibehalten bleiben, um bestimmte Fertigungskompetenzen zu sichern
Einsatzbereiche	**Baustellenfertigung:** Schiffs-, Anlagen-, Großmaschinenbau **Werkbankfertigung:** Handwerk, Betriebsschlosserei		Bei häufigen Änderungen des Produktionsprogramms nach Art und Menge	Vollständig umgesetzt/berücksichtigt	Bei mittleren bis großen Stückzahlen und Variantenfertigung		Bei Massenfertigung mit geringen Änderungen von Art und Menge des Produktionsprogramms		Das Kundenverhalten ist geprägt durch kurzfristige Abrufe und stark schwankende Mengen
Produktionsmenge	Einzelfertigung; Kleinaufträge		Klein- und Mittelserienfertigung	Vollständig umgesetzt/berücksichtigt	Kleine bis große Serien		Hohe, konstante Stückzahlen		Die Variantenfertigung hin zu kleineren Losgrößen wird zunehmen
Eigenschaften der Arbeitsgegenstände	Nicht oder nur aufwändig zu bewegen		Heterogenes Spektrum an Arbeitsgegenständen	Ansatzweise umgesetzt/berücksichtigt	Ähnliche Arbeitsgegenstände mit gleicher Bearbeitungsfolge		Identische bzw. weitgehend ähnliche Arbeitsgegenstände		Die Varianz der Transportwagen wird vermutlich künftig deutlich steigen
Organisatorische Anforderungen	Hoher Transportaufwand für Arbeitsgegenstände und Mitarbeiter		Erhöhter Steuerungsaufwand der zu fertigenden Aufträge in den jeweiligen Produktionsstufen	Nicht umgesetzt/berücksichtigt	Höhere Mitarbeiterqualifikation, falls als selbststeuernde Einheit betrieben		Austaktung der Produktionsstufen erforderlich		Einführung eines neuen PPS-Systems ist vorgesehen

Legende: Vollständig umgesetzt/berücksichtigt (grün) · Ansatzweise umgesetzt/berücksichtigt (gelb) · Nicht umgesetzt/berücksichtigt (rot)

Abbildung 3.20.7: Ausgefüllte Checkliste Layout-Einflussfaktoren – Fertigungsprinzipien für die Transportwagenproduktion

Checkliste Layout-Einflussfaktoren		**Produktion - Teil 1**	
Datum:	TT.MM.JJJJ	Datenquelle:	Blocklayouts, Bestandsaufnahme
Bearb.:	P. Hübner	Projekt:	Produktionshalle Transportwagen

Kriterium		**Zu beachtende wichtige Aspekte**	**Umsetzung**	**Bemerkungen**
Produktionsprozesse	Flächenerweiterbarkeit	Horizontal (Wachsen mit gleicher Fertigungstiefe)		Es ist ein 20 %iges Wachstum bei gleicher Ferigungstiefe geplant
		Vertikal (Erhöhen der Fertigungstiefe)		Nicht relevant
Betriebsmittel	Art	Ggf. Gruppierung von Arbeitsplatz-/Maschinentypen		Es soll eine Werkstattfertigung mit Trennung von Fertigung und Montage geplant werden (Grund: Lärmemissionen)
	Bauliche Anforderungen	Fundamente, dynamische Eigenschaften, Höhe, Kranbarkeit		Für die Presse (PR) ist ein Fundament erforderlich
	Flächenbedarf	Arbeitsplatz- und Maschinenarbeitsflächen; Läger		Die PR benötigt ein Mindestmaß in Längsrichtung von 11,5 m und ein Höhenmaß von mind. 4,6 m Im Lager (LA) ist eine Regalhöhe von mind. 3,6 m wegen der Lagerung auf 3 Ebenen vorgesehen
	Mehrmaschinenbedienung	Kurze Wege und Sichtverbindung zwischen Maschinen, die gemeinsam bedient werden sollen		Im Fertigungsbereich ist Mehrmaschinenbedienung zu berücksichtigen
	Rüsten/Warten/Instandhalten	Zugänglichkeit		Es sind Rüstanalysen durchzuführen und Instandhaltungstätigkeiten zu dokumentieren
	Logistische Anbindung	Bereitstellflächen für Material und Werkzeuge/Verkettung		Relativ große Bereitstell-/Rangierflächen in der Abt. Sägen (SÄ) notwendig
	Fixpunkte	Beispiel: Betriebsmittel, die nicht versetzt werden können/sollen		Die Lackierei (LK) soll an der selben Stelle positioniert bleiben
Anforderungen an den Produktionsprozess	Klimabedingungen	Definierte Größen für Lufttemperatur, relative Luftfeuchtigkeit, Luftgeschwindigkeit, Wärmestrahlung		Temperatur in der Abt. Lackiererei (LK) darf nicht unter 15°C fallen/Übernahme der bestehenden Lackieranlage
	Explosionsschutz	ATEX-Richtlinie 2014		Abgesehen von LK sind keine weiteren explosionsgefährdeten Bereiche vorhanden. Hier werden bereits die Anforderungen eingehalten
	Reinraumanforderungen	Staubfreiheit		Nicht relevant
	Schwingungsfreiheit	Ggf. Entkopplung		PR-Fundament von restlichem Hallenboden entkoppeln
	Sterilität			Nicht relevant

Vollständig umgesetzt/berücksichtigt — Ansatzweise umgesetzt/berücksichtigt — Nicht umgesetzt/berücksichtigt

Abbildung 3.20.8: Ausgefüllte Checkliste Layout-Einflussfaktoren – Produktion für die Transportwagenproduktion (1)

Checkliste Layout-Einflussfaktoren		Produktion - Teil 2	
Datum:	TT.MM.JJJJ	Datenquelle:	Blocklayouts, Bestandsaufnahme
Bearb.:	P. Hübner	Projekt:	Produktionshalle Transportwagen

Kriterium		Zu beachtende wichtige Aspekte	Umsetzung	Bemerkungen
Arbeits- und Umweltschutz	Brandschutz	Anforderungen gem. Bauordnungen und Feuerwehrgesetzen	gelb	Details mit Brandschutzgutachter klären
	Explosions-schutz	S. o.	gelb	S. o.
	Klima-bedingungen	Grenzwerte für Lufttemperatur, relative Luftfeuchtigkeit, Luftgeschwindigkeit, Wärmestrahlung (vgl. ArbStättV; ASR 6 2001; DIN EN ISO 7730 2006; DIN 33403-5 2007)	gelb	Es ist eine Klimatisierung der Halle vorgesehen. In diesem Zusammenhang soll die Einhaltung der Klimagrenzwerte sichergestellt werden. Wärmestrahlung ist nicht relevant
	Lärm-immissionen	Grenzwerte für den Tages-Lärmexpositionspegel (vgl. ArbStättV 2004; EG-Richtlinie 'Lärm' 2003)	gelb	Es ist eine Trennung von lärmintensiven Maschinen und personalintensiven Montage- und Verpackungsplätzen geplant
	Anforderungen an die Beleuchtungs-verhältnisse	Anforderungen für Mindestbeleuchtungsstärke, Gleichmäßigkeit der Beleuchtungsstärke, Blendung, Lichtfarbe, Farbwiedergabe, Leuchtdichtequotient, Schattigkeit (vgl. u. a. DIN EN 12464-1 2011)	rot	Die Allgemeinbeleuchtung und arbeitsplatzbezogene Beleuchtung muss noch geplant/optimiert werden
	Mechanische Schwingungen	Grenzwerte für Ganzkörper- und Hand-Arm-Schwingungen (vgl. LärmVibrationsArbSchV, 2007)	grün	Nicht relevant
	Gase, Stäube, Dämpfe, Nebel	Grenzwerte (vgl. z. B. TRGS 900 2006)	grün	Übernehmen der bestehenden Lackieranlage
	Ergonomische Arbeits-gestaltung	Grenzwerte	rot	Bereichsweise Anforderungen ermitteln und umsetzen
	Arbeits-sicherheit	Anforderungen	rot	Bereichsweise Anforderungen ermitteln und umsetzen

(grün) Vollständig umgesetzt/berücksichtigt (gelb) Ansatzweise umgesetzt/berücksichtigt (rot) Nicht umgesetzt/berücksichtigt

Abbildung 3.20.9: Ausgefüllte Checkliste Layout-Einflussfaktoren – Produktion für die Transportwagenproduktion (2)

3.21 Groblayoutplanung

Kurzbeschreibung

Auf Basis der **Ideallayoutplanung** (Kap. 3.19) und nach Anwendung der **Checkliste Layout-Einflussfaktoren** (Kap. 3.20) lässt sich ein Groblayout erstellen, das – deutlich detaillierter als ein Ideallayout – eine tatsächlich realisierbare Prinziplösung darstellt (vgl. Grundig 2018, S. 168). Eine **Groblayoutplanung** erzeugt somit ein Reallayout als Vorstufe zur **Feinlayoutplanung** (Kap. 3.22).

Üblicherweise ist ein Groblayout eine grundrissgeometrische Darstellung unter Berücksichtigung der wesentlichen Layout-Einflussfaktoren. Es wird immer ein Kompromiss aus Ideallayout und den real verfügbaren Flächen- und Raumstrukturen sein (vgl. Grundig 2018, S. 152).

Der Detaillierungsgrad eines Groblayouts kann sehr unterschiedlich sein. In einigen Fällen ist es lediglich ein etwas präziseres Blocklayout, in anderen Fällen fast schon ein Feinlayout. Nach der Erfahrung der Autoren sollte das Groblayout so gestaltet werden, dass beispielsweise das Stützenraster, die Hauptwege, Hallentore sowie Arbeitssysteme in ihrer groben Form visualisiert werden. Zum Teil können auch schon Stichwege eingezeichnet werden.

Abbildung 3.21.1 zeigt eine Auswahl gängiger Hilfsmittel zur Grob- und Feinlayouterstellung (vgl. Jungkind u. a. 2004, S. 147; Grundig 2018, S. 152 ff.).

Hilfsmittel	Erläuterungen	Beurteilung
Maßstabstreue Handskizzen/ -zeichnungen auf Millimeterpapier	Skizzen auf Millimeterpapier mit Bleistift und Radiergummi	+ Schnell + Keine Rechnerunterstützung notwendig - Wenig flexibel bei Änderungen - Archivierung nur mittels Scans oder Fotografien
Schiebelayouts	Zeichnerische Grundrisse und mit Pinnnadeln aufgesteckte, verschiebbare Flächenelemente bzw. Magnetfolien, die auf Grundrissen haften	+ Sehr gute Integration von betroffenen Mitarbeitern in den Planungsprozess (sie legen selbst »Hand an«) + Keine Rechnerunterstützung notwendig + Sehr flexibel bei Änderungen - Archivierung nur durch Fotografien
CAD-basierte Layouts	AutoCAD©, FASTDESIGN®, FactoryCAD©, ...	+ 2D/3D + Flexibel bei Änderungen - Anwenderqualifizierung notwendig - Rechnereinsatz mit Gestaltungselemente-Bibliotheken notwendig
	Iplant©, visTable©, ...	+ Sehr gute Integration von betroffenen Mitarbeitern in den Planungsprozess + Sehr gute 3D-Ansichten - Anwenderqualifizierung notwendig - Rechnereinsatz mit Gestaltungselemente-Bibliotheken notwendig

Abbildung 3.21.1: Hilfsmittel zur Grob- und Feinlayouterstellung (Auswahl)

Oft beginnt man den Planungsprozess mit einem Schiebelayout. Dessen größte Vorteile liegen darin, dass betroffene Mitarbeiter aktiv in die Planung einbezogen werden können und keine Software notwendig ist. Im nächsten Schritt werden Schiebelayouts oft rechnerbasiert erfasst, um sie zu archivieren und später bearbeiten zu können. CAD-basierte Programme

erfordern i. d. R. entsprechende Qualifikationen bei den Anwendern; zudem ist eine Bibliothek mit Gestaltungselementen (Maschinen, Arbeitsplatztypen, Lagereinrichtungen usw.) erforderlich. Das 'lohnt' sich nur, wenn mit diesen Systemen regelmäßig gearbeitet wird, was in KMU seltener der Fall sein wird.
Abbildung 3.21.2 zeigt die Eignung der Groblayoutplanung im Rahmen der drei Strukturen.

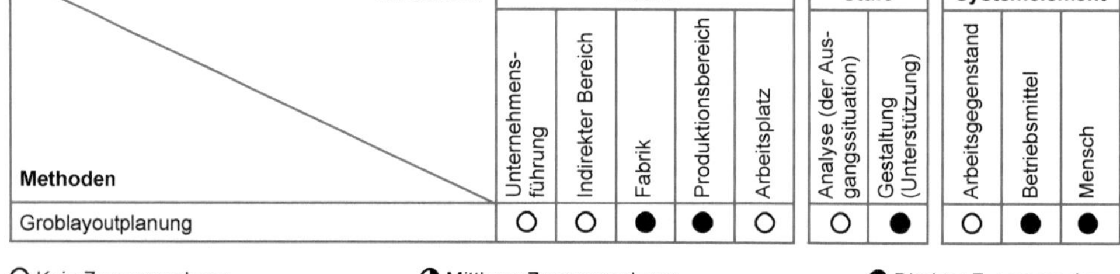

Strukturen / Methoden	Ebene					Stufe		Systemelement		
	Unternehmensführung	Indirekter Bereich	Fabrik	Produktionsbereich	Arbeitsplatz	Analyse (der Ausgangssituation)	Gestaltung (Unterstützung)	Arbeitsgegenstand	Betriebsmittel	Mensch
Groblayoutplanung	○	○	●	●	○	○	●	○	●	●

○ Kein Zusammenhang ◑ Mittlerer Zusammenhang ● Direkter Zusammenhang

Abbildung 3.21.2: Einordnung der Groblayoutplanung in die drei Strukturen

Zweck

- Erste Stufe der Berücksichtigung von Layout-Einflussgrößen im Rahmen einer Layoutplanung durchführen
- Reallayouts als Vorstufe für eine Feinlayoutplanung anfertigen

Typische Anwendungsfälle

Auf Basis der Ideallayoutplanung und der Layout-Einflussfaktoren:

- Materialflussoptimierte Groblayouts mit Layout-Einflussgrößen bei der Neuplanung und Umplanung von Fabriken/Produktionsbereichen erarbeiten
- Materialflussoptimierte Groblayouts mit Layout-Einflussgrößen bei Erweiterungsplanungen von bestehenden Fabriken/Produktionsbereichen infolge Wachstums von Arbeitssystemen oder wegen Hinzunahme neuer Produktionsprozesse realisieren

Vorgehensweise

Am Beispiel eines mittelständischen Produzenten von Transportwagen soll das Vorgehen zur Groblayoutplanung beschrieben werden. Als Basis dienen die Ergebnisse des Beispiels zur Vorgehensweise für die Methode Ideallayoutplanung (Kap. 3.19) und für die Methode Checkliste Layout-Einflussfaktoren (Kap. 3.20). Ziel ist das Erstellen von zwei Groblayouts als Grundlage für die anschließende Feinlayoutplanung. Die Geschäftsführung hat zum einen das Blocklayout 1 ausgewählt, das in der Methode Ideallayoutplanung dargestellt ist. Zum anderen soll ein Blocklayout mit Warenein- und Warenausgang an der Westseite der Halle ausgeplant werden (hier aus Platzgründen nicht dargestellt). Besonderer Wert wird darauf gelegt, dass betroffene Mitarbeiter in die Planung aktiv mit einbezogen werden; daher wird mit Schiebelayouts gearbeitet.

1. **Blocklayout und Layout-Einflussgrößen als Basis nutzen**

   Zunächst sind das favorisierte Blocklayout 1 aus der Ideallayoutplanung und die wesentlichen Layout-Einflussfaktoren (Checkliste Layout-Einflussfaktoren) als Grundlage heranzuziehen.

   Abbildung 3.21.3 zeigt eine Zusammenstellung der wesentlichen Anforderungen an das Groblayout nach Anwendung der Checkliste Layout-Einflussfaktoren.

2. **Planungsziele als weitere Orientierung heranziehen**

   Bislang stellt die Reduzierung von Transportkosten im gesamten Planungsprozess das wesentliche Ziel dar. Alle vorangegangenen Schritte fokussieren darauf.

   Meist existieren jedoch noch weitere, darüber hinausgehende nicht oder schwer quantifizierbare Zielgrößen. Sie ergeben sich nicht selten erst während des Planungsverlaufs. Im Beispielunternehmen hat die Geschäftsführung zusätzlich vorgegeben:

   - Freiflächen in definierten Produktionsbereichen für ein Umsatzwachstum schaffen,
   - Montage/Verpackung und maschinelle Fertigung voneinander trennen, um den Lärm in der personalintensiven Montage/Verpackung zu reduzieren,
   - Mehrmaschinenbedienung ermöglichen sowie
   - möglichst viele Arbeitsplätze in direkter Fensternähe anordnen, um eine Sichtverbindung nach außen zu realisieren.

3. **Erstes Groblayout mit Haupttransportachsen und Hauptwegen erarbeiten**

   Auf Basis der bislang vorliegenden Daten kann nun das Groblayout entwickelt werden (vgl. Abbildung 3.21.4). Neben den Abmessungen der Produktionshalle sowie dem Stützenraster sind vor allem die Haupttransportachsen und Hauptwege aus dem Blocklayout relevant. Die Wegbreiten richten sich nach den betrieblichen Anforderungen; sie sind in Abbildung 3.21.3 fixiert. Selbstverständlich dürfen die Wege nicht in das Stützenraster geplant werden

4. **Arbeitssysteme einplanen**

   Für die einzuplanenden Arbeitssysteme sind die notwendigen Flächen genauer zu ermitteln. Es wird grob unterschieden in:

   - Maschinenarbeitsflächen (Maschinengrundflächen einschließlich Bedien-, Sicherheits- und Wartungsflächen) und Arbeitsplatzflächen,
   - Bereitstellflächen für Teile, Fertigprodukte oder Werkzeuge,
   - Stichwege innerhalb der Arbeitssysteme sowie
   - sonstige Flächen, wie z. B. für Werkzeugschränke oder Besprechungsbereiche.

   Maschinen, die in ihrer Position nicht verändert werden sollen oder können (wie z. B. die Lackiererei LK im Beispielunternehmen), stellen Fixpunkte dar und müssen zuerst positioniert werden.

Wenn die Maschinen oder Arbeitsplätze bereits bekannt sind, können die Abmessungen direkt übernommen werden. Bei Neu- oder Ersatzinvestitionen muss man sich die Angaben von Herstellern beschaffen. In dieser Planungsphase treten beispielsweise bei größeren Maschinen oft Schwierigkeiten auf, diese in den dafür vorgesehenen Bereich im Layout entsprechend dem Blocklayout zu integrieren. In diesem Fall müssen oft Arbeitssysteme verlegt oder Wege verändert werden.

Zu Arbeitssystemen zählen auch Lagerbereiche. Hier sollte bereits frühzeitig entschieden werden, welche Lagertechnik und Fördermittel vorgesehen werden sollen (vgl. Abbildung 3.21.3).

In dieser Planungsphase sollte man besonders die Planungsziele im Auge haben, die im Rahmen der Grobplanung berücksichtigt werden können. Im Beispielunternehmen sind dies Freiflächen, räumliche Trennung von Arbeitssystemen und Arbeitsplätze in Fensternähe.

5. **Layout im Hinblick auf die Planungsziele überprüfen**

   Nach Fertigstellung eines ersten Groblayouts sind die festgelegten Planungsziele nach 2. zu überprüfen. Ggf. sind nun weitere Anpassungen des Layouts notwendig.

Ausgefüllte Vordrucke

Großlayoutplanung		**Wesentliche Layout-Einflussfaktoren**	
Stand:	TT.MM.JJJJ	Quelle:	Checkliste Layout-Einflussfaktoren
Bearb.:	P. Hübner	Bereich:	Produktionshalle Transportwagen

Einflussschwerpunkt	**Anforderungen an der Groblayout**
Flächen	Fläche der Produktionshalle: Ca. 2.400 qm Hallenabmessungen: 60 m • 40 m
Grundstück	Im Westen nur Wareneingang (WE) *oder* Warenausgang (WA)/im Osten ist beides möglich
Gebäude	Flachbau mit Raumhöhe von ca. 6 m Stützenraster 10 m (Pfeiler nicht auf Transportwegen!) Energieversorgung von der Decke aus (ist z. T. vorhanden) Sheddach Tore nach Osten und Westen möglich Einsatz von Flurförderfahrzeugen und lokalen Kränen (ist z. T. vorhanden)
Produktion	20 %iges Wachstum Werkstattfertigung Trennung Fertigung – Montage/Verpackung (wegen Lärmemmissionen) Presse (PR) mit Mindestmaß von 11,5 m in Längsrichtung und Mindesthöhe von 4,6 m berücksichtigen Im Lager (LA) Regalhöhe von mind. 3,6 m wegen Lagerung auf 3 Ebenen vorsehen Relativ große Bereitstell-/Rangierflächen in der Abt. Sägen (SÄ) planen Lackiererei (LK) bleibt an derselben Stelle
Material-, Energie-, Personenfluss	Keine 'Durchmischung' von Fertigung, Montage, WE, WA, Lagerbereichen Breite der Hauptwege: 3 m Transportwege bis in die Abteilung Sägen (SÄ) wegen Langgutpaletten mit Breiten von ca. 5 m planen
Fertigungsprinzipien	Werkstattfertigung mit Abteilungsstruktur

Grün markiert: Ist bereits vorhanden

Abbildung 3.21.3: Wesentliche Anforderungen an das Groblayout der Transportwagenfertigung nach Anwendung der Checkliste Layout-Einflussgrößen

Groblayoutplanung		**Groblayout 1**	
Stand:	TT.MM.JJJJ	Datenquelle:	Blocklayouts, Bestandsanalyse, Checkliste Layout-Einflussfaktoren
Verantw.:	P. Hübner	Beteiligte:	F. Adam (Abteilungsleitung)/K. Meier, F. Friedrich, U. Vollmer (Mitarbeiter der Produktion)

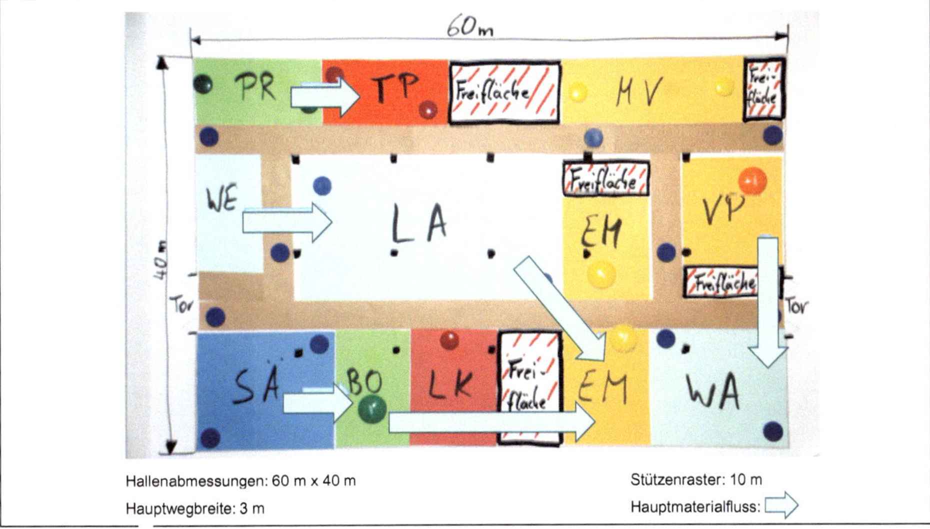

Abbildung 3.21.4: Groblayout 1 der optimierten Transportwagenfertigung auf Basis des Blocklayouts 1

3.22 Feinlayoutplanung

Kurzbeschreibung

Auf Basis eines Groblayouts lässt sich ein Feinlayout erstellen. Während ein Groblayout als eine grobe grundrissgeometrische Darstellung von Arbeitssystemflächen unter Berücksichtigung wesentlicher Layout-Einflussfaktoren bezeichnet werden kann, ist ein Feinlayout wesentlich detaillierter. Hier fließen weitere, bislang nicht berücksichtigte Layout-Einflussfaktoren und Ziele ein. Die einzelnen Flächenelemente eines Groblayouts werden nun beispielsweise mit Maschinen-, Arbeitsplatz-, Lagerskizzen, Materialbereitstellflächen, Stichwegen, Besprechungsinseln usw. detailliert dargestellt.
In dieser Planungsphase entfernt man sich meist noch weiter vom Blocklayout und vom Groblayout, weil immer mehr konkrete Einflussgrößen, die im frühen Planungsstadium noch nicht bekannt waren, einbezogen werden müssen.
Das Ergebnis ist ein Layout, in dem möglichst sämtliche Planungsziele und Layout-Einflussgrößen berücksichtigt sind und das sich zum Aufbau einer Produktion eignet.
Abbildung 3.22.1 zeigt die Eignung der Feinlayoutplanung im Rahmen der drei Strukturen.

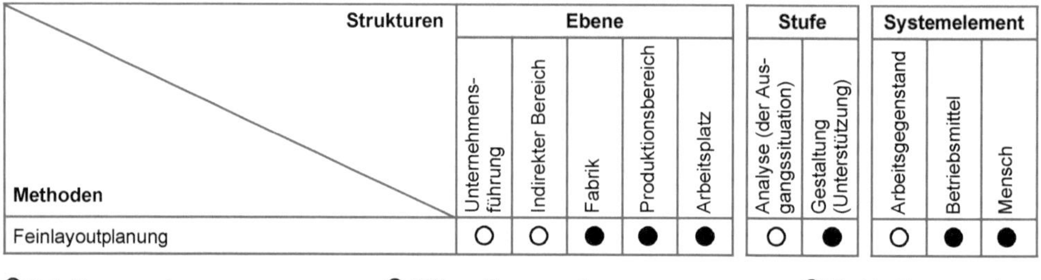

Strukturen / Methoden	Ebene					Stufe		Systemelement		
	Unternehmens-führung	Indirekter Bereich	Fabrik	Produktionsbereich	Arbeitsplatz	Analyse (der Aus-gangssituation)	Gestaltung (Unterstützung)	Arbeitsgegenstand	Betriebsmittel	Mensch
Feinlayoutplanung	○	○	●	●	●	○	●	○	●	●

○ Kein Zusammenhang ◑ Mittlerer Zusammenhang ● Direkter Zusammenhang

Abbildung 3.22.1: Einordnung der Feinlayoutplanung in die drei Strukturen

Zweck

- Groblayouts weiter präzisieren, um sie mittels **Nutzwertanalyse** (Kap. 3.23) und **Wirtschaftlichkeitsrechnung** (Kap. 3.24) bewerten zu können
- Eine Basis zum Aufbau der neuen/veränderten Produktion erhalten

Typische Anwendungsfälle

Auf Basis der Groblayoutplanung:

- Feinlayouts bei der Neu- und Umplanung von Fabriken/Produktionsbereichen erarbeiten
- Feinlayouts bei Erweiterungsplanungen von bestehenden Fabriken/Produktionsbereichen infolge Wachstums bestehender Arbeitssysteme oder wegen Hinzunahme neuer Produktionsprozesse erstellen

Vorgehensweise

Am Beispiel eines mittelständischen Produzenten von Transportwagen soll das Vorgehen zur **Feinlayoutplanung** beschrieben werden. Ziel ist das Erstellen von zwei Feinlayouts. Diese sollen später mittels einer Nutzwertanalyse und einer Wirtschaftlichkeitsrechnung bewertet werden, um das favorisierte Layout zu ermitteln. Die Geschäftsführung hat zwei Groblayouts ausgewählt. Eines ist bereits als Beispiel in der Vorgehensweise zur Methode **Groblayoutplanung** (Kap. 3.21) dargestellt. Es wird auch hier besonderer Wert darauf gelegt, dass betroffene Mitarbeiter in die Planung aktiv einbezogen werden. Daher werden zu Beginn Schiebelayouts erstellt und die Ergebnisse anschließend mit einem Graphikprogramm neu gezeichnet (vgl. Abbildung 3.22.2 und 3.22.3).

1. **Checkliste Layout-Einflussgrößen und Groblayout als Basis nutzen**

   Zunächst sind die wesentlichen bisherigen Ausgangsdaten zusammenzustellen. Im betrachteten Unternehmen sind dies die Ergebnisse der Beispiele zu den Vorgehensweisen für die Methode **Checkliste Layout-Einflussfaktoren** (Kap. 3.20) sowie Groblayoutplanung.

   Meist können im Rahmen der Groblayoutplanung noch nicht alle Einflussfaktoren berücksichtigt werden, z. B. aus dem Bereich Produktion. Diese fließen jetzt in die Planung ein. Im Beispielunternehmen sind u. a. zu berücksichtigen:

   - konkrete Erweiterungsflächen in bestimmten Abteilungen,
   - die Fundamentierung der Presse (PR),
   - die Zugänglichkeit von Maschinen zum Rüsten und Instandhalten,
   - die konkrete Planung des Lagers (LA) sowie
   - die genaue Lage der beiden Tore für den Wareneingang (WE) und Warenausgang (WA).

2. **Planungsziele als weitere Orientierung heranziehen**

   Die bislang im Rahmen der Groblayoutplanung noch nicht einbezogenen Planungsziele sind in dieser Phase unbedingt zu berücksichtigen. Im Beispielunternehmen sind dies:

   - Mehrmaschinenbedienung in bestimmten Abteilungen ermoglichen (ist auch in der Checkliste Layout-Einflussfaktoren zu finden).
   - Möglichst viele Arbeitsplätze in direkter Fensternähe anordnen, um eine Sichtverbindung nach außen zu realisieren.

3. **Erste Feinlayouts erarbeiten und weiter optimieren**

   Die Abbildungen 3.22.2 und 3.22.3 zeigen Entwürfe von Feinlayouts. Der wesentliche Unterschied zwischen beiden Layouts ergibt sich aus der Lage von WE und WA.

4. **Feinlayout im Hinblick auf die Planungsziele überprüfen**

   Wie im Falle der Methode Groblayoutplanung, sind die Feinlayouts dahingehend zu überprüfen, ob die vereinbarten Planungsziele erfüllt werden. Im Beispielunternehmen ist dies weitgehend der Fall.

Ausgefüllte Vordrucke

Anm.: Die blauen Rahmen zeigen in den Abbildungen 3.22.2 und 3.22.3 jeweils die Begrenzungen der Abteilungen Wareneingang (WE), Lager (LA) und Warenausgang (WA).

Feinlayoutplanung		**Feinlayout 1**	
Stand:	TT.MM.JJJJ	Datenquelle:	Checkliste Layout-Einflussfaktoren, Groblayout
Bearb.:	P. Hübner	Beteiligte:	F. Adam (Abteilungsleitung)/K. Meier, F. Friedrich, U. Vollmer (Mitarbeiter der Produktion)

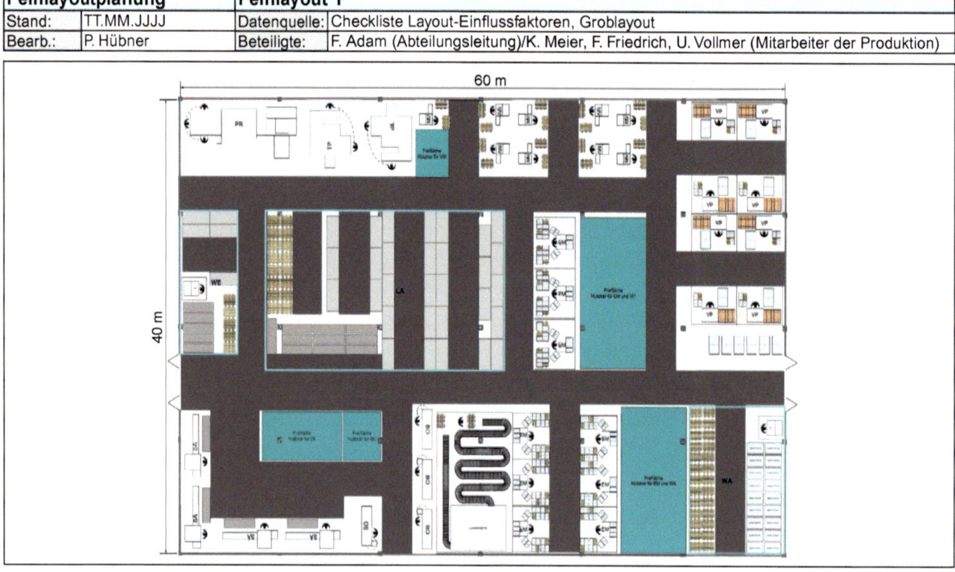

Abbildung 3.22.2: Feinlayout 1 für die Transportwagenproduktion

Feinlayoutplanung		**Feinlayout 2**	
Stand:	TT.MM.JJJJ	Datenquelle:	Checkliste Layout-Einflussfaktoren, Groblayout
Bearb.:	P. Hübner	Beteiligte:	F. Adam (Abteilungsleitung)/K. Meier, F. Friedrich, U. Vollmer (Mitarbeiter der Produktion)

Abbildung 3.22.3: Feinlayout 2 für die Transportwagenproduktion

3.23 Nutzwertanalyse

Kurzbeschreibung

In Optimierungsprojekten geht es neben monetär quantifizierbaren Zielen immer auch um nicht oder nur schwer monetär quantifizierbare Bewertungskriterien, wie z. B. Übersichtlichkeit in einer Produktionshalle, Kreuzungsfreiheit von Materialflüssen oder Erweiterungsfähigkeit von Produktionsbereichen. Wenn mehrere Planungsvarianten miteinander verglichen werden sollen, eignet sich zur Bewertung solcher 'weicher' Kriterien die sog. **Nutzwertanalyse**. In der Praxis werden quantitative Bewertungsverfahren, wie z. B. Investitions-/Amortisationsrechnungen häufig in Kombination mit einer Nutzwertanalyse eingesetzt (vgl. Bieg u. a. 2016, S. 40 ff.).
Die Nutzwertanalyse ist ein Punktwert- oder Scoringverfahren, mit dem Entscheidungsträger mit vergleichsweise geringem Aufwand ihre Präferenzen systematisch in einen Entscheidungsprozess einbringen können. Ergebnis ist der sog. Gesamtnutzwert für jede Lösungsalternative (vgl. auch Troßmann 1998, S. 24 ff.; Bieg u. a. 2016, S. 43 ff.). Die Alternative mit dem höchsten Gesamtnutzwert erfüllt dabei am besten die Kriterien.
Um die Objektivität zu erhöhen, sollte das Verfahren von mehreren Entscheidungsträgern durchgeführt werden. Entweder geschieht dies unabhängig voneinander und zum Schluss werden die Ergebnisse gemittelt oder jeder Schritt erfolgt zusammen mit Konsensbildung. Abbildung 3.23.1 zeigt die Eignung der Nutzwertanalyse im Rahmen der drei Strukturen.

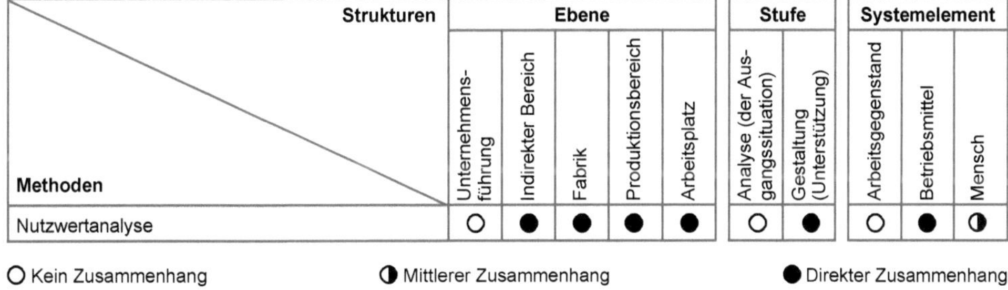

Abbildung 3.23.1: Einordnung der Nutzwertanalyse in die drei Strukturen

Zweck

- Mehrere (Layout-)Varianten in Bezug auf nicht oder nur schwer monetär bewertbare Bewertungskriterien miteinander vergleichen
- Die Entscheidungssicherheit erhöhen, indem zusätzlich zu den monetär bewertbaren Zielen auch 'weiche' Kriterien mit einbezogen werden (vgl. Hoffmeister 2008, S. 278 ff.)

Typische Anwendungsfälle

- Die beste Lösungsalternative einer Layoutplanung oder Arbeitsplatzgestaltung in Bezug auf nicht oder schwer monetär bewertbare Bewertungskriterien bestimmen
- Im Bereich der Personalakquise geeignete Mitarbeiter auswählen

Vorgehensweise

Am Beispiel von zwei erarbeiteten Feinlayouts für einen Produzenten von Transportwagen (vgl. Beispiel in der Vorgehensweise zur Methode **Feinlayoutplanung** (Kap. 3.22)) soll die Anwendung der Nutzwertanalyse beschrieben werden. Die betrieblichen Entscheidungsträger haben folgende Messgrößen bzw. Bewertungskriterien für die Feinlayouts gesetzt:

- Transportkosten um 30 % reduzieren,
- Freiflächen in definierten Produktionsbereichen für ein Umsatzwachstum schaffen,
- Montage/Verpackung und maschinelle Fertigung voneinander trennen, um den Lärm in der personalintensiven Montage/Verpackung zu reduzieren,
- Mehrmaschinenbedienung ermöglichen und
- möglichst viele Arbeitsplätze in direkter Fensternähe anordnen, um eine Sichtverbindung nach außen zu realisieren.

Lediglich die erst genannte Messgröße ist monetär bewertbar und fließt in die Methode **Wirtschaftlichkeitsrechnung** (Kap. 3.24) ein. Die anderen vier Bewertungskriterien werden mittels der Nutzwertanalyse bewertet.

1. **Nicht oder schwer monetär bewertbare Bewertungskriterien festlegen und beschreiben**

   Beim Festlegen der Bewertungskriterien ist darauf zu achten, dass

   - sie den zuvor im Projekt vereinbarten Zielen entsprechen (manchmal kommen im Verlauf des Projektes weitere Ziele hinzu),
   - sie mittels einer Messskala beurteilbar sind,
   - sie sich klar voneinander abgrenzen, um Mehrfachnennungen zu vermeiden und
   - eine bestimmte Anzahl nicht überschritten wird, da dann eine Differenzierung untereinander immer schwieriger wird.

   Aus der Erfahrung der Autoren sollten es nicht mehr als sieben Kriterien sein, ggf. werden Muss-Kriterien oder eine Zusammenfassung von mehreren Einzelkriterien zu einem übergreifenden Kriterium gebildet (vgl. auch Hoffmeister 2008, S. 282; Grundig 2018, S. 182 ff.).

Nun müssen die ausgewählten Bewertungskriterien beschrieben werden. Dieser Schritt ist sehr wichtig, damit alle Beteiligten ein gemeinsames Verständnis zu deren Bedeutung haben. So kann das Kriterium *Übersichtlichkeit* unterschiedlich interpretiert werden, z. B. als optisch schnell 'erfassbare' Abteilungen, geradlinige Haupttransportwege oder Maschinen, die entsprechend einem geometrischen Raster aufgestellt sind.

Nachdem die Kriterien eindeutig definiert sind, müssen sie skaliert werden. Am besten sind dafür Kardinalskalen geeignet, die auf Messungen oder Zählungen beruhen, wie z. B. Anzahl Kreuzungen im Hauptmaterialfluss. Auch Ordinalskalen können herangezogen werden, denn hier lassen sich Reihen- oder Rangfolgen festlegen. Beispiele sind Beschreibungen, wie sehr gut – gut – befriedigend – ausreichend – mangelhaft – ungenügend oder hoch – mittel – niedrig (vgl. Hoffmeister 2008, S. 285 ff.).

Abbildung 3.23.2 zeigt die Beschreibung der vier ausgewählten Bewertungskriterien im Beispielunternehmen. Hier sind durchweg Kardinalskalen möglich. Eine Beschreibung ist nicht immer leicht. Beim zweiten Bewertungskriterium, der Trennung von Fertigung und Montage/Verpackung, geht es den Entscheidungsträgern primär um den Abstand der mit relativ vielen Mitarbeitern besetzten Arbeitsplätze (MV, EM, VP) zu den Maschinenbereichen (SÄ, BO, PR, TP, LA), um die Lärmeinwirkung zu minimieren. Die Beteiligten einigen sich darauf, die Gesamtlänge der 'Nachbarschaftsgrenzen' zwischen lauten Maschinenbereichen und lärmarmen Arbeitsplätzen als Skala zu wählen. Das Kriterium wird nur berücksichtigt, wenn Maschinen und Arbeitsplätze weniger als 6 m Abstand haben. Hier sollten später im Rahmen der Optimierung ggf. Lärmschutzwände errichtet werden.

2. **Bewertungskriterien gewichten**

Im nächsten Schritt werden die ausgewählten und beschriebenen Bewertungskriterien gewichtet, um sie untereinander zu differenzieren. Dazu eignet sich der sog. paarweise Vergleich (vgl. Jungkind u. a. 2004, S. 153 ff.). In einer Matrix wird jedes mit jedem anderen Kriterium verglichen und jeweils nach *Wichtiger als...* (1,5 Punkte), *Gleich wichtig* (1,0 Punkte) oder *Unwichtiger als...* (0,5 Punkte) eingestuft (vgl. Abbildung 3.23.3). Nun werden je Kriterium die Einstufungen zeilenweise summiert und als Gewichtungsfaktor in Prozent gerundet umgerechnet.

Wie zuvor erwähnt, können die Beteiligten den paarweisen Vergleich individuell durchführen; anschließend muss dann der Mittelwert gebildet werden. Sinnvoller ist aber eine gemeinsame Diskussion der Einstufungen mit Konsensbildung, wie im Beispielunternehmen erfolgt. Hier erreicht das Kriterium *Trennung Fertigung – Montage/Versand* die höchste Gewichtung.

3. **Varianten mittels Graphiken bewerten**

Nun wird für jedes Bewertungskriterium eine Graphik erstellt, die auf der Ordinate eine Skalierung für die zu erreichenden/vergebenden Punkte enthält. Die Autoren empfehlen eine Zehner-Skala, um hinreichend differenzieren zu können (vgl. Abbildung 3.23.4).

Auf der Abszisse wird die Beschreibung des Kriteriums (Kardinal- oder Ordinalskalen) entsprechend 1. aufgeführt. Zudem muss in die Graphik eine Bewertungsfunktionen eingezeichnet werden. In der Regel wird dies eine Gerade sein, die eine lineare Abhängigkeit zeigt. Selten werden progressive oder degressive Funktionen verwendet.

Jetzt können die Planungsvarianten je Kriterium bewertet werden. Dazu stuft man jede Variante auf der Abszisse für jedes Kriterium ein und kann danach die entsprechenden Punktwerte auf der Ordinate ablesen. Im Beispielunternehmen ist dies auch für das Ist-Layout geschehen.

4. **Teilnutzwerte und Gesamtnutzwerte je Variante ermitteln und graphisch darstellen**

Die Punktwerte aus 3. sind in eine Tabelle zu übertragen (vgl. Abbildung 3.23.5). In dieser Tabelle werden auch die Gewichtungsfaktoren (G) aus 2. aufgeführt. Durch Multiplikation jedes Punktwertes (P) mit den jeweiligen Gewichtungsfaktoren (G) erhält man die Teilnutzwerte (PxG/10) in Prozent.

Durch Addition der Teilnutzwerte errechnet sich der Gesamtnutzwert je Variante. In Abbildung 3.23.5 erfüllt Layoutvariante 1 mit einem Gesamtnutzwert von ca. 77 % die festgelegten nicht oder schwer monetär bewertbaren Kriterien am besten.

Um die Gesamtnutzwerte und die monetär bewertbaren Größen (z. B. durch eine Wirtschaftlichkeitsrechnung ermittelt) zusammen in einem Bild darstellen zu können, empfiehlt sich eine Portfoliodarstellung entsprechend Abbildung 3.23.6. Monetär bewertbare Größen können beispielsweise Gesamtkosten (€/Jahr), Gewinn (€/Jahr), Rentabilität (%/Jahr) oder Amortisationsdauer (Jahre) sein; auch Anschaffungskosten (€) oder besonders relevante Einzelkosten, wie z. B. Bestands- oder Transportkosten (€/Jahr) können herangezogen werden. Im Beispielunternehmen werden die Transportkosten (€/Jahr) als monetär bewertbare Größe ausgewählt. Für Layoutvariante 1 ergeben sich ein Gesamtnutzwert von ca. 77 % (vgl. Abbildung 3.23.5) und Transportkosten von ca. 119.000 €/Jahr (Berechnung hier aus Platzgründen nicht erläutert). Mit diesen beiden Werten kann Variante 1 im Portfolio eingetragen werden. Unterteilt man das Portfolio in vier Segmente, wie in Abbildung 3.23.6 geschehen, lassen sich sofort sehr gute Varianten erkennen (im Segment mit hohem Nutzwert und niedrigen Gesamtkosten). Layoutvariante 2 wird mit Transportkosten von ca. 128.000 €/Jahr (Berechnung ebenso nicht erläutert) und einem Gesamtnutzwert von ca. 60 % in Abbildung 3.23.6 eingetragen.

Die betrieblichen Entscheidungsträger geben auf Basis dieser Ergebnisse Variante 1 den Vorzug.

Wenn, wie im Beispiel, die monetär bewertbaren Größen annähernd gleich sind, wird man immer die Gesamtnutzwerte als Basis für Entscheidungen heranziehen.

Ausgefüllte Vordrucke

Nutzwertanalyse				Bewertungskriterien	
Stand:	TT.MM.JJJJ	Projekt:	Produktionshalle Transportwagen	Beteiligte:	Fr. Beier (Leitung IE), Hr. Fischer (Leitung Montage), Hr. Meier (Leitung Fertigung), Hr. Müller (Leitung Gesamt-Produktion)
Bearb.:	P. Hübner				

Bewertungskriterium	Erläuterungen	
Erweiterungsflächen	Für SÄ zusätzlich eine Maschine: Ca. 30 qm Für BO zusätzlich eine Maschine: Ca. 20 qm Für MV zusätzlich zwei Arbeitsplätze: Ca. 2 x 15 qm Für VP zusätzlich zwei Arbeitsplätze: Ca. 2 x 15 qm (inkl. Bereitstellflächen)	SÄ = Säge BO = Bohrautomat MV = Manuelle Vormontage VP = Verpackung

Beschreibung (Skalierung)

Keine Flächen in den 4 Bereichen	1 Fläche in den 4 Bereichen	2 Flächen in den 4 Bereichen	3 Flächen in den 4 Bereichen	4 Flächen in den 4 Bereichen

Erweiterungsflächen

Trennung Fertigung - Montage/Verpackung	Die personalintensiven Bereiche Manuelle Vormontage (MV), Endmontage (EM), Verpackung (VP) sind von den lärmintensiven Fertigungsbereichen Sägen (SÄ), Bohrautomaten (BO), Pressen (PR), Taumelpressen (TP), Lackieranlage (LA) zu separieren: - Möglichst separate Einheiten (keine 'Durchmischung' der Arbeitsplätze) - An den 'Nachbarschaftsgrenzen' der Einheiten Abstände > 6 m

Beschreibung (Skalierung)

100 m — 50 m — 0 m

Gesamtlänge der an MV, EM, VP angrenzenden lärmintensiven 'Nachbarschaftsgrenzen' mit einem Abstand ≤ 6 m

Mehrmaschinen-bedienung	Für die Produktionsbereiche Sägen (SÄ), Bohrautomaten (BO), Taumelpressen (TP) ist Mehrmaschinenbedienung vorzusehen (2 Maschinen durch 1 Mitarbeiter)

	Maschinen	Mitarbeiter
Für Säge (SÄ):	4	2
Für Bohrautomat (BO):	4	2
Für Taumelpresse (TP):	2	1
Summe:	**10**	**5**

Beschreibung (Skalierung)

Anzahl Mitarbeiter	10	9	8	7	6	5
Anzahl Maschinen	10	10	10	10	10	10

Arbeitsplätze in Fensternähe	Es sollen so viele mit Mitarbeitern besetzte Arbeitsplätze in Fensternähe (≤ 10 m) positioniert werden wie möglich, um eine Sichtverbindung nach außen sicherzustellen

	Arbeitsplätze
Für Säge (SÄ):	4
Für Bohrautomat (BO):	4
Für Presse (PR):	1
Für Lackieranlage (LK):	1
Für Taumelpresse (TP):	2
Für Manuelle Vormontage (MV):	9
Für Endmontage (EM):	9
Für Verpackung (VP):	8
Summe:	**38**

Beschreibung (Skalierung)

0 % — 25 % — 50 % — 75 % — 100 %

Prozentualer Anteil aller mit Mitarbeitern besetzter Arbeitsplätze <u>direkt</u> an Fenstern

Abbildung 3.23.2: Beschreibung der Bewertungskriterien für das Projekt Optimierung der Transportwagenproduktion

Nutzwertanalyse				Gewichtung der Bewertungskriterien	
Stand:	TT.MM.JJJJ	Projekt:	Produktionshalle Transportwagen	Beteiligte:	Fr. Beier (Leitung IE), Hr. Fischer (Leitung Montage), Hr. Meier (Leitung Fertigung), Hr. Müller (Leitung Gesamt-Produktion)
Bearb.:	P. Hübner				

Wichtiger \ Als	Erweiterungsflächen	Trennung Fertigung - Montage/Verpackung	Mehrmaschinen-bedienung	Arbeitsplätze in Fensternähe	Summe	Gewichtungsfaktor (%)
Erweiterungsflächen		0,5	1	1	2,5	20,8
Trennung Fertigung - Montage/Verpackung	1,5		1,5	1,5	4,5	37,5
Mehrmaschinen-bedienung	1	0,5		1,5	3	25,0
Arbeitsplätze in Fensternähe	1	0,5	0,5		2	16,7
					12	100

0,5 Unwichtiger als … 1 Gleich wichtig 1,5 Wichtiger als …

Abbildung 3.23.3: Paarweiser Vergleich zur Ermittlung der Gewichtungsfaktoren für die Bewertungskriterien für das Projekt Optimierung der Transportwagenproduktion

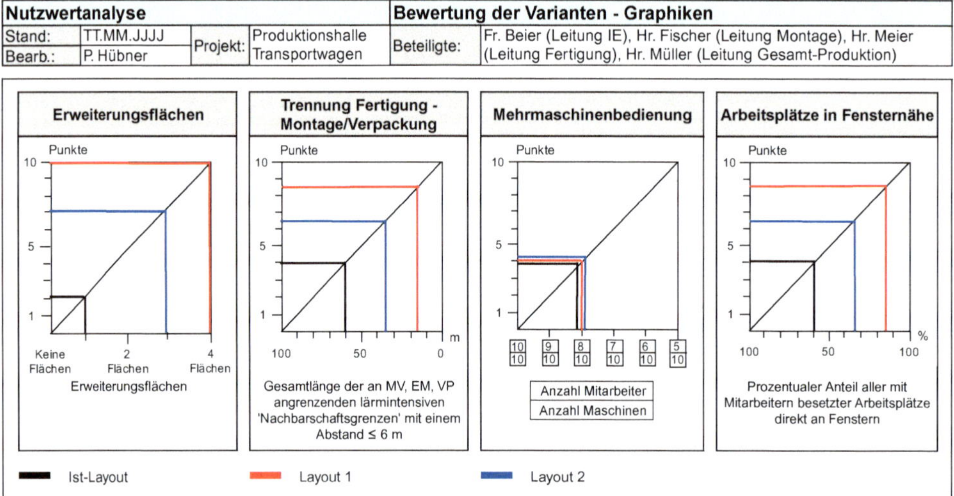

Abbildung 3.23.4: Bewertung des Ist-Layouts und der Planungsvarianten mittels Graphiken für das Projekt Optimierung der Transportwagenproduktion

Nutzwertanalyse				**Teilnutzwerte und Gesamtnutzwerte je Variante**	
Stand:	TT.MM.JJJJ	Projekt:	Produktionshalle Transportwagen	Beteiligte:	Fr. Beier (Leitung IE), Hr. Fischer (Leitung Montage), Hr. Meier (Leitung Fertigung), Hr. Müller (Leitung Gesamt-Produktion)
Bearb.:	P. Hübner				

Bewertungskriterium	**Gewichtungs-faktor (%)**	**Ist-Layout**		**Layout 1**		**Layout 2**	
		Punkte	PxG/10 (%)	Punkte	PxG/10 (%)	Punkte	PxG/10 (%)
Erweiterungsflächen	**20,8**	2	4,2	10	20,8	7	14,6
Trennung Fertigung - Montage/Verpackung	**37,5**	4	15,0	8,5	31,9	6,5	24,4
Mehrmaschinenbedienung	**25,0**	4	10,0	4	10,0	4	10,0
Arbeitsplätze in Fensternähe	**16,7**	4	6,7	8,5	14,2	6,5	10,8
Gesamtnutzwert (%)		**35,8**		**76,9**		**59,8**	
Rangfolge		**3**		**1**		**2**	

G = Gewichtungsfaktor

P = Punkte (0 - 10)

Abbildung 3.23.5: Ermittlung der Teilnutzwerte und des Gesamtnutzwertes je Variante für das Projekt Optimierung der Transportwagenproduktion

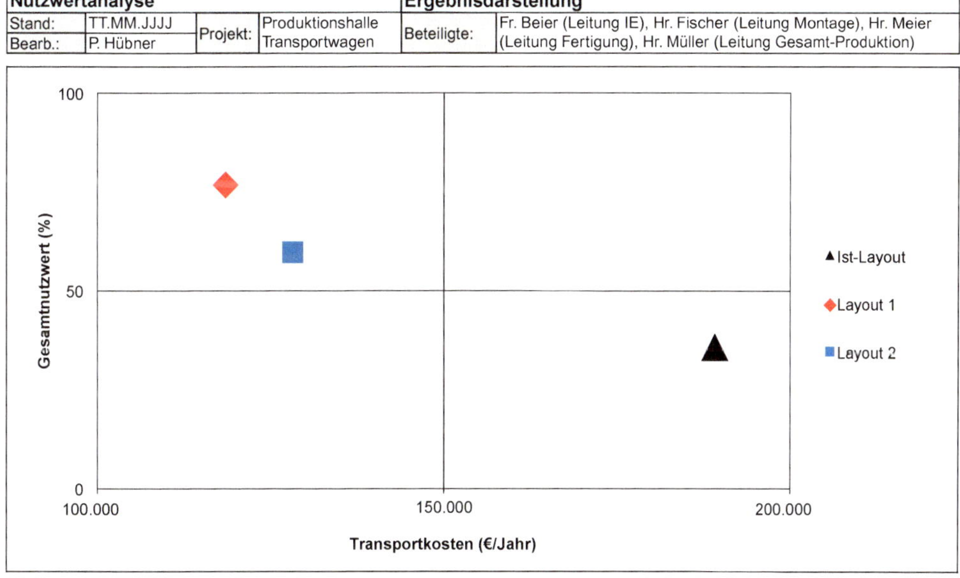

Nutzwertanalyse				**Ergebnisdarstellung**	
Stand:	TT.MM.JJJJ	Projekt:	Produktionshalle Transportwagen	Beteiligte:	Fr. Beier (Leitung IE), Hr. Fischer (Leitung Montage), Hr. Meier (Leitung Fertigung), Hr. Müller (Leitung Gesamt-Produktion)
Bearb.:	P. Hübner				

Abbildung 3.23.6: Ergebnisdarstellung Gesamtnutzwerte – Transportkosten für das Projekt Optimierung der Transportwagenproduktion

3.24 Wirtschaftlichkeitsrechnung

Kurzbeschreibung

Im Rahmen von Projekten für Ersatz-, Erweiterungs- und Rationalisierungsinvestitionen stellt sich die Frage nach der Wirtschaftlichkeit. Dafür existiert eine Vielzahl an statischen und dynamischen Verfahren zur **Wirtschaftlichkeitsrechnung**.
Während in statischen Verfahren i. d. R. mit jährlichen Durchschnittswerten gearbeitet wird, finden zeitliche Unterschiede des Auftretens von Kosten und Erlösen in dynamischen Verfahren Berücksichtigung.
Für Investitionsvorhaben, wie sie im Fokus dieses Buches stehen, lassen sich in aller Regel die statischen Verfahren zur Wirtschaftlichkeitsrechnung heranziehen. Sie können zwar zu Ungenauigkeiten in den Ergebnissen führen, sind dafür aber relativ einfach zu handhaben. Man wendet sie auch an, wenn eher unsichere Ausgangsdaten vorliegen (vgl. Olfert 2012, S. 82; Voegele/Sommer 2012, S. 344 ff.).
Folgende statische Verfahren zur Wirtschaftlichkeitsrechnung kommen meist zur Anwendung (vgl. Voegele/Sommer 2012, S. 344 ff.):

- Kostenvergleichsrechnung,
- Gewinnvergleichsrechnung,
- Rentabilitätsrechnung und
- Amortisationsrechnung.

Die *Kostenvergleichsrechnung* wird eingesetzt, wenn mehrere funktionsgleiche/-ähnliche Investitionsvarianten miteinander zu vergleichen sind, um die vorteilhafteste zu bestimmen (Gesamtkosten von Variante 1 vs. Gesamtkosten von Variante 2) oder wenn eine Ersatzinvestition erfolgen soll (Gesamtkosten vor der Investition vs. Gesamtkosten nach der Investition).
Bei der Kostenvergleichsrechnung bleiben die Erlöse unberücksichtigt. Es gelten folgende Rahmenbedingungen (vgl. Olfert 2012, S. 85 f.):

- Die Erzeugnispreise sind unabhängig von der Absatzmenge.
- Die Erzeugnisqualität ist gleich/ähnlich.
- Es handelt sich meist um Rationalisierungsinvestitionen.
- Es sind mind. zwei Varianten notwendig (Einzelinvestitionen können nicht beurteilt werden).

Zu berücksichtigende Kosten sind hier Kapitalkosten (kalkulatorische Abschreibungen und kalkulatorische Zinsen) sowie Betriebskosten, z. B. Personal-, Material-, Instandhaltungs-, Raum-, Energie- oder Werkzeugkosten (vgl. Olfert 2012, S. 88).
Werden Erlöse mit einbezogen, kommt die *Gewinnvergleichsrechnung* zum Einsatz (Gewinn = Erlöse - Kosten); damit erhöht sich die Aussagekraft der Wirtschaftlichkeitsrechnung. Eine Gewinnvergleichsrechnung kommt zur Anwendung, wenn die Vorteilhaftigkeit verschiedener Investitionsvarianten zu beurteilen oder wenn ein einzelnes Investitionsobjekt darauf hin zu überprüfen ist, ob es Gewinn erzielt (vgl. Olfert 2012, S. 91 f.).

Die *Rentabilitätsrechnung* kann als Weiterentwicklung der Kostenvergleichs- und Gewinnvergleichsrechnung gesehen werden. Hier fließt das sog. ökonomische Prinzip mit ein, indem der Kapitaleinsatz zusätzlich berücksichtigt wird. Ergebnis ist die durchschnittliche jährliche Verzinsung des Kapitals, das für die Investition eingesetzt wird, oft auch als Return on Invest (ROI) bezeichnet. Man setzt dieses Verfahren ein, um verschiedene Investitionsvarianten in Bezug auf die Rendite miteinander zu vergleichen oder auch bei Einzelinvestitionen, um eine Mindestverzinsung zu realisieren (vgl. Olfert 2012, S. 95 f.).

Mit der *Amortisationsrechnung* werden die Zeiträume ermittelt, in denen aus den Rückflüssen von Investitionsvarianten die durch sie verursachten Anschaffungskosten gedeckt werden. Diese Zeitspannen werden als Amortisations- oder Wiedergewinnungszeiten bezeichnet. Die Amortisationsrechnung kann eingesetzt werden, um Investitionsvarianten in Bezug auf die Zeitspannen des Kapitalrückflusses zu beurteilen. Zudem können Einzelinvestitionen darauf hin überprüft werden, ob sie sich innerhalb einer vorgegebenen Zeitspanne 'amortisieren' (vgl. Olfert 2012, S. 100 f.).

Bevor die Anwendung der vier Verfahren anhand eines Beispielprojektes erläutert wird, ist es notwendig, einige Begrifflichkeiten zu definieren:

Anschaffungskosten AK (einmalig)

Anschaffungskosten AK sind einmalige Geldabflüsse für Ersatz-, Erweiterungs- und Rationalisierungsprojekte. Sie setzen sich zusammen aus Preisen für Investitionsobjekte und zusätzlichen Kosten, wie Umbau-, Installations-, Anlauf- oder auch Projektierungskosten (vgl. Olfert 2012, S. 69; Voegele/Sommer 2012, S. 334 ff.).

Kapitalkosten KK (jährlich)

Bei Investitionsobjekten setzen sich die Kapitalkosten KK aus den kalkulatorischen Abschreibungen KA und den kalkulatorischen Zinsen KZi zusammen.

$$KK = KA + KZi \ (€/\text{Jahr})$$

Mit KK: Kapitalkosten (€/Jahr)

KA: Kalkulatorische Abschreibungen (€/Jahr)

KZi: Kalkulatorische Zinsen (€/Jahr)

Eine Investition verliert während der Nutzung durch Verschleiß, Korrosion, technischen Fortschritt usw. an Wert. Diese Wertminderung ist durch die kalkulatorische Abschreibungen KA während einer Rechnungsperiode zu berücksichtigen, auch als Absetzung für Abnutzung (AfA) bezeichnet (vgl. Fischbach 2001, S. 66 ff.; Olfert 2012, S. 87). Die Wertminderung wird hier in der Regel linear während eines selbst definierten Zeitraums (Nutzungsdauer) angesetzt. Das Ministerium für Finanzen veröffentlicht entsprechende Tabellen für allgemein verwendbare Wirtschaftsgüter (vgl. Abbildung 3.24.1), die als Orientierung herangezogen werden können. Als Betrag ist anzusetzen, was am Ende der Nutzungsdauer für eine Ersatzbeschaffung notwendig ist (Wiederbeschaffungswert) (vgl. Fischbach 2001, S. 66 f.; Olfert 2012, S. 87).

$$KA = \frac{AK - RW}{n} \text{ (€/Jahr)}$$

Mit KA: Kalkulatorische Abschreibungen (€/Jahr)

AK: Anschaffungskosten (€)

RW: Restwert (€)

n: Durchschnittliche Nutzungsdauer (Jahre)

Investitionsobjekt	Durchschnittliche Nutzungsdauer n (Jahre)
Personalcomputer, Laptops	3
Personenkraftwagen	6
Stapler	8
Lastkraftwagen	9
Fahrbahnen, Hofbefestigungen, Parkplätze (Kies, Schotter, Schlacke)	9
Werkzeuge	8–11
Kommunikationssysteme	10
Auflieger	11
Maschinen	13
Büromöbel	13
Werkstatteinrichtungen	14
Tore	14
Fördereinrichtungen	14
Krananlagen, Sonst.	14
Leichtbauhallen	14
Lagermittel (allgemein)	14
Hallen (Leichtbau)	14
Hochregallager	15
Messeinrichtungen	18
Fahrbahnen, Hofbefestigungen, Parkplätze (mit Package)	19
Krananlagen, ortsfest/auf Schienen	21
Industriegebäude	40–60
Lager	40–60
Hallen (massiv)	40–50
Grundstück	/

Abbildung 3.24.1: Auszüge der Tabelle für kalkulatorische Abschreibungen (AfA-Tabelle) für die allgemein verwertbaren Wirtschaftsgüter 'AV' (vgl. Bundesministerium der Finanzen 2000)

Abbildung 3.24.2 zeigt an einem Beispiel, wie die kalkulatorischen Abschreibungen KA errechnet werden. Hier soll eine bestehende Produktion in eine neu geplante Halle umziehen. Im Beispiel werden nur Positionen aufgeführt, die *zusätzlich* im Vergleich zur Ist-Situation anfallen.

Aus Anschaffungs- und Umbaukosten AK in Höhe von 3.915.000 € resultieren kalkulatorische Abschreibungen KA von ca. 113.587 €/Jahr.

Investitionsobjekt/-art	Anschaffungs-kosten AK (€)	Durchschnittliche Nutzungsdauer n (Jahre)	Kalkulatorische Abschreibung KA (€/Jahr)
Grundstück	350.000,00	/	/
Halle	3.000.000,00	ca. 45	66.666,67
Kran	80.000,00	21	3.809,52
Fördermittel (Stapler)	150.000,00	14	10.714,29
Lagermittel (Regale)	75.000,00	14	5.357,14
Lagerhilfsmittel (Spezialpaletten)	35.000,00	14	2.500,00
Hofbefestigung, Parkplätze	100.000,00	9	11.111,11
Werkstatteinrichtung	90.000,00	14	6.428,57
Weitere Investitionsobjekte	**Weitere Kosten (€)**		
Umbaukosten	35.000,00	5 (gewählt)	7.000,00
Summe:	**3.915.000,00**		**113.587,30**

Abbildung 3.24.2: Beispiel für die Berechnung der kalkulatorischen Abschreibungen KA (AfA)

Kalkulatorische Zinsen KZi repräsentieren das durch ein Investitionsobjekt gebundene Kapital, egal ob eine Fremd- oder Eigenkapitalfinanzierung vorliegt. In aller Regel reduzieren sich die Zinsen während der Laufzeit von Investitionsobjekten kontinuierlich, denn die Investitionsobjekte verlieren fortlaufend an Wert. Vereinfacht errechnen sich die kalkulatorischen Zinsen aus dem halben Wert der Differenz von Anschaffungskosten und Restwert (am Ende der Abschreibung) einschließlich des Restwertes, der als gebundenes Kapital zu interpretieren ist, multipliziert mit dem Zins am Kapitalmarkt (vgl. auch Olfert 2012, S. 87).

$$
\begin{aligned}
\text{KZi} &= \left(\frac{\text{AK} - \text{RW}}{2} + \text{RW}\right) \cdot i \ (\text{€/Jahr}) \\
&= \left(\frac{\text{AK} - \text{RW}}{2} + \frac{2 \cdot \text{RW}}{2}\right) \cdot i \ (\text{€/Jahr}) \\
&= \frac{\text{AK} + \text{RW}}{2} \cdot i \ (\text{€/Jahr})
\end{aligned}
$$

Mit KZi: Kalkulatorische Zinsen (€/Jahr)

AK: Anschaffungskosten (€)

RW: Restwert (€)

i: Kalkulatorischer Zinssatz

Für das Beispiel in Abbildung 3.24.2 errechnen sich bei einem angenommenen Zinssatz von 6 %/Jahr kalkulatorische Zinsen KZi in Höhe von 117.450 €/Jahr (hier: Restwert = 0 €).
Als Kapitalkosten KK ergibt sich im Beispiel durch Addition der kalkulatorischen Abschreibungen KA und kalkulatorischen Zinsen KZi ein Betrag von 231.037 €/Jahr.

Betriebskosten BK (jährlich)
Betriebskosten BK im Rahmen einer Investition sind jährlich wiederkehrende Kosten, wie Personalkosten (Löhne/Gehälter inkl. Sozialabgaben), Energie-, Raum-, Versicherungs-, Werkzeug-, Instandhaltungs- oder Materialkosten. Abbildung 3.24.3 zeigt an einem Beispiel die Zusammenstellung der zusätzlichen Betriebskosten; Materialkosten werden hier nicht berücksichtigt, da sie sowohl im Ist-Zustand als auch in der Planung identisch sind. Bei den Instandhaltungskosten liegen oft keine konkreten Werte vor. In der Praxis hat es sich bewährt, ggf. auf Basis von Vergangenheitsdaten Prozentwerte der Anschaffungskosten anzusetzen (vgl. Jungkind u. a. 2004, S. 163).

Betriebskostenart	Anschaffungs-kosten (€)	Prozentsatz der Anschaf-fungskosten*	Betriebskosten BK (€/Jahr)
Löhne (45.000 €/Mitarbeiter)			135.000
Energie/Kraftstoff			30.000
Mieten für Maschinen			28.000
Instandhaltung: Grundstück/Halle/Hofbefestigung	3.450.000	1	34.500
Instandhaltung: Kran/Fördermittel/Werkstatteinrichtung	320.000	8	25.600
Instandhaltung: Lagermittel/Lagerhilfsmittel	110.000	5	5.500
Summe:			**258.600**

* hier: Annahmen/Richtwerte (%/Jahr)

Abbildung 3.24.3: Beispiel für die Zusammenstellung von Betriebskosten BK

Gesamtkosten GK (jährlich)
Fasst man die Kapitalkosten KK (kalkulatorische Abschreibungen KA + kalkulatorische Zinsen KZi) sowie die Betriebskosten BK zusammen, wird dies als Gesamtkosten GK bezeichnet (vgl. Jungkind u. a. 2004, S. 164). Im Beispiel (Abbildung 3.24.4) ergeben sich 489.637 €/Jahr.

$$\text{GK} = \text{KK} + \text{BK} \ (\text{€/Jahr})$$

Mit GK: Gesamtkosten (€/Jahr)

KK: Kapitalkosten (€/Jahr)

BK: Betriebskosten (€/Jahr)

	Größe	Betrag (€)	Erläuterungen
Kapitalkosten KK (€/Jahr)	Kalkulatorische Abschreibungen KA (€/Jahr)	113.587,00	vgl. Abb. 3.24.2, hier gerundet
	Kalkulatorische Zinsen KZi (€/Jahr)	117.450,00	
Betriebskosten BK (€/Jahr)		258.600,00	vgl. Abb. 3.24.3
Gesamtkosten GK (€/Jahr):		**489.637,00**	

Abbildung 3.24.4: Beispiel für die Zusammenstellung von Gesamtkosten GK

Gewinn G (jährlich)
Der Gewinn G setzt sich im Allgemeinen wie folgt zusammen:

$$G = E - K \text{ (€/Jahr)}$$

Mit G: Gewinn (€/Jahr)

E: Erlöse (€/Jahr)

K: Kosten (€/Jahr)

Da im Rahmen von Prozessoptimierungsprojekten i. d. R. weder die Erlöse noch die gesamten Kosten bekannt sind, entspricht der Gewinn den Einsparungen durch eine Rationalisierungsinvestition. Diese ergibt sich aus der Differenz der eingesparten Kosten EK und den zusätzlichen Kosten für eine Investition ZK:

$$G = \text{EK} - \text{ZK} = \text{EK} - \text{GK} \text{ (€/Jahr)}$$

Mit G: Gewinn (€/Jahr)

EK: Eingesparte Kosten durch eine Investition (€/Jahr)

ZK: Zusätzliche Kosten durch eine Investition, hier die Gesamtkosten GK einer Investition (€/Jahr)

GK: Gesamtkosten (€/Jahr)

Rentabilität R (jährlich)
Als Rentabilität R wird hier das Verhältnis von zusätzlichem durchschnittlichen Gewinn G aus einer Investition und dem dafür zusätzlich durchschnittlich eingesetzten Kapital definiert. Sie sollte so hoch wie möglich sein.

$$R = \frac{G + \text{KZi}}{\text{AK}_{ges.}} \cdot 100\ (\%/\text{Jahr})$$

Mit R: Rentabiliät (%/Jahr)

G: Gewinn (€/Jahr)

KZi: Kalkulatorische Zinsen (€/Jahr)

$\text{AK}_{ges.}$: Anschaffungskosten gesamt (€) = $\text{AK}_{n.a.} + (0,5 \cdot \text{AK}_{a.})$

$\text{AK}_{n.a.}$: Anschaffungskosten für nicht abnutzbare Investitionsobjekte (€/Jahr)

$\text{AK}_{a.}$: Anschaffungskosten für abnutzbare Investitionsobjekte (€/Jahr)

Die Rentabilität R wird, wie in Abbildung 3.24.5 dargestellt, über die gesamte Nutzungsdauer aus dem vollen Kapitaleinsatz für nicht abnutzbare $\text{AK}_{n.\,a.}$ und dem halben Kapitaleinsatz für abnutzbare Investitionsobjekte $\text{AK}_{a.}$ errechnet; diese verlieren während der Laufzeit an Wert und werden somit als Durchschnittswerte angesetzt (vgl. Voegele/Sommer 2012, S. 353 ff.).
Der durchschnittliche Gewinn G wird durch eine Investition erbracht. Er darf nicht durch kalkulatorische Zinsen KZi reduziert werden und ist somit quasi der Brutto-Gewinn vor Zinsen (vgl. Olfert 2012, S. 96).
Abbildung 3.24.5 zeigt an einem Beispiel, dass für die Berechnung des durchschnittlichen jährlichen Gewinns G die Einsparungen um die kalkulatorischen Abschreibungen KA und die Betriebskosten BK reduziert werden.

Größe	Betrag (€)	Erläuterungen
Anschaffungskosten (nicht abnutzbar) $\text{AK}_{n.a.}$ (€)	350.000,00	Grundstück
Anschaffungskosten (abnutzbar) $\text{AK}_{a.}$ (€)	3.565.000,00	Halle, Kran, Förder-, Lager-, Lagerhilfsmittel, Hofbefestigung/ Parkplätze, Werkstatteinrichtung
Anschaffungskosten (gesamt) $\text{AK}_{ges.}$ (€) = $\text{AK}_{n.a.} + (0,5 \cdot \text{AK}_{a.})$	2.132.500,00	
Gesamtkosten GK (€/Jahr)	489.637,00	vgl. Abb. 3.24.4
Kalkulatorische Zinsen KZi (€/Jahr)	117.450,00	vgl. Ausführungen zu Abb. 3.24.2
Eingesparte Kosten EK (€/Jahr)	1.000.000,00	Hier: Lohnkosten, Bestandskosten, Qualitätskosten
Gewinn G (€/Jahr)	510.363,00	G = EK – ZK = EK – GK

Rentabilität R (%/Jahr) $= \frac{\text{Gewinn G + Kalkulatorische Zinsen KZi (€/Jahr)}}{\text{Anschaffungskosten AK}_{ges.}\text{ (€)}} \cdot 100 \quad \frac{510.363 + 117.450}{2.132.500} \cdot 100 \approx$ **29,4**

Bei den o. a. Größen handelt es sich um Durchschnittswerte!

Abbildung 3.24.5: Beispiel zur Ermittlung der Rentabilität R

Amortisationsdauer t_A

Die Amortisationsdauer A ist eine wichtige Größe zur Ermittlung des Zeitraums, in dem die für eine Investition aufgewendeten Anschaffungskosten über durchschnittliche Rückflüsse wiedergewonnen werden. Sie ist ein Maßstab für das mit einer Investition verbundene Risiko (vgl. Götze 2006, S. 63). Kurze Amortisationsdauern sind somit als positiv zu beurteilen, weil damit das Risiko des Kapitalverlustes geringer wird.

Für die Amortisationsdauer t_A wird das Verhältnis von Anschaffungskosten AK abzüglich des Restwerts RW für eine Investition und durchschnittlichem jährlichen Rückfluss RF gebildet. Der durchschnittliche jährliche Rückfluss RF entspricht der Summe aus Gewinn G und kalkulatorischen Abschreibungen KA (vgl. Olfert 2012, S. 102).

$$t_A = \frac{\mathrm{AK} - \mathrm{RW}}{\mathrm{RF}} = \frac{\mathrm{AK} - \mathrm{RW}}{G + \mathrm{KA}} \text{ (Jahre)}$$

Mit t_A: Amortisationsdauer (Jahre)

AK: Anschaffungskosten (€)

RW: Restwert (€)

RF: Rückfluss (€/Jahr)

G: Durchschnittlicher Gewinn (€/Jahr)

KA: Kalkulatorische Abschreibungen (€/Jahr)

Abbildung 3.24.6 zeigt, dass sich die Anschaffungskosten von 3.915.000 € nach ca. 5,7 Jahren amortisieren.

Größe	Betrag (€)	Erläuterungen
Anschaffungskosten AK (€/Jahr)	3.915.000,00	vgl. Abb. 3.24.2
Kalkulatorische Abschreibungen KA (€/Jahr)	113.587,00	vgl. Abb. 3.24.2, gerundet
Restwert Grundstück RW (€)	350.000,00	vgl. Abb. 3.24.2
Gewinn G (€/Jahr)	510.363,00	vgl. Abb. 3.24.5

Amortisationsdauer t_A (Jahre) $= \frac{\text{Anschaffungskosten AK} - \text{Restwert RW (€)}}{\text{Gewinn G} + \text{Kalkulatorische Abschreibungen KA (€/Jahr)}} = \frac{3.915.000 - 350.000 \text{ (€)}}{510.363 + 113.587 \text{ (€/Jahr)}} \approx$ **5,7**

Bei den o. a. Größen handelt sich um Durchschnittswerte!

Abbildung 3.24.6: Beispiel zur Ermittlung der Amortisationsdauer

Abbildung 3.24.7 zeigt die Eignung der Wirtschaftlichkeitsrechnung im Rahmen der drei Strukturen.

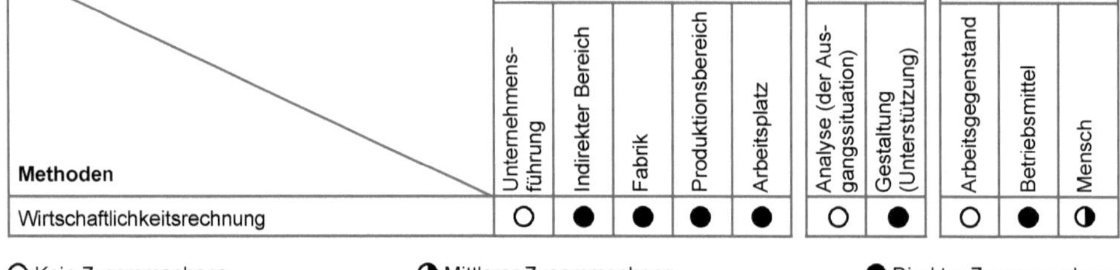

Strukturen / Methoden	Ebene					Stufe		Systemelement		
	Unternehmens-führung	Indirekter Bereich	Fabrik	Produktionsbereich	Arbeitsplatz	Analyse (der Aus-gangssituation)	Gestaltung (Unterstützung)	Arbeitsgegenstand	Betriebsmittel	Mensch
Wirtschaftlichkeitsrechnung	○	●	●	●	●	○	●	○	●	◑

○ Kein Zusammenhang ◑ Mittlerer Zusammenhang ● Direkter Zusammenhang

Abbildung 3.24.7: Einordnung der Wirtschaftlichkeitsrechnung in die drei Strukturen

Zweck

- Mehrere Lösungsalternativen in Bezug auf monetär bewertbare Zielgrößen vergleichen
- Die Entscheidungssicherheit erhöhen, indem verschiedene Verfahren zur Wirtschaftlichkeitsrechnung angewendet werden

Typische Anwendungsfälle

- Layoutvarianten in Bezug auf ihre Wirtschaftlichkeit miteinander vergleichen und die favorisierte Variante ermitteln
- Ersatzinvestitionen (Arbeitsplätze, Produktionsbereiche, Fabriken) in Bezug auf ihre Wirtschaftlichkeit überprüfen

Vorgehensweise

Im Rahmen der Umplanung einer bestehenden Produktionshalle für Transportwagen sind zwei Feinlayoutvarianten erarbeitet worden (vgl. Beispiel zur Vorgehensweise der Methode **Feinlayoutplanung** (Kap. 3.22)). Für diese beiden Varianten sollen die Gewinnvergleichs-, Kostenvergleichs-, Rentabilitäts- und Amortisationsrechnung angewendet werden.

1. **Anschaffungskosten AK und kalkulatorische Abschreibungen KA zusammenstellen**

   Für die beiden zu beurteilenden Layoutvarianten werden, wie in Abbildung 3.24.8 dargestellt, die wesentlichen Anschaffungskosten AK für die relevanten Investitionsgüter zusammengestellt. Dabei sind verschiedenste Informationsträger/Quellen zu nutzen, etwa Fachleute im eigenen Unternehmen, Herstellerangaben oder Erfahrungswerte aus der Vergangenheit. Die Sätze für die kalkulatorischen Abschreibungen KA lehnen sich im Beispielunternehmen an die Veröffentlichungen des Bundesministeriums der Finanzen an (vgl. Abbildung 3.24.1). Umstellungs-, Maschineninstallations- und Planungskosten werden hier mit der halben Abschreibungsdauer für Maschinen angesetzt.

Ergebnisse dieses Schrittes sind die Summe der Anschaffungskosten AK und die Summe der kalkulatorischen Abschreibungen KA für beide Varianten.

2. **Zusätzliche Gesamt-Betriebskosten BK ermitteln**

   Nun werden die zusätzlichen Betriebskosten zusammengestellt. Im Unterschied zum Ist-Zustand werden im Beispielunternehmen künftig lediglich die Instandhaltungskosten für die neue Hofbefestigung in Variante 1 und zusätzliche Materialbereitsteller (Transportkosten) für beide Varianten anfallen.

   Die Betriebskosten für die zusätzlichen 420 qm im Rahmen der Produktionserweiterung (vgl. Beispiel zur Vorgehensweise in der Methode **Groblayoutplanung** (Kap. 3.21) oder Feinlayoutplanung) werden nicht aufgeführt, da sie sowohl für den Ist-Zustand als auch für die beiden Layoutvarianten anfallen.

   Nachdem die Betriebskosten summiert sind, ergeben sich die in Abbildung 3.24.9 ausgewiesenen zusätzlichen Gesamt-Betriebskosten BK je Variante, die sich nur geringfügig unterscheiden.

3. **Kostenvergleichsrechnung erstellen**

   Wie in Abbildung 3.24.4 dargestellt, müssen nun die Kapitalkosten KK und die Gesamt-Betriebskosten BK je Variante summiert werden. Als Zinssatz sind im Beispiel 6 %/Jahr für die halbe Investitionssumme gewählt worden (vgl. Abbildung 3.24.10).

   Die jährlichen Gesamtkosten GK von Variante 2 sind lediglich um ca. 8.110 €/Jahr geringer als von Variante 1.

4. **Gewinnvergleichsrechnung durchführen**

   Abbildung 3.24.11 zeigt den ausgefüllten Vordruck für die Gewinnvergleichsrechnung. Der Gewinn errechnet sich aus der Differenz der eingesparten Kosten EK – hier Transportkosten – und den zusätzlichen jährlichen Gesamtkosten GK. Zur Ermittlung der eingesparten Transportkosten werden die Transportkosten der beiden Varianten mit denen des Ist-Zustands verglichen (vgl. auch Beispiel in der Vorgehensweise zur Methode **Materialflussanalyse** (Kap. 3.17)).

   Die jährlichen Werte des Gewinns G sind im betrachteten Unternehmen relativ klein. Es wäre möglich gewesen, auf der Kostenseite die Planungskosten von 16.000 € abzuziehen, da diese Kosten auch für den Ist-Zustand gelten. Auf das Ergebnis hätte dies kaum Einfluss.

5. **Rentabilitätsrechnung erstellen**

   Im nächsten Schritt wird die Rentabilität für beide Layoutvarianten errechnet. Abbildung 3.24.12 zeigt die Zusammenstellung der wesentlichen Größen und die Rechenschritte.

   Die Rentabilitätswerte beider Varianten unterscheiden sich kaum.

6. **Amortisationsrechnung durchführen**

   Auf Basis der bisher vorliegenden Größen erfolgt im sechsten Schritt die Berechnung der Amortisationsdauer t_A (vgl. Abbildung 3.24.13). Die Amortisationszeiträume beider Layoutvarianten unterscheiden sich, wie in den vorangegangenen Schritten, nur geringfügig.

7. **Gesamteinschätzung vornehmen**

   Nach Durchführung der vier Verfahren (3. - 6.) wird deutlich, dass das Projekt nach wirtschaftlichen Gesichtspunkten eher als problematisch zu bewerten ist (vgl. auch Abbildung 3.24.14):

   - Den relativ hohen Anschaffungskosten stehen zwar eher moderate Gesamtkosten gegenüber, jedoch sind die Gewinne als sehr gering einzustufen.
   - Da die Gewinnsituation beider Varianten unbefriedigend ist, wirkt sich dies auf die Rentabilität aus.
   - Die Amortisationsdauer von 7,4 bzw. 7,0 Jahren ist recht lang.
   - Mit beiden Varianten werden durchgängig relativ ähnliche Werte erzielt, sodass eine Priorisierung kaum möglich ist.
   - Die vorab durchgeführte Nutzwertanalyse hat für Layoutvariante 1 einen Gesamtnutzwert von ca. 77 % und für Layoutvariante 2 von ca. 60 % ergeben (vgl. Beispiel in der Vorgehensweise Methode **Nutzwertanalyse** (Kap. 3.23)). Die Geschäftsführung wird nun auf Basis der Ergebnisse der Nutzwertanalyse und Wirtschaftlichkeitsrechnung eine Entscheidung treffen. Falls das Projekt realisiert wird, ist Variante 1 aufgrund des relativ hohen Gesamtnutzwertes vorzuziehen.

Ausgefüllte Vordrucke

Wirtschaftlichkeitsrechnung		Anschaffungskosten AK und kalkulatorische Abschreibung KA	
Stand:	TT.MM.JJJJ	Projekt:	Produktionshalle Transportwagen
Bearb.:	P. Hübner	Quelle:	Herr Schuster (Instandhaltung), Hersteller

Investitionsobjekt	Anschaffungskosten AK (€)		Bemerkungen	Kalkulatorische Abschreibungen KA (€/Jahr)		
	Variante 1	Variante 2	Ist / Soll	Durchschnittliche Nutzungsdauer n (Jahre)	Variante 1	Variante 2
Neue Hallentore	60.000,00			14	4.285,71	
		30.000,00				2.142,86
Neue Regale	30.000,00			14	2.142,86	
		30.000,00				2.142,86
Anschlüsse Maschinen/Arbeitsplätze	38.000,00			13	2.923,08	
		35.000,00				2.692,31
Werkzeugwagen	20.000,00			10	2.000,00	
		22.000,00				2.200,00
Zusätzliche Hofbefestigung	38.000,00		Halle	9	4.222,22	
		--				--
Ausbesserung Hallenboden/ Bodenmarkierungen	40.000,00			9	4.444,44	
		40.000,00				4.444,44

Investitionsart	Weitere Kosten (€)		Bemerkungen	Kalkulatorische Abschreibung KA (€/Jahr)		
Umstellungs- und Maschineninstallationskosten	45.000,00		Versetzen von Maschinen/Lagereinrichtungen/ Arbeitsplätzen	6,5	6.923,08	
		49.000,00		(Jeweils halbe Nutzungsdauer von Maschinen)		7.538,46
Planungskosten	16.000,00	16.000,00	Externe Unterstützung	6,5	2.461,54	2.461,54
Summe:	**287.000,00**	**222.000,00**			**29.402,93**	**23.622,47**

Abbildung 3.24.8: Anschaffungskosten AK und zugeordnete kalkulatorischen Abschreibungen KA für das Projekt Optimierung Transportwagenproduktion

Wirtschaftlichkeitsrechnung		Gesamt-Betriebskosten BK			
Stand:	TT.MM.JJJJ	Projekt:	Produktionshalle Transportwagen	Quelle:	Herr Friedrich (IE), Vordrucke Anschaffungskosten AK und kalkulatorische Abschreibungen KA
Bearb.:	P. Hübner				

Betriebskostenart	Betriebskosten BK (€/Jahr)		Bemerkungen
	Variante 1	Variante 2	
Instandhaltung zusätzliche Hofbefestigung	380,00		1 % von 38.000 €, Vordrucke Anschaffungskosten AK und kalkulatorische Abschreibungen KA
		--	
Zusätzliche Materialbereitsteller	22.500,00		0,5 Mitarbeiter
		22.500,00	0,5 Mitarbeiter
Summe:	**22.880,00**	**22.500,00**	

Abbildung 3.24.9: Zusammenstellung der Gesamt-Betriebskosten BK für das Projekt Optimierung Transportwagenproduktion

Wirtschaftlichkeitsrechnung		Kostenvergleichsrechnung			
Stand:	TT.MM.JJJJ	Projekt:	Produktionshalle Transportwagen	Quelle:	Herr Friedrich (IE), Vordrucke Anschaffungskosten AK und kalkulatorische Abschreibungen KA, Betriebskosten BK
Bearb.:	P. Hübner				

Größe		Variante 1	Variante 2	Bemerkungen
Kapitalkosten KK (€/Jahr)	Kalkulatorische Abschreibung KA (€/Jahr)	29.402,93		Vordrucke Anschaffungskosten AK und kalkulatorische Abschreibungen KA
			23.622,47	
	Kalkulatorische Zinsen KZi (€/Jahr)	8.610,00		Kalkulatorische Zinsen $KZi = \frac{AK + RW}{2} \cdot i$
			6.660,00	AK = Anschaffungskosten (€) RW = Restwert (€) = 0 € i = Kalkulatorischer Zinssatz = 6 % = 0,06
Gesamt-Betriebskosten BK (€/Jahr)		22.880,00		Vordruck Gesamt-Betriebskosten BK
			22.500,00	
Gesamtkosten GK (€/Jahr):		**60.892,93**	**52.782,47**	

Abbildung 3.24.10: Kostenvergleichsrechnung für das Projekt Optimierung Transportwagenproduktion

Wirtschaftlichkeitsrechnung		Gewinnvergleichsrechnung			
Stand:	TT.MM.JJJJ	Projekt:	Produktionshalle Transportwagen	Quelle:	Mengen-Wege-Produkte Ist-Zustand Variante 1 und Variante 2, Vordruck Kostenvergleichsrechnung
Bearb.:	P. Hübner				

Größe	Variante 1	Variante 2	Bemerkungen
Eingesparte Kosten EK (€/Jahr), hier: Einsparungen bei den Transportkosten im Vergleich zum Ist-Zustand	70.353,00		Ist-Zustand: Ca. 188.975 €/Jahr Variante 1: Ca. 118.622 €/Jahr
		60.753,00	Ist-Zustand: Ca. 188.975 €/Jahr Variante 2: Ca. 128.222 €/Jahr
Gesamtkosten GK (€/Jahr)	60.892,93		Vordruck Kostenvergleichsrechnung
		52.782,47	
Gewinn G = EK – GK (€/Jahr)	**9.460,07**	**7.970,53**	

Abbildung 3.24.11: Gewinnvergleichsrechnung für das Projekt Optimierung Transportwagenproduktion

Wirtschaftlichkeitsrechnung		Rentabilitätsrechnung			
Stand:	TT.MM.JJJJ	Projekt:	Produktionshalle Transportwagen	Quelle:	Vordrucke Gewinnvergleichsrechnung, Anschaffungskosten AK und kalkulatorische Abschreibungen KA, Gesamt-Betriebskosten BK
Bearb.:	P. Hübner				

Größe	Variante 1	Variante 2	Bemerkungen
Anschaffungskosten für nicht abnutzbare Investitionsobjekte $AK_{n.a.}$ (€)	--		Vordrucke Anschaffungskosten AK und kalkulatorische Abschreibungen KA
		--	
Anschaffungskosten für abnutzbare Investitionsobjekte $AK_{a.}$ (€)	287.000,00		
		222.000,00	
Anschaffungskosten (gesamt) $AK_{ges.} = AK_{n.a.} + (0{,}5\ AK_{a.})$ (€)	143.500,00		
		111.000,00	
Kalkulatorische Zinsen KZi (€/Jahr)	8.610,00		Vordruck Kostenvergleichsrechnung
		6.660,00	
Gewinn G (€/Jahr)	9.460,07		Vordruck Gewinnvergleichsrechnung
		7.970,53	
Rentabilität $R = \frac{(G + KZi)}{AK_{ges.}} \cdot 100$ (%/Jahr)	**12,59**		$\frac{(9.460{,}07 + 8.610{,}00)}{143.500{,}00} \cdot 100$
		13,18	$\frac{(7.970{,}53 + 6.600{,}00)}{111.000{,}00} \cdot 100$

Abbildung 3.24.12: Rentabilitätsrechnung für das Projekt Optimierung Transportwagenproduktion

Wirtschaftlichkeitsrechnung		Amortisationsrechnung			
Stand:	TT.MM.JJJJ	Projekt:	Produktionshalle Transportwagen	Quelle:	Vordrucke Anschaffungskosten AK und kalkulatorische Abschreibungen KA, Gewinnvergleichsrechnung
Bearb.:	P. Hübner				

Größe	Variante 1	Variante 2	Bemerkungen
Anschaffungskosten AK (€)	287.000,00	222.000,00	Vordruck Anschaffungskosten AK und kalkulatorische Abschreibung KA
Gewinn G (€/Jahr)	9.460,07	7.970,53	Vordruck Gewinnvergleichsrechnung
Kalkulatorische Abschreibungen KA (€/Jahr)	29.402,93	23.622,47	Vordruck Anschaffungskosten AK und kalkulatorische Abschreibung KA
Anmortisationsdauer $t_A = \frac{AK - RW}{G + KA}$ (Jahre) RW = Restwert (€)	**7,38**		$\frac{287.000,00 - 0}{9.460,07 + 29.402,93}$ RW = 0 €
		7,03	$\frac{222.000,00 - 0}{7.970,53 + 23.622,47}$ RW = 0 €

Abbildung 3.24.13: Amortisationsrechnung für das Projekt Optimierung Transportwagenproduktion

Wirtschaftlichkeitsrechnung		Bewertung			
Stand:	TT.MM.JJJJ	Projekt:	Produktionshalle Transportwagen	Quelle:	Herr Müller (Werkleiter), Herr Schulze (Produktionsleiter), Frau Meier (Fertigungsleiterin), Herr Friedrich (IE)
Bearb.:	P. Hübner				

Größe	Variante 1	Bewertung	Variante 2	Bewertung
Anschaffungskosten AK (€)	287.000	Schlecht	222.000	Schlecht
Gesamtkosten GK (€)	60.893	Mittelmäßig	52.782	Mittelmäßig
Gewinn G (€/Jahr)	9.460	Schlecht	7.971	Schlecht
Rentabilität R (%/Jahr)	12,6	Mittelmäßig	13,2	Mittelmäßig
Amortisationsdauer t_A (Jahre)	7,4	Schlecht	7,0	Schlecht

Gut (grün)   Mittelmäßig (gelb)   Schlecht (rot)

Abbildung 3.24.14: Wirtschaftliche Bewertung für das Projekt Optimierung Transportwagenproduktion
Anm.: Die Einstufung in die drei Kategorien ist projektspezifisch und wird von zu Fall zu Fall unterschiedlich sein

3.25 Checkliste Visuelles Management

Kurzbeschreibung

Das visuelle Management stellt die Kommunikationsbasis im Toyota-Produktionssystem dar (vgl. IMIG 2009). Damit sollen Informationen über Arbeitsabläufe und -ergebnisse so transparent zur Verfügung gestellt werden, dass jeder sofort erkennen kann, ob es sich um einen normalen Prozesszustand handelt oder ob eine Abweichung vorliegt. Bei Abweichungen kann dann aufgrund der stark verkürzten Entscheidungswege unmittelbar eingegriffen werden (vgl. Engroff 2012, S. 5; VDI 2870-1 2012, S. 16). Das Sichtbarmachen von Problemen stellt zudem eine wesentliche Basis für KVP-Aktivitäten dar.
5S (vgl. **5S-Check** (Kap. 3.26)) ist integraler Bestandteil des visuellen Managements (vgl. Liker 2013, S. 65). Erst wenn standardisierte und stabile Prozesse erreicht sind, lassen sich Abweichungen erkennen.
Die vorliegende **Checkliste Visuelles Management** (vgl. Abbildung 3.25.2) basiert auf der Struktur vom 'Umfassenden ins Detail' (vgl. auch IMIG 2009; Engroff 2012). Zunächst wird das generelle Farbkonzept betrachtet (Bodenmarkierungen und Betriebsmittel). Danach werden abteilungs- bzw. bereichsübergreifende Informationen behandelt, wie Informationstafeln/-wände (z. B. zur Zielerreichung), Informationsmedien zum Arbeitsfortschritt und KVP-Ergebnisse. Es folgt der Bereich der Logistik mit Kennzeichnungen und Behältergestaltung. Zum Schluss geht es um konkrete Arbeitssysteme und deren Aspekte im Bereich des visuellen Managements.
Abbildung 3.25.1 zeigt die Eignung der Checkliste Visuelles Management im Rahmen der drei Strukturen.

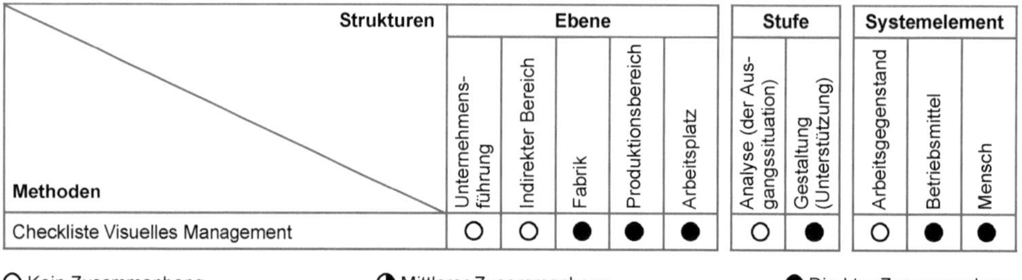

Strukturen / Methoden	Ebene					Stufe		Systemelement		
	Unternehmens-führung	Indirekter Bereich	Fabrik	Produktionsbereich	Arbeitsplatz	Analyse (der Ausgangssituation)	Gestaltung (Unterstützung)	Arbeitsgegenstand	Betriebsmittel	Mensch
Checkliste Visuelles Management	○	○	●	●	●	○	●	○	●	●

○ Kein Zusammenhang ◑ Mittlerer Zusammenhang ● Direkter Zusammenhang

Abbildung 3.25.1: Einordnung der Checkliste Visuelles Management in die drei Strukturen

Zweck

- Fabriken, Produktionsbereiche und Arbeitsplätze im Hinblick auf die Umsetzung des visuellen Managements bewerten
- Handlungsschwerpunkte im Bereich des visuellen Managements aufzeigen
- Wirksamkeit von Gestaltungsmaßnahmen im Bereich des visuellen Managements dokumentieren

Typische Anwendungsfälle

- Im Rahmen von KVP- oder 5S-Workshops einsetzen
- Bei der Durchführung von Optimierungsprojekten Handlungsschwerpunkte aufzeigen

Vorgehensweise

Am Beispiel des Montagebereichs eines Produzenten für Messgeräte zur Prozessüberwachung soll die Anwendung der Checkliste Visuelles Management erläutert werden. Die Fragen in einer solchen Checkliste können, je nach Branche oder betrieblichen Schwerpunktsetzungen, individuell formuliert werden.

1. **Untersuchungsbereich und Ziele festlegen**

   Zunächst ist der Untersuchungsbereich (Arbeitsplatz, Produktionsbereich, Fabrik) zu bestimmen. Im Beispielunternehmen ist dies die gesamte Montage.

   Zudem sind die Ziele zu definieren. Im Beispielunternehmen ist der Status des visuellen Managements vor und nach der Optimierung zu dokumentieren.

2. **Ausgangssituation aufnehmen und bewerten**

   Die Aspekte der Audit-Checkliste sollten möglichst im Team (Führungskräfte und betroffene Mitarbeiter) beantwortet und ausgewertet werden. Im Beispielunternehmen sind dies der Montageleiter, ein Gruppenleiter und ein Montagemitarbeiter. Abbildung 3.25.2 zeigt die ausfüllte Audit-Checkliste vor der Umsetzung von Maßnahmen für das Beispielunternehmen. Entsprechend der Legende ist eine Beurteilung in *Trifft nicht zu* sowie fünf Erfüllungs-Stufen möglich.

   Nach der Einstufung der Einzelaspekte werden die Mittelwerte je Schwerpunkt errechnet, neben den Schwerpunktüberschriften graphisch dargestellt und als Punktwert vermerkt. Aus den vier Werten errechnet sich der durchschnittliche Erfüllungsgrad, im Beispielunternehmen ca. 1,9. Dieser Durchschnittswert wird im betrachteten Unternehmen als 'schlecht' bewertet.

3. **Maßnahmen ableiten und umsetzen**

   Auf Basis der Ergebnisse lassen sich nun Maßnahmen ableiten. Im Beispielunternehmen soll das Farbkonzept, vor allem für Bodenmarkierungen, konsequent umgesetzt werden. Weiterer Handlungsbedarf wird im Bereich der abteilungsübergreifenden Information und Kommunikation deutlich; hier sollen in Kürze entsprechende Informationstafeln installiert werden. Zudem wird beschlossen, an der Hallendecke Bildschirme zum Arbeitsfortschritt anbringen zu lassen. Weiterhin soll das bestehende Logistikkonzept überdacht und ein Projekt zur Definition von Anliefer- und Ablieferbereichen für Material initiiert werden. Da die Qualitätsprobleme zunehmen, sollen konsequent Maßnahmen zur Fehlervermeidung (vgl. **Checkliste Fehlervermeidung (Poka Yoke)** (Kap. 3.34)) umgesetzt werden.

   Die definierten Maßnahmen sollten möglichst mit Beteiligung der betroffenen Mitarbeiter umgesetzt werden konnen, um die Akzeptanz sicherzustellen.

4. **Status des visuellen Managements nach der Optimierung bewerten**

   Nach der Umsetzung der definierten Maßnahmen wird die Situation wiederum mit der Audit-Checkliste bewertet (der ausgefüllte Vordruck aus dem Beispielunternehmen ist hier nicht dargestellt).

   Ein sog. Radar-Diagramm eignet sich sehr gut, um die Veränderungen im Status visuell zu dokumentieren (vgl. Abbildung 3.25.3). Im vorliegendem Fall kann der durchschnittliche Erfüllungsgrad von ca. 1,9 auf 2,8 verbessert werden.

Ausgefüllte Vordrucke

Checkliste Visuelles Management		Checkliste	
Stand:	TT.MM.JJJJ	Bereich:	Endmontage
Bearb.:	K. Müller	Beteiligte:	P. Kaiser (Montageleitung)/K. Schrader (Montagemitarbeiter)

Aspekt	Bewertung	Bemerkungen
Farbkonzept		**1,5**
Es existiert ein einheitliches Farbkonzept für *Bodenmarkierungen* (z. B. für Gefahrenbereiche, Arbeitssysteme, mobile Betriebsmittel, Wege, Materialbereitstellungszonen, Abfall, Ausschuss, Recycling). Falls keine Bodenmarkierungen möglich sind, werden die relevanten Bereiche in einheitlicher Ausführung beschildert.		Kein durchgängiges Farbkonzept für Material-bereitstellzonen und Abfall
Es existiert ein einheitliches Farbkonzept für *Betriebsmittel* (z. B. für Maschinen, Arbeitsplatz-einrichtungen, Lagereinrichtungen, Werkzeuge/Vorrichtungen, Hebezeuge, Lagerhilfsmittel, Behälter/Bereitstellwagen, ggf. Fördermittel). Dies kann bereichs-/ produktlinienbezogen oder orientiert am Einsatzzweck sein, wie Rüstwerkzeug oder Montagewerkzeug.		Lediglich für Rüstwerkzeug ansatzweise vorhanden (blaue Farbe)
Abteilungs-/bereichsübergreifende Information und Kommunikation		**2,0**
An zentraler Stelle sind unternehmenseinheitliche Informationstafeln/-wände mit aktuellen Daten installiert (z. B. zu den Abteilungen/Bereichen, zu Zielen und deren Erreichung, zu Maßnahmen und deren Verfolgung).		Nur in einem Teilbereich der Montage vorhanden
Der Arbeitsfortschritt (Planung, Abarbeitungsstand, Probleme und deren Gründe) ist für alle sofort erkennbar (z. B. auf Informationstafeln oder Bildschirmen).		Nicht vorhanden
Ergebnisse von kontinuierlichen Verbesserungsaktivitäten werden für alle sichtbar kommuniziert.		An mehreren Stellen stehen regelmäßig gepflegte KVP-Informationswände
Logistik		**1,8**
Regalgänge, Regale und Regalplätze sind durch eine gut lesbare Kennzeichnung eindeutig und schnell identifizierbar.		Nur im Kleinteilelager vor-handen, in allen anderen Lägern nicht
Lagerfachbeschriftungen enthalten möglichst genaue Artikelangaben (z. B. Teile-Nr., Maße, Farbe), ein Foto oder eine Skizze sowie einen Barcode.		Lediglich ansatzweise, nicht einheitlich und durchgängig
Anliefer- und Ablieferbereiche für Material und Ablieferbereiche für Abfall sind eindeutig gekennzeichnet und Liefer- bzw. Abholregeln werden einheitlich definiert (z. B. Haltestellen, Route und Ver-/Entsorgungszeiten bei Milkrun-Systemen).		Nicht vorhanden
Es werden farbige Behälter eingesetzt, z. B. für Standard- oder Sonderanfertigung, spezielle Kunden oder um Prioritäten zu kennzeichnen.		Nicht relevant
Sperrige Arbeitsgegenstände (z. B. Kabel oder Rohre) werden nicht in größeren Behältern oder Gitterboxen bereitgestellt, sondern auf speziellen Transportgestellen oder -wagen.		Vielfach umgesetzt
Entnahmeregeln werden schriftlich an der Lagereinrichtung angebracht (z. B. auf Magnetschildern am Regal *Entnahme von links)* und Sicherheitsbestände werden farblich gekennzeichnet (z. B. rote Markierung).		Nur an einigen Lagerstellen im Kaufteilelager
Arbeitssysteme		**2,2**
Material (Teile/Werkstücke/Stoffe in Behältern oder Gestellen) besitzt definierte, gekenn-zeichnete Plätze, sodass die Orientierung leicht fällt und ein Fehlbestand sofort ersichtlich ist.		Ist angedacht und schon an einigen Stellen zu sehen
Werkzeuge/Vorrichtungen/Hilfsmittel besitzen definierte, gekennzeichnete Plätze, sodass die Orientierung leicht fällt und ein Fehlen sofort ersichtlich ist (z. B. durch Shadow Boards).		Vielfach sind Shadow Boards installiert
Reinigungsmittel besitzen definierte, gekennzeichnete Plätze, sodass die Orientierung leicht fällt und ein Fehlen sofort ersichtlich ist (z. B. Realisierung durch Shadow Boards).		Es existieren genügend Reinigungsinseln, die jedoch z. T. schadhafte Reinigungsmittel besitzen
Arbeits- oder Montageanweisungen (z. B. Standardarbeitsblätter an Montage- oder Maschinen-arbeitsplätzen) besitzen immer denselben Aufbau und sind, wenn möglich, bebildert.		Bislang nur an wenigen Arbeitsplätzen vorhanden
Wartungspunkte und -intervalle sind an allen Maschinen gut sichtbar ausgehängt.		An wichtigen Maschinen vorhanden
Optische und/oder akustische Signale an Betriebsmitteln machen darauf aufmerksam, wenn definierte Parameter nicht eingehalten werden (z. B. ein Schrauber erreicht das vorgegebene Drehmoment nicht).		Nicht relevant
Statusanzeigen an Maschinen sind auch aus größerer Entfernung erkennbar.		Nicht relevant
Durch Poka Yoke-Maßnahmen ist sichergestellt, dass ein Mitarbeiter oder eine Maschine keine Fehlteile mehr produziert (z. B. durch farbliche Markierungen, wie ein roter Schlauch für einen roten Anschluss oder Zählwerke für vollständige Verschraubungen oder Schablonen).		Nur in Ansätzen vorhanden
Durchschnittlicher Erfüllungsgrad:		**1,9**

Legende:

- Trifft nicht zu*) (0 %)
- Vereinzelt vorhanden (20 %)
- Mehrfach vorhanden, jedoch nicht durchgängig (40 %)
- Vielfach vorhanden, jedoch nicht durchgängig (60 %)
- Durchgängig vorhanden, jedoch z. T. verschlissen oder nicht 'gepflegt' (80 %)
- Durchgängig vorhanden und auf dem neuesten Stand bzw. 'gepflegt' (100 %)

*) Aussage/Aspekt wird in der Mittelwertbildung nicht berücksichtigt

Abbildung 3.25.2: Ausgefüllte Checkliste Visuelles Management für die Montage eines Herstellers von Messgeräten

Checkliste Visuelles Management		**Visualisierung Status Visuelles Management**	
Stand:	TT.MM.JJJJ	Bereich:	Endmontage
Bearb.:	K. Müller	Beteiligte:	P. Kaiser (Montageleitung)/K. Schrader (Montagemitarbeiter)

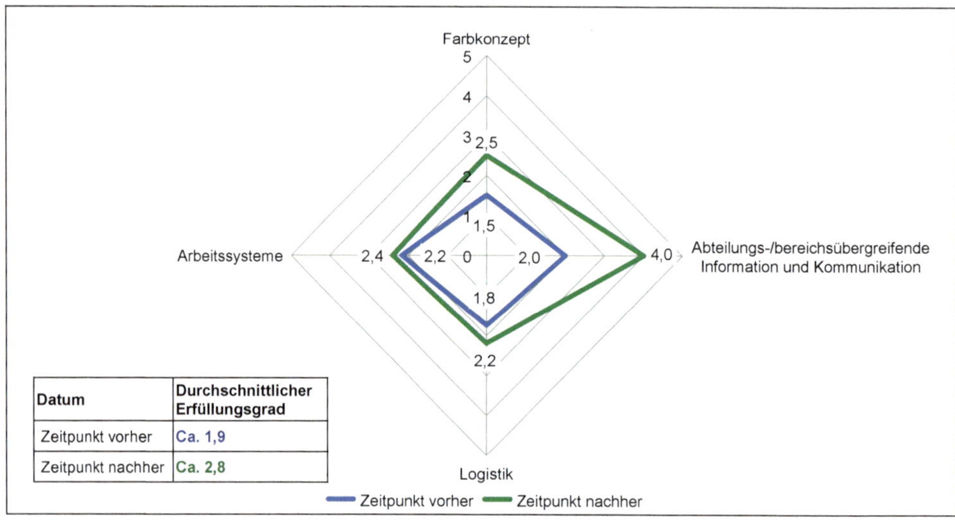

Abbildung 3.25.3: Status des visuellen Managements vor und nach der Umsetzung von Maßnahmen für die Montage eines Herstellers von Messgeräten

3.26 5S-Check

Kurzbeschreibung

5S stellt eine wesentliche Basis des Toyota-Produktionssystems dar und dient primär dazu, die Arbeitsproduktivität, Arbeitssicherheit, Gesamtanlagenverfügbarkeit und Qualität zu steigern (vgl. Liker 2013, S. 65 f.). Dies geschieht beispielsweise durch

- fest zugeordnete und sinnvolle Plätze der für die Tätigkeiten notwendigen Betriebsmittel (Werkzeuge) und Arbeitsgegenstände (Teile),
- eine klar erkennbare Struktur und Kennzeichnung der Arbeitssysteme und
- die Früherkennung von Fehlern und Verlusten aufgrund sauberer und standardisierter Arbeitssysteme und Visualisierung von Prozessabweichungen

(vgl. REFA 2011, S. 9 f.; Teeuwen/Schaller 2011, S. 16 f.).
5S ist eng mit dem visuellen Management verbunden, das z. B. dabei unterstützt, Standards zu kommunizieren, die Orientierung zu erleichtern oder den Status in Arbeitssystemen (z. B. Maschinen) anzuzeigen (vgl. **Checkliste Visuelles Management** (Kap. 3.25)). Abbildung 3.26.1 zeigt die wesentlichen Phasen von 5S mit den japanischen, deutschen und englischen Bezeichnungen. In Deutschland wird auch von '5A' gesprochen.

Phase	Japanisch	Deutsch		Englisch
		5S	5A	
1	Seiri	Sortiere aus	Aussortieren	Sorting
2	Seiton	Systematisieren	Aufräumen	Straightening
3	Seiso	Säubern	Arbeitsplatz sauber halten	Shining
4	Seiketsu	Standardisieren	Anordnung zur Regel machen	Standardizing
5	Shitsuke	Selbstdisziplin	Alle Schritte wiederholt durchlaufen und verbessern	Sustain

Abbildung 3.26.1: 5S-Phasen (vgl. Hirano 1995, S. 20; Asetesco 2011, S. 3 ff.; REFA 2011, S. 9 ff.)

Mit einem **5S-Check** auf Basis dieser Phasen kann der 5S-Status in Arbeitssystemen erhoben und nach umgesetzten Maßnahmen überprüft und dokumentiert werden.

Abbildung 3.26.2 zeigt die Eignung des 5S-Checks im Rahmen der drei Strukturen.

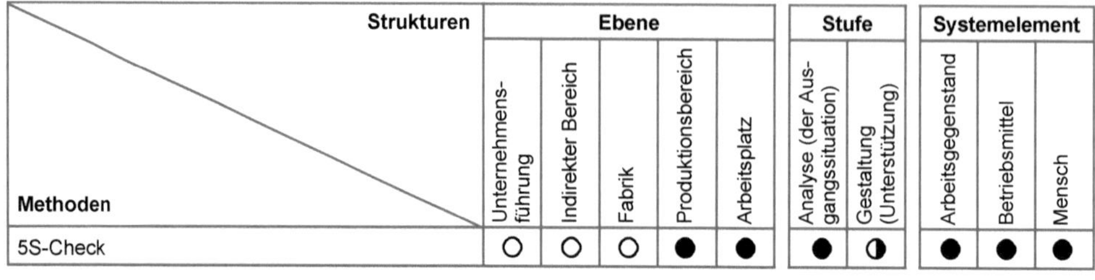

Strukturen / Methoden	Ebene					Stufe		Systemelement		
	Unternehmens-führung	Indirekter Bereich	Fabrik	Produktionsbereich	Arbeitsplatz	Analyse (der Aus-gangssituation)	Gestaltung (Unterstützung)	Arbeitsgegenstand	Betriebsmittel	Mensch
5S-Check	○	○	○	●	●	●	◐	●	●	●

○ Kein Zusammenhang ◐ Mittlerer Zusammenhang ● Direkter Zusammenhang

Abbildung 3.26.2: Einordnung des 5S-Checks in die drei Strukturen

Zweck

- Arbeitssysteme im Hinblick auf den 5S-Status bewerten
- 5S-Handlungsschwerpunkte aufzeigen
- Wirksamkeit von Gestaltungsmaßnahmen dokumentieren

Typische Anwendungsfälle

- Im Rahmen von 5S-Workshops einsetzen
- Bei der Durchführung von Optimierungsprojekten Handlungsschwerpunkte aufzeigen
- Kennzahlen zum 5S-Status für ein Zielsystem zur Verfügung stellen (vgl. Methode **Balanced Scorecard (BSC)** (Kap. 3.5)).

Vorgehensweise

Am Beispiel der Endmontage eines Herstellers von Komponenten für die Küchenmöbelindustrie soll die Anwendung des 5S-Checks erläutert werden. Die Fragen in einer 5S-Checkliste können, je nach Branche oder betrieblichen Schwerpunktsetzungen, individuell formuliert werden. Für das Beispielunternehmen ist eine Checkliste, wie in Abbildung 3.26.3 dargestellt, erarbeitet worden. Ziel ist es, den 5S-Status zu einem definierten Zeitpunkt aufzunehmen sowie Maßnahmen abzuleiten und umzusetzen, um dann zur Erfolgskontrolle die Checkliste wiederholt anzuwenden.

1. **Untersuchungsbereich und Ziele festlegen**

   Zunächst ist der Untersuchungsbereich (Arbeitsplatz, Produktionsbereich) zu bestimmen. Im Beispielunternehmen ist dies die Endmontage.

   Zudem sind die Ziele für die Anwendung des 5S-Checks zu definieren. Im Beispielunternehmen ist der 5S-Status vor und nach der Optimierung zu dokumentieren.

2. **Ausgangssituation aufnehmen und bewerten**

   Die Aspekte des 5S-Checks sollten möglichst gemeinsam mit betroffenen Mitarbeitern des ausgewählten Arbeitssystems beantwortet und ausgewertet werden, im Beispielunternehmen durch den Montageleiter und zwei Mitarbeiter. Abbildung 3.26.3 zeigt die ausfüllte Checkliste vor der Umsetzung von Maßnahmen für das Beispielunternehmen. Entsprechend der Legende ist eine Beurteilung in *Trifft nicht* zu sowie fünf Erfüllungs-Stufen möglich.

   Nun werden die Mittelwerte der Einstufungen je Phase errechnet, neben den Phasenüberschriften graphisch markiert und als Punktwert vermerkt. Aus den fünf Einzelwerten lässt sich der durchschnittliche Erfüllungsgrad errechnen, im Beispielunternehmen ca. 2,8. Dieser Wert ist – orientiert am Branchenvergleich – deutlich zu verbessern.

3. **Maßnahmen ableiten**

   Entsprechend der 5S-Systematik sollte eine Phase nach der anderen realisiert werden. Abbildung 3.26.3 zeigt, dass bereits in den ersten Phasen deutliche Defizite bestehen. Beispielsweise wird die Höhe der Materialbestände nicht laufend überprüft oder nicht alle regelmäßig verwendeten Handwerkzeuge haben definierte Plätze, z. B. an einem Shadowboard (Schattenbrett).

4. **Maßnahmen umsetzen**

   Maßnahmen sollten möglichst zusammen mit den betroffenen Mitarbeitern definiert und von ihnen selbst umgesetzt werden, um die Akzeptanz sicherzustellen.

   Umfangreichere Maßnahmen oder Maßnahmen mit entscheidungsrelevanten Investitionsvolumina sind in Projekte zu überführen, in denen die betroffenen Mitarbeiter auch zu beteiligen sind.

5. **5S-Status nach der Optimierung bewerten**

   Nach der Umsetzung der definierten Maßnahmen wird die Situation wiederum mit dem 5S-Check bewertet (der ausgefüllte Vordruck aus dem Beispielunternehmen ist hier nicht dargestellt).

   Ein sog. Radar-Diagramm eignet sich sehr gut, um die Veränderungen im 5S-Status visuell zu dokumentieren (vgl. Abbildung 3.26.4). Im vorliegendem Fall kann der durchschnittliche Erfüllungsgrad von ca. 2,8 auf 3,5 verbessert werden.

Ausgefüllte Vordrucke

5S-Check		Checkliste	
Stand:	TT.MM.JJJJ	Bereich:	Endmontage
Bearb.:	H. Meier (Montageleitung)	Beteiligte:	H. Meier (Montageleitung)/F. Beier, P. Keubler (Mitarbeiter)

Aspekt	Bewertung	Bemerkungen
1. Sortiere aus (Aussortieren)		**2,8**
Alle Einrichtungsgegenstände (Tische, Stühle, Schränke usw.) sind funktionsfähig.		
Es sind nur regelmäßig benötigte Betriebsmittel (Maschinen, Werkzeuge, Vorrichtungen, Prüfmittel, Hilfsmittel usw.) vorhanden.		
Die Höhe der Materialbestände ist überprüft und das Beseitigen von Übermengen ist geregelt.		
Alle nicht benutzten Betriebsmittel und nicht benötigtes Material werden sofort erkannt.		
Es gibt keine unnötigen oder veralteten Informationen und Richtlinien.		
2. Systematisieren (Aufräumen)		**3,2**
Alle Stell-, Pufferflächen, Wege usw. sind selbsterklärend gekennzeichnet bzw. beschriftet.		
Alle Wege, insbesondere Rettungswege, sind frei von Material und anderen Hindernissen.		
Jedes verwendete Material hat seinen definierten und gekennzeichneten Platz.		
Jedes benötigte Betriebsmittel hat seinen definierten Platz.		
Alle Sicherheitseinrichtungen sind direkt erreichbar und unverzüglich nutzbar.		
3. Säubern (Arbeitsplatz sauber halten)		**3,2**
Der Fußboden ist sauber und gefährdungsfrei.		
Alle Einrichtungsgegenstände, Betriebsmittel sowie Informationsmittel sind schmutz- und staubfrei.		
Es sind unterschiedlich gekennzeichnete und ausreichend viele Abfallbehälter vorhanden.		
Reinigungsmittel sind vorhanden und werden an definierten Stellen (z. B. Reinigungsinseln) leicht zugänglich aufbewahrt.		
Es existieren Reinigungspläne, die als Routine in die tägliche Arbeit integriert sind.		
4. Standardisieren (Anordnung zur Regel machen)		**2,8**
Es existiert ein dokumentierter Standard für 1. Sortiere aus, 2. Systematisieren und 3. Säubern.		
Es sind bereichsbezogene 5S-Verantwortliche eingesetzt.		
Alle Mitarbeiter im Auditbereich sind in der 5S-Philosophie geschult und dies ist dokumentiert.		
Umgesetzte 5S-Maßnahmen sind dokumentiert/visualisiert und aktuell.		
Für alle Betriebsmittel (insbes. Maschinen/Anlagen) existieren Wartungs- und Instandhaltungspläne mit Verantwortlichen.		
5. Selbstdisziplin (Alle Schritte wiederholt durchlaufen und verbessern)		**2,0**
Alle Mitarbeiter im Auditbereich können die 5S-Methode, einschließlich möglicher Maßnahmen, anwenden.		
Standards und Regeln werden von allen Mitarbeitern befolgt.		
Es werden regelmäßig 5S-Audits durchgeführt und dokumentiert.		
Der 5S-Status wird planmäßig erfasst (Audit-Checkliste und Visualisierung).		
Zur Verfügung gestellte Arbeitszeiten werden für 5S-Aktivitäten genutzt.		Trifft nicht zu
Durchschnittlicher Erfüllungsgrad:		**2,8**

Legende:					
Trifft nicht zu*) (0 %)	Kaum realisiert (20 %)	Ansätze erkennbar (40 %)	Vorhanden, aber nicht durchgängig (60 %)	Ist umgesetzt (80 %)	Wird gelebt (100 %)

*) Aussage/Aspekt wird in der Mittelwertbildung nicht berücksichtigt

Abbildung 3.26.3: Ausgefüllte 5S-Checkliste für die Endmontage eines Herstellers von Komponenten für die Küchenmöbelindustrie (Ausgangssituation)

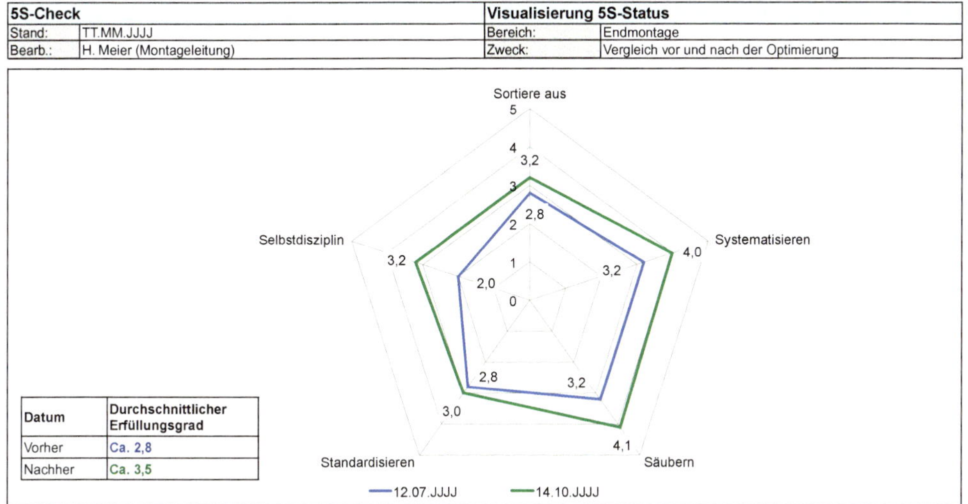

Abbildung 3.26.4: Visualisierung des 5S-Status vor und nach der Umsetzung von Maßnahmen für die Endmontage eines Herstellers von Komponenten für die Küchenmöbelindustrie

3.27 Gesamtpotenzialliste

Kurzbeschreibung

Wenn verschiedene Methoden, z. B. im Rahmen einer Potenzialanalyse (vgl. Fallstudie **Potenzialanalyse** (Kap. 4.1)), eingesetzt werden, ist es sinnvoll, die realisierbaren Potenziale übersichtlich darzustellen und zu summieren. In Abbildung 3.27.2 ist dazu ein ausgefüllter Vordruck **Gesamtpotenzialliste** dargestellt. Dieses Muster ist hier bewusst umfangreich gestaltet worden, kann aber, wie alle Methoden in diesem Buch, beliebig entsprechend dem Anwendungszweck angepasst werden.

Der Vordruck zeigt den gesamten Prozess, von der Definition einer Schwachstelle, über die verwendete Methode, deren Einordnung in die Ebenen- und Systemelemente-Struktur, bis zum realisierbaren Potenzial mit Bemerkungen. Weiterhin folgt eine Nennung der wesentlichen Gestaltungsmaßnahmen mit Abschätzung des Aufwandes. Jeder Anwender muss dabei unternehmensspezifisch entscheiden, was für ihn ein geringer, mittlerer oder hoher Aufwand ist. Dazu empfiehlt sich der Blick auf die jeweiligen prognostizierten Potenziale. Das letzte Segment im Vordruck ist dem Projektmanagement mit Status der Bearbeitung, Realisierungstermin und Verantwortlichem zuzuordnen.

Abbildung 3.27.1 zeigt die Eignung der Gesamtpotenzialliste im Rahmen der drei Strukturen.

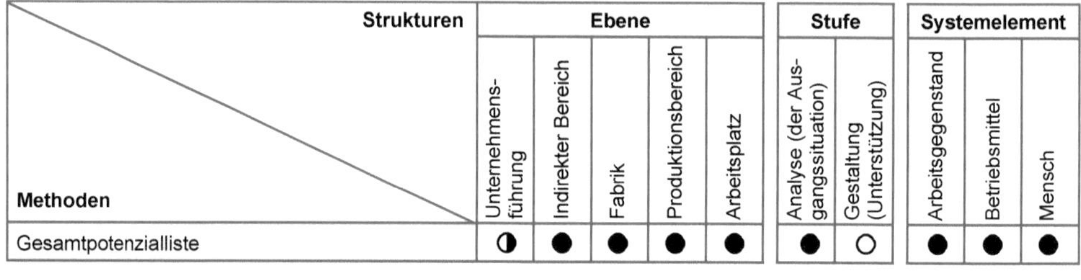

Strukturen / Methoden	Ebene					Stufe		Systemelement		
	Unternehmens-führung	Indirekter Bereich	Fabrik	Produktionsbereich	Arbeitsplatz	Analyse (der Ausgangssituation)	Gestaltung (Unterstützung)	Arbeitsgegenstand	Betriebsmittel	Mensch
Gesamtpotenzialliste	◑	●	●	●	●	●	○	●	●	●

○ Kein Zusammenhang ◑ Mittlerer Zusammenhang ● Direkter Zusammenhang

Abbildung 3.27.1: Einordnung Gesamtpotenzialliste in die drei Strukturen

Zweck

- Wesentliche Potenziale aus vorausgegangenen Analysen übersichtlich darstellen
- Als Entscheidungsbasis für zu realisierende Maßnahmen einsetzen
- Als Hilfsmittel zur Projektsteuerung nutzen

Typische Anwendungsfälle

- Im Rahmen einer Potenzialanalyse die wesentlichen Ergebnisse übersichtlich darstellen
- Die Realisierung von Prozessoptimierungsprojekten kontrollieren

Vorgehensweise

Am Beispiel eines mittelständischen Herstellers von Anlagen für Sägewerke soll die Methode Gesamtpotenzialliste erläutert werden. Die Geschäftsführung des Unternehmens hat nach Anwendung der **Matrix Ziele – Methoden** diverse Analysen durchführen lassen und wünscht sich abschließend die Zusammenstellung der wesentlichen Ergebnisse, um weitere Entscheidungen treffen zu können. Zudem soll später der Umsetzungsstand der Maßnahmen mit dem Vordruck laufend kontrolliert werden.

1. **Zusammenstellen der Analyseergebnisse**

   Im Beispielunternehmen sind diverse Methoden, wie IWT-Produktionscheck©, Auftragsdurchlaufanalyse, Bestands- und Flächenanalyse, Multimomentaufnahme für Mitarbeiter und Betriebsmittel, 5S-Check und REFA-Arbeitsablaufanalyse durchgeführt worden. Nach Anwendung dieser Methoden ergeben sich i. d. R. Schwachstellen und Verbesserungspotenziale.

   Zunächst werden die jeweilige *Schwachstelle* sowie die verwendete *Methode* in den Vordruck eingetragen (vgl. Abbildung 3.27.2). Nun kann angekreuzt werden, welche *Ebene* die Analyse primär betrifft und welches *Systemelement* hauptsächlich betroffen ist. Beispielsweise sind im Rahmen der Auftragsdurchlaufanalyse mehrfaches Nachfragen, Doppelarbeiten, manuelles Übertragen von Daten usw. festgestellt worden (vgl. lfd. Nr. 3 in Abbildung 3.27.2). Diese Schwachstelle ist in der Ebenen-Struktur eindeutig im indirekten Bereich zu verorten und betrifft in der Systemelemente-Struktur den Menschen. Zudem ist festgestellt worden, dass sich dadurch die Durchlaufzeit deutlich verlängert. Daher ist weiterhin unter *Systemelement* noch Arbeitsgegenstand angekreuzt worden.

   Nun wird das *Realisierbare Potenzial* eingetragen. In Abbildung 3.27.2 sind dafür fünf Spalten vorgesehen. Diese Größen treten, nach Einschätzung der Autoren, üblicherweise immer wieder im Rahmen von Analysen auf. Hier kann der Anwender beliebig verändern. Für die Schwachstelle lfd. Nr. 3 lassen sich die Personalkosten im indirekten Bereich um ca. 80.000 €/Jahr und die Durchlaufzeit für die am meisten verkaufte Anlage um 2 Monate reduzieren. Dazu muss die Arbeitsvorbereitung in Richtung Auftragszentrum entwickelt werden. Als Sofortmaßnahme sind klare Prioritätsregeln zu definieren, damit der 'Durchgriff' des Vertriebs auf die Auftragsreihenfolge unterbunden wird, wie in der Spalte *Wesentliche Gestaltungsmaßnahmen(n)* vermerkt. Die Einrichtung eines Auftragszentrums ist in Bezug auf die Kosten mit einem mittleren Aufwand verbunden; hier fallen vor allem Programmiertätigkeiten im ERP-System und Qualifizierungen an (vgl. Abbildung 3.27.2 unter *Aufwand*). Zudem wird in der Spalte *Umsetzung* abgeschätzt, innerhalb welches Zeitraums das jeweilige Projekt bearbeitet werden kann, für lfd. Nr. 3 in Abbildung 3.27.2 im *kurzfristigen* Bereich.

2. **Maßnahmen auswählen und Umsetzung kontrollieren**

   Auf dieser Basis kann entschieden werden, welche Schwachstellen bearbeitet werden sollen. Im Beispiel ist die Entscheidung bereits gefallen, denn der Vordruck zeigt die zu realisierenden Projekte.

Die letzten drei Spalten des Vordrucks dienen primär der Projektsteuerung. Im Beispielunternehmen sind die Projekte schon vor einiger Zeit begonnen worden. Daher zeigt die Spalte *Status* unterschiedliche Fortschrittsbalken. Zudem sind der geplante *Termin* der Umsetzung sowie der *Verantwortliche* aufgeführt.

Ausgefüllter Vordruck

Gesamtpotenzialliste		**Zusammenstellung**	
Stand:	TT.MM.JJJJ	Quelle:	Unternehmen gesamt
Bearb.:	F. Kaiser	Bereich:	Indirekter Bereich, Fabrik, Produktionsbereiche, Arbeitsplätze

Lfd. Nr.	Schwachstelle	Methode	Ebene					Systemelement			Realisierbares Potenzial					Wesentliche Gestaltungsmaßnahme(n)	Aufwand (hoch/mittel/gering)	Umsetzung			Status				Termin	Verantwortlich
			Arbeitsplatz	Produktionsbereich	Fabrik	Indirekter Bereich	Unternehmensführung	Arbeitsgegenstand	Betriebsmittel	Mensch	Kosten (€/Jahr)	Zeiten	Betriebsmittelverfügbarkeit (%)	Qualität	Delta (%)			Kurzfristig (weniger als 3 Monate)	Mittelfristig (3 bis 6 Monate)	Langfristig (länger als 6 Monate)	Potenzial definiert	In Planung	In Umsetzung	Umgesetzt		
1	Schlechte Maschinenverfügbarkeit	REFA-Arbeitsablaufanalyse	X						X			1 • 9 %				Schnelles Rüsten		X							19. KW JJJJ	O. Sander
2	Teilemangel		X							X	33.000					Materialversorgung durch die Logistik		X							19. KW JJJJ	O. Sander
3	Mehrfacharbeit im Auftragsdurchlauf	Auftragsdurchlaufanalyse				X				X	80.000					Prioritätsregeln definieren und Auftragszentrum einrichten		X							34. KW JJJJ	F. Beier
						X		X				2 Monate							X						34. KW JJJJ	F. Beier
4	Schlechte Ordnung und Sauberkeit	5S-Check		X					X						14	5S-Konzept umsetzen			X						42. KW JJJJ	K. Reuter
5				X					X						10										48. KW JJJJ	K. Reuter
6	Zu hoher Anteil an Lager-/Bereitstellflächen	Bestands- und Flächenanalyse			X			X			80.000					Kanbansystem einführen			X						50. KW JJJJ	U. Hanning
7	Hoher Anteil Transporte/Materialbereitstellung	Multimomentaufnahme		X						X	120.000					Materialfluss optimieren/Kanbansystem einführen			X						50. KW JJJJ	U. Hanning
8				X						X	160.000														50. KW JJJJ	U. Hanning
9	Niveau der Arbeitsgestaltung	IWT-Produktionscheck© (Arbeitsgestaltung)	X	X	X				X						12	Maßnahmen 6-11				X					34. KW JJJJ	P. Michels
										Summe (€/Jahr):	473.000							113.000	360.000	0						

Abbildung 3.27.2: Gesamtpotenzialliste als Basis zur Optimierung des indirekten Bereichs, der Fabrik, von Produktionsbereichen und Arbeitsplätzen eines Herstellers von Sägewerksanlagen

3.28 Taktdiagramm

Kurzbeschreibung

Sind Arbeitssysteme (z. B. einzelne Arbeitsplätze oder Produktionsbereiche) miteinander gekoppelt, ist zu überprüfen, ob deren Zykluszeiten vom Kundentakt abweichen. In Abbildung 3.28.1 ist der Ist-Zustand für einen Produktionsbereich in Form eines **Taktdiagramms** oben links dargestellt. Der Kundentakt KT (idealerweise auch Taktzeit) ist als wesentliche Orientierungslinie eingezeichnet. Er gibt das Verhältnis aus täglicher Arbeitszeit und Tagesbedarf des Kunden an. Als Zykluszeit ZZ wird die Zeit definiert, in der ein Teil in einem Arbeitssystem fertig gestellt wird (vgl. dazu auch die Methode **Wertstrommethode** (Kap. 3.10) und Anhang A.2).

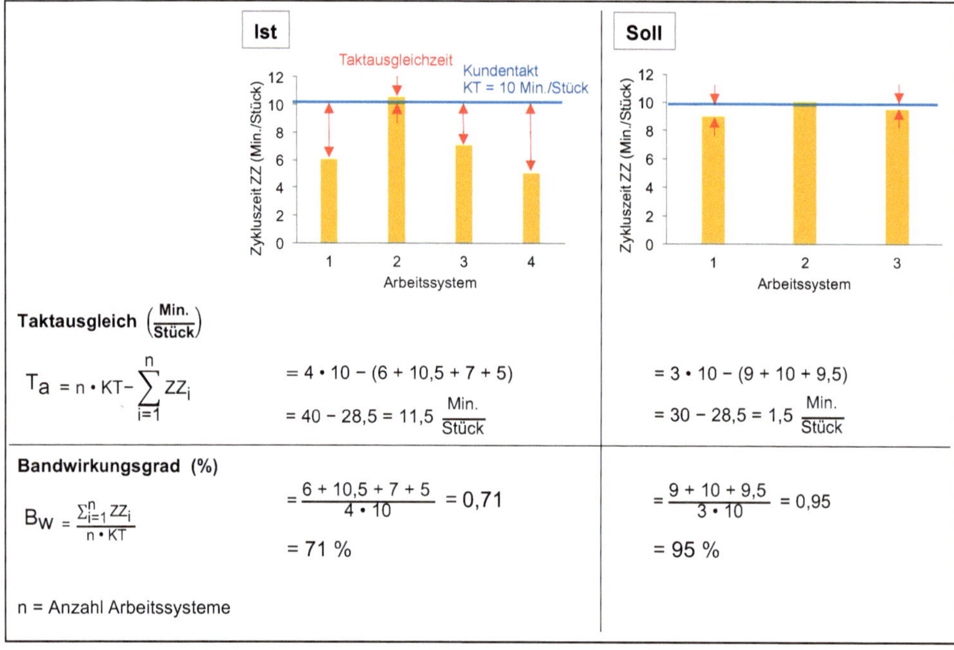

Abbildung 3.28.1: Beispiel eines Taktdiagramms im Ist- und Soll-Zustand (vgl. Uttenweiler 1995, S. 25 ff.)

Abbildung 3.28.1 zeigt für den Ist-Zustand, dass in drei Arbeitssystemen der Kundentakt deutlich unterschritten und in einem leicht überschritten wird. Es ergibt sich ein Taktausgleich T_a von 11,5 Min./Stück. Diese Kenngröße ist ein Maß für die Ausgeglichenheit von verkoppelten Arbeitssystemen (vgl. Bokranz/Landau 2013, S. 376). Ziel ist es, Überlastzeiten zu reduzieren und Wartezeiten in den Arbeitssystemen zu eliminieren. Wie im Soll-Zustand in Abbildung 3.28.1 oben rechts dargestellt, kann das vierte Arbeitssystem durch Verschieben von Arbeitsinhalten entfallen. Es ergibt sich nun ein Taktausgleich von 1,5 Min./Stück. Die Abweichungen in den verbleibenden drei Arbeitssystemen zum Kundentakt sind nur noch sehr gering und tolerierbar, um damit ggf. kleinere Störungen abzufangen.

Neben dem Taktausgleich wird der Bandwirkungsgrad B_w als weitere Kenngröße zur Beurteilung der mittleren Auslastung einer gekoppelten Produktion herangezogen. Er errechnet sich als Wert aus der Summe der Zykluszeiten (oder Prozesszeiten) dividiert durch das Produkt aus Anzahl der Arbeitssysteme und dem Kundentakt. Im Ist-Zustand in Abbildung 3.28.1 liegt der Bandwirkungsgrad bei 71 %; hier werden somit 29 % für nicht wertschöpfende Tätigkeiten (z. B. Wartezeiten) aufgewendet. Im Soll-Zustand werden 95 % erreicht (vgl. dazu auch Schuh 2008; Bokranz/Landau 2013, S. 373 ff.).
Abbildung 3.28.2 zeigt die Eignung des Taktdiagramms in den Rahmen der drei Strukturen.

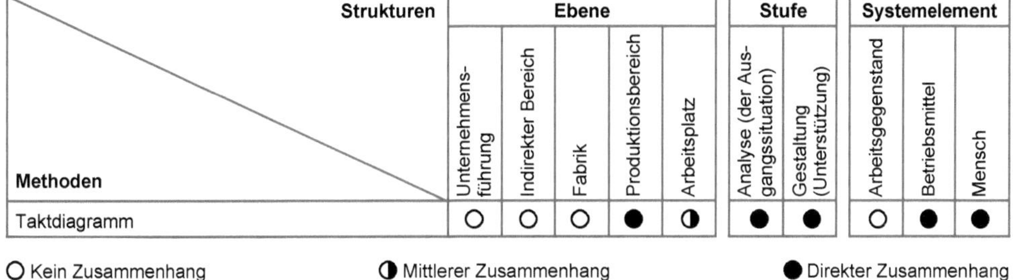

Strukturen / Methoden	Ebene					Stufe		Systemelement		
	Unternehmens-führung	Indirekter Bereich	Fabrik	Produktionsbereich	Arbeitsplatz	Analyse (der Ausgangssituation)	Gestaltung (Unterstützung)	Arbeitsgegenstand	Betriebsmittel	Mensch
Taktdiagramm	○	○	○	●	◑	●	●	○	●	●

○ Kein Zusammenhang ◑ Mittlerer Zusammenhang ● Direkter Zusammenhang

Abbildung 3.28.2: Einordnung des Taktdiagramms in die drei Strukturen

Zweck

- Die Gestaltung kundenorientierter Arbeitssysteme unterstützen
- Miteinander gekoppelte Arbeitssysteme im Hinblick auf Taktausgleich und Bandwirkungsgrad analysieren und optimieren

Typische Anwendungsfälle

- Planung bzw. Optimierung von One-Piece-Flow-Systemen unterstützen
- Prozessintegration im Rahmen der Wertstrommethode realisieren

Vorgehensweise

Am Beispiel eines Küchenmöbelherstellers wird das Vorgehen zur Erstellung eines Taktdiagramms für den Bereich der Endmontage von Sonderschränken erläutert. Ziel ist es, den Ist-Zustand mit den wesentlichen Kenngrößen zu erfassen und erste Vorschläge zur Optimierung zu erarbeiten.

1. **Analysebereich abgrenzen und Basisdaten aufnehmen**

   Im vorliegenden Fall ist der Bereich der Endmontage von Sonderschränken leicht abzugrenzen. In Abbildung 3.28.3 sind die wesentlichen relevanten Basisdaten einschließlich einer Skizze dargestellt.

   Die Daten sind für ein Jahr zusammengetragen worden. Der Vordruck lässt sich beliebig erweitern. Im vorliegenden Fall sind beispielsweise zusätzlich die Anzahl Varianten sowie die Personalkosten aufgeführt, um das Ergebnis vertieft bewerten zu können.

2. **Ist-Zeiten aufnehmen**

Im zweiten Schritt werden je Arbeitssystem die Ist-Zeiten für die Ablaufabschnitte gemessen (vgl. **REFA-Arbeitsablaufanalyse** (Kap. 3.30)) und im Taktdiagramm visualisiert. Abbildung 3.28.4 zeigt den ausgefüllten Vordruck. In den Ist-Zeiten sind bereits die Zuschläge für die sachliche und persönliche Verteilzeit berücksichtigt. Der Montageprozess nimmt mehr Zeit in Anspruch als der Kundentakt zur Verfügung stellt. Die Prozesse Verpacken und Pressen liegen zeitlich deutlich darunter.

Es ist sinnvoll, die reinen Betriebsmittelzeiten (nicht durch Mitarbeiter beeinflussbar) besonders zu kennzeichnen, da sie separat betrachtet werden müssen.

3. **Kenngrößen errechnen**

Abbildung 3.28.5 zeigt die wesentlichen Kenngrößen. Der Kundentakt beträgt hier 618 Sek./Stück.

Der Taktausgleich wird differenziert nach Arbeitssystemen, die mit Mitarbeitern besetzt sind und solchen, die ausschließlich durch Betriebsmittel beeinflusst werden.

Im Beispiel ergibt sich für die beiden mit Mitarbeitern besetzten Arbeitssysteme ein Taktausgleich von 181 Sek./Stück. Der korrespondierende Bandwirkungsgrad zeigt mit 85 %, dass noch Optimierungspotenzial vorhanden ist.

Im Arbeitssystem Presse besteht bei einem Taktausgleich von 258 Sek./Stück eine deutliche Unterauslastung, was auch durch den Bandwirkungsgrad von 58 % bestätigt wird.

4. **Maßnahmen definieren und umsetzen**

Im Folgenden wird kurz dargestellt, wie auf Basis der Analysedaten eine Optimierung des Endmontagebereichs erfolgen kann. Zunächst wird das Engpass-Arbeitssystem identifiziert, denn dieses bestimmt die Geschwindigkeit der Produktion. Nach dessen Optimierung lässt sich der Durchsatz steigern (vgl. Dickmann 2009, S. 410 ff.). Im Beispiel ist dies die Montage, da hier eine Überlastung von 56 Sek./Stück vorliegt. Es ist angedacht, dass der Mitarbeiter am Verpackplatz Tätigkeiten der Montage mit übernimmt, z. B. Material bestellen, da dies mit einem kleinen Puffer weitgehend entkoppelt vom Ablauf in der Montage erfolgen kann. Der Taktausgleich und der Bandwirkungsgrad bleiben von dieser Maßnahme unberührt.

Im nächsten Optimierungsschritt soll überprüft werden, ob der Mitarbeiter am Verpackplatz weitere Ablaufabschnitte aus dem Arbeitssystem Montage übernehmen kann, z. B. Putzarbeiten bereits in der Bereitstellzone. Ziel sollte es sein, beide Mitarbeiter annähernd gleich auszulasten. Da die Fertigungszeit für beide Arbeitssysteme in der Summe 1.055 Sek./Stück beträgt, wäre eine Einzel-Fertigungszeit von 527,5 Sek./Stück anzustreben.

Nun wird deutlich, dass dann beide Mitarbeiter jeweils 90,5 Sek./Stück Minderauslastung hätten (618-527,5 Sek./Stück). Es wäre dadurch ein theoretischer Kundentakt von 527,5 Sek./Stück möglich (618-90,5 Sek./Stück). Nun bestehen zwei Möglichkeiten:

(a) Unter Beibehaltung des ursprünglichen Kundentaktes müssten die beiden Mitarbeiter zusätzliche andere Arbeiten im Bereich ihrer Arbeitssysteme ausführen, um sie auszulasten.

(b) Führt man einen theoretischen Kundentakt von 527,5 Sek./Stück ein, dann wäre ein Puffer für die Fertigprodukte notwendig, da nun schneller als der tatsächliche Kundentakt produziert wird. Die beiden Mitarbeiter hätten die Tagesstückzahl von etwa 44 Stück bereits nach ca. 6,5 Stunden produziert. Sie müssten danach z. B. andere Tätigkeiten im Unternehmen ausführen. Die Taktausgleichzeiten sind in diesem Fall minimal und der Bandwirkungsgrad erreicht 100 %.

Das Betriebsmittel Presse stellt in keinem der Fälle einen Engpass dar, da es nicht vollständig ausgelastet ist.

Ausgefüllte Vordrucke

Taktdiagramm		Basisdaten	
Stand:	TT.MM.JJJJ	Artikel:	Endmontage - Sonderschränke
Bearb.:	P. Schwerdtfeger	Quelle:	B. Kundert (Arbeitsvorbereitung)

Betrachtungszeitraum: 01.08.JJJJ - 31.07.JJJJ

Produktdaten	
Summe Produkte	10.835
Anzahl Varianten	542

Personaldaten	
Anzahl Schichten	1
Anzahl Mitarbeiter	2
Anzahl Arbeitsstunden/Schicht	7,5
Personalkosten (€/Stunde)	28,80

Arbeitszeitdaten	
Anzahl Arbeitstage (Jahr)	248
Verfügbare Arbeitszeit (Stunden/Jahr)	1.860

Kundentakt = Arbeitszeit / Bedarf	
KT (Min./Stück)	10,3
KT (Sek./Stück)	618

Abbildung 3.28.3: Taktdiagramm – Basisdaten für den Bereich Endmontage - Sonderschränke eines Küchenherstellers

Taktdiagramm		**Ist-Zeiten**	
Stand:	TT.MM.JJJJ	Artikel:	Endmontage - Sonderschränke
Bearb.:	P. Schwerdtfeger	Quelle:	Daten aus REFA-Arbeitsablaufanalysen

Arbeitssysteme								
Montage			**Verpressen**			**Verpacken**		
Nr.	**Ablaufabschnitt**	**Sek.**	**Nr.**	**Ablaufabschnitt**	**Sek.**	**Nr.**	**Ablaufabschnitt**	**Sek.**
1	Material bestellen	52	1	Presszeit	360	1	Schrank aus Presse entnehmen	18
2	Rückwand bohren	55	2			2	Schrank reinigen	65
3	Rückwandecken schneiden	46	3			3	Böden einlegen	37
4	Seiten putzen	178	4			4	In Liste streichen	26
5	Böden putzen	77	5			5	Kartonage bereitstellen	58
6	Leim angeben	43	6			6	Schrank einpacken	128
7	Korpus zusammensetzen	70	7			7	Karton einbändern	32
8	Rückwand schießen	27	8			8	Karton auf Palette ablegen	17
9	Beschläge montieren	64	9			9		
10	Korpus in Presse einsetzen	62	10			10		
	Summe:	**674**		**Summe:**	**360**		**Summe:**	**381**

Kundentakt = 618 (Sek./Stück)

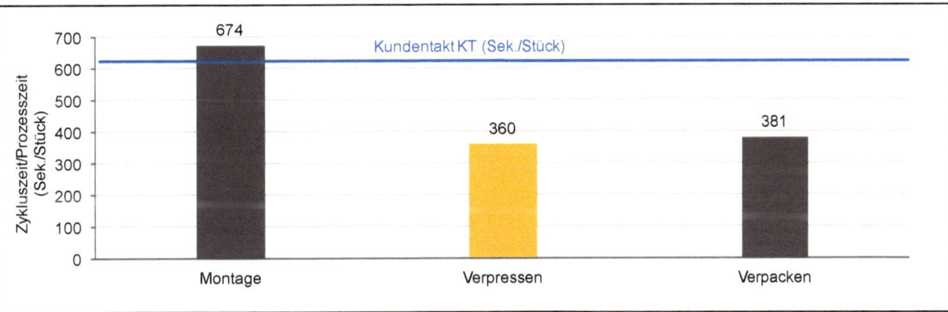

Abbildung 3.28.4: Taktdiagramm – Ist-Zeiten für den Bereich Endmontage - Sonderschränke eines Küchenherstellers

Taktdiagramm		Kenngrößen	
Stand:	TT.MM.JJJJ	Bereich:	Endmontage - Sonderschränke
Bearb.:	P. Schwerdtfeger	Quelle:	Vordrucke Taktdiagramm Basisdaten/Ist-Zeiten

Kenngrößen	Mitarbeiter	Betriebsmittel
Kundentakt KT $\left(\frac{\text{Sek.}}{\text{Stück}} \text{ oder } \frac{\text{Min.}}{\text{Stück}}\right)$	**618**	
Taktausgleich T_a $\left(\frac{\text{Sek.}}{\text{Stück}} \text{ oder } \frac{\text{Min.}}{\text{Stück}}\right)$	$= n \cdot KT - \sum_{i=1}^{n} ZZ_{i\ \text{Mitarbeiter}}$ $= 2 \cdot 618 - (674 + 381)$ $= 181\ \frac{\text{Sek.}}{\text{Stück}}$	$= n \cdot KT - \sum_{i=1}^{n} ZZ_{i\ \text{Betriebsmittel}}$ $= 1 \cdot 618 - 360$ $= 258\ \frac{\text{Sek.}}{\text{Stück}}$
Bandwirkungsgrad B_W (%)	$= \frac{\sum_{i=1}^{n} ZZ_{i\ \text{Mitarbeiter}}}{n_{\text{Mitarbeiter}} \cdot KT}$ $= \frac{674 + 381}{2 \cdot 618}$ $= 85\ \%$	$= \frac{\sum_{i=1}^{n} ZZ_{i\ \text{Betriebsmittel}}}{n_{\text{Betriebsmittel}} \cdot KT}$ $= \frac{360}{618}$ $= 58\ \%$

ZZ = Zykluszeit

n = Anzahl Arbeitssysteme

Abbildung 3.28.5: Taktdiagramm – Kenngrößen für den Bereich Endmontage - Sonderschränke eines Küchenherstellers

3.29 Checkliste Arbeitsplatzgestaltung und Ergonomie

Kurzbeschreibung

Produktivität und Humanorientierung sind wesentliche Kriterien für den Unternehmenserfolg. REFA bezeichnet die Kopplung beider Aspekte als 'Humanorientiertes Produktivitätsmanagement' (vgl. REFA-Institut 2016, S. 5).
Vorzugsweise lässt sich dieser Ansatz im Bereich des Arbeitsplatzes in der Ebenen-Struktur realisieren. Hier setzt auch die **Checkliste Arbeitsplatzgestaltung und Ergonomie** an. Die Ergonomie – als Teildisziplin der Arbeitswissenschaft – fokussiert primär auf die technischen und organisatorischen Dimensionen der Arbeit, um die Arbeitsbedingungen für die Mitarbeiter bei der Produktion von Waren und Dienstleistungen zu verbessern. Es geht dabei z. B. um eine erleichterte Arbeitsausführung, den Schutz und die Förderung der Sicherheit sowie die Gesundheit und das Wohlbefinden bei der Arbeit (vgl. Schmauder/Spanner-Ulmer 2014, S. 16 f.).
Die Checkliste Arbeitsplatzgestaltung und Ergonomie (vgl. Abbildung 3.29.1 bis 3.29.10) beinhaltet sechs Einzelvordrucke mit den wesentlichen wirtschaftlichen und ergonomischen Anforderungen, die komplett oder in Teilen angewendet werden können (vgl. auch BG ETEM o. J./Ifaa 2014):

- Im Vordruck *Werkzeug/Vorrichtung/Hilfsmittel* stehen die Verwendung und das Aufnehmen/Ablegen von Werkzeugen usw. im Vordergrund. Hier fließen vor allem Anforderungen aus MTM 1 und UAS ein (vgl. auch Jungkind/Helmrich 2016).

- Ein weiteres Handlungsfeld wird im Vordruck *Materialbereitstellung* bearbeitet. Im Arbeitsplatzumfeld sollen kürzeste Greifwege und einfaches Greifen von Arbeitsgegenständen realisiert werden. Zudem geht es um angemessene Losgrößen und das Behältermanagement.

- Im nächsten Schritt wird stärker auf den Mitarbeiter und dessen Arbeitsweise fokussiert. Dazu dient zunächst der Vordruck *Arbeitsmethode* mit Beidhandarbeit, Rhythmisierung, satzweiser Montage sowie Körperbewegungen.

- Der Vordruck *Körperhaltung/Arbeitshöhe* behandelt im Wesentlichen die Gestaltung von Arbeitstischen, den Einsatz von Sitzen/Stehhilfen sowie Anzeigen und Stellteile.

- Der Vordruck *Arbeitssicherheit/Arbeitsumgebung* befasst sich z. B. mit Gefährdungen durch mechanische, elektrische, thermische Einflüsse oder Gefahrstoffe sowie den klassischen Arbeitsumgebungsfaktoren Beleuchtung, Klima, Lärm und Vibrationen.

- Abschließend werden Aspekte, wie statische Haltearbeit, dynamische Körperarbeit sowie Informationsaufnahme im Vordruck *Tätigkeit* erfasst.

Die Checkliste Arbeitsplatzgestaltung und Ergonomie kann im frühen Planungsstadium oder für existierende Arbeitsplätze eingesetzt werden. In beiden Fällen lässt sich jeweils ein Erfüllungsgrad je Einzelvordruck errechnen (vgl. Abbildung 3.29.4 ff.). Der Anwender beurteilt, welche der Einzelanforderungen zutreffen und welche nicht, z. B. in Abbildung 3.29.4 mit *Nicht relevant* gekennzeichnet. Letztendlich dient der Erfüllungsgrad dazu, den Ist-Zustand zu quantifizieren und Verbesserungen messbar zu machen.

Die Checkliste ist sehr gut für Montageplätze einsetzbar, aber z. B. auch für Verpackungs- oder Maschinenarbeitsplätze, wenn Arbeitsgegenstände in die Maschine eingelegt und entnommen werden müssen.
Abbildung 3.29.1 zeigt die Eignung der Checkliste Arbeitsplatzgestaltung und Ergonomie im Rahmen der drei Strukturen.

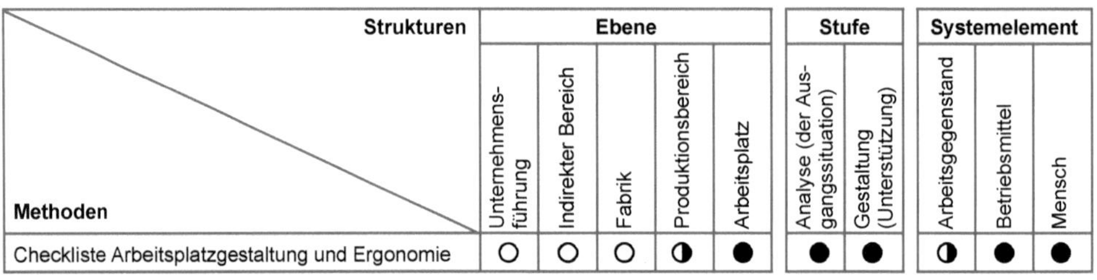

Strukturen / Methoden	Ebene					Stufe		Systemelement		
	Unternehmensführung	Indirekter Bereich	Fabrik	Produktionsbereich	Arbeitsplatz	Analyse (der Ausgangssituation)	Gestaltung (Unterstützung)	Arbeitsgegenstand	Betriebsmittel	Mensch
Checkliste Arbeitsplatzgestaltung und Ergonomie	○	○	○	◐	●	●	●	◐	●	●

○ Kein Zusammenhang ◐ Mittlerer Zusammenhang ● Direkter Zusammenhang

Abbildung 3.29.1: Einordnung der Checkliste Arbeitsplatzgestaltung und Ergonomie in die drei Strukturen

Zweck

- Wesentliche Anforderungen an die wirtschaftliche und ergonomische Arbeitsplatzgestaltung im frühen Planungsstadium berücksichtigen
- Existierende Arbeitsplätze im Hinblick auf wesentliche Anforderungen an die wirtschaftliche und ergonomische Arbeitsplatzgestaltung überprüfen und Gestaltungsmängel identifizieren

Typische Anwendungsfälle

- In Planung befindliche Arbeitsplätze, z. B. im Rahmen der Methode Cardboard Engineering, wirtschaftlich und ergonomisch gestalten (Planungsanalyse)
- Für existierende Arbeitsplätze den Erfüllungsgrad der Arbeitsplatzgestaltung ermitteln und z. B. mittels KVP verbessern (Ausführungsanalyse)

Vorgehensweise

Am Beispiel eines in der Optimierungsphase befindlichen Arbeitsplatzes zur Montage von Bockrollen für Transportwagen soll die Verwendung der Checkliste Arbeitsplatzgestaltung und Ergonomie erläutert werden. Ziel ist es, bereits im frühen Planungsstadium die Erfüllungsgrade der Arbeitsplatzgestaltung je Vordruck zu ermitteln, um danach gezielt weiter zu optimieren.
Hier ist bewusst ein eher einfaches Beispiel gewählt worden, um die Erläuterung nicht zu umfangreich zu gestalten.

1. **Erfassung vorbereiten**

   Sinnvoll ist zunächst eine Visualisierung des Arbeitsplatzes, z. B. in Form einer **Fotodokumentation** (Kap. 3.15) (vgl. Abbildung 3.29.2). Die Montagevorrichtung der Bockrolle im Cardboard Engineering-Modell ist ebenfalls mit einer Fotodokumentation festgehalten worden (vgl. Abbildung 3.29.3). Hier kann zusätzlich die Methode **Bestands- und Flächenanalyse** (Kap. 3.14) eingesetzt werden.

   Nun wird der Montageprozess beobachtet bzw. aufgenommen (z. B. mit der Methode **REFA-Arbeitsablaufanalyse** (Kap. 3.30)). Dies ist hier nicht dokumentiert.

2. **Erfassung durchführen und auswerten**

   Für die Analyse sind die sieben Vordrucke auszufüllen, wie in den Abbildungen 3.29.4 bis 3.29.10 dargestellt.

   Wie bereits erläutert, müssen die Anforderungen, die nicht relevant sind, nicht angekreuzt werden, wie auch im Beispiel geschehen (gelb markiert). In der Spalte Bemerkungen sollten die jeweils festgestellten Missstände erläutert und auch erste Gestaltungsvorschläge vermerkt werden.

   Schließlich lassen sich die Erfüllungsgrade für jeden Vordruck errechnen (Division der *Ja*-Anforderungen durch alle *relevanten* Anforderungen). Im Beispiel wird deutlich, dass hauptsächlich in den Bereichen Materialbereitstellung (ca. 42 %), Körperhaltung/Arbeitshöhe (40 %) sowie Arbeitsmethode (ca. 67 %) Handlungsbedarf besteht, da diese Erfüllungsgrade deutlich geringer als die anderen drei ausfallen.

3. **Arbeitssystem optimieren und erneut bewerten**

   Im Rahmen von KVP-Workshops und mit Einsatz der Cardboard Engineering-Methode werden insbesondere die drei zuvor genannten Bereiche gezielt optimiert, um das Gestaltungsniveau und damit die Erfüllungsgrade zu verbessern.

   Nach Umsetzung der Optimierungen wird die Situation wiederum mit der Checkliste Arbeitsplatzgestaltung und Ergonomie bewertet (der ausgefüllte Vordruck des Beispielunternehmens ist hier nicht mit aufgeführt).

   Ein sog. Radar-Diagramm eignet sich sehr gut, um die Veränderungen visuell zu dokumentieren (vgl. Abbildung 3.29.11).

Ausgefüllte Vordrucke

Fotodokumentation		**Ist-Zustand**	
Stand:	TT.MM.JJJJ	Arbeitsplatz:	Montage Bockrollen
Bearb.:	B. Heuer		

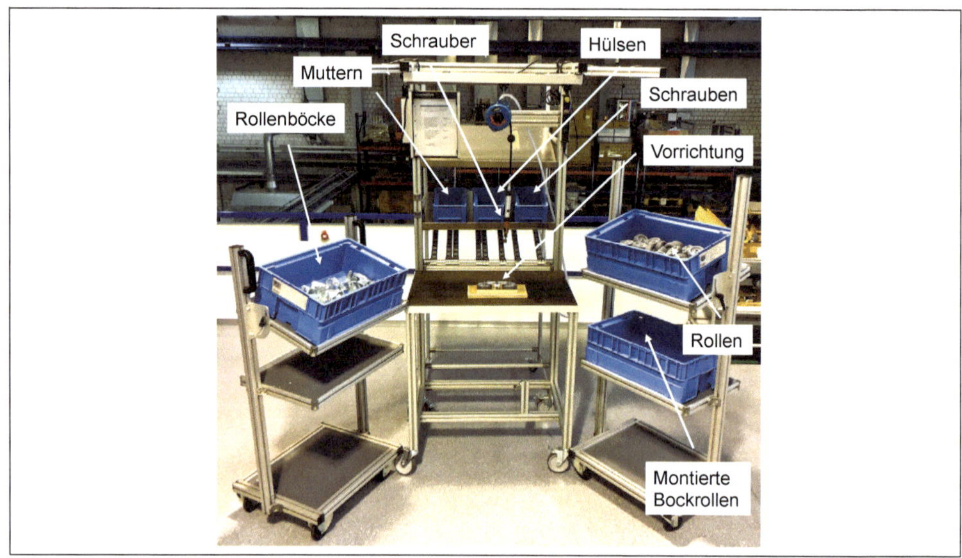

Abbildung 3.29.2: Erster Entwurf des Arbeitsplatzes Montage Bockrollen für Transportwagen

Fotodokumentation		**Montagevorrichtung als Cardboard-Muster**	
Stand:	TT.MM.JJJJ	Arbeitsplatz:	Montage Blockrollen
Bearb.:	B. Heuer		

Mutter Mutter
Rollenbock Rollenbock
Rolle Rolle
Hülse Hülse
Rolle Rolle
Schraube Schraube

Abbildung 3.29.3: Montagevorrichtung Bockrollen für Transportwagen im Cardboard Engineering-Modell

Checkliste Arbeitsplatzgestaltung und Ergonomie		**Erfassungsvordruck**	
Stand:	TT.MM.JJJJ	Arbeitsplatz:	Montage Blockrollen
Bearb.:	B. Heuer		

Werkzeug/Vorrichtung/Hilfsmittel	**Ja**	**Nein**	**Bemerkungen**
Der Hauptarbeitsort (z. B. Montagevorrichtung) ist in der Beidhandzone (beide Hände arbeiten im Blickfeld) (Anhang 3)	X		
Das Werkzeug ist für die auszuführende Tätigkeit geeignet	X		Pneumatischer Schrauber
Das Fügen wird durch Führungshilfen, Anschläge oder Fasen unterstützt		X	Keine Fase beim Einlegen der Mutter in die Vorrichtung Keine Fase/Führung beim Einsetzen der Hülse in die Rolle Keine Fase/Führung beim Einsetzen der Schraube in den Rollenbock Keine Fase/Führung/Anschlag beim Ansetzen des Stabschraubers auf den Schraubenkopf
An der Fügestelle liegt keine Sichtbehinderung vor	X		
An der Fügestelle ist der Raum nicht beengt	X		
Die Fügetiefe ist ≤ 25 mm		X	Bei Schraube in Rollenbock
Der Griffabstand (Abstand zwischen Werkzeugeingriffstelle und Griff) ist ≤ 75 mm		X	Abstand Schraubergriff - Schraubenkopf ≥ 100 mm
Ausgelöste Funktionen (am Werkzeug) werden deutlich wahrgenommen	X		
Das Werkzeug kann nicht abrutschen	X		
Der Bewegungsverlauf bei Werkzeugverwendung ist geradlinig	X		
Das Werkzeuggewicht ist gering (keine Haltearbeit); bei schwerem Werkzeug existiert eine Vorrichtung, wie Zugentlastung oder Hebeentlastung des Mitarbeiters	X		Federzug für den pneumatischen Schrauber
Das Werkzeug hat einen definierten Ablageort		X	Stabschrauber hängt über Beidhandzone ohne definierten Arbeitsort
Das Werkzeug kann einfach abgelegt werden (z. B. Handwerkzeuge in Köcher mit einer entsprend großen Ablageöffnung)	X		Loslassen des Schraubers
Das Werkzeug wird in Fügerichtung aufgenommen (kein Ändern der Richtung notwendig)	X		
Das Werkzeug ist ergonomisch gestaltet (besonders Griffgestaltung, Halten/Führen)	X		
Erfüllungsgrad	**Ca. 73 %**		

Abbildung 3.29.4: Ausgefullte Checkliste Arbeitsplatzgestaltung und Ergonomie für den Arbeitsplatz Montage Bockrollen für Transportwagen (1)

Checkliste Arbeitsplatzgestaltung und Ergonomie		Erfassungsvordruck	
Stand:	TT.MM.JJJJ	Arbeitsplatz:	Montage Blockrollen
Bearb.:	B. Heuer		

Materialbereitstellung	Ja	Nein	Bemerkungen
Die Materialbereitstellung insgesamt erfolgt in der ergonomisch günstigsten Greifzone (Einhandzone, ggf. erweiterte Einhandzone) (Anhang 3)	X		Rollen/Rollenböcke/fertig montierte Bockrollen werden jeweils seitlich in Kleinladungsträgern (KLT) bereitgestellt/abgelegt
Arbeitsgegenstände werden entsprechend der Verarbeitungsreihenfolge bereitgestellt (von außen nach innen)		X	Keine Systematik
Arbeitsgegenstände werden immer am selben Ort bereitgestellt (Stellplatzkennzeichnung)		X	Keine gekennzeichneten, definierten Stellplätze für Bereitstellwagen und KLT
Einfachstes (unbehindertes) Greifen kleinerer Arbeitsgegenstände ist möglich (vereinzelt, Grifflippen, weiche Unterlagen, ...)		X	Muttern/Hülsen/Schrauben werden in Kleinladungsträgern (KLT) ohne Vereinzelung oder Greiflippen bereitgestellt
Größere Arbeitsgegenstände können einfach gegriffen werden (auf Spezialgestellen, Dornen, Rutschen usw.)		X	Bei Rollenböcken/Rollen nicht realisiert
Größere Arbeitgegenstände sind in Fügerichtung angeordnet (kein Drehen notwendig)		X	Bei Rollenböcken/Rollen nicht realisiert
Arbeitsgegenstände sind vor Qualitätsbeeinträchtigungen geschützt			Nicht relevant
Behälter sind entsprechend der Losgrößen dimensioniert		X	Muss geprüft werden
Es existieren nur wenige unterschiedliche Behälter	X		2 KLT-Größen
Behälter und Transportmittel sind aufeinander abgestimmt	X		Im derzeitigen Stadium keine Aussage möglich, da An- und Ablieferung noch nicht geplant sind
Behälter sind einfach zu handhaben (Griffe)	X		
Die Grenzlasten bei befüllten Behältern, die gehandhabt werden müssen, sind eingehalten (z. B. max. 12 kg)		X	Nicht bei KLT realisiert; sie können bis zu 30 kg wiegen
Arbeitsgegenstände müssen nicht umgepackt/umgefüllt werden	X		
Erfüllungsgrad	**Ca. 42 %**		

Abbildung 3.29.5: Ausgefüllte Checkliste Arbeitsplatzgestaltung und Ergonomie für den Arbeitsplatz Montage Bockrollen für Transportwagen (2)

Checkliste Arbeitsplatzgestaltung und Ergonomie		Erfassungsvordruck	
Stand:	TT.MM.JJJJ	Arbeitsplatz:	Montage Blockrollen
Bearb.:	B. Heuer		

Arbeitsmethode	Ja	Nein	Bemerkungen
Beidhandarbeit ist realisiert (z. B. werden immer zwei Teile gleichzeitig gehandhabt)	X		Vorrichtung für 2 Teile
Rhythmisierung ist verwirklicht (z. B. werden mit beiden Händen die gleichen Bewegungsformen in entgegengesetzter Bewegungsrichtung ausgeführt)		X	Wegen unstrukturierter Materialbereitstellung nicht möglich
Satzweise Montage ist umgesetzt (ein Bearbeitungs-/Montageschritt wird möglichst immer für einen Satz von Teilen durchgeführt, bevor der nächste begonnen wird/Mitarbeiter transportieren einen Satz von Teilen)	X		2 Rollen werden in einer Vorrichtung montiert
Arbeitsstationen sind in Linie, U-Form oder im Halbkreis angeordnet			Nicht relevant, da Einzelarbeitsplatz
Körperdrehungen werden vermieden		X	Seitlich angordnete KLT
Beugen, Bücken, Verdrehen des Rumpfes werden vermieden	X		
Mehrfachhandhabung von Werkzeugen (mehrfaches Aufnehmen/Ablegen) und Arbeitsgegenständen (kein Umpacken/Umfüllen) wird vermieden	X		
Erfüllungsgrad	**Ca. 67 %**		

Abbildung 3.29.6: Ausgefüllte Checkliste Arbeitsplatzgestaltung und Ergonomie für den Arbeitsplatz Montage Bockrollen für Transportwagen (3)

Checkliste Arbeitsplatzgestaltung und Ergonomie		Erfassungsvordruck	
Stand:	TT.MM.JJJJ	Arbeitsplatz:	Montage Blockrollen
Bearb.:	B. Heuer		

Körperhaltung/Arbeitshöhe	Ja	Nein	Bemerkungen
Extreme Kopfneigungen und -drehungen werden vermieden			
Körper und Extremitäten (Arme/Beine) haben ausreichend Bewegungsfreiheit	X		
Ein Sitz-Steharbeitplatz ist realisiert (mit ausreichend Beinfreiraum, Oberschenkelfreiheit, ggf. höhenverstellbarer Fußauflage)	X		
Individuell einstellbare Körperunterstützungen sind vorhanden (z. B. Fuß-, Arm-, Handstützen, Sitzgelegenheiten, Stehhilfen)		X	Kein Sitz/keine Stehhilfe/keine Fußauflage
Die Arbeitshöhe des Tisches kann individuell eingstellt werden		X	Nicht verstellbar
Anzeigen und Stellteile sind nicht über Kopfhöhe, möglichst in Hauptblickrichtung angeordnet			Nicht relevant
Anzeigen/Signale sind deutlich wahrnehmbar			Nicht relevant
Störanfällige/qualitätsbestimmende Bereiche sind gut einsehbar			Nicht relevant
Erfüllungsgrad	**Ca. 50 %**		

Abbildung 3.29.7: Ausgefüllte Checkliste Arbeitsplatzgestaltung und Ergonomie für den Arbeitsplatz Montage Bockrollen für Transportwagen (4)

Checkliste Arbeitsplatzgestaltung und Ergonomie		Erfassungsvordruck	
Stand:	TT.MM.JJJJ	Arbeitsplatz:	Montage Blockrollen
Bearb.:	B. Heuer		

Arbeitssicherheit/Arbeitsumgebung - Teil I	Ja	Nein	Bemerkungen
Keine mechanischen Gefärdungen durch:			
Ungeschützt bewegte Maschinenteile	X		
Arbeitsgegenstände mit gefährlichen Oberflächen	X		
Bewegte Fördermittel/bewegte Betriebsmittel	X		
Unkontrolliert bewegte oder fallende Arbeitsgegenstände	X		ggf. Herabfallen von Teilen
Stürzen, Ausrutschen, Stolpern, Umknicken	X		
Abstürzen	X		
Keine elektrischen Gefährdungen durch:			
Elektrischen Schlag			Nicht relevant
Lichtbögen			Nicht relevant
Elektrostatische Aufladungen			Nicht relevant
Keine Brand- und Explosionsgefährdungen durch:			
Brennbare Feststoffe, Flüssigkeiten, Gase			Nicht relevant
Explosivstoffe			Nicht relevant
Keine thermischen Gefährdungen durch:			
Heiße Medien/Oberflächen			Nicht relevant
Kalte Medien/Oberflächen			Nicht relevant

Abbildung 3.29.8: Ausgefüllte Checkliste Arbeitsplatzgestaltung und Ergonomie für den Arbeitsplatz Montage Bockrollen für Transportwagen (5)

Checkliste Arbeitsplatzgestaltung und Ergonomie		Erfassungsvordruck	
Stand:	TT.MM.JJJJ	Arbeitsplatz:	Montage Blockrollen
Bearb.:	B. Heuer		

Arbeitssicherheit/Arbeitsumgebung - Teil II	Ja	Nein	Bemerkungen
Keine Gefahrstoffgefährdungen durch:			
Hautkontakt mit Feststoffen, Flüssigkeiten (z. B. Säuren, Laugen, Reinigungsmittel, Öle, Fette)			Nicht relevant
Einatmen von Gasen, Dämpfen, Stäuben/Rauche, Nebel			Nicht relevant
Verschlucken			Nicht relevant
Infektionsgefährdungen durch pathogene Mikroorganismen, wie Bakterien, Viren, Pilze, Schimmelpilze			Nicht relevant
Gefährdungen durch nicht ionisierende Strahlung, wie Infrarot-, Ultraviolett- oder Laserstrahlung			Nicht relevant
Gefährdungen durch ionisierende Strahlung, wie Röntgen-, Gamma-, Teilchenstrahlung (Alpha-, Beta-, Neutronenstrahlung)			Nicht relevant
Gefährdungen durch elektromagnetische Felder			Nicht relevant
Gefährdungen durch Über-/Unterdruck			Nicht relevant
Gefährdungen durch Ultra- oder Infraschall			Nicht relevant
Die Grenzwerte werden eingehalten:			
Die Beleuchtungsverhältnisse entsprechen der Arbeitsaufgabe (Mindestbeleuchtungsstärke, Gleichmäßigkeit, Blendung, Lichtfarbe, Farbwiedergabe, Schattigkeit); vgl. ASR A3.4 - Beleuchtung 2014; DIN EN 12464-1:2011-08; Schmauder/Spanner-Ulmer 2014, S. 417	X		
Die Klimaverhältnisse entsprechen der Arbeitsaufgabe (Lufttemperatur, relative Luftfeuchte, Luftgeschwindigkeit, Wärmestrahlung); vgl. DIN EN ISO 7730:2006-05; DIN EN ISO 11399:2001-04	X		
Der Lärmexpositionspegel liegt unterhalb der Grenzwerte; vgl. ArbStättV 2014 § 15; EG-Richtline 'Lärm' 2003; VDI 2058-1 1988; VDI 2058-3 1998 (Anhang 4)		X	Montagebereich befindet sich in unmittelbarer Nähe einer mechanischen Fertigung mit einem Lärmexpositionspegel von 87 dB (A)
Es liegen keine Belastungen durch Hand-Arm- und Ganzkörpervibrationen vor; vgl. LärmVibrationsArbSchV 2007	X		
Erfüllungsgrad	**Ca. 90 %**		

Abbildung 3.29.9: Ausgefüllte Checkliste Arbeitsplatzgestaltung und Ergonomie für den Arbeitsplatz Montage Bockrollen für Transportwagen (6)

Checkliste Arbeitsplatzgestaltung und Ergonomie		Erfassungsvordruck	
Stand:	TT.MM.JJJJ	Arbeitsplatz:	Montage Blockrollen
Bearb.:	B. Heuer		

Tätigkeit	Ja	Nein	Bemerkungen
Keine statische Haltearbeit (Haltungsarbeit) durch:			
Belastung infolge erzwungenen Sitzens (z. B. durch das Führen von Fahrzeugen)			Nicht relevant
Belastung infolge dauerhaften Stehens	X		Wenn als Sitz-Steharbeitsplatz gestaltet
Zwangshaltung (z. B. Bücken, Hocken, Knien, Überkopfarbeit, Liegen)	X		
Keine dynamische Körperarbeit durch:			
Manuelles Handhaben von Lasten (z. B. Heben, Tragen, Ziehen, Schieben)			Nicht relevant
Schwere dynamische Ganzkörperarbeit (z. B. Schaufeln, schnelles Gehen, Gehen über weite Strecken)			Nicht relevant
Schwere dynamische Körperteilbewegungen (z. B. häufiges und kraftvolles Bewegen von Fingern, Händen, Armen, Rumpf, Füßen, Beinen, Hals)	X		
Ständiges Wiederholen von Bewegungen		X	Fertigungszeit: 25 Sek.
Der Mitarbeiter wird nicht durch persönliche Schutzausrüstungen beeinträchtigt (Gehörschutz, Atemschutz, Augen- oder Gesichtsschutz, Schutzkleidung, Fuß-/Knieschutz, Kopfschutz, Schutzhandschuhe, Absturzsicherungen, ...)		X	Gehörschutz, Fußschutz
Wichtige Informationen können ungehindert wahrgenommen werden	X		
Der Mitarbeiter ist für die Tätigkeit ausreichend qualifiziert	X		
Der Mitarbeiter kann seine Arbeitsgeschwindigkeit individuell gestalten (z. B. keine direkte Verkettung mit anderen Arbeitssystemen oder kein hybrides System mit direkter Abhängigkeit vom Maschinentakt)	X		
Der Mitarbeiter kann an der Gestaltung seines Arbeitsplatzes mitwirken	X		
Erfüllungsgrad	**Ca. 78 %**		

Abbildung 3.29.10: Ausgefüllte Checkliste Arbeitsplatzgestaltung und Ergonomie für den Arbeitsplatz Montage Bockrollen für Transportwagen (7)

Checkliste Arbeitsplatzgestaltung und Ergonomie		Dokumentation	
Stand:	TT.MM.JJJJ	Arbeitsplatz:	Montage Blockrollen
Bearb.:	B. Heuer		

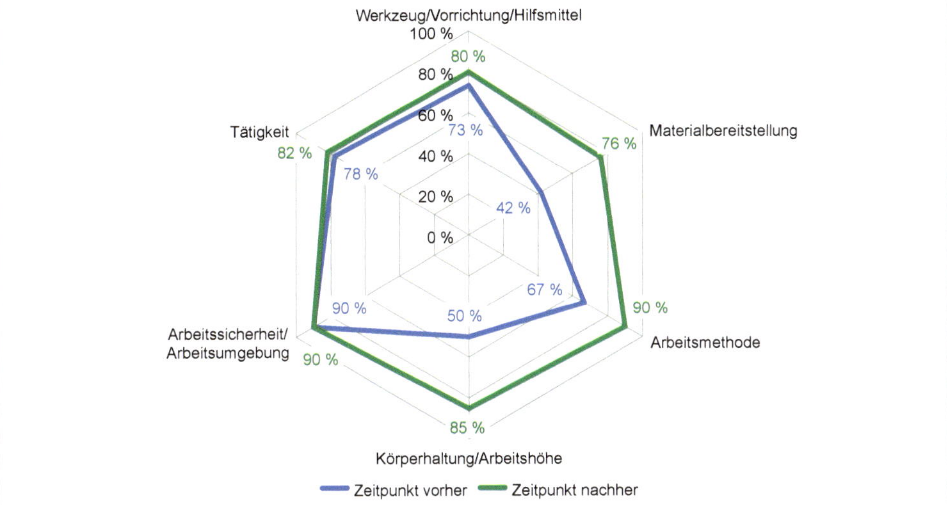

Werkzeug/Vorrichtung/Hilfsmittel
100 %
80 %
60 %
40 %
20 %
0 %
80 %
73 %
Materialbereitstellung
76 %
42 %
Arbeitsmethode
90 %
67 %
Körperhaltung/Arbeitshöhe
85 %
50 %
Arbeitssicherheit/
Arbeitsumgebung
90 %
90 %
Tätigkeit
82 %
78 %
Zeitpunkt vorher
Zeitpunkt nachher

Abbildung 3.29.11: Dokumentation des Arbeitsgestaltungsniveaus vor und nach der Optimierung für das Arbeitssystem Montage Bockrollen für Transportwagen

3.30 REFA-Arbeitsablaufanalyse

Kurzbeschreibung

Die **REFA-Arbeitsablaufanalyse** dient dazu, Prozesse in ihren Strukturen, Bestandteilen und Daten zu analysieren, darzustellen und zu bewerten (vgl. REFA 2011, S. 124 ff.). Sie lässt sich auf der Ebene des Arbeitsplatzes, des Produktionsbereichs oder der gesamten Fabrik erstellen. REFA wählt dazu eine standardisierte Vorgehensweise und Darstellungsform, auf die im Folgenden zurückgegriffen wird (vgl. REFA-AA 2012, S. 27 ff.).
Abbildung 3.30.1 zeigt die Eignung der REFA-Arbeitsablaufanalyse im Rahmen der drei Strukturen.

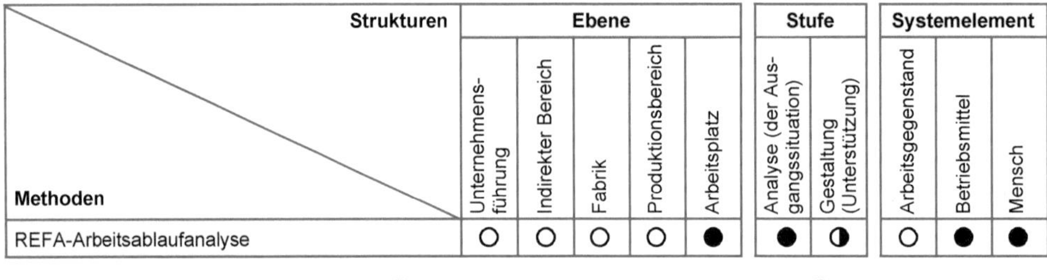

Strukturen / Methoden	Ebene					Stufe		Systemelement		
	Unternehmens-führung	Indirekter Bereich	Fabrik	Produktionsbereich	Arbeitsplatz	Analyse (der Aus-gangssituation)	Gestaltung (Unterstützung)	Arbeitsgegenstand	Betriebsmittel	Mensch
REFA-Arbeitsablaufanalyse	○	○	○	○	●	●	◑	○	●	●

○ Kein Zusammenhang ◑ Mittlerer Zusammenhang ● Direkter Zusammenhang

Abbildung 3.30.1: Einordnung der REFA-Arbeitsablaufanalyse in die drei Strukturen

Zweck

- Zusammenwirken von Menschen mit Betriebsmitteln zum Erfüllen von Kundenaufträgen untersuchen
- Optimierungspotenziale in bestehenden Prozessen analysieren und quantifizieren

Typische Anwendungsfälle

- Wertschöpfende und nicht wertschöpfende Anteile in Prozessen als Basis zur Prozessverbesserung analysieren
- Ablaufunterbrechungen (Liegen, Unterbrechung, Abwesenheit) gezielt untersuchen

Vorgehensweise

Am Beispiel des Maschinenführers einer Torf-Abfüllanlage soll die Vorgehensweise zur REFA-Arbeitsablaufanalyse erläutert werden (vgl. REFA 2011, S. 124 ff.). Ziel ist es, den Arbeitsablauf des Torf-Abfüllens zu analysieren und Ansätze für mögliche Optimierungen zu erhalten.

1. **Ablaufanalyse vorbereiten**

   Im ersten Schritt wird der zu analysierende Prozessablauf definiert. Es ist sicherzustellen, dass dieser zum Zeitpunkt der Analyse repräsentativ ist, vor allem hinsichtlich

- eingesetzter Mitarbeiter (besonders in Bezug auf deren Qualifikationen),
- verwendeter Betriebsmittel und
- der Ablaufabschnitte.

Zudem ist ein Formblatt zur Ablaufanalyse vorzubereiten (vgl. Abbildung 3.30.2).

2. **Ablaufanalyse durchführen**

Der tatsächliche Ablauf wird vor Ort beobachtet und dokumentiert. Jedem *Ablaufabschnitt* sind entsprechend Abbildung 3.30.2 *Betriebsmittel* zuzuordnen. Die *Arbeitsdaten* werden durch Zählen (*Menge*) und Messen (*Weg, Zeit/Ausführung*) ermittelt. In der Spalte *Bemerkungen* sind weitere Erläuterungen, Besonderheiten oder Störungen zu vermerken.

Es ist sinnvoll, zur Visualisierung zusätzlich ein **Wegediagramm** (Kap. 3.31) anzufertigen, wie in Abbildung 3.30.3 dargestellt. Die entsprechenden Pfeile (Wege) sind mit den laufenden Nummern der Ablaufabschnitte aus Abbildung 3.30.2 zu kennzeichnen.

3. **Ablaufanalyse auswerten**

Im dritten Schritt erfolgt die Auswertung. Zunächst werden die Angaben im Erfassungsvordruck auf Vollständigkeit hin überprüft und fehlende Daten, wo nötig, ergänzt.

Nun werden die Daten durch Summieren, Anteilsbildung bzw. Berechnen von Verhältniskennzahlen ausgewertet.

Zum Transportieren zählen im Beispiel – neben dem Abtransportieren der Torfsäcke – auch das Beschicken der Silos sowie das Einlegen der Kunststoffbeutel, da für beide Ablaufabschnitte das Bereitstellen den wesentlichen Zeitanteil ausmacht. Das Transportieren verfügt mit 40 % über einen fast genauso langen Zeitraum wie das Bearbeiten (44 %). Während des Transportierens steht die Anlage, da der Maschinenführer in dieser Zeit keine Torfsäcke vom Transportband abnehmen kann. Hinzu kommt noch ein Anlagenstillstand von 16 % durch verunreinigtes Ausgangsmaterial, was nach Aussage des Maschinenführers sehr häufig vorkommt.

4. **Verbesserung**

Im Anschluss an die Auswertung lassen sich Verbesserungspotenziale aufzeigen, entsprechende Maßnahmen entwickeln und der Aufwand sowie die Effekte abschätzen.

Im Beispiel werden folgende Optimierungsmaßnahmen initiiert: Einsatz eines weiteren Mitarbeiters zum Beschicken, Beutel einlegen und Transportieren, um den Maschinenführer an die Abfüllanlage zu binden und damit die Betriebsmittel-Verfügbarkeit zu erhöhen; Einsatz von neuen Sieben zur Vermeidung von Verunreinigungen im Torf; Erarbeiten von technischen Lösungen zum automatisierten Beschicken der Silos und Einlegen der Kunststoffbeutel.

Ausgefüllte Vordrucke

REFA-Arbeitsablaufanalyse		Erfassung	
Stand:	TT.MM.JJJJ	Bereich:	Abfüllanlage für Torf
Bearb.:	G. Friedrich	Quelle:	Beobachtung, Zeitmessung

Lfd. Nr.	Ablaufabschnitt	Ablaufart ●	➡	▼	■	◗	Betriebsmittel	Arbeitsdaten Menge	Weg (m)	Zeit/Ausführung (Min.)	Bemerkungen
1	Silos beschicken		X				Brückenkran	Versch.	Ø 10	10	3 Silos
2	Kunststoffbeutel in Abfüllanlage einlegen		X					1 Rolle	Ø 10	5	
3	Abfüllanalage starten	X							Ø 5	1	Handgesteuert
4	Abfüllprozess	X								15	Taktzeit 5 Sek./Torfsack
5	Abfüllprozess unterbrochen/Ursache beseitigen					X			Ø 15	10	Steine im Torf
6	Abfüllprozess	X								12	Taktzeit 6 Sek./Torfsack
7	Torfsäcke abtransportieren		X				Handhubwagen	1 Palette	50	10	
Summe Schritte je Ablaufart:		3	3	0	0	1		Summe:	90	63	
Anteil Schritte je Ablaufart (%):		43	43	0	0	14					
Summe Zeit je Ablaufart (Min.):		28	25	0	0	10					
Anteil Zeit je Ablaufart (%):		44	40	0	0	16					

● Bearbeiten ➡ Transportieren ▼ Prüfen ■ Lagern ◗ Liegen, Unterbrechung

Abbildung 3.30.2: Ausgefülltes Erfassungsblatt zur REFA-Arbeitsablaufanalyse für eine Torfabfüllanlage

REFA-Arbeitsablaufanalyse		Wegediagramm	
Stand:	TT.MM.JJJJ	Bereich:	Abfüllanalage für Torf
Bearb.:	G. Friedrich	Quelle:	Beobachtung, Entfernungsmessung

Abbildung 3.30.3: Wegediagramm zur REFA-Arbeitsablaufanalyse für eine Torfabfüllanlage

3.31 Wegediagramm

Kurzbeschreibung

Bereits im Toyota-Produktionssystem ist das Visualisieren der Verschwendungsarten 'Transportieren' und 'Bewegung' mittels sog. **Wegediagramme** (auch als 'Spaghetti-Diagramme' bezeichnet) üblich (vgl. Suzaki 1989, S. 35). Dazu zeichnet man die zurückgelegten Wege eines Mitarbeiters oder Arbeitsgegenstandes in Form von Linien in ein Layout ein. Viele und lange Linien deuten auf einen unproduktiven Ablauf hin.
Abbildung 3.31.1 zeigt die Eignung des Wegediagramms im Rahmen der drei Strukturen.

Strukturen / Methoden	Ebene					Stufe		Systemelement		
	Unternehmensführung	Indirekter Bereich	Fabrik	Produktionsbereich	Arbeitsplatz	Analyse (der Ausgangssituation)	Gestaltung (Unterstützung)	Arbeitsgegenstand	Betriebsmittel	Mensch
Wegediagramm	○	○	○	●	●	●	◑	○	○	●

○ Kein Zusammenhang ◑ Mittlerer Zusammenhang ● Direkter Zusammenhang

Abbildung 3.31.1: Einordnung des Wegediagramms in die drei Strukturen

Zweck

- Visualisieren zurückgelegter Wege von Mitarbeitern oder Arbeitsgegenständen in Arbeitssystemen
- Identifizieren der beiden Verschwendungsarten 'Transportieren' und 'Bewegung'

Typische Anwendungsfälle

- Bei **REFA-Arbeitsablaufanalysen** (Kap. 3.30) und **Rüstanalysen** (Kap. 3.32) Wege des Mitarbeiters visualisieren
- Layouts in Bezug auf zurückzulegende Wege von Mitarbeitern optimieren
- Transporte von Werkstücken optimieren
- Im Rahmen der 5S-Methode (vgl. **5S-Check** (Kap. 3.26)) analysieren, welche Betriebsmittel bzw. Werkzeuge wo angeordnet werden müssen

Vorgehensweise

Im Rahmen der Rüstanalyse an einer ausgewählten Formpresse eines Herstellers von Formholzteilen soll u. a. ein Wegediagramm angefertigt werden, um die zurückgelegten Wege des Einrichters zu visualisieren.

1. **Layout vorbereiten**

   Zunächst ist für den zu untersuchenden Bereich das Layout auszudrucken bzw. anzufertigen (ggf. auch handschriftlich). Im vorliegenden Fall ist bereits ein Layout der Abteilung Formpressen vorhanden, das ausgedruckt wird (vgl. Abbildung 3.31.2). Der Maßstab ist, falls nicht vorhanden, auf jeden Fall im Layout zu vermerken. Dies ist notwendig, um z. B. später die Gesamtlänge des zurückgelegten Weges zu berechnen.

   Der Arbeitsablauf wird nun beobachtet und man vermerkt die wesentlichen Anlaufpunkte des Mitarbeiters im Layout.

2. **Wege in das Layout einzeichnen**

   Anschließend werden die Wege des Mitarbeiters in das vorbereitete Layout handschriftlich eingezeichnet. Abbildung 3.31.2 zeigt das Ergebnis für einen typischen Rüstprozess an der Formpresse.

   Anhand der eingezeichneten Linien und des Maßstabs lässt sich grob die Gesamtlänge des zurückgelegten Weges berechnen, im Beispiel 2.200 m, was insgesamt etwa 45 Min. entspricht.

3. **Layout optimieren**

   Bei REFA-Arbeitsablaufanalysen werden parallel (entsprechend den Wegen im Layout) die Ablaufabschnitte oder bei Rüstanalysen die Rüsttätigkeiten genau beschrieben (siehe entsprechende Methodenbeschreibungen). Nun können gezielt Maßnahmen erarbeitet werden, um Wege zu reduzieren.

   Nach erfolgter Optimierung wird i. d. R. wieder ein Wegediagramm angefertigt, um die Erfolge zu visualisieren.

Ausgefüllter Vordruck

Wegediagramm		**Ist-Zustand**	
Stand:	TT.MM.JJJJ	Bereich:	Formpresse 338.2
Bearb.:	P. Fiedeler	Zweck:	Visualisierung im Rahmen einer Rüstanalyse

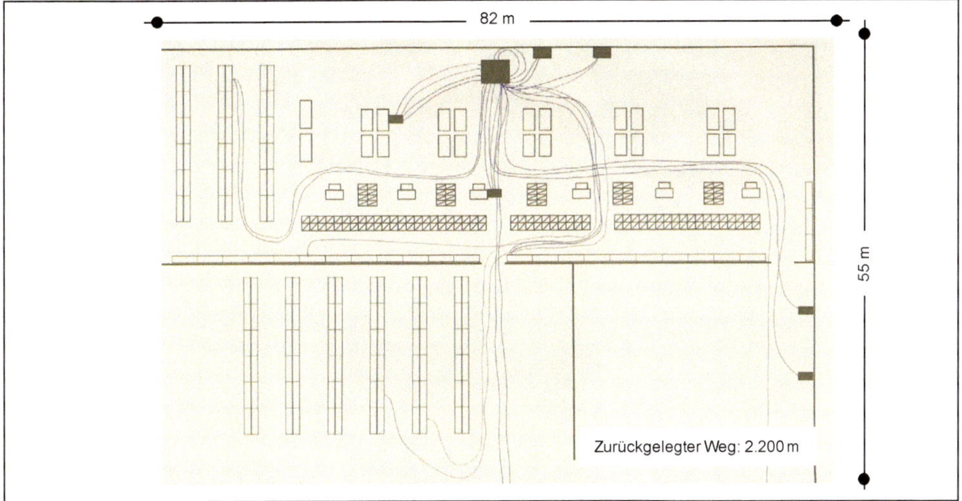

Abbildung 3.31.2: Wegediagramm für den Standard-Rüstprozess an einer Formpresse bei einem Formholzhersteller

3.32 Rüstanalyse

Kurzbeschreibung

Als 'Rüsten' werden alle Vorgänge für das auftragsbezogene Vorbereiten eines Arbeitssystems sowie dessen Rückversetzen in den ursprünglichen Zustand bezeichnet (vgl. Bokranz/Landau 2006, S. 483). Durch eine **Rüstanalyse** sollen hauptsächlich Verluste innerhalb maschineller Bearbeitungsprozesse oder beim Personal eliminiert oder reduziert werden.

Abbildung 3.32.1 zeigt die 16 Verlustarten bei maschinellen Bearbeitungsprozessen, die in drei Bereiche unterteilt sind (vgl. Reitz 2008, S. 62; May/Schimek 2009, S. 27). Unter Verluste durch das Betriebsmittel ist das Umrüsten/Einstellen aufgeführt (dunkelgrün markiert); darauf ist die nachfolgend beschriebene Rüstanalyse primär bezogen. Darüber hinaus nimmt eine Rüstanalyse auf die in Abbildung 3.32.1 hellgrün markierten Verlustarten Einfluss.

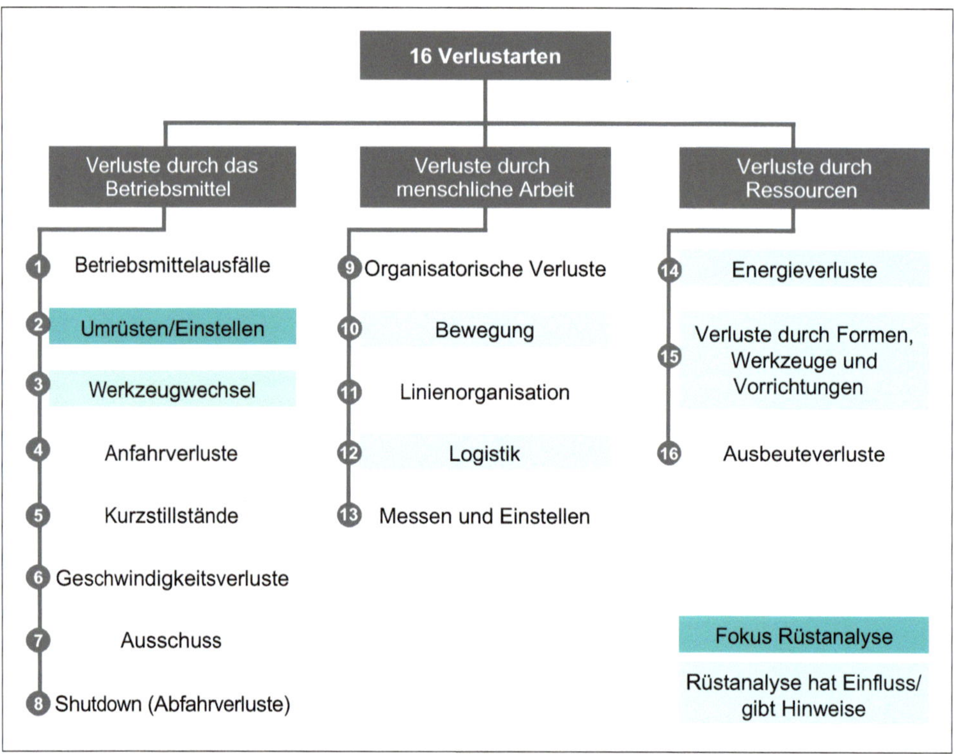

Abbildung 3.32.1: Einfluss der Rüstanalyse auf die 16 Verlustarten bei maschinellen Bearbeitungsprozessen (vgl. Reitz 2008, S. 62; May/Schimek 2009, S. 27)

Mithilfe einer Rüstanalyse strukturiert der Anwender die durchzuführenden Tätigkeiten während des Rüstprozesses, analysiert und optimiert sie. Abbildung 3.32.2 zeigt die fünf Rüstphasen und die Aufteilung in externe und interne Rüsttätigkeiten. Externe Tätigkeiten können während der Maschinenlaufzeit durchgeführt werden, wie z. B. das Einlagern der

Mess- und Prüfmittel im Rahmen der Nachbereitung. Interne Rüsttätigkeiten sind nur bei einem Maschinenstillstand durchführbar, da andernfalls Verletzungsgefahr für den Maschinenbediener oder Beschädigungsgefahr für den Arbeitsgegenstand besteht. Hierzu zählt zum Beispiel beim Abrüsten der Ausbau rotierender Werkzeuge.

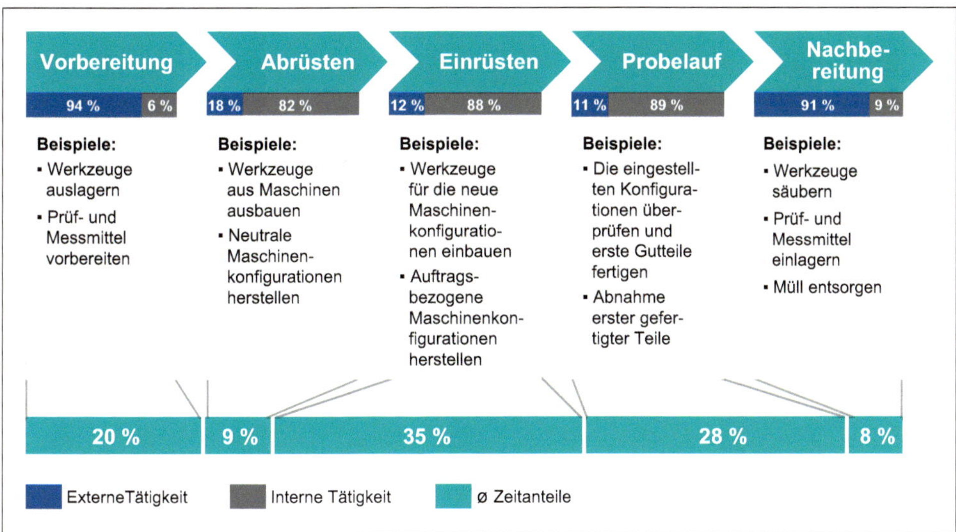

Abbildung 3.32.2: Rüstphasen und Anteile externer und interner Rüsttätigkeiten (Auswertung der Autoren aus 51 durchgeführten Rüstanalysen)

Bei Rüstanalysen wird für jede Rüstphase entsprechend der SMED-Systematik vorgegangen (vgl. Shingo 1996, S. 14 ff.). SMED steht für Single Minute Exchange of Die, also dem Werkzeugwechsel im einstelligen Minutenbereich. Der Anwender wird dabei veranlasst, vor allem Verschwendung zu identifizieren und zu reduzieren (vgl. Abbildung 3.32.3):

1. Internes und externes Rüsten voneinander trennen.
2. Internes in externes Rüsten überführen mit dem Ziel, auch diese Abläufe künftig während der Maschinenlaufzeit durchzuführen.
3. Verschwendung zur weiteren Reduzierung der Maschinenstillstandszeit eliminieren. Hierzu zählen das Verkürzen von Laufwegen, das Eliminieren von Justiervorgängen und das Vereinfachen von Befestigungs- und Lösevorrichtungen (vgl. Suzaki 1989, S. 32).

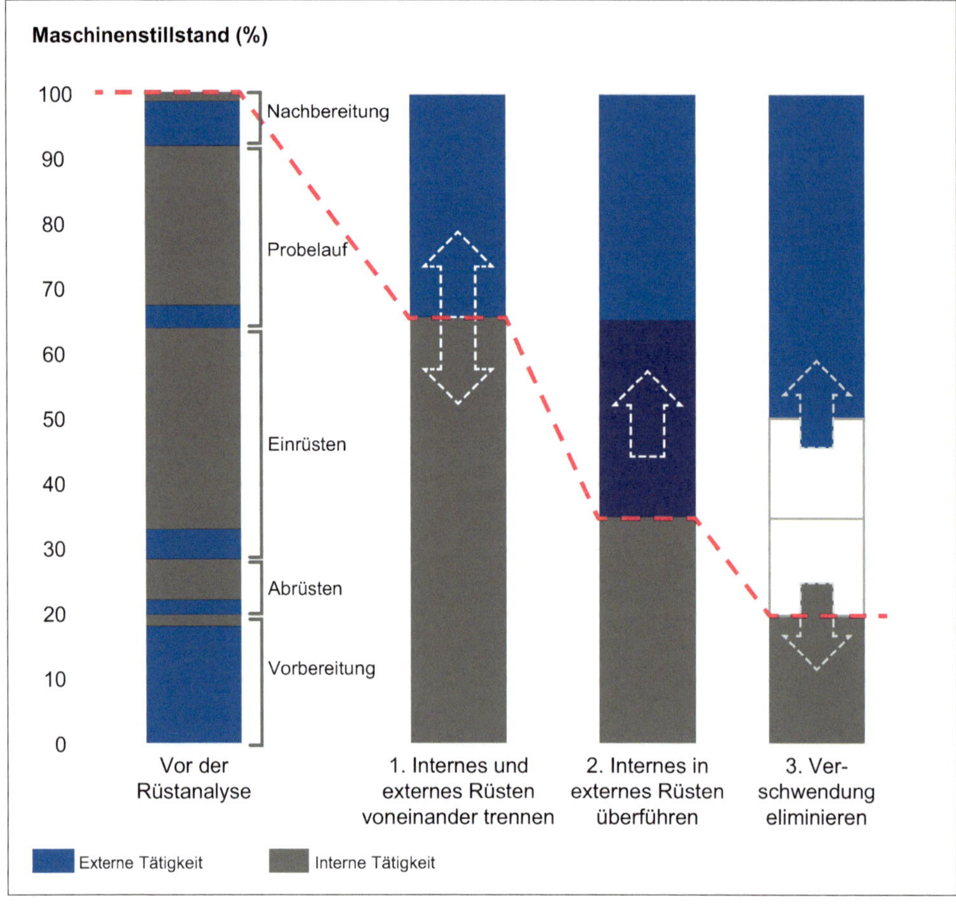

Abbildung 3.32.3: SMED-Systematik (vgl. Shingo 1996, S. 2 ff.)

In Abbildung 3.32.4 werden der SMED-Systematik Gestaltungsansätze mit Beispielen zugeordnet, um die Maschinenstillstände reduzieren zu können.

Zweck

- Rüstzeiten in Arbeitssystemen (Maschinen/Montageplätze) verkürzen
- Verfügbarkeit von Arbeitssystemen (Maschinen/Montageplätze) erhöhen
- Bei maschinellen Bearbeitungsprozessen Umlaufbestände und Durchlaufzeiten reduzieren

SMED-Systematik	Gestaltungsansätze	Beispiele
1. Internes und externes Rüsten voneinander trennen	Arbeitsgang eliminieren	Reinigungs- und Konservierungstätigkeiten an Werkzeugen künftig durch die Werkzeugbereitstellung durchführen lassen
	Verschwendung vermeiden	Suchaufwand, z. B. für Prüf- und Messmittel, durch eine geeignete Arbeitsumfeldgestaltung vermeiden (5S-Methode)
	Tätigkeiten kombinieren	Vor- und nachbereitende Tätigkeiten zusammenhängend während der Maschinenlaufzeit durchführen, um Wege einzusparen
	Arbeiten parallelisieren	Vor- und nachbereitende Tätigkeiten von einem Rüsthelfer durchführen lassen
2. Internes in externes Rüsten überführen	Arbeitsgang eliminieren	Schraubbefestigungen auf das für die Sicherheit notwendige Minimum reduzieren
	Verschwendung vermeiden	Maschinenausstattung ergänzen, um interne Tätigkeiten in externe Tätigkeiten zu überführen, z. B. Beschaffen einer zweiten Messerwelle, um das Umrüsten der Messer während der Maschinenlaufzeit durchführen zu können
	Technologie ändern	Schraubverbindungen durch Schnellspannvorrichtungen ersetzen
3. Verschwendung elimnieren	Arbeitsgang eliminieren	Standardwerkzeuge auf einer Schattentafel (Shadowboard) in den direkten Zugriff des Einrichters bringen, um Körperdrehungen und Laufwege zu vermeiden
	Verschwendung vermeiden	Halte- und Unterstützungsvorrichtungen entwickeln, um langwierige Umbauarbeiten zu verkürzen
	Tätigkeiten kombinieren	Notwendige Laufwege für Prüfmittel und Werkzeuge kombinieren, um Zeit zu sparen
	Arbeiten parallelisieren	Anschlusstätigkeiten (z. B. Wasserschläuche) von einem Rüsthelfer ausführen lassen

Abbildung 3.32.4: SMED-Systematik und mögliche Gestaltungsansätze (vgl. Suzaki 1989, S. 33 ff.)

Typische Anwendungsfälle

- In der zur Verfügung stehenden Zeit mehr Varianten/kleinere Losgrößen fertigen (vgl. **Wertstrommethode** (Kap. 3.10))
- Einführung einer Philosophie zur Total Productive Maintenance (TPM) unterstützen
- An Engpassmaschinen die Maschinenverfügbarkeit erhöhen

Abbildung 3.32.5 zeigt die Eignung der Rüstanalyse im Rahmen der drei Strukturen.

Strukturen / Methoden	Ebene					Stufe		Systemelement		
	Unternehmens-führung	Indirekter Bereich	Fabrik	Produktionsbereich	Arbeitsplatz	Analyse (der Aus-gangssituation)	Gestaltung (Unterstützung)	Arbeitsgegenstand	Betriebsmittel	Mensch
Rüstanalyse	○	○	○	○	●	●	◑	○	●	●

○ Kein Zusammenhang ◑ Mittlerer Zusammenhang ● Direkter Zusammenhang

Abbildung 3.32.5: Einordnung der Rüstanalyse in die drei Strukturen

Vorgehensweise

Am Beispiel eines Herstellers für Ventile im Hochdruck- und Hochtemperaturbereich soll das Vorgehen zur Rüstanalyse dargestellt werden. Im Beispielunternehmen beabsichtigt der Produktionsleiter, die Rüstzeiten an einem Bearbeitungszentrum in der mechanischen Fertigung zu reduzieren, um künftig mehr Varianten fertigen zu können.

1. **Rüstanalyse vorbereiten**

   Wie bei allen Optimierungsprojekten sind der Betriebsrat und die beteiligten Mitarbeiter (Maschinenführer und Einrichter) zu informieren. Bei der Anwendung der Rüstanalyse ist dies besonders relevant, weil hier meist mit der Methode der **Videodokumentation** (Kap. 3.33) gearbeitet wird.

   Die Rahmenbedingungen zur Videodokumentation eines Rüstwechsels sind konkret abzustimmen und schriftlich (z. B. in einer Betriebsvereinbarung) festzuhalten. Folgende Mindestvereinbarungen sind zu treffen:

   - Grundsätzliche Zustimmung des Betriebsrates und der beteiligten Mitarbeiter,
   - Ziele der Videodokumentation,
   - Zeitraum der Datenaufnahme,
   - Art der Datenspeicherung,
   - Zugriffsrechte während der Analysephase und
   - Zeitpunkt der Datenzerstörung.

   Im Vorfeld der Rüstanalyse sind die beteiligten Mitarbeiter in der SMED-Systematik und in allen weiteren zur Anwendung kommenden Analysemethoden zu schulen. Im Beispielunternehmen wird des Weiteren ein **Wegediagramm** (Kap. 3.31) eingesetzt.

2. **Rüstanalyse dokumentieren und Rüstprozess optimieren**

   Der Ablauf eines *repräsentativen* Rüstwechsels wird mittels der Videodokumentation aufgezeichnet. Das Anfertigen des Wegediagramms erfolgt während des Rüstwechsels (hier nicht dargestellt).

Die aus der Videodokumentation ableitbaren Daten sind in den Erfassungs-Vordruck einzutragen (vgl. Abbildung 3.32.6). Hier bedeuten:

Rüstobjekt: Relevanter Bereich am Betriebsmittel, z. B. Werkzeugrevolver, Fräser, Bedienterminal oder Verbundwerkzeug,

Rüsttätigkeit: Aktivität, die mit dem/am Rüstobjekt durchgeführt wird, z. B. Laufen, Lösen, Spannen, Suchen, Transportieren, Positionieren oder Säubern,

Werkzeug: Das für die durchzuführende Aktion notwendige (Hand-)Werkzeug, z. B. Maulschlüssel, Schraubendreher oder Druckluftpistole,

Weiteres Werkzeug: Weitere notwendige Hilfsmittel, z. B. zum Kontern von Schraubverbindungen,

Beschreibung: Spezielle Informationen für den Arbeitsschritt, z. B. 'Fräskopf ungewöhnlich fest gespannt',

Ist-Zeit: In den Spalten *Start* und *Ende* werden die Start- und Endzeit des jeweiligen Arbeitsschrittes aus der Videodokumentation eingetragen. In der Spalte *Sek.* ist die Dauer des Arbeitsschrittes in Sekunden zu errechnen.

Interner Prozess: In dieser Spalte wird ein Kreuz gesetzt, wenn der Arbeitsschritt nur während der Maschinenstillstandszeit durchgeführt werden kann. Ein fehlendes Kreuz kennzeichnet einen externen Prozess.

Rüstphase: Neben den fünf Rüstphasen beinhaltet dieser Bereich die Spalten *Störung* und *Erklärung*. Kann in der Analyse ein Arbeitsschritt nicht einer der fünf Rüstphasen zugeordnet werden, handelt es sich entweder um eine Störung oder um eine Erklärung des Maschinenbedieners. Eine *Störung* ist eine Unterbrechung des Rüstablaufes, die bei einer Markierung als zeitrelevant in der Analyse berücksichtigt wird. Handelt es sich um eine *Erklärung* des Maschinenbedieners, wenn z. B. ein unklarer Sachverhalt erläutert werden muss, wird in der Spalte *Erklärung* das Kreuz gesetzt. Dieser Schritt ist in der Analyse zeitlich nicht zu berücksichtigen.

Soll-Zeit: Sie gibt den Zeitanteil nach Umsetzung möglicher Verbesserungsaktivitäten an. Diese Zeit schätzen die Mitwirkenden meist; sie lässt sich genauer mittels Systemen vorbestimmter Zeiten (MTM-1 oder UAS) ermitteln oder man erprobt die Maßnahme und nimmt eine neue Fertigungszeit auf.

Maßnahme: Beschreibt die Verbesserungsaktivitäten, die zu einer Verringerung der Maschinenstillstandszeit und einem effizienteren Personaleinsatz führen.

Der durch die Maßnahmen veränderte Rüstablauf ist abschließend als Standard in der für das Unternehmen geeigneten Weise zu dokumentieren.

Die Ergebnisse der Rüstanalyse werden, wie in Abbildung 3.32.7 dargestellt, in dem Vordruck Rüstanalyse – Ergebnis zusammengefasst.

3. Maßnahmen planen und umsetzen

Für jede Maßnahme ist zu prüfen, ob sie als Projekt oder im Rahmen des kontinuierlichen Verbesserungsprozesses (KVP) zu bearbeiten ist.

Abbildung 3.32.8 zeigt den Vordruck Rüstanalyse – Maßnahmen, in dem die geplanten Maßnahmen (hier als Ausschnitt) zusammengefasst werden. Dieser Vordruck ist angelehnt an den der Methode **Gesamtpotenzialliste** (Kap. 3.27).

4. **Umsetzungskontrolle**

   Die Umsetzungsaktivitäten werden in regelmäßigen zeitlichen Abständen überprüft (vgl. Vordruck Maßnahmen).

   Neu entstandene Standards werden dokumentiert und im gesamten Unternehmen umgesetzt.

   Umsetzungsergebnisse werden, wie in Abbildung 3.32.9 dargestellt, mit dem Vordruck aus der Methode **Fotodokumentation** (Kap. 3.15) festgehalten.

Ausgefüllte Vordrucke

Rüstanalyse		**Erfassung**		
Stand:	TT.MM.JJJJ	Bereich:	Bearbeitungszentrum CMZ	Potential:
Bearb.:	F. Keubler	Beteiligte:	K. Albrecht (Einrichter)/P. Gerlach (Maschinenführer)/H. Uhl (Betriebsrat)	**39,6 %**

Rüstablauf					**Ist-Zeit**			**Interner Prozess**	**Rüstphase**							**Weg**		**Soll-Zeit (Sek.)**	**Maßnahme**
Lfd. Nr.	Rüst-objekt	Rüst-tätigkeit	Werk-zeug	Beschreibung	Start	Ende	(Sek.)		Vorbereitung	Abrüsten	Einrüsten	Probelauf	Nachbereitung	Störung	Erklärung	Schritte	Entfernung (m)		
1	Material-palette	Laufen			00:00:00	00:00:57	57,0		x							71	53,3	0	Rüstwechsel vor Stillstand vorbereiten
2	Hub-wagen	Holen			00:00:57	00:01:38	41,0		x							68	51,0	0	Rüstwechsel vor Stillstand vorbereiten
3	Material-palette	Holen			00:01:38	00:02:53	75,0		x							71	53,3	0	Rüstwechsel vor Stillstand vorbereiten
4	Einricht-blatt	Suchen			00:02:53	00:03:20	27,0		x							6	4,5	0	Daten im PC hinterlegen
31	Bohrer	Ein-bauen	Spann-zangen-schlüssel	Suchaufwand für Spann-zange	00:32:36	00:36:10	214,0	x			x					38	28,5	34	Spannzange als Standard-werkzeug
32	NC-An-bohrer	Ein-bauen	Spann-zangen-schlüssel	Suchaufwand für Spann-zange	00:36:10	00:38:25	135,0	x			x					27	20,3	90	Spannzange als Standard-werkzeug
33	Axial-halter	Ein-bauen	Knarre, SW3, SW4, SW5, SW6		00:38:25	00:43:43	318,0				x					28	21,0	273	Rüstwechsel vor Stillstand vorbereiten
34	Bohrer 8,5 mm	Ein-bauen	Spann-zangen-schlüssel, Inbus-schlüssel		00:43:43	00:45:30	107,0	x			x					18	13,5	82	Rüstwechsel vor Stillstand vorbereiten
91	Palette	Vorbe-reiten		Für Fertigteile	03:39:39	03:43:55	256,0		x							423	317,0	76	Rüstwechsel vor Stillstand vorbereiten
92	Auftrag	Anstem-peln			03:43:55	03:44:38	43,0	x	x							0	0,0	0	Terminal an Maschine platzieren

Summe Wege (m)	895
Summe Ist-Zeit (Sek.)	3.029
Summe Soll-Zeit (Sek.)	1.831

Abbildung 3.32.6: Rüstanalyse an einem Bearbeitungszentrum CMZ – Erfassungsvordruck (Auszug)

Rüstanalyse		Ergebnis	
Stand:	TT.MM.JJJJ	Bereich:	Bearbeitungszentrum CMZ
Bearb.:	F. Keubler	Quelle:	Erhebung vom TT.MM.JJJJ

Stärken	Schwächen
Motiviertes und qualifiziertes Personal	Arbeitsbereiche nicht einheitlich organisiert
Automatische Materialzuführung	Hoher Suchaufwand für die Bereitstellung der notwendigen Betriebsmittel
	Für die Materialbereitstellung, das Anstempeln und das Bereitstellen der Messmittel sind lange Wege zurückzulegen
	Werkzeuge für die Vorbereitung müssen zusammengesucht werden

Rüstphasen	Ist-Zeit (Sek.)	Weg (m)
Vorbereitung	1.803	754,3
Abrüsten	203	13,5
Einrüsten	1.023	127,5
Probelauf		
Nachbereitung		
Störung		
Summe	3.029	895,3

Interner/Externer Prozess

Maßnahmen	Ersparnis (Sek.)
Rüstwechsel vorbereiten	462
Spannzange am Vorbereitungsplatz bereitstellen	286
Akkuschrauber für Grundplatten einsetzen	113
Einrichtblatt optimieren	92
Werkzeug an die Maschine bringen	88
Schrauben bereitstellen	77
Terminal näher an Maschine platzieren	53
Zeichnungsdaten im PC hinterlegen	27

Soll-Zeit (Sek.)
1.831

Potenzial
39,6 %

Abbildung 3.32.7: Rüstanalyse an einem Bearbeitungszentrum CMZ – Ergebnisse

Rüstanalyse		Maßnahmen	
Stand:	TT.MM.JJJJ	Bereich:	Bearbeitungszentrum CMZ
Bearb.:	F. Keubler	Beteiligte:	K. Albrecht (Einrichter)/P. Gerlach (Maschinenführer)/H. Uhl (Betriebsrat)

Lfd. Nr.	Gestaltungsansatz	Wesentliche Gestaltungsmaßnahmen	Bemerkung	Aufwand (hoch/mittel/gering)	Umsetzung: Sofort	Umsetzung: Kurzfristig (weniger als 3 Monate)	Umsetzung: Langfristig (länger als 3 Monate)	Status: Potenzial definiert	Status: In Planung	Status: In Umsetzung	Status: Umgesetzt	Termin	Verantwortlich
1	Arbeiten parallelisieren	Rüstwechsel vorbereiten, Arbeitsorganisation				X						05.08.JJJJ	K. Albrecht
2	Verschwendung vermeiden	Schrauben im Set bereitstellen	Trays anfertigen			X						08.07.JJJJ	K. Albrecht
3	Verschwendung vermeiden	Spannzange am Vorbereitungsplatz bereitstellen	Bestellung über H. Meier			X						05.08.JJJJ	K. Albrecht
4	Technologie ändern	Akkuschrauber für Grundplatten einsetzen				X						08.07.JJJJ	H. Meier
5	Verschwendung vermeiden	Standardwerkzeug für Roboterumbau					X					06.08.JJJJ	K. Albrecht
6	Technologie kombinieren	Spannzange am Vorbereitungsplatz bereitstellen			X							sofort	K. Albrecht
7	...												
11	Arbeiten parallelisieren	Zeichnungsdaten im PC hinterlegen	Für alle Werkzeuge			X						22.07.JJJJ	K. Albrecht

Abbildung 3.32.8: Rüstanalyse an einem Bearbeitungszentrum CMZ – Maßnahmen (Auszug)

Fotodokumentation		Vorher-Nacher-Vergleich	
Stand:	TT.MM.JJJJ	Bereich:	Bearbeitungszentrum CMZ
Bearb.:	F. Keubler	Quelle:	Maßnahme Nr. 5

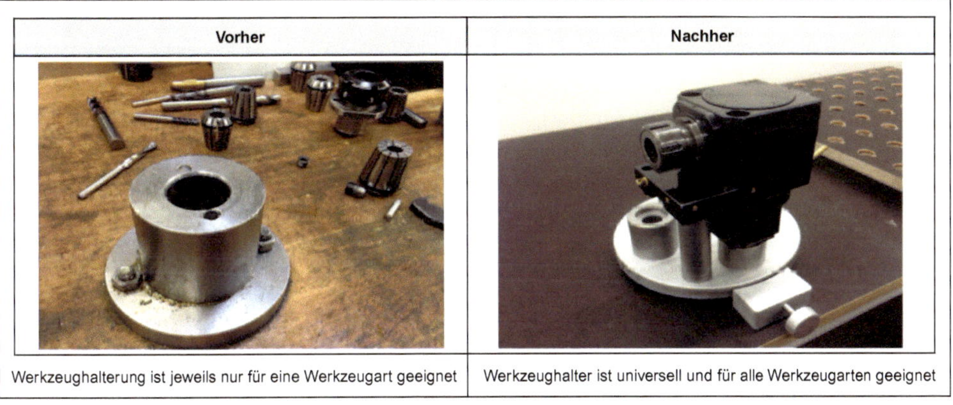

Abbildung 3.32.9: Rüstanalyse an einem Bearbeitungszentrum CMZ – Fotodokumentation (Beispiel)

3.33 Videodokumentation

Kurzbeschreibung

Eine **Videodokumentation** dient u. a. dazu, umfangreiche Arbeitsabläufe, wie z. B. Rüstwechsel, aufzunehmen und im Nachhinein zu analysieren (vgl. Suzaki 1989, S. 38). Die Aufnahmen können beliebig oft angesehen werden, Zeitdauern von Sequenzen lassen sich direkt ablesen und durch die Wiedergabe in Zeitlupe (slow motion) ist es möglich, komplexe Bewegungsabläufe nachzuvollziehen. Zudem werden betriebliche Abläufe nicht gestört. Die inzwischen auch optisch hoch entwickelten Smartphones eignen sich sehr gut zur Aufnahme solcher Videos.
Beim Einsatz von Videotechnik ist auf die rechtlichen Gegebenheiten zu achten. Selbstverständlich ist vorab das Einverständnis des Betriebsrates sowie der betroffenen Mitarbeiter einzuholen.
Abbildung 3.33.1 zeigt die Eignung der Videodokumentation im Rahmen der drei Strukturen.

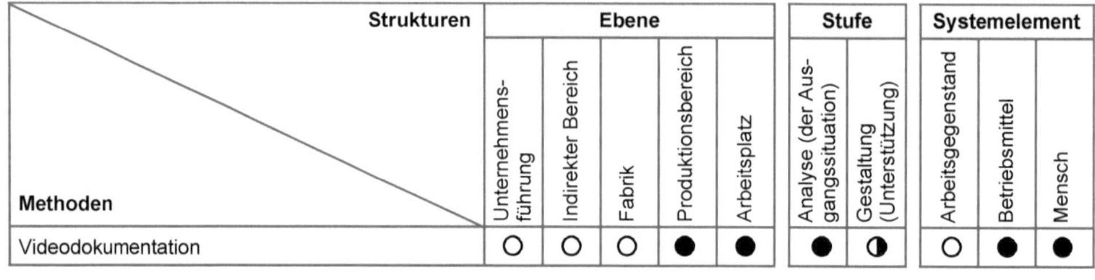

Strukturen / Methoden	Ebene					Stufe		Systemelement		
	Unternehmensführung	Indirekter Bereich	Fabrik	Produktionsbereich	Arbeitsplatz	Analyse (der Ausgangssituation)	Gestaltung (Unterstützung)	Arbeitsgegenstand	Betriebsmittel	Mensch
Videodokumentation	○	○	○	●	●	●	◑	○	●	●

○ Kein Zusammenhang ◑ Mittlerer Zusammenhang ● Direkter Zusammenhang

Abbildung 3.33.1: Einordnung der Videodokumentation in die drei Strukturen

Zweck

- Arbeitssysteme und Arbeitsabläufe in der Fabrik, in Produktionsbereichen oder an Arbeitsplätzen aufnehmen, um sie anschließend ungestört auszuwerten
- Arbeitssysteme und Arbeitsabläufe vor und nach einer Optimierung dokumentieren

Typische Anwendungsfälle

- Ist-und Soll-Rüstwechsel im Rahmen einer **Rüstanalyse** (Kap. 3.32) aufnehmen
- Ist- und Soll-Ablaufe im Rahmen einer **REFA-Arbeitsablaufanalyse** (Kap. 3.30) festhalten
- Sequenzen für Soll-Arbeitsabläufe zur Qualifizierung einsetzen
- Bewegungsabläufe zur Optimierung der ergonomischen Arbeitsplatzgestaltung dokumentieren

Vorgehensweise

In der Elektromontage eines Klemmenherstellers wird der Arbeitsplatz Bauteilvormontage mit dem Ziel einer verbesserten Produktivität und ergonomischen Arbeitsplatzgestaltung untersucht. Anhand dieses Beispiels wird im Folgenden die Vorgehensweise zur Videodokumentation erläutert.

1. **Zu untersuchenden Bereich auswählen und Betriebsrat sowie betroffene Mitarbeiter einbinden**

   Nach Auswahl des zu untersuchenden Bereichs sind zunächst sämtliche weiteren Rahmenbedingungen im Zusammenhang mit Videoaufzeichnungen zu klären. Im betrachteten Unternehmen soll ein Arbeitsplatz analysiert werden, an dem ein Mitarbeiter in der Früh- und eine Mitarbeiterin in der Spätschicht arbeiten. Mit dem Betriebsrat wird vorab eine Betriebsvereinbarung zum Videoeinsatz geschlossen mit folgenden Aspekten:

   - Ziele der Analysen (nur für Planungszwecke),
   - Aufnahmemedium,
   - Datenträger/Speicherort,
   - Kopien, Archivieren bzw. Löschen sowie
   - beteiligte Mitarbeiter.

   Zudem sind die zu filmenden Mitarbeiter zu befragen. Im Falle des Beispielunternehmens willigen die Betroffenen mit der Einschränkung ein, dass ihre Gesichter nicht erkennbar sein sollen.

2. **Videoanalyse für den Ist-Zustand durchführen**

   Nun werden die Videoaufnahmen unter Beachtung der Vereinbarungen durchgeführt. Dabei müssen die gefilmten Abläufe repräsentativ sein. Ablaufabschnitte lassen sich nun unmittelbar Zeiten zuordnen.

   Die Extremitäten betroffener Mitarbeiter (Hände, Arme, Beine, Füße) sollten sehr gut zu erkennen sein, um die Abläufe entsprechend auswerten zu können. Abbildung 3.33.2 zeigt ein Standbild vom betrachteten Arbeitsplatz des Beispielunternehmens.

   Bei Laufwegen oder Transporttätigkeiten können Schritte gezählt und daraus Weglängen abgeleitet werden (Schrittlänge x Anzahl der Schritte = Weglänge). Mitarbeiter sollten hierbei von hinten und knieabwärts gefilmt werden; dadurch sind auch andere Mitarbeiter nicht zu identifizieren.

3. **Ggf. Videoanalyse für den optimierten Zustand durchführen**

   Nach der Umgestaltung/Optimierung können die Abläufe erneut gefilmt und ausgewertet werden, um die erwarteten Verbesserungen zu überprüfen. Hierbei ist darauf zu achten, dass die gleichen Perspektiven eingenommen werden und Kameraeinstellungen wie zuvor erfolgen.

Ausgefüllter Vordruck

Videodokumentation			
Stand:	TT.MM.JJJJ	Bereich:	Arbeitsplatz Bauteilvormontage
Bearb.:	V. Schramm	Ablauf:	Bauteilvormontage

Abbildung 3.33.2: Videodokumentation (hier Standbild des Ablaufs Bauteilvormontage)

3.34 Checkliste Fehlervermeidung (Poka Yoke)

Kurzbeschreibung

Ein wesentlicher Bestandteil des Toyota-Produktionssystems ist die von Shingo 1991 vorgestellte selbststeuernde Fehlererkennung, im Japanischen Poka Yoke genannt (vgl. Liker 2013, S. 65). Shingo ging von der Annahme aus, dass bei menschlicher Arbeit immer unbeabsichtigte Fehler auftreten. Hier setzt Poka Yoke ('zufällige Fehler vermeiden') durch einfachste, aber sehr wirkungsvolle technische und organisatorische Hilfsmittel an, um Fehlverhalten im Produktionsprozess zu unterbinden.
Es wird folgende Unterscheidung getroffen (vgl. auch REFA 2011, S. 39 ff.; Häck 2016):

1. 'hartes' Vermeiden von Fehlern: Maßnahmen durch *Gestaltung am Produkt*, wenn Fehler auftreten können, wie Verwechseln, nicht exakt ausgeführte Operationen, Fehlinterpretationen oder Vergessen und
2. 'weiches' Vermeiden von Fehlern: *Im Prozess integrierte Hilfsmittel oder Prüfungen*, die so nah wie möglich an der Fehlerursache vorzusehen sind. Hier geht es um das Entdecken von Fehlhandlungen und das Übermitteln von Hinweisen an den Mitarbeiter.

Abbildung 3.34.1 zeigt Beispiele, wie die typischen unbeabsichtigten Fehler

- Verwechseln,
- nicht exaktes Fügen und
- Vergessen

vermieden werden können.

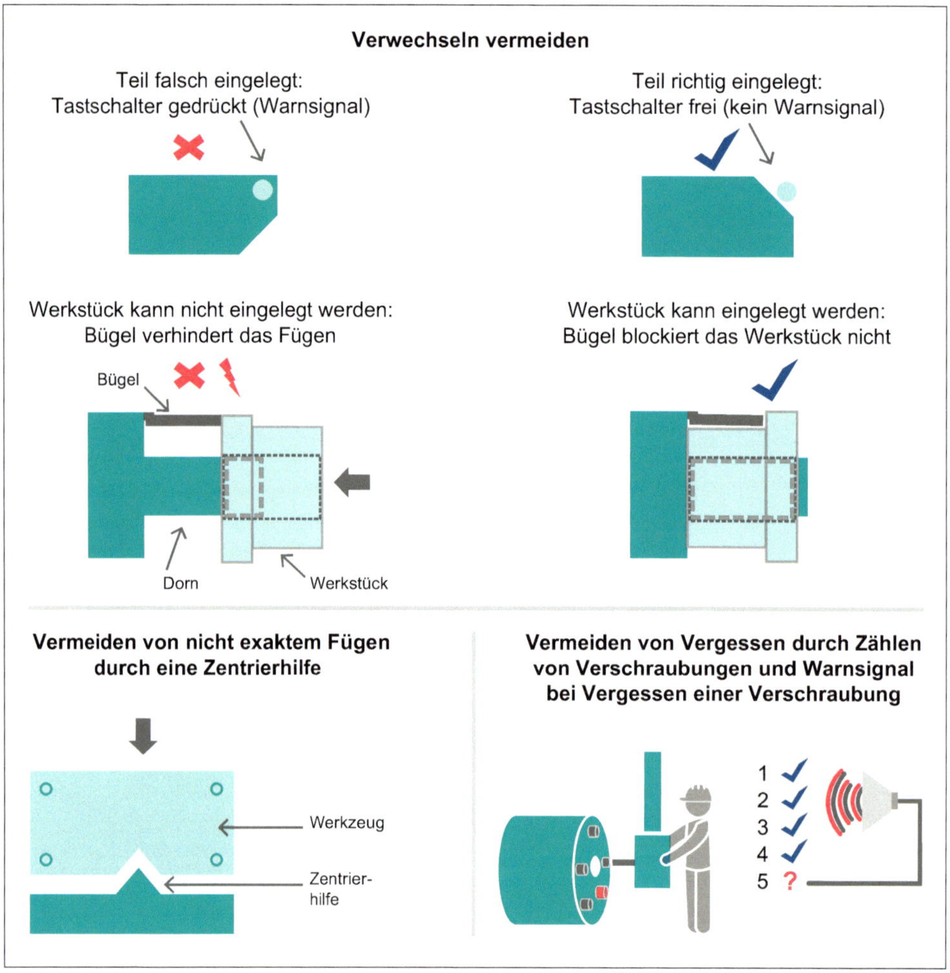

Abbildung 3.34.1: Beispiele zur Fehlervermeidung (vgl. Suzaki 1989, S. 20, 34, 95; Shingo 1995, S. 190 f. und 195 f.)

Entsprechend der drei Fehlerkategorien ist eine **Checkliste Fehlervermeidung (Poka Yoke)** entwickelt worden (Abbildung 3.34.3). Hier wird auch in 'harte' und 'weiche' Fehlervermeidung unterschieden. Priorität hat die Fehlervermeidung am Produkt ('hart'); die 'weiche' Fehlervermeidung sollte erst greifen, wenn die produktbezogenen Maßnahmen ausgeschöpft sind. Die Checkliste versteht sich als Grundlage, die produkt- oder prozessspezifisch modifiziert werden kann.
Abbildung 3.34.2 zeigt die Eignung der Checkliste Fehlervermeidung (Poka Yoke) im Rahmen der drei Strukturen.

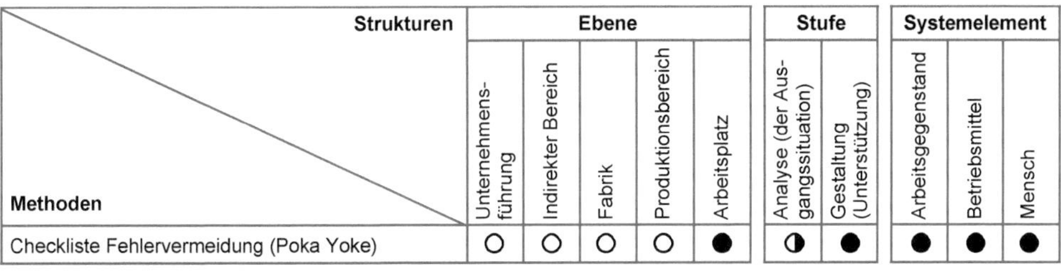

Strukturen / Methoden	Ebene					Stufe		Systemelement		
	Unternehmensführung	Indirekter Bereich	Fabrik	Produktionsbereich	Arbeitsplatz	Analyse (der Ausgangssituation)	Gestaltung (Unterstützung)	Arbeitsgegenstand	Betriebsmittel	Mensch
Checkliste Fehlervermeidung (Poka Yoke)	○	○	○	○	●	◑	●	●	●	●

○ Kein Zusammenhang ◑ Mittlerer Zusammenhang ● Direkter Zusammenhang

Abbildung 3.34.2: Einordnung der Checkliste Fehlervermeidung (Poka Yoke) in die drei Strukturen

Zweck

- Unbeabsichtigte Fehler im Produktionsprozess aufdecken
- Ansatzpunkte zur Vermeidung der aufgedeckten Fehler erhalten

Typische Anwendungsfälle

- Nacharbeits- und Ausschussquote reduzieren
- Fertigungszeit einsparen

Vorgehensweise

Am Beispiel eines Montageplatzes bei einem mittelständischen Hersteller von High End-Hi-Fi-Geräten wird die Anwendung der Checkliste Fehlervermeidung (Poka Yoke) erläutert. Das Unternehmen stellt verschiedenste elektronische Hi-Fi-Komponenten her. Beim A-Artikel, einer kompakten hochklassigen Musikanlage, fallen in der Endkontrolle immer wieder Montagefehler auf, die danach aufwändig behoben werden müssen. Ziel ist es, mit Hilfe der Checkliste Fehlervermeidung (Poka Yoke) die wesentlichen Fehlerursachen aufzudecken und erste Maßnahmen zu definieren.

1. **Produktgruppe oder Prozess mit den wesentlichen Fehlern analysieren**

   Zunächst ist zu analysieren, in welcher Produktgruppe bzw. in welchem Prozess die gravierendsten Fehler auftreten. Dazu eignet sich die Methode **ABC-Analyse** (Kap. 3.9).

   Im Beispielunternehmen sind die aufgetretenen Fehler seit einem halben Jahr konsequent notiert und ausgewertet worden. Hier ist besonders die Musikanlage in der Montagestufe Komponenteneinbau betroffen. Dieses Gerät wird in einer Stückzahl von ca. 1.000 pro Jahr gefertigt.

2. **Checkliste Fehlervermeidung (Poka Yoke) anwenden**

   Zu Beginn wird der Zusammenbau der Musikanlage am Montageplatz Komponenteneinbau mittels der Methode **Videodokumentation** (Kap. 3.33) festgehalten. Dies ist hier sinnvoll, da es sich um eine recht lange Fertigungszeit von ca. 25 Min. pro Hi-Fi-Gerät handelt. Zudem werden die betroffenen Mitarbeiter befragt.

   Nun wird die Checkliste Fehlervermeidung (Poka Yoke) ausgefüllt (vgl. Abbildung 3.34.3). Hilfreich kann hier der Einsatz einer FMEA (Fehler-Möglichkeits- und Einfluss-Analyse) oder eines Ursachen-Wirkungs-Diagramms (Ishikawa-Diagramm) sein (vgl. REFA 2011, S. 40 und 44 ff.).

   Für das Beispielunternehmen werden in der Checkliste unter *Beschreibung/Gründe* die wesentlichen Ursachen für ein Fehlverhalten vermerkt (vgl. Abbildung 3.34.3).

   Unter *Maßnahme* sind von einem Optimierungsteam des Unternehmens erste Ideen zur Vermeidung/Reduzierung der Fehler zu notieren.

3. **Lösungen entwickeln, bewerten und umsetzen**

   Im nächsten Schritt sind konkrete Lösungen für die festgestellten Missstände zu erarbeiten. Dazu helfen u. a. Gestaltungskataloge oder -richtlinien zur montagegerechten Produktgestaltung (vgl. Jungkind/Helmrich 2016).

   Nach der Bewertung der erarbeiteten Maßnahmen – entsprechend der Kriterien Fehlerwahrscheinlichkeit und Einsparung von Fertigungs- und Nebenzeiten – werden die Lösungen realisiert und deren Wirksamkeit überprüft. 'Harte' und einfache Lösungen sind dabei zu priorisieren.

   Es ist sinnvoll, die Lösungen intern zu dokumentieren und sie auf andere Produkte zu übertragen, falls dies dort relevant ist (vgl. REFA 2011, S. 41).

Ausgefüllter Vordruck

Checkliste Fehlervermeidung (Poka Yoke)		Erfassung	
Stand:	TT.MM.JJJJ	Bereich:	Komponenteneinbau
Bearb.:	P. Meier	Beteiligte:	F. Nolte (AV)/P. Gärtner (F&E)

Mögliche Fehlhandlung	Gestaltungsregel (Beispiele)	'Harte'/'Weiche' Fehlervermeidung	Einstufung	Beschreibung/Gründe	Maßnahme
Verwechseln	Symmetrie vermeiden	H			
	Klare Größen-/Formunterschiede definieren (z. B. Schrauben deutlich stufen, Einfüllstutzen für unterschiedliche Medien geometrisch unterscheidbar gestalten)	H	X	Es existieren 18 verschiedene Schrauben, die sich z. T. nur minimal in ihrer Größe unterscheiden	Schrauben analysieren, reduzieren sowie klar abstufen
	Zuordnung durch Farbgebung unterstützen (z. B. blaue Behälter auf blauen Bereitstellplatz, roter Schlauch für roten Anschluss)	W	X	Immer wieder werden beim Verdrahten Kabel vertauscht, weil die Farbunterschiede zu gering sind	8 Kabel müssen speziell markiert werden, um Verwechselungsgefahr auszuschließen bzw. zu minimieren
Nicht exaktes Fügen	Formschluss (mit Nuten oder Nasen zum exakten Positionieren)	H			
	Fügehilfen vorsehen, wie Fasen oder Anschläge	H	X	Die Einschübe sind unterschiedlich tief im Gehäuse fixiert	Konstruktiv Anschläge vorsehen
	Materialeigenschaften, wie Magnetismus, elektrische Leitfähigkeit oder Dichteunterschiede als Positionierhilfen ausnutzen	H			
	Zum vollständigen Verriegeln elektrische oder mechanische Verriegelungsmechanismen nutzen	H			
	Akustische und/oder optische Signale einsetzen, wenn ein Schrauber das Drehmoment nicht erreicht > Produktionsstopp (Andon)	W	X	Es werden einfachste Akkuschrauber oder Schraubendreher zur Montage benutzt. Die Drehmomente sind unterschiedlich. Es reißen auch Schraubenköpfe ab	Druckluftschrauber mit Drehmomenteinstellung einsetzen
Vergessen	Teile im Set bereitstellen	W	X	Es werden Schraubverbindungen vergessen	Montagestruktur überarbeiten und dann Teile ggf. vorkommissioniert bereitstellen. Zusätzlich Montageanleitungen per Video vorsehen
	Akustische und/oder optische Signale einsetzen, wenn Bearbeitungsschritte vergessen werden > Produktionsstopp (Andon)	W			
	Verwenden spezieller Checklisten	W			

Abbildung 3.34.3: Checkliste Fehlervermeidung (Poka Yoke) für das Arbeitssystem Komponenteneinbau – Erfassungsvordruck

4 Fallstudien

Wie bei der Darstellung der Methoden (Kap. 3) sind in einigen Vordrucken mit Berechnungsschritten, wie in den Fallstudien Fabrikplanung (Kap. 4.3) und Arbeitsplatzgestaltung (Kap. 4.4), bestimmte Werte nicht gerundet worden. Damit können Rechenschritte besser nachvollzogen werden und es treten am Ende keine Rundungsfehler auf.

4.1 Fallstudie Potenzialanalyse

Problemstellung und Ziele

Im Folgenden soll die Anwendung der Potenzialanalyse in einem mittelständischen Familienunternehmen beschrieben werden, das Holzbearbeitungsmaschinen herstellt. Im letzten Geschäftsjahr erwirtschafteten in dem KMU 155 Mitarbeiter einen Umsatz von 29 Mio. €. Folgende Herausforderungen liegen trotz einer befriedigenden Auftragssituation vor:

- stetig sinkende Gewinne durch Preisdruck asiatischer Mitbewerber,
- immer kürzere Lieferzeiten und höhere Liefertermintreue im Bereich der Serienmaschinen,
- drastisch gewachsene Anzahl an Varianten und Einzelkomponenten durch zunehmende Individualisierung der Maschinen (eine unzureichende Plattformstrategie und mangelnde Produktstandardisierung verschärfen das Problem) sowie
- hohe Umlaufbestände im Produktionsbereich.

Ein Wechsel in der Geschäftsführung und die zunehmende Verschlechterung der Gewinnsituation sind die Hauptgründe, um die Unternehmensprozesse in einer kompakten **Potenzialanalyse** (Dauer etwa 10 Mitarbeitertage) auf schnell umsetzbare Potenziale hin untersuchen zu lassen. Die Potenzialanalyse ist von einem externen Experten, flankiert durch das neue Geschäftsführungsmitglied, durchgeführt worden.

Vorgehensweise

Die Abfolge innerhalb der Potenzialanalyse folgt dem Prinzip 'Vom Umfassenden zum Detail': Von der *Unternehmensführung* über den *Indirekten Bereich* bis zur *Fabrik*, zu den *Produktionsbereichen* und *Arbeitsplätzen* werden alle Ebenen des Unternehmens betrachtet (vgl. Abbildung 4.1.1).
Aus den Erfahrungen der Autoren in über 60 Potenzialanalyse-Projekten und auf Basis der Erhebungen von Reuber 2016 sollten dafür die in Abbildung 4.1.1 zugeordneten Methoden eingesetzt werden, die u. a. wesentliche Anforderungskriterien für den Einsatz in KMU erfüllen (Reuber 2016):

- kurze und Durchführungsdauer,
- quantifizierbare Ergebnisse,
- Mitarbeiterpartizipation und
- vor Ort durchführbar.

Die Darstellung der Fallstudie 'Potenzialanalyse' basiert auf einer Veröffentlichung in Betriebspraxis & Arbeitsforschung (vgl. Reuber/Jungkind 2017). Das Institut für angewandte Arbeitswissenschaft e.V. hat der Übernahme von Teilen des Fachbeitrags in diesem Buch freundlicherweise zugestimmt.

Auf den Zielbezug der Methoden wird hier nicht konkret eingegangen. Dies ist für das Fallbeispiel ausführlich in Reuber/Jungkind (2017) nachzulesen.

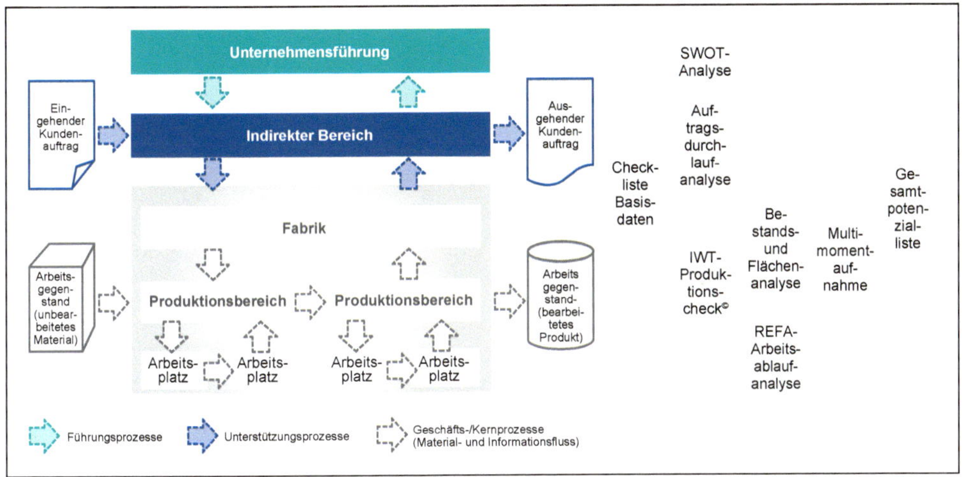

Abbildung 4.1.1: Zuordnung der Methoden zur Potenzialanalyse in der Ebenen-Struktur (vgl. Abbildung 1.2.4 in der Einleitung)

Ergebnisse

Zur quantitativen Bewertung der analysierten Ergebnisse wird zu Beginn der Potenzialanalyse die **Checkliste Basisdaten** (Kap. 3.1) ausgefüllt (vgl. Abbildung 4.1.2). Die Kennzahlen, wie z. B. Mitarbeiterkosten (€/Jahr), dienen als Grundlage zur Potenzialberechnung.

Checkliste Basisdaten		**Erfassung - Basiszahlen**	
Stand:	TT.MM.JJJJ	Bereich:	Unternehmen gesamt
Bearb.:	J. Bauer	Quelle:	P. Drucker (Leiter Controlling)

Umsatz Vorjahr (€)	29.000.000
Anzahl Mitarbeiter gesamt (inkl. Auszubildende)	155
Anzahl Mitarbeiter in direkten Funktionsbereichen (inkl. Auszubildende)	83
Anzahl Mitarbeiter in indirekten Funktionsbereichen (inkl. Auszubildende)	72
∅ Kosten Mitarbeiter in direkten Funktionsbereichen (€/Jahr)	45.000
∅ Kosten Mitarbeiter in indirekten Funktionsbereichen (€/Jahr)	65.000
Arbeitszeit (Stunden/Woche)	39
Anzahl Schichten in direkten Funktionsbereichen	1
Arbeitstage (Tage/Jahr)	235
Anzahl verkaufte Produkte (Stück/Jahr)	1.430
Produktionsfläche (qm)	8.500
Bestand zum Stichtag (unfertige Erzeugnisse) (€)	6.200.000
∅ Flächenkosten/Quadratmeter (€/Jahr)	73

Abbildung 4.1.2: Checkliste Basisdaten für einen Hersteller von Holzbearbeitungsmaschinen (Ausschnitt)

Ebene Unternehmensführung

Im ersten Analyseschritt wird eine **SWOT-Analyse** (Kap. 3.4) mit 15 Unternehmensvertretern (Geschäftsführung, Führungskreis, Betriebsratsmitglieder und ausgewählte Mitarbeiter) durchgeführt. Diese Auswahl hat sich bereits in vielen Projekten bewährt (vgl. Reuber/Hellweg 2013). Im Beispielunternehmen werden die Blanko-SWOT-Vordrucke nicht verteilt, ausgefüllt und abschließend ausgewertet, wie in der Methodenbeschreibung in diesem Buch erläutert. Vielmehr finden Einzelgespräche mit den 15 Unternehmensvertretern statt. Dies ist aufgrund des geringen Umfangs (15 Interviews á etwa 20 Min.) und der Möglichkeit des Nachfragens hier sehr sinnvoll.
Die in der Problemstellung grob benannten Herausforderungen können durch die Interviews im Rahmen der SWOT-Analyse bestätigt werden. Hier sind besonders die Schwächen und Risiken relevant (vgl. Abbildung 4.1.3).

SWOT-Analyse		**Auswertung**	
Stand:	TT.MM.JJJJ	Bereich:	Unternehmen gesamt
Bearb.:	J. Bauer	Beteiligte:	Geschäftsführung, Führungskreis, Betriebsrat, ausgewählte Mitarbeiter

	Stärken			**Schwächen**	
1	Eigenständiges, unabhängiges Unternehmen	𝍸 I	1	Investitionsstau bei Maschinen, Arbeitsplätzen	IIII
2	Beste Kundenorientierung	𝍸	2	Hoher Materialbestand und hohe Kapitalbindung	III
3	Breite Produktpalette	IIII	3	Unzureichender Service (Neuprodukte)	III
4	Flache Hierarchie	III	4	Kaum Produkt- und Prozessstandardisierung	III
5	Engagierte Mitarbeiter und hohes Know-How	III	5	Keine erkennbare Strategie/übergreifende Ziele	II
	Chancen			**Risiken**	
1	Investieren in neue Maschinen	𝍸 II	1	Verschärfter Preisdruck	𝍸 II
2	Ausbauen des Ersatzteilgeschäfts	𝍸	2	Zunehmende Branchenabhängigkeit	𝍸
3	Investieren in Produktstandardisierung	𝍸	3	Steigender Termindruck und Vertragsstrafen	𝍸
4	Optimieren der Kernprozesse	𝍸	4	Steigende Varianten (komplexere Prozesse)	III
5	Aktivitäten der neuen Geschäftsführung	II	5	Gefahr von Fehlinvestitionen	II

Abbildung 4.1.3: Zusammenfassung der Ergebnisse der SWOT-Analyse für einen Hersteller von Holzbearbeitungsmaschinen (N = 15 Befragte)

Ebene Indirekter Bereich

Entsprechend Abbildung 4.1.4 wird zusammen mit Fachleuten betroffener Abteilungen – insbesondere der Konstruktion (in der Graphik als *Betriebsbüro* gekennzeichnet) – eine **Auftragsdurchlaufanalyse** (Kap. 3.11) im Rahmen eines Workshops durchgeführt. Der Zweck dieser Analyse besteht darin, den Ist-Auftragsdurchlauf für alle Beteiligten nachvollziehbar zu dokumentieren und zu bewerten. Des Weiteren wird damit eine Basis zur Optimierung der Prozesse des indirekten Bereiches und nachfolgender Prozesse geschaffen. Die Ergebnisse verdeutlichen, dass die wesentlichen Schwachstellen im Auftragsdurchlauf auf die unzureichende Produkt- und Prozessstandardisierung zurückzuführen sind. Die instabilen Prozesse im indirekten Bereich wirken sich größtenteils in der Produktion aus. Aufgrund fehlender Informationen zu technischen Produktänderungen kommt es häufig zu Rückfragen und Nacharbeit sowie massiven Störungen im Produktionsablauf, da Arbeitsplätze teilweise neu eingerüstet oder Maschinenteile nachbearbeitet werden müssen. Hierdurch entsteht zusätzlicher Personalaufwand. Das Potenzial lässt sich auf ca. 267.000

€/Jahr summieren. Hinzu kommen noch ca. 900.000 € für einmalige Bestandssenkung infolge möglicher Maßnahmen zur Variantenreduzierung und Produktstandardisierung. Zudem hat die unzureichende Standardisierung einen erheblichen Einfluss auf die langen Durchlaufzeiten im Auftragsdurchlauf und somit auf die Lieferzeiten der Produkte.

Auftragsdurchlaufanalyse		**Auftragsdurchlauf im Unternehmensbild**	
Stand:	TT.MM.JJJJ	Prozess:	Standardprozess
Bearb.:	J. Bauer	Quelle:	Workshop: Mitarbeiter Konstruktion, Vertriebsinnendienst, AV, Einkauf

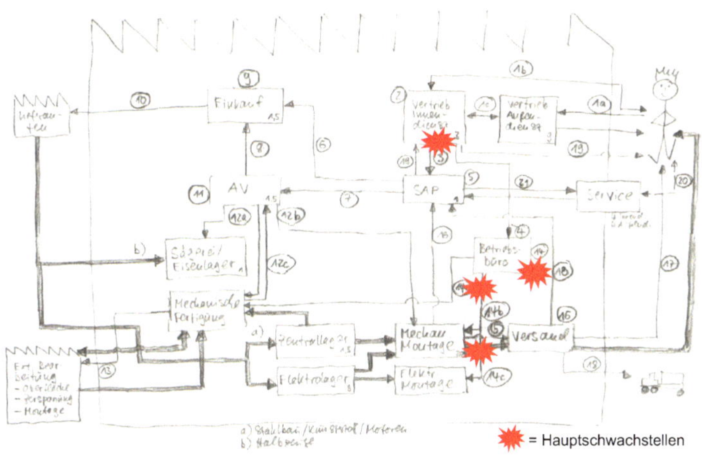

Nr.	Schwachstelle	Potenzial
3	Terminverschiebung ohne Rücksprache (fehlendes Planungstool)	Ca. 57.000 €/Jahr
14	Doppelte Anlage von Bauteilen (fehlende Produktplattform)	Ca. 900.000 €
14 a	Unvollständige Dokumente in Fertigung und Montage (Rückfragen)	Ca. 85.000 €/Jahr
14 c	Zeichnungsänderungen nach Montagestart (Mehraufwand im Betrieb)	Ca. 125.000 €/Jahr

= Hauptschwachstellen

Abbildung 4.1.4: Ergebnisse der Auftragsdurchlaufanalyse für einen Hersteller von Holzbearbeitungsmaschinen (Bild: Original aus dem Workshop; Tabelle: Ausschnitt für vier Schwachstellen)

Ebene Fabrik

Als Einstieg in die Analyse der Ebenen Fabrik, Produktionsbereiche und Arbeitsplätze empfiehlt sich die Durchführung des **IWT-Produktionschecks©** (Kap. 3.13). Für das betrachtete Unternehmen wird deutlich, dass die instabilen Prozesse im Auftragsdurchlauf ihre Fortsetzung in Form von unzureichender Steuerung in der Fabrikebene finden. Die Ergebnisse des IWT-Produktionschecks© zeigen dies (vgl. Abbildung 4.1.5), denn es bestehen im Unternehmen Verbesserungsansätze im Bereich der Produktionsbereichsgestaltung, der Materialbereitstellung, der Fertigungssteuerung sowie des visuellen Managements und der Ordnung und Sauberkeit. Insgesamt liegt das Arbeitsgestaltungsniveau in fast allen Gestaltungsfeldern unter den Durchschnittswerten der 65 KMU.

Im nächsten Schritt wird das Produktionslayout näher analysiert. Hierzu eignet sich die **Bestands- und Flächenanalyse** (Kap. 3.14). Mit dieser Methode verschafft man sich einen schnellen Überblick zur Fabrikstruktur und zum Fertigungslayout. Die prozentuale Verteilung gibt Aufschluss zu Produktions-, Lager-, Wege-, oder Büro- und Sozialflächen (vgl. Abbildung 4.1.6). Als Datenbasis zur Analyse dienen vorhandene Fertigungslayouts oder Flächenmessungen vor Ort.

Die hohen Umlaufbestände verursachen einen relativ großen Anteil an Lager- und Pufferflächen in der Produktion. Die in der Auftragsdurchlaufanalyse ermittelte mögliche Bestandssenkung von ca. 900.000 € hätte einen Flächengewinn von ca. 20 % im Lager und in den Pufferzonen zur Folge. Somit könnten ca. 780 qm als zusätzliche Produktionsfläche genutzt werden. Multipliziert mit den durchschnittlichen jährlichen Flächenkosten im Unternehmen von 73 €/qm ergibt sich ein Potenzial von ca. 57.000 €/Jahr.

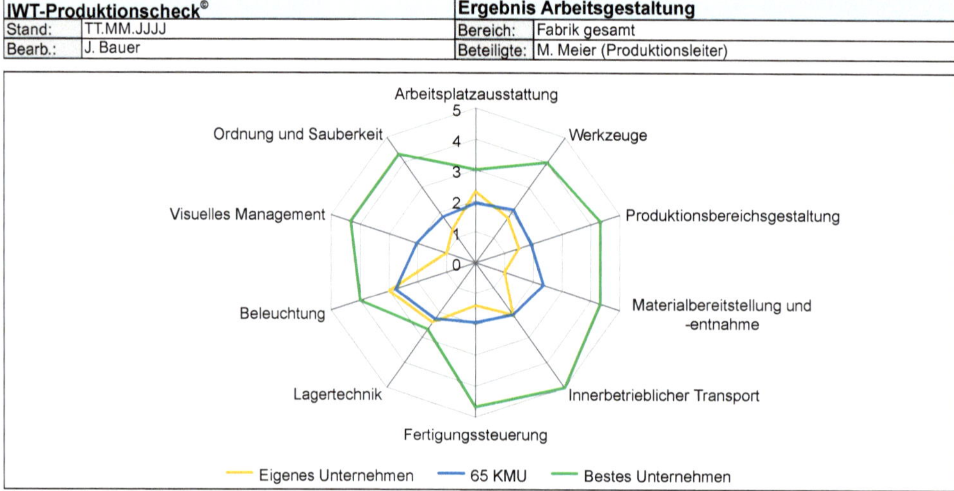

Abbildung 4.1.5: Ergebnisse des IWT-Produktionschecks© – Arbeitsgestaltungsniveau eines Herstellers von Holzbearbeitungsmaschinen

Bestands- und Flächenanalyse		Erfassung Flächen	
Stand:	TT.MM.JJJJ	Bereich:	Fabrik gesamt
Bearb.:	J. Bauer	Quelle:	Messen vor Ort

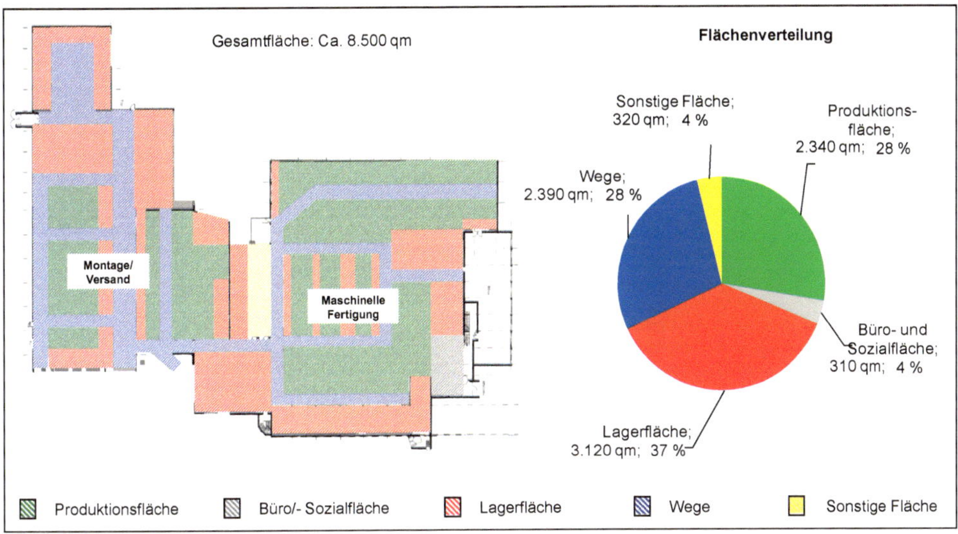

Abbildung 4.1.6: Ergebnisse der Bestands- und Flächenanalyse für einen Hersteller von Holzbearbeitungsmaschinen

Ebene Produktionsbereiche

Um möglichst repräsentative quantifizierbare Ergebnisse zur Arbeitsproduktivität zu erhalten, werden **Multimomentaufnahmen** (Kap. 3.12) in den zwei Produktionsbereichen mit den meisten Beschäftigten in einen Zeitraum von zwei Wochen durchgeführt. Dies sind die Bereiche *Maschinelle Fertigung* (Sägen, Drehen, Fräsen, ...) mit 42 Mitarbeitern (vgl. Abbildung 4.1.7) und die *Endmontage* (Montage und Versand) mit 37 Mitarbeitern (vgl. Abbildung 4.1.8). Die ermittelten Schwachstellen in den Multimomentaufnahmen bestätigen die Ergebnisse der Auftragsdurchlaufanalyse. Die unzureichend standardisierten Produkte und Prozesse führen zu unvollständigen Fertigungsdokumenten und einer aufwändigen Fertigungssteuerung inkl. vieler Rückfragen aus der Produktion. Damit sind z. B. die hohen Anteile der Ablaufarten *Papiere lesen/Besprechen* und *Abwesend* in der Montage und der Verpackung erklärbar. Die 19 % *Warten* in der *Maschinellen Fertigung* sind hauptsächlich auf einen geringen Anteil Mehrmaschinenbedienung an den Dreh- und Fräsmaschinen zurückzuführen. Die Mitarbeiter warten vor der laufenden Maschine, bis der Arbeitsgegenstand durch die Maschine fertig bearbeitet ist, ohne z. B. während dieser Zeit eine weitere Maschine zu rüsten oder Aufträge vorzubereiten.

Der gesamte resultierende Produktivitätsverlust kann als realisierbares Optimierungspotenzial von ca. 284.000 €/Jahr (*Maschinelle Fertigung*) + 250.000 €/Jahr (*Montage/Versand*) = ca. 534.000 €/Jahr (*Produktion gesamt*) ausgewiesen werden.

Multimomentaufnahme		Ergebnis	
Stand:	TT.MM.JJJJ	Bereich:	Maschinelle Fertigung
Bearb.:	J. Bauer	Quelle:	Rundgänge: KW 25 JJJJ

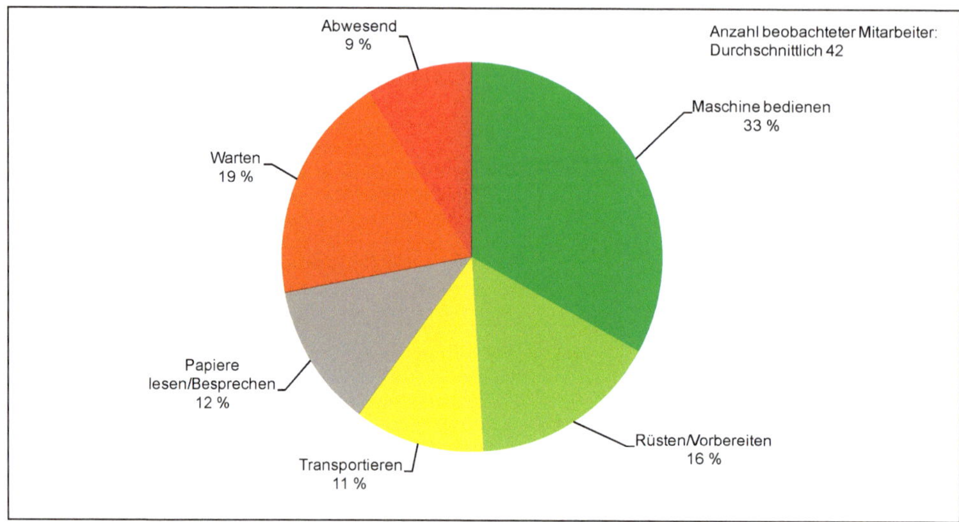

Abbildung 4.1.7: Ergebnisse der Multimomentaufnahme in der maschinellen Fertigung eines Herstellers von Holzbearbeitungsmaschinen

Multimomentaufnahme		Ergebnis	
Stand:	TT.MM.JJJJ	Bereich:	Montage/Verpackung
Bearb.:	J. Bauer	Quelle:	Rundgänge: KW 25 JJJJ

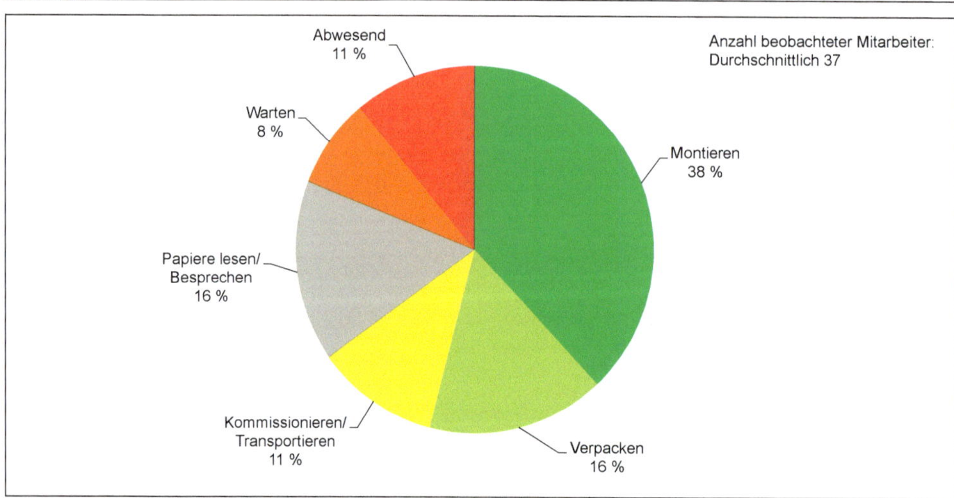

Abbildung 4.1.8: Ergebnisse der Multimomentaufnahme in der Montage und Verpackung eines Herstellers von Holzbearbeitungsmaschinen

Ebene Arbeitsplätze

Für die Ebene der Arbeitsplätze werden in der Potenzialanalyse **REFA-Arbeitsablaufanalysen** (Kap. 3.30) inkl. **Wegediagrammen** (Kap. 3.31) an ausgewählten repräsentativen Montage- und Verpackungsplätzen durchgeführt. Zusätzlich zu dieser Methode sind auch eine Reihe verschiedener Checklisten und qualitativer Verfahren zur Beurteilung von Arbeitsplätzen einsetzbar (Reuber 2012; Schleuter 2013). Die REFA-Arbeitsablaufanalyse wird jedoch verwendet, weil hiermit schnell quantifizierbare Potenziale erhoben und die Ergebnisse mittels Wegediagramm visualisiert werden können.

REFA-Arbeitsablaufanalyse		**Erfassung**	
Stand:	TT.MM.JJJJ	Bereich:	Montage Anschlag
Bearb.:	J. Bauer	Quelle:	Beobachtung, Zeitmessung

Lfd. Nr.	Ablaufabschnitt	Ablaufart ●	➡	▼	■	◗	Betriebsmittel	Arbeitsdaten Menge	Weg (m)	Zeit/Ausführung (Min.)	Bemerkungen
1	Schrauben holen		X					16	14	0,5	
2	Montageunterlage holen		X				Montageplatte		21	0,5	
3	Unterlage verbinden	X								4,5	
4	Montageunterlage messen			X						2,5	
23	Anschlag losschrauben	X								3,5	
24	Karton holen		X					1	10	0,5	
25	Anschlag verpacken	X								6	
26	Karton auf Palette stellen		X					1	6	1,5	
Summe Schritte je Ablaufart:		16	6	1	0	0		Summe:	252	68,5	
Anteil Schritte je Ablaufart (%):		70	26	4	0	0					
Summe Zeit je Ablaufart (Min.):		52	14	3	0	0					
Anteil Zeit je Ablaufart (%):		76	20	4	0	0					

● Bearbeiten ➡ Transportieren ▼ Prüfen ■ Lagern ◗ Liegen, Unterbrechung

Abbildung 4.1.9: Ergebnisse der REFA-Arbeitsablaufanalyse für das Arbeitssystem Montage Anschlag eines Herstellers von Holzbearbeitungsmaschinen (eingekürzte Darstellung)

Die Ergebnisse der Arbeitsablaufanalysen bestätigen die der Multimomentaufnahmen und der Flächenanalyse. Deutlich wird dies beispielsweise in dem hohen Transportanteil von ca. 20 % der Gesamtzeit (vgl. Abbildung 4.1.9). Die langen Wege (Summe: 252 m im dargestellten Fall) resultieren aus einer unstrukturierten Materialbereitstellung (vgl. Abbildung 4.1.10). Durch eine Wegeverkürzung mittels systematischer Layout- und Arbeitsplatzgestaltung kann ein Potenzial von ca. 10 Minuten pro Montagevorgang realisiert werden. Dies summiert sich über 8 ähnliche Montagearbeitsplätze auf ca. 54.000 €/Jahr.

Wegediagramm		**Ist-Zustand**	
Stand:	TT.MM.JJJJ	Bereich:	Montage Anschlag
Bearb.:	J. Bauer	Zweck:	Visualisierung im Rahmen der Arbeitsablaufanalyse

Abbildung 4.1.10: Wegediagramm im Rahmen der REFA-Arbeitsablaufanalyse für das Arbeitssystem Montage Anschlag eines Herstellers von Holzbearbeitungsmaschinen

Zusammenfassung und erste Umsetzungsergebnisse

Mit Hilfe der **Gesamtpotenzialliste** (Kap. 3.27) werden abschließend die wesentlichen Potenziale aus den vorausgegangenen Analysen übersichtlich zusammengefasst (vgl. Abbildung 4.1.11). Die Liste dient als Basis zur Entscheidung, welche Maßnahmen wann realisiert werden sollen; sie kann außerdem als Hilfsmittel zur Projektsteuerung im Anschluss an die Analyse genutzt werden.

Als kurzfristige Gestaltungsmaßnahme (1 bis 3 Monate) empfiehlt sich im indirekten Bereich die Einführung von klaren Prioritätsregeln und Verantwortlichkeiten im Auftragsdurchlauf. In der Ebene der Arbeitsplätze sind Arbeitsgestaltungsmaßnahmen, wie 5S und schnelles Rüsten, vorgesehen. Damit lassen sich in kurzer Zeit ca. 69.000 €/Jahr realisieren. Mittelfristig (3 bis 6 Monate) können ca. 534.000 €/Jahr 'gehoben' werden. Als langfristiges Projekt (länger 6 Monate) ist die Produktstandardisierung unter Einsatz eines Variantenkonfigurators in der Produktentwicklung angedacht. Hierdurch können weitere 42.000 €/Jahr eingespart und ca. 900.000 € gebundenes Kapital freigesetzt werden (entspricht etwa 50.000 €/Jahr an Zinsersparnis).

Vier Monate nach Durchführung der Potenzialanalyse kann bereits ein erstes Zwischenfazit zur Umsetzung gezogen werden. Zunächst sind die beiden Projekte *Prioritätsregeln definieren* und *Schnelles Rüsten* initiiert worden. Das erste Projekt befindet sich noch in der Konzeptphase. Beim *Schnellen Rüsten* sind bereits vier Engpassmaschinen in Rüstanalysen betrachtet und Umsetzungsmaßnahmen eingeleitet worden. Die durchschnittliche Rüstzeit an den vier betroffenen Anlagen wurde um ca. 30 % gesenkt; die Gesamtinvestitionen für technische Hilfsmittel betrugen insgesamt ca. 8.000 €. Die Maschinenverfügbarkeit konnte um ca. 15 % gesteigert und das Warten an den Maschinen ist fast halbiert werden, da die betroffenen Mitarbeiter in Rüstvorgänge anderer Anlagen eingebunden werden. Zudem kann das Unternehmen als Alternative zu längeren Maschinenlaufzeiten auch zusätzlich etwa einen weiteren Rüstwechsel je Maschine und Tag vornehmen. Hierdurch können die zu fertigenden Losgrößen gesenkt und Bestände reduziert werden.

Gesamtpotenzialliste		**Zusammenstellung**	
Stand:	TT.MM.JJJJ	Quelle:	Unternehmen gesamt
Bearb.:	F. Kaiser	Bereich:	Indirekter Bereich, Fabrik, Produktionsbereiche, Arbeitsplätze

			Ebene					**Systemelement**			**Realisierbares Potenzial**							**Umsetzung**			**Status**					
Lfd. Nr.	**Schwachstelle**	**Methode**	Arbeitsplatz	Produktionsbereich	Fabrik	Indirekter Bereich	Unternehmensführung	Arbeitsgegenstand	Betriebsmittel	Mensch	Kosten (€/Jahr)	Zeiten	Betriebsmittelverfügbarkeit (%)	Qualität	Delta (%)	**Wesentliche Gestaltungsmaßnahme(n)**	**Aufwand** (hoch/mittel/gering)	Kurzfristig (weniger als 3 Monate)	Mittelfristig (3 bis 6 Monate)	Langfristig (länger als 6 Monate)	Potenzial definiert	In Planung	In Umsetzung	Umgesetzt	**Termin**	**Verantwortlich**
1	Schlechte Maschinenverfügbarkeit	REFA-Arbeitsablaufanalyse	X						X			1 • 9 %				Schnelles Rüsten	gering	X			■	■	■	■	19. KW JJJJ	O. Sander
2	Teilemangel		X							X	33.000					Materialversorgung durch die Logistik	mittel	X			■	■	■		19. KW JJJJ	O. Sander
3	Mehrfacharbeit im Auftragsdurchlauf	Auftragsdurchlaufanalyse				X				X	80.000					Prioritätsregeln definieren und Auftragszentrum einrichten	mittel	X			■	■			34. KW JJJJ	F. Beier
						X		X				2 Monate					mittel		X		■	■			34. KW JJJJ	F. Beier
4	Schlechte Ordnung und Sauberkeit	5S-Check		X					X						14	5S-Konzept umsetzen	mittel		X		■				42. KW JJJJ	K. Reuter
5				X					X						10		mittel				■				48. KW JJJJ	K. Reuter
6	Zu hoher Anteil an Lager-/Bereitstellflächen	Bestands- und Flächenanalyse			X			X			80.000					Kanbansystem einführen	hoch		X		■	■			50. KW JJJJ	U. Hanning
7	Hoher Anteil Transporte/Materialbereitstellung	Multimomentaufnahme		X						X	120.000					Materialfluss optimieren/ Kanbansystem einführen	hoch		X		■	■			50. KW JJJJ	U. Hanning
8				X						X	160.000						hoch				■	■			50. KW JJJJ	U. Hanning
9	Niveau der Arbeitsgestaltung	IWT-Produktionscheck® (Arbeitsgestaltung)	X	X	X				X						12	Maßnahmen 6-11				X	■	■	■		34. KW JJJJ	P. Michels
										Summe (€/Jahr):	**473.000**							**113.000**	**360.000**	**0**						

Abbildung 4.1.11: Zusammenfassung der Ergebnisse in der Gesamtpotenzialliste für einen Hersteller von Holzbearbeitungsmaschinen

Das dargestellte Fallbeispiel zeigt, dass bereits wenige geeignete Analysemethoden genügen, um Potenziale in KMU in kurzer Zeit, nämlich binnen ca. 10 Tagen, zu analysieren. Verglichen mit den Ergebnissen aus bereits 65 durchgeführten Potenzialanalysen in KMU liegt das untersuchte Maschinenbauunternehmen mit ca. 645.000 €/ Jahr etwas über dem Durchschnitt von ca. 500.000 €/Jahr pro KMU (vgl. Abbildung 4.1.12).

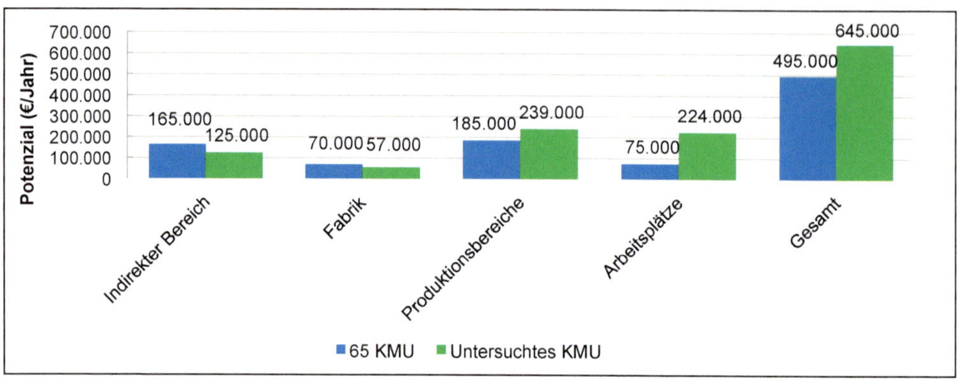

Abbildung 4.1.12: Vergleich der Potenziale des Herstellers von Holzbearbeitungsmaschinen mit 65 weiteren untersuchten Unternehmen

4.2 Fallstudie Balanced Scorecard (BSC) als Führungs- und Zielsystem

Problemstellung und Ziele

Das betrachtete Unternehmen produziert Komponenten für den Anlagenbau in Einzelfertigung und Kleinserie mit ca. 300 Mitarbeitern und erwirtschaftet einen Umsatz von ca. 45 Mio. € pro Jahr.
Nachdem vor zwei Jahren die Produktion optimiert und im vergangenen Jahr der indirekte Bereich restrukturiert worden sind, hat sich die Geschäftsführung des Unternehmens nun entschieden, ein neues Führungs- und Zielsystem auf Basis einer **Balanced Scorecard (BSC)** (Kap. 3.5) einzuführen.
Im Verlauf der vorangegangenen Aktivitäten ist deutlich geworden, dass vor allem einige Mitarbeiter der mittleren Führungsebene erbliche Schwierigkeiten hatten, die von der Geschäftsführung beschlossenen Schritte in aller Konsequenz mitzutragen. In erster Linie soll es jetzt darum gehen, mit den Führungsverantwortlichen auf Basis einer gemeinsam erarbeiteten Ausgangssituation eine Vision, Unternehmensgrundsätze, Unternehmens-, Abteilungsziele sowie übergreifende Maßnahmen zu definieren und diese im kommenden Jahr zu realisieren.

Matrixdarstellungen

In diesem Fall ist das Hauptziel – Steigern der Führungskompetenz – bereits definiert. Entsprechend der **Matrix Ziele – Methoden** (vgl. Abbildung 4.2.1) lassen sich dafür die markierten Methoden zuordnen, die mit *Voller Einfluss, ist bestens geeignet* gekennzeichnet sind.

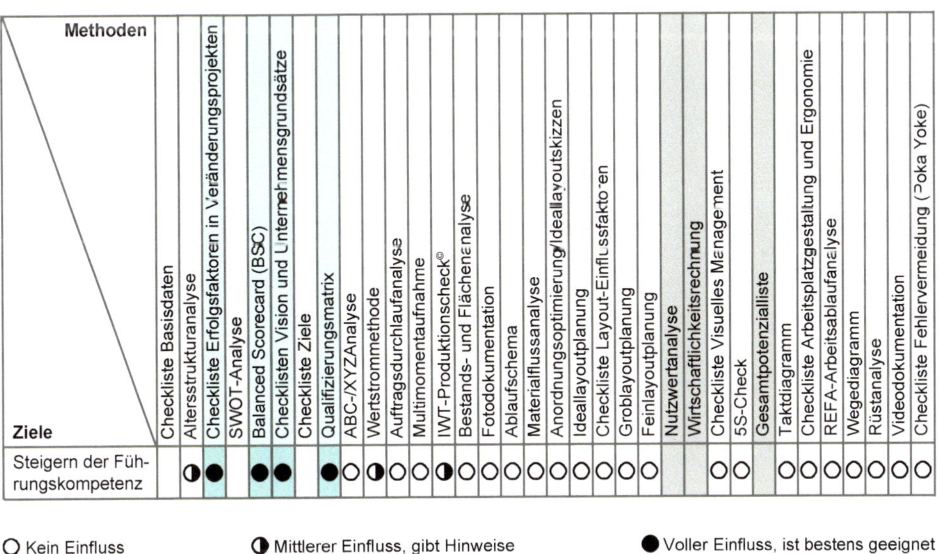

Ziele \ Methoden	Checkliste Basisdaten	Altersstrukturanalyse	Checkliste Erfolgsfaktoren in Veränderungsprojekten	SWOT-Analyse	Balanced Scorecard (BSC)	Checklisten Vision und Unternehmensgrundsätze	Checkliste Ziele	Qualifizierungsmatrix	ABC-/XYZAnalyse	Wertstrommethode	Auftragsdurchlaufanalyse	Multimomentaufnahme	IWT-Produktionscheck©	Bestands- und Flächenanalyse	Fotodokumentation	Ablaufschema	Materialflussanalyse	Anordnungsoptimierung/Ideallayoutskizzen	Ideallayoutplanung	Checkliste Layout-Einflussfaktoren	Groblayoutplanung	Feinlayoutplanung	Nutzwertanalyse	Wirtschaftlichkeitsrechnung	Checkliste Visuelles Management	5S-Check	Gesamtpotenzialliste	Taktdiagramm	Checkliste Arbeitsplatzgestaltung und Ergonomie	REFA-Arbeitsablaufanalyse	Wegediagramm	Rüstanalyse	Videodokumentation	Checkliste Fehlervermeidung (Poka Yoke)
Steigern der Führungskompetenz		◑	●		●	●		●	○	◑	○	○	◑	○	○	○	○	○	○	○	○	○			○	○		○	○	○	○	○	○	○

○ Kein Einfluss ◑ Mittlerer Einfluss, gibt Hinweise ● Voller Einfluss, ist bestens geeignet

Methoden, um Basisinformationen zu gewinnen Methoden, um Gestaltungsansätze zu bewerten

Abbildung 4.2.1: Matrix Ziele – Methoden für einen Zulieferer des Anlagenbaus (Ausschnitt)

Nun wird die **Matrix Methoden – Strukturen** verwendet (vgl. Abbildung 4.2.2). Zunächst werden die in der Matrix Ziele – Methoden markierten Methoden auch hier entsprechend gekennzeichnet.

Dem Projekt ist in der Struktur *Ebene* die Unternehmensführung eindeutig zuzuordnen. In der Struktur *Stufe* liegt der Fokus primär auf der Analyse, in der Struktur *Systemelemente* steht der Mensch (hier als Führungskraft) im Vordergrund (vgl. Markierungen). In Abbildung 4.2.2 ist zu erkennen, dass beim 'Filtern' von links (*Ebene*) nach rechts (über *Stufe* zu *Systemelement*) die Qualifizierungsmatrix entfällt, wenn man nur Methoden auswählt, die einen *direkten Zusammenhang* besitzen.

Strukturen / Methoden	Ebene					Stufe		Systemelement				
	Unternehmens-führung	Indirekter Bereich	Fabrik	Produktionsbereich	Arbeitsplatz	Analyse (der Aus-gangssituation)	Gestaltung (Unterstützung)	Arbeitsgegenstand	Betriebsmittel	Mensch	Auswahl	Bemerkungen
Checkliste Basisdaten	●	●	●	●	●	●	◑	◑	◑	●		
Altersstrukturanalyse	●	●	●	●	●	●	◑	○	○	●		
Checkliste Erfolgsfaktoren in Veränderungsprojekten	●	○	○	○	○	●	◑	○	○	●		Hier vorerst nicht relevant
SWOT-Analyse	●	●	◑	◑	◑	●	○	○	○	●	■	Relevant
Balanced Scorecard (BSC)	●	○	○	○	○	●	●	○	○	●	■	
Checklisten Vision und Unternehmensgrundsätze	●	○	○	○	○	●	○	○	○	●	■	
Checkliste Ziele	●	○	○	○	○	●	○	○	○	●	■	Relevant
Qualifizierungsmatrix	◑	◑	◑	●	●	●	●	○	○	●		

○ Kein Zusammenhang ◑ Mittlerer Zusammenhang ● Direkter Zusammenhang

Abbildung 4.2.2: Matrix Methoden – Strukturen für einen Zulieferer des Anlagenbaus (Ausschnitt)

Die Geschäftsführung beschließt, dass die Checkliste Erfolgsfaktoren in Veränderungsprojekten nur eingesetzt werden soll, wenn sich Schwierigkeiten in der Zusammenarbeit der Akteure im Projektverlauf abzeichnen.

Zusätzlich werden zwei Methoden (SWOT-Analyse und Checkliste Ziele) ausgewählt, die Basisinformationen liefern, da sie für dieses Projekt relevant sein könnten.

Auf Basis einer **SWOT-Analyse** (Kap. 3.4) soll eine Balanced Scorecard (BSC) erarbeitet werden. Integraler Bestandteil sind dabei eine Vision und Unternehmensgrundsätze (**Checklisten Vision und Unternehmensgrundsätze** (Kap. 3.6)). Die **Checkliste Ziele** (Kap. 3.7) soll herangezogen werden, um aus den erarbeiteten Zielgrößen geeignete Kennzahlen und Messgrößen abzuleiten. Die Qualifizierungsmatrix kann später als Maßnahme greifen, ist jedoch in dieser Projektphase noch nicht relevant.

Im Projekt ist nach der in Abbildung 4.2.3 skizzierten Vorgehensweise vorgegangen worden. Die nachfolgend erläuterten Ergebnisse orientieren sich an dieser Struktur.

Es ist sinnvoll, sich vorab die Ausführungen zur Methode Balanced Scorecard (BSC) durchzulesen.

Ergebnisse

Im Projekt sind alle 22 Führungskräfte des Unternehmens (einschließlich Geschäftsführung), einige besonders engagierte Mitarbeiter und 'Meinungsbildner' sowie der Betriebsrat aktiv beteiligt worden. Ein externer Experte begleitet die Durchführung des Projekts.

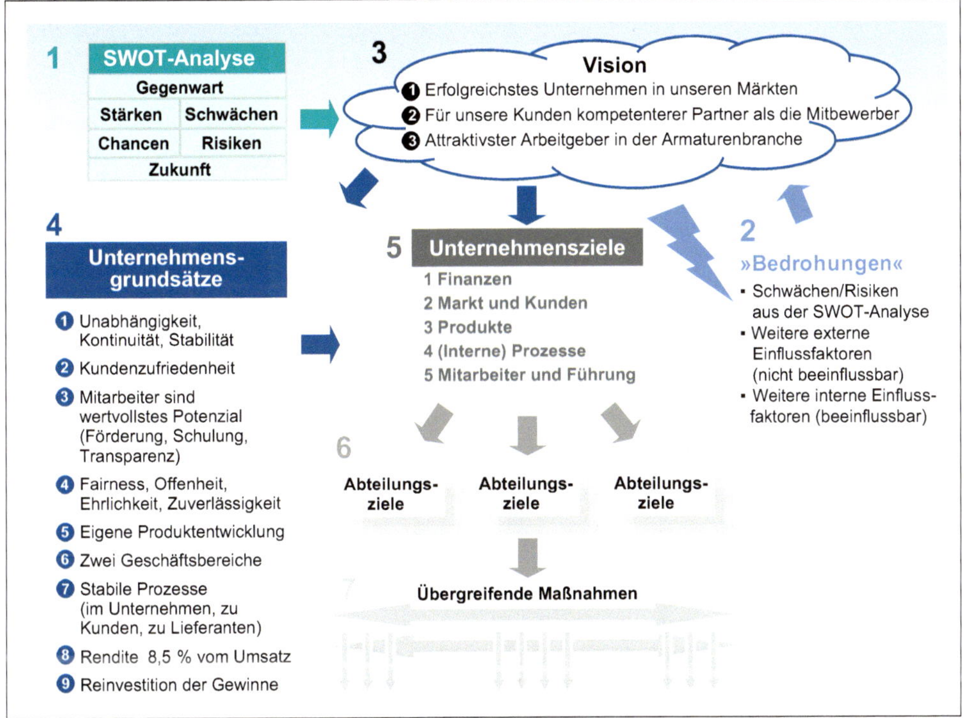

Abbildung 4.2.3: Vorgehensweise zur Implementierung einer Balanced Scorecard (mit Beispielen) (vgl. Jungkind/Dresselhaus 2003, S. 197)

Information aller Beteiligten (KW X, ca. 1 Stunde)

Zunächst werden alle Beteiligten in einer einstündigen Informationsveranstaltung von der Geschäftsführung über das Projekt informiert (Ausgangssituation, Ziele, Grundlagen zur BSC, geplante Schritte, erwartete Ergebnisse, zur Verfügung gestellte Ressourcen). In dieser Veranstaltung werden auch die SWOT-Vordrucke verteilt. Diese werden danach anonym ausgefüllt und von dem Externen ausgewertet (vgl. Nr. 1 in Abbildung 4.2.3). Die SWOT-Analyse dient als Einstieg in den Prozess mit dem Ziel, die Beteiligten sofort einzubeziehen, deren Sicht kennenzulernen und Anregungen für die weiteren Schritte zu erhalten.

1. Workshop (KW X + 2 Wochen, ca. 5 Stunden)

Nach ca. zwei Wochen folgt der erste Workshop mit allen Projektbeteiligten. Zunächst werden die Ergebnisse der SWOT-Analyse vorgestellt, diskutiert und verabschiedet. Abbildung 4.2.4 zeigt die Ausprägung der Nennungen für die vier Felder der SWOT-Analyse, 'sortiert' nach den gewählten fünf BSC-Dimensionen. In Abbildung 4.2.5 sind die wesentlichen Ergebnisse der SWOT-Analyse zusammengefasst und interpretiert, sodass damit Abbildung 4.2.4 verständlicher wird.

SWOT-Analyse		**Anzahl der Nennungen für S-W-O-T und Dimensionen**	
Stand:	TT.MM.JJJJ	Bereich:	Unternehmen gesamt
Bearb.:	J. Fischer	Beteiligte:	Geschäftsführung, Führungskräfte, Betriebsrat, ausgewählte Mitarbeiter

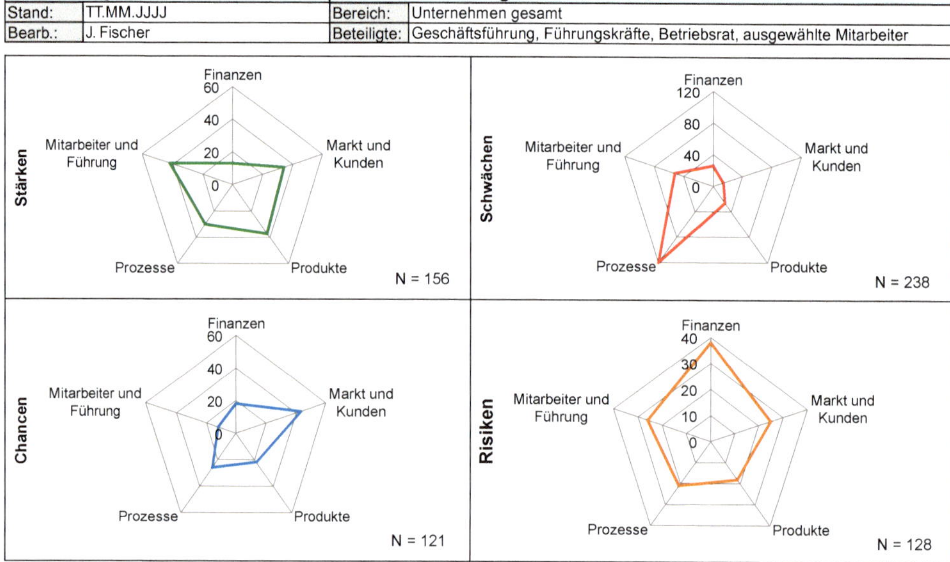

Abbildung 4.2.4: Anzahl Nennungen für Stärken, Schwächen, Chancen und Risiken sowie Dimensionen für einen Zulieferer des Anlagenbaus

SWOT-Analyse		Zusammenfassung der SWOT-Ergebnisse	
Stand:	TT.MM.JJJJ	Bereich:	Unternehmen gesamt
Verantw.:	J. Fischer	Beteiligte:	Geschäftsführung, Führungskräfte, Betriebsrat, ausgewählte Mitarbeiter

Stärken

Häufigste Nennungen:
- Mitarbeiterengagement und Know-How als besondere Stärke des Unternehmens
- Gutes Markenimage und qualitativ hochwertige Produkte
- Flexibilität in Bezug auf das Erfüllen von Kundenwünschen
- Kurze Entscheidungswege

Insgesamt relativ wenig Nennungen zu Stärken des Unternehmens in der Perspektive Finanzen

Schwächen

Häufigste Nennungen:
- Kein Projektmanagement
- Spürbar nachlassende Mitarbeitermotivation
- Qualitätsprobleme und Reklamationen

Kaum Nennungen zur anhaltenden Rückstandssituation und zu unproduktiven Montagebereichen.
Kaum Nennungen zu hohen Beständen und Nebenzeiten in der Fertigung (teilweise mangelnde Sensibilisierung für Verschwendung und Wirtschaftlichkeit)

Chancen

Häufigste Nennungen:
- Neue Produkte und Markterweiterungen ('Flucht nach vorn')
- Schaffung von definierten Abläufen und Verbessern der internen Kommunikation

Interne Kostenreduzierungen durch Prozessoptimierung und einen konsequenten KVP werden kaum als Chancen wahrgenommen

Risiken

Häufigste Nennungen:
- 'Ausbluten' des Standortes durch Abwanderungen von Leitungsträgern
- Kundenverlust durch anhaltend hohe Reklamationsquoten

Die hohe Rückstandsituation und der deutliche Verschwendungsanteil werden kaum erwähnt

Abbildung 4.2.5: Zusammenfassung der Ergebnisse der SWOT-Analyse für einen Zulieferer des Anlagenbaus
Anm: Die blau markierten Passagen stellen eine Interpretation des externen Beraters dar und dienen hier zum Anregen einer Diskussion

Nach der Vorstellung der SWOT-Ergebnisse erarbeiten die Projektbeteiligten entsprechend Nr. 2 in Abbildung 4.2.3 die 'Bedrohungen' für das Unternehmen. Hier sind die wesentlichen Schwächen und Risiken der vorangegangenen SWOT-Analyse mit eingegangen, jedoch auch weitere Aspekte, die bislang nicht in der SWOT-Analyse vorkommen. Die Führungskräfte sind zuvor aufgefordert worden, für ihre Verantwortungsbereiche Fachinput für die externen Einflussfaktoren (nicht beeinflussbar) sowie internen Einflussfaktoren (beeinflussbar) zusammenzutragen. In der Moderation mittels Metaplan-Methode findet, orientiert an den gewählten fünf BSC-Dimensionen, eine Zusammenstellung statt (vgl. Abbildung 4.2.6). Moderationskarten, die inhaltlich zusammengehören, werden durch Umstecken gruppiert und eingekreist.

Anschließend vergeben die Beteiligten durch Kleben von Punkten ihre Prioritäten; jedes Mitglied hat hier fünf Punkte zur freien Verfügung. Es ist sinnvoll, dass jeder Projektbeteiligte beim Kleben der Punkte möglichst mehrere BSC-Perspektiven berücksichtigt. Am Ende liegt eine Priorisierung der 'Bedrohungen' vor.

Balanced Scorecard (BSC)		Bedrohungen für das Unternehmen	
Stand:	TT.MM.JJJJ	Bereich:	Unternehmen gesamt
Verantw.:	J. Fischer	Quelle:	SWOT-Ergebnisse, Geschäftsführung, Führungskräfte, Betriebsrat, ausgewählte Mitarbeiter

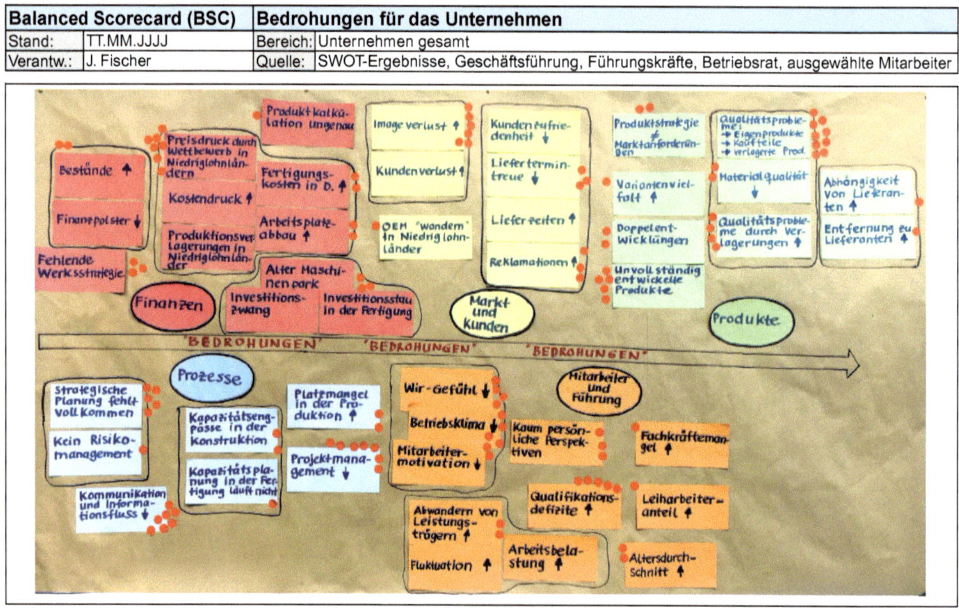

Abbildung 4.2.6: Bedrohungen für einen Zulieferer des Anlagenbaus

Im letzten Schritt des ersten Workshops werden Sinn und Zweck von Vision und Unternehmensgrundsätzen erläutert sowie die Checklisten Vision und Unternehmensgrundsätze verteilt (siehe Methode Checklisten Vision und Unternehmensgrundsätze). Die Projektbeteiligten sind sich einig, die zu erarbeitende Vision und die Unternehmensgrundsätze aus den wesentlichen Bedrohungen nach Abbildung 4.2.6 abzuleiten. Entsprechend den BSC-Dimensionen erarbeiten nun fünf interdisziplinär besetzte Teams auf Basis der Bedrohungen erste Ideen für eine Vision und zugeordnete Unternehmensgrundsätze. Die Ergebnisse werden im Plenum vorgestellt. Anschließend wird eine Arbeitsgruppe gebildet, die bis zum nächsten Workshop, auf Basis der Teamergebnisse, einen ersten Entwurf für eine Vision und für Unternehmensgrundsätze – vgl. Nr. 3 und 4 in Abbildung 4.2.3 – erarbeiten soll.

2. Workshop (KW X + ca. 5 Wochen, ca. 5 Stunden)

Entsprechend Nr. 5 in Abbildung 4.2.3 gilt es, im zweiten Workshop Unternehmensziele zu erarbeiten. Als Grundlage erhalten die Teams die Ergebnisse der SWOT-Analyse, die wesentlichen Bedrohungen, den ersten Entwurf einer Vision und der Unternehmensgrundsätze sowie Basisvorgaben der Geschäftsführung. Hier ist es hilfreich, den Teams am Ende des Erarbeitungsprozesses die Checkliste Ziele zur Verfügung zu stellen, damit eindeutig in Zielgröße, Kennzahl und Messgröße unterschieden wird und ein finaler Abgleich der zusammengetragenen Größen erfolgen kann. Dies ist im Beispielunternehmen geschehen. Die von den Teams erarbeiteten Unternehmensziele werden gemeinsam diskutiert und reduziert. Die Projektbeteiligten entscheiden sich, die Dimension Produkte nicht mit aufzunehmen, dafür aber zusätzlich die Lieferanten im Bereich Markt und Kunden. Abbildung 4.2.7 zeigt das Flipchart aus dem Workshop mit den verabschiedeten Unternehmenszielen je Dimension.

Am Ende des Workshops wird mit Hilfe der Beeinflussbarkeitsmatrix überprüft, inwieweit die ausgewählten Unternehmensziele von den Abteilungen des Unternehmens beeinflusst werden können. Abbildung 4.2.8 zeigt die Einstufung, hier bereits in einen Vordruck übertragen. Es wird deutlich, dass die ausgewählten Unternehmensziele die drei wesentlichen Anforderungen erfüllen, nämlich:

- von möglichst vielen Abteilungen beeinflussbar,
- tragen stark zur Realisierung von Vision/Unternehmensgrundsätzen bei und
- können schnell und mit wenig Aufwand erhoben werden.

Balanced Scorecard (BSC)		**Unternehmensziele**	
Stand:	TT.MM.JJJJ	Bereich:	Unternehmen gesamt
Verantw.:	J. Fischer	Beteiligte:	Geschäftsführung, Führungskräfte, Betriebsrat, ausgewählte Mitarbeiter

Dimension	Vision/Unternehmensgrundsatz	Zielgröße	Kennzahl	Messgröße	
Finanzen	Wirtschaftlich erfolgreich: Nachhaltige, positive Ertragskraft, gesundes Wachstum	kosten	Kostenabweichung	Istkosten * 100 / Plankosten	%
		Wirtschaftlichkeit	Arbeitsproduktivität	Output / Input	
Markt und Kunden/Lieferanten	Termingerechte, zuverlässige, umfassende Leistungen für unsere Kunden (extern/intern)	Qualität	Auftragsbezogene Lieferpünktlichkeit	Terminger. Aufträge *100 / Gesamtaufträge	%
Prozesse	Kundenorientiert/sympathisch: Erfolgreiche Zusammenarbeit mit unseren Kunden	Prozessabwicklung	Termineinhaltungsquote	Termingerechte Projekte *100 / Gesamtproj.	%
Mitarbeiter und Führung	Kontinuierliche Verbesserung	KVP	KVP - bezogen auf "Qualität"	Umgesetzte KVP-Maßnahmen / Mitarbeiter	Stück / Mitarbeiter
	Persönliche Entwicklung / Qualifizierung	Persönliche Entwicklung	Qualifikationsgrad	Qualifizierte Mitarb. Ist / Qualifizierte Mitarb. Soll	%

Vision

Unternehmensgrundsatz

Abbildung 4.2.7: Erarbeitete Unternehmensziele für einen Zulieferer des Anlagenbaus

Balanced Scorecard (BSC)		Beeinflussbarkeitsmatrix	
Stand:	TT.MM.JJJJ	Projekt:	Unternehmen gesamt
Bearb.:	J. Fischer	Beteiligte:	Geschäftsführung, Führungskräfte, Betriebsrat, ausgewählte Mitarbeiter

Dimension	Vision/ Unternehmensgrundsätze	Zielgröße	Kennzahl	Messgröße (Bezug: Tag, Woche, Monat, Jahr)		Abteilung: Vertrieb	Forschung/Entwicklung	Einkauf/Disposition	Produktion	Qualitätssicherung	Versand/Lager	EDV	Verwaltung
Finanzen	Wirtschaftlich erfolgreich: nachhaltige, positive Ertragskraft/ gesundes Wachstum	Kosten	Kostenabweichung	$\frac{\text{Istkosten} \cdot 100}{\text{Plankosten}}$	%	[grün]	[grün]	[grün]	[grün]	[grün]	[grün]	[grün]	[grün]
		Wirtschaftlichkeit	Arbeitsproduktivität	$\frac{\text{Output}}{\text{Input}}$	$\frac{\text{Stück}}{\text{Mitarbeiter}}$	[grün]	[grün]	[grün]	[grün]	[gelb]	[grün]	[gelb]	[gelb]
Markt und Kunden/ Lieferanten	Termingerechte, zuverlässige, umfassende Leistungen für unsere Kunden (extern/intern)	Qualität	Auftragsbezogene Lieferpünktlichkeit	$\frac{\text{Termingerechte Aufträge} \cdot 100}{\text{Gesamtaufträge}}$	%	[grün]	[grün]	[grün]	[grün]	[gelb]	[grün]	[gelb]	[gelb]
Prozesse	Kundenorieniert/sympathisch: erfolgreiche Zusammenarbeit mit unseren Kunden	Prozessabwicklung	Termineinhaltungsquote	$\frac{\text{Termingerechte Projekte} \cdot 100}{\text{Gesamtprojekte}}$	%	[grün]	[grün]	[grün]	[grün]	[gelb]	[rot]	[rot]	[rot]
Mitarbeiter und Führung	Kontinuierliche Verbesserung	KVP	KVP - bezogen auf 'Qualität'	$\frac{\text{Umgesetzte KVP-Maßnahmen}}{\text{Mitarbeiter}}$	$\frac{\text{Stück}}{\text{Mitarbeiter}}$	[grün]	[grün]	[grün]	[grün]	[grün]	[grün]	[grün]	[grün]
	Persönliche Entwicklung/Qualifizierung	Persönliche Entwicklung	Qualifikationsgrad	$\frac{\text{Qualifizierte Mitarbeiter Ist}}{\text{Qualifizierte Mitarbeiter Soll}}$	ohne Einheit	[grün]	[grün]	[grün]	[grün]	[grün]	[grün]	[grün]	[grün]

[grün] Stark/voll beeinflussbar [gelb] Teilweise beeinflussbar [rot] Nicht/kaum beeinflussbar

Abbildung 4.2.8: Beeinflussbarkeitsmatrix für einen Zulieferer des Anlagenbaus

Am Ende des zweiten Workshops wird besprochen, dass sich die Geschäftsführung mit den Führungskräften der betroffenen Abteilungen bis zum nächsten Workshop zusammensetzt und deren spezifische Abteilungsziele vereinbart.

3. Workshop (KW X + ca. 9 Wochen, ca. 5 Stunden)

Im dritten Workshop werden die Unternehmens- und Abteilungsziele sowie die Vision und Unternehmensgrundsätze (vgl. Abbildung 4.2.9) verabschiedet.
Den Schwerpunkt des dritten Workshops bildet nach der Bestimmung der Unternehmensziele – entsprechend Nr. 7 in Abbildung 4.2.3 – die moderierte gemeinsame Erarbeitung *übergreifender* Maßnahmen. Abbildung 4.2.10 zeigt das Ergebnis; hier bildet Abbildung 4.2.7 die Basis, die um den Maßnahmenteil erweitert wird. Diese Maßnahmen sind, entsprechend Abbildung 4.2.10, mit allen Workshopteilnehmern zusammen danach zu bewerten, ob sind *zielführend* sind.
Zum Schluss sind Maßnahmen auf Basis folgender Kriterien ausgewählt worden:

1. decken viele Zielgrößen ab (Summe grüner Punkte je Maßnahme in Abb. 4.2.10),
2. schon initiierte Projekte (Maßnahmen), die aus strategischen Gründen weiter durchgeführt werden müssen sowie
3. sehr gutes Aufwand-Nutzen-Verhältnis.

Es sollten nicht zu viele Maßnahmen (je nach Umfang 5-7) definiert werden, damit die Realisierung auch wirklich sichergestellt ist. Auch können die Maßnahmen zeitlich in kurz-, mittel- und langfristig strukturiert werden. Den ausgewählten Maßnahmen werden im Rahmen dieses dritten Workshops Verantwortliche zugeordnet.

Balanced Scorecard (BSC)		**Vision/Unternehmensgrundsätze**	
Stand:	TT.MM.JJJJ	Bereich:	Unternehmen gesamt
Bearb.:	J. Fischer	Beteiligte:	Geschäftsführung, Führungskräfte, Betriebsrat, ausgewählte Mitarbeiter

Vision

Wir wollen als internationaler Hersteller von Komponenten des Anlagenbaus

- **sympathisch,**
- **kundenorientiert und**
- **wirtschaftlich erfolgreich**

sein

Unternehmensgrundsätze

Finanzen
Maßstab für unseren unternehmerischen Erfolg bildet eine nachhaltige und sich positiv entwickelnde Ertragskraft sowie ein gesundes Wachstum.

Liefertermintreue
Wir verpflichten uns, unseren Kunden termingerechte, zuverlässige und umfassende Leistungen zu bieten. Gleiches gilt auch im Innenverhältnis.

Lieferanten
Mit unseren Lieferanten pflegen wir partnerschaftliche Geschäftsbeziehungen, um gemeinsam unsere Ziele zu erreichen.

Kundenzufriedenheit
Kundennähe ist für uns die Grundvoraussetzung einer erfolgreichen Zusammenarbeit.

Kontinuierliche Verbesserung
Wir wollen durch kontinuierliche Verbesserungsprozesse in allen Bereichen langfristig den Erfolg des Unternehmens sichern.

Mitarbeiter
Unsere Mitarbeiter sind unser wichtigstes Kapital. Wir fühlen uns ihnen und ihrer persönlichen Entwicklung im Unternehmen verpflichtet.
Wir investieren in die Qualifikation unserer Mitarbeiter und fördern deren innerbetriebliche Weiterbildung.

Abbildung 4.2.9: Vision und Unternehmensgrundsätze für einen Zulieferer des Anlagenbaus

Balanced Scorecard (BSC)		**Übergreifende Maßnahmen zur Zielerreichung**	
Stand:	TT.MM.JJJJ	Bereich:	Unternehmen gesamt
Bearb.:	J. Fischer	Beteiligte:	Geschäftsführung, Führungskräfte, Betriebsrat, ausgewählte Mitarbeiter

Übergreifende Maßnahmen

Dimension	Vision/Unternehmensgrundsatz	Zielgröße	Kennzahl	Optimierung Fertigungsstf.	Projektmanagement	Einführung KVP	Produktbereinigung	Personalentwicklungskonzept	Lieferantenentwicklung	Fertigungsverbund
Finanzen	Wirtschaftlich erfolgreich: Nachhaltige, positive Ertragskraft, gesundes Wachstum	Kosten	Kostenabweichung	●	●	●	●	●	○	●
		Wirtschaftlichkeit	Arbeitsproduktivität	●	●		○	○	●	○
Markt und Kunden/Lieferanten	Termingerechte, zuverlässige, umfassende Leistungen für unsere Kunden (extern/intern)	Qualität	Auftragsbezogene Lieferpünktlichkeit	●	●			○		
Prozesse	Kundenorientiert/sympathisch: Erfolgreiche Zusammenarbeit mit unseren Kunden	Prozessabwicklung	Termineinhaltungsquote			●		●		
Mitarbeiter und Führung	Kontinuierliche Verbesserung	KVP	KVP-bezogen auf "Qualität"	●	●	●	○	●	○	
	Persönliche Entwicklung/Qualifizierung	Persönliche Entwicklung	Qualifikationsniveau			●		●		●
			Verantwortliche	P. Müller	R. Schulze	K. Petersen	P. Meier	U. Frisch	W. Klein	C. Groß

● Maßnahme trägt erheblich zur Zielerreichung bei
○ Maßnahme trägt eingeschränkt zur Zielerreichung bei

Abbildung 4.2.10: Übergreifende Maßnahmen zur Zielerreichung für einen Zulieferer des Anlagenbaus

Weitere Aktivitäten

In den folgenden Wochen trifft sich die Geschäftsführung mit den Abteilungsverantwortlichen – entsprechend Nr. 6 in Abbildung 4.2.3 – auf Basis der Beeinflussbarkeitsmatrix (Abbildung 4.2.8) zu Zielvereinbarungsgesprächen. Dazu werden für jede Abteilung entsprechende Zielgraphen erarbeitet, wie in Abbildung 4.2.11 beispielhaft dargestellt.

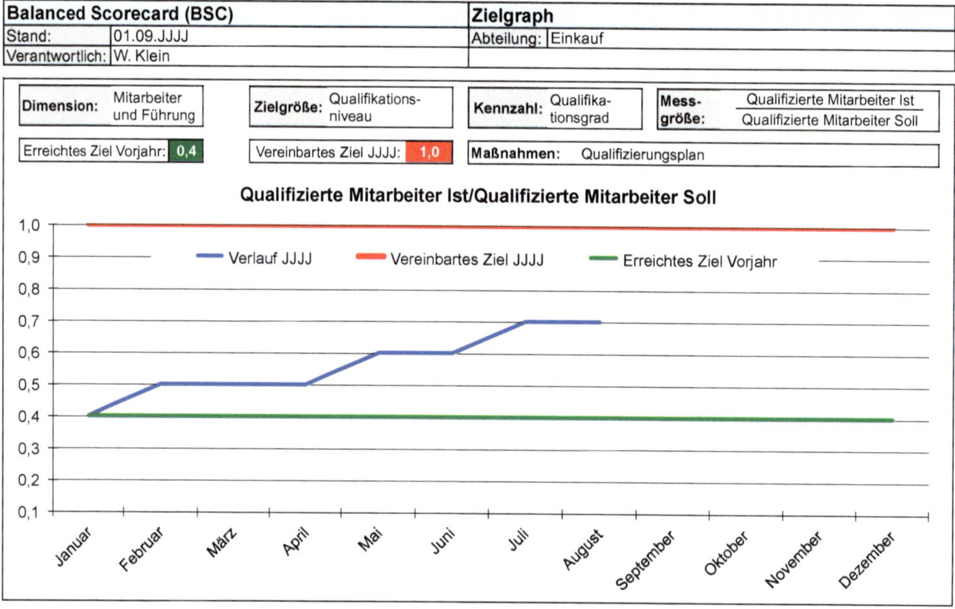

Abbildung 4.2.11: Zielgraph für die Kennzahl 'Qualifikationsgrad' für einen Zulieferer des Anlagenbaus (Abteilung Einkauf)

In jeder Abteilung des Unternehmens werden nun Informationstafeln/-wände aufgestellt, an denen die Zielgraphen ausgehängt und in definierten Zeitabständen mit den Mitarbeitern besprochen werden.

Regelmäßige Zusammenkünfte aller Führungskräfte und Projektverantwortlichen (Jour fixe-Termine); (KW X + ca. 15 Wochen, danach vierteljährlich)

Etwa nach einem Quartal kommen alle Führungskräfte und Projektverantwortlichen zusammen, um sich gegenseitig ihre Zielgraphen vorzustellen (Soll-Ist-Vergleich, eingeleitete Maßnahmen bei negativen Zielabweichungen, ...). Zudem stellen die Projektverantwortlichen anhand ihrer Projektblätter den Stand der Bearbeitung der übergreifenden Maßnahmen vor. Abbildung 4.2.12 zeigt ein Beispiel für ein solches Projektblatt.
In Abständen von ca. drei bis vier Monaten wird im betrachteten Unternehmen der Jour fixe-Termin wiederholt. Damit wird sichergestellt, dass das Projekt weiterhin sehr hohe Priorität besitzt und sich die Führungskräfte jeweils gemeinsam abstimmen können.

Balanced Scorecard (BSC)		**Projektblatt 'Personalentwicklungskonzept'**	
Stand:	TT.MM.JJJJ	Bereich:	Unternehmen gesamt
Bearb.:	U. Frisch	Beteiligte:	K. Hansen, K. Rüter

Haupt-Projektziele (Rangfolge):
- Qualifikationsniveau steigern
- Produktivität steigern
- Beitrag zum KVP leisten
- Kosten reduzieren

Nr.	Geplante Vorgehensweise	Temine	Status
1	Je Abteilung: Erarbeiten von Qualifizierungsmatrizen und Einstufen der Mitarbeiter	35. KW JJJJ	
2	Abstimmen von Qualifizierungsmaßnahmen auf Basis der Qualifizierungsmatrizen, Start mit einer ausgewählten Abteilung	37. KW JJJJ	
3	Konzept zur Verbesserung der Akquise neuer Mitarbeiter (Muster für Anforderungsprofile, Auswahlverfahren, Aufbau/Pflege von Kooperationen mit Hochschulen, gezielter und projektbezogenener Einsatz von Studierenden mit entsprechender Betreuung)	42. KW JJJJ	
4	Konzept zur Optimierung der Einarbeitung neuer Mitarbeiter	46. KW JJJJ	
5	Überarbeitung des Mitarbeiter-/Führungskräftebeurteilungssystems	48. KW JJJJ	
6	Weiterentwicklung der Corporate Identity sowie des Marketings nach innen und außen (Mitarbeiterzeitschrift, Pressepräsenz, Vorträge auf Tagungen, ...)	50. KW JJJJ	

Ressourcen:
Externe Unterstützung (ca. 2 Mitarbeiter-Monate)

Abbildung 4.2.12: Projektblatt für die übergreifende Maßnahme 'Personalentwicklungskonzept' für einen Zulieferer des Anlagenbaus

4.3 Fallstudie Fabrikplanung

Problemstellung und Ziele

Das betrachtete Unternehmen ist ein international fertigender Hersteller von Sitzsystemen mit weltweiten Produktionsstandorten. Mit ca. 280 Mitarbeitern am hier betrachteten Standort sind KMU-ähnliche Strukturen vorhanden.
Wie viele Firmen, die im internationalen Wettbewerb agieren, ist auch dieses Unternehmen mit massivem Wettbewerbsdruck in Verbindung mit steigenden Qualitätsanforderungen und Kundenwünschen an die Varianz von Produkten sowie an Serviceleistungen konfrontiert. Global agierende Kunden des betrachteten Unternehmens sorgen zudem für stark schwankende Auftragseingänge und eine kaum planbare Produktionsauslastung. So sind im betrachteten Unternehmen vom Vertrieb unerwartet die Absatzmengen für die kommenden drei Jahre um ca. 30 % nach oben korrigiert worden.
Die skizzierten externen Herausforderungen – insbesondere die damit steigende Variantenvielfalt – führen dazu, dass vor allem in der Montage Platzprobleme auftreten. Der Materialfluss wird, auch wegen der historisch gewachsenen Werksstrukturen, zunehmend unübersichtlicher. Baugruppen und komplette Sitze müssen auf den Montageflächen und in Außenbereichen gelagert werden. Zu Beginn des geplanten Optimierungsprojektes formuliert die Geschäftsführung auf Basis dieser Herausforderungen folgende Ziele:

- Kurzen und klar strukturierten Hauptmaterialfluss realisieren (Ziel 'Materialflussorientierung')
- Flächennutzung optimieren, um ca. 30 % Umsatzwachstum in den nächsten drei Jahren zu realisieren (Ziel 'Flächeneffizienz')
- Kosten im innerbetrieblichen Materialtransport senken (Ziel 'Arbeitsproduktivität').

Matrixdarstellungen

In diesem Fall sind die Ziele bereits grob definiert. Daher kann direkt die **Matrix Ziele – Methoden** herangezogen werden (vgl. Abbildung 4.3.1). Wenn hier eine Methode mindestens einem der drei Ziele mit *Voller Einfluss, ist bestens geeignet* zuzuordnen ist (in Abbildung 4.3.1 jeweils markiert), wird diese Methode zunächst ausgewählt.
Nun werden die in Abbildung 4.3.1 markierten Methoden in die **Matrix Methoden – Strukturen** übertragen (in Abbildung 4.3.2 ebenfalls markiert). Im Projekt soll der Montagebereich optimiert werden. Die Montage im betrachteten Unternehmen kann aufgrund ihrer Größe und Struktur als *Fabrik* betrachtet werden, wie in der Matrix Methoden – Strukturen in der Struktur *Ebene* ausgewählt (in Abbildung 4.3.2 farbig hinterlegt). In der Struktur *Stufe* liegt der Fokus sowohl auf der *Analyse* (der Ausgangssituation) als auch auf der *Gestaltung* (Unterstützung). In der Struktur *Systemelement* stehen *Betriebsmittel* (Fabrik) und *Mensch* (Arbeitsproduktivität) im Vordergrund (ebenfalls farbig hervorgehoben).

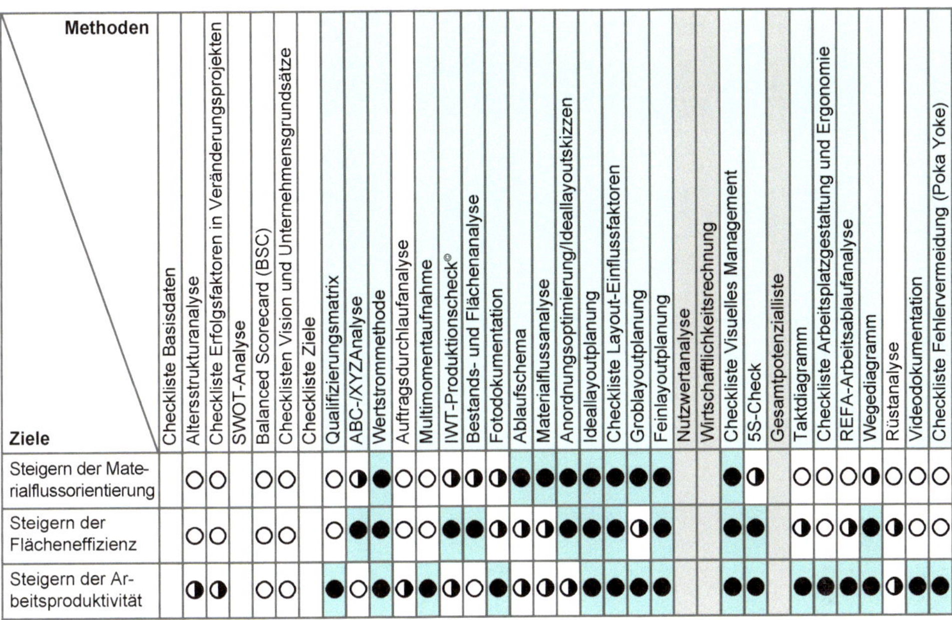

Ziele \ Methoden	Checkliste Basisdaten	Altersstrukturanalyse	Checkliste Erfolgsfaktoren in Veränderungsprojekten	SWOT-Analyse	Balanced Scorecard (BSC)	Checklisten Vision und Unternehmensgrundsätze	Checkliste Ziele	Qualifizierungsmatrix	ABC-/XYZAnalyse	Wertstrommethode	Auftragsdurchlaufanalyse	Multimomentaufnahme	IWT-Produktionscheck©	Bestands- und Flächenanalyse	Fotodokumentation	Ablaufschema	Materialflussanalyse	Anordnungsoptimierung/Ideallayoutskizzen	Ideallayoutplanung	Checkliste Layout-Einflussfaktoren	Groblayoutplanung	Feinlayoutplanung	Nutzwertanalyse	Wirtschaftlichkeitsrechnung	Checkliste Visuelles Management	5S-Check	Gesamtpotenzialliste	Taktdiagramm	Checkliste Arbeitsplatzgestaltung und Ergonomie	REFA-Arbeitsablaufanalyse	Wegediagramm	Rüstanalyse	Videodokumentation	Checkliste Fehlervermeidung (Poka Yoke)
Steigern der Materialflussorientierung		○	○		○	○		○	◑	●	○	○	◑	◑	◑	●	●	●	●	●	●	●			●	◑		○	○	○	◑	○	○	○
Steigern der Flächeneffizienz		○	○		○	○		○	●	●	○	○	●	●	◑	◑	◑	●	●	●	◑	●			●	●		◑	○	◑	●	◑	○	○
Steigern der Arbeitsproduktivität		◑	◑		○	○		●	○	●	◑	●	◑	○	●	◑	◑	◑	●	●	●	●			●	●		●	●	●	●	◑	●	●

○ Kein Einfluss ◑ Mittlerer Einfluss, gibt Hinweise ● Voller Einfluss, ist bestens geeignet

Methoden, um Basisinformationen zu gewinnen Methoden, um Gestaltungsansätze zu bewerten

Abbildung 4.3.1: Anwendung der Matrix Ziele – Methoden für das Optimierungsprojekt Montagehalle Sitze

Anhand der Matrix Methoden – Strukturen werden die relevanten Methoden weiter eingeschränkt. Wesentliches Filter ist die *Ebene* (hier Fabrik); dort müssen die (vor)ausgewählten Methoden mit *Direkter Zusammenhang* einzustufen sein. Nach Diskussion im Projektteam wird wie folgt verfahren:

- Die Checklisten Basisdaten und Ziele sollen genutzt werden.
- Die Wertstrommethode bringt hier keine zusätzlichen Erkenntnisse und wird daher nicht eingesetzt.
- Eine Fotodokumentation soll erfolgen.
- Die Feinlayouts sollen primär mittels der Methode Nutzwertanalyse bewertet werden.
- Auf eine Wirtschaftlichkeitsrechnung soll hier verzichtet werden; es geht primär um die Reduzierung von Flächen- und Transportkosten.
- Die Aspekte der **Checkliste Visuelles Management** sind für das Projekt nicht relevant; die Methode findet daher keine Anwendung.
- Der Einsatz der **Gesamtpotenzialliste** macht hier keinen Sinn, da lediglich die drei Ziele im Fokus stehen.

Im Rahmen der Ist-Analyse sieht es das Projektteam als sinnvoll an, zu Beginn den **IWT-Produktionscheck©** (Kap. 3.13) anzuwenden. Damit sollen das Arbeitsgestaltungsniveau der Montage grob erfasst, die Ziele bestätigt und weitere Ansatzpunkte abgeleitet werden.

Strukturen / Methoden	Ebene					Stufe		Systemelement				
	Unternehmens-führung	Indirekter Bereich	Fabrik	Produktions-bereich	Arbeitsplatz	Analyse (der Ausgangssituation)	Gestaltung (Unterstützung)	Arbeitsgegen-stand	Betriebsmittel	Mensch	Auswahl	Bemerkungen
Checkliste Basisdaten	●	●	●	●	●	●	◐	◐	◐	●		Relevant
Altersstrukturanalyse	●	●	●	●	●	●	◐	○	○	●		
Checkliste Erfolgsfaktoren in Veränderungsprojekten	●	○	○	○	○	●	◐	○	○	●		
SWOT-Analyse	●	●	◐	◐	◐	●	○	○	○	●		
Balanced Scorecard (BSC)	●	○	○	○	○	●	●	○	○	●		
Checklisten Vision und Unternehmensgrundsätze	●	○	○	○	○	●	○	○	○	●		
Checkliste Ziele	●	○	○	○	○	●	○	○	○	●		Relevant
Qualifizierungsmatrix	◐	◐	◐	●	●	●	●	○	○	●		
ABC-/XYZ-Analyse	○	●	●	●	●	●	○	●	○	○		
Wertstrommethode	○	●	●	●	○	●	●	●	◐	◐		Hier nicht relevant
Auftragsdurchlaufanalyse	○	●	●	●	○	●	○	●	●	●		
Multimomentaufnahme	○	○	●	●	○	●	○	○	●	●		
IWT-Produktionscheck©	○	○	●	●	◐	●	○	○	●	●		
Bestands- und Flächenanalyse	○	○	●	●	◐	●	○	●	○	○		
Fotodokumentation	○	○	◐	●	●	●	○	◐	●	○		Relevant
Ablaufschema	○	○	●	●	◐	●	◐	●	●	○		
Materialflussanalyse	○	○	●	●	○	●	○	●	●	○		
Anordnungsoptimierung/Ideallayout-Skizzen	○	○	●	●	○	○	●	●	●	◐		
Ideallayoutplanung	○	○	●	●	○	○	●	○	●	◐		
Checkliste Layout-Einflussfaktoren	○	○	●	●	○	○	●	○	●	◐		
Groblayoutplanung	○	○	●	●	○	○	●	○	●	●		
Feinlayoutplanung	○	○	●	●	●	○	●	○	●	●		
Nutzwertanalyse	○	●	●	●	●	○	●	○	●	◐		Relevant
Wirtschaftlichkeitsrechnung	○	●	●	●	●	○	●	○	●	◐		Hier nicht relevant
Checkliste Visuelles Management	○	○	●	●	●	○	●	○	●	●		Hier nicht relevant
5S-Check	○	○	○	●	●	●	◐	●	●	●		
Gesamtpotenzialliste	◐	●	●	●	●	●	○	●	●	●		
Taktdiagramm	○	○	○	●	◐	●	●	○	●	●		
Checkliste Arbeitsplatzgestaltung und Ergonomie	○	○	○	◐	●	●	●	◐	●	●		
REFA-Arbeitsablaufanalyse	○	○	○	○	●	●	◐	○	●	●		
Wegediagramm	○	○	○	●	●	●	◐	○	○	●		
Rüstanalyse	○	○	○	○	●	●	◐	○	●	●		
Videodokumentation	○	○	○	●	●	●	◐	○	●	●		
Checkliste Fehlervermeidung (Poka Yoke)	○	○	○	○	●	◐	●	●	●	●		

○ Kein Zusammenhang ◐ Mittlerer Zusammenhang ● Direkter Zusammenhang

Abbildung 4.3.2: Anwendung der Matrix Methoden – Strukturen für das Optimierungsprojekt Montagehalle Sitze

Aus der Methode **Checkliste Basisdaten** (Kap. 3.1) wird lediglich der Vordruck Erfassung – Basiszahlen verwendet, um damit die wichtigsten Zielgrößen bewerten zu können.
Die Methode **Checkliste Ziele** (Kap. 3.7) dient dazu, die drei gesetzten Ziele zu spezifizieren.

Mit der **ABC-Analyse** (Kap. 3.9) werden anschließend die repräsentativen Produkte definiert. Im Wesentlichen geht es darum, den Planungsaufwand im Projekt zu reduzieren und sich im Weiteren auf die Hauptprodukte zu konzentrieren.
Die **Multimomentaufnahme** (Kap. 3.12) soll vor allem dazu dienen, für das Ziel der Kostensenkung im innerbetrieblichen Materialtransport ('Arbeitsproduktivität') Ansatzpunkte zu liefern. Hier steht die Frage im Vordergrund, welche Zeitanteile die Montagemitarbeiter für welche Tätigkeiten aufbringen.
In der **Bestands- und Flächenanalyse** (Kap. 3.14) werden das Ist-Layout sowie die bestehenden Betriebs-, Lager- und Förder-/Förderhilfsmittel aufgenommen. Die Flächenanalyse dient dazu, das Ziel der Optimierung der Flächennutzung ('Flächeneffizienz') zu quantifizieren.
Die **Fotodokumentation** (Kap. 3.15) ist, wie in den meisten Optimierungsprojekten, sehr sinnvoll, um Missstände festzuhalten und später, nach erfolgter Gestaltung den Vorher-Nachher-Effekt zu visualisieren.
Das **Ablaufschema** (Kap. 3.16) stellt hier die Basis für die nachfolgende Materialflussanalyse dar. Es zeigt auf, welche Bearbeitungsstationen die repräsentativen Produkte durchlaufen.
Die **Materialflussanalyse** (Kap. 3.17) mit Transportmatrix, Sankey-Diagramm, Wegematrix und Mengen-Wege-Produkt dient im Wesentlichen dazu, einen kurzen und klar strukturierten Hauptmaterialfluss zu realisieren ('Materialflussorientierung') sowie im Bereich der Materialtransporte Kosten zu senken ('Arbeitsproduktivität').
Nun folgt die eigentliche Optimierungsphase: Die Layoutplanung beinhaltet im Regelfall eine **Anordnungsoptimierung/Ideallayoutskizzen** (Kap. 3.18), die **Ideallayoutplanung** (Kap. 3.19), die Anwendung der **Checkliste Layout-Einflussfaktoren** (Kap. 3.20) sowie die **Groblayoutplanung** (Kap. 3.21) **und Feinlayoutplanung** (Kap. 3.22).
Mit einer **Nutzwertanalyse** (Kap. 3.23) werden die Groblayout-Varianten schließlich bewertet.

Ergebnisse

Ist-Analyse

Die Ergebnisse des zunächst durchgeführten IWT-Produktionschecks© zeigen, dass im betrachteten Unternehmen, ähnlich wie bei den bislang analysierten KMU, noch Verbesserungsansätze im Bereich der Lagertechnik, des innerbetrieblichen Transports (Fördermittel/Materialfluss), der Arbeitsplatzausstattung sowie auch der Ordnung und Sauberkeit bestehen (vgl. Abbildung 4.3.3).
Insofern können die vor Projektstart formulierten Ziele durch diese Ergebnisse bereits teilweise bestätigt werden.

IWT-Produktionscheck©		Ergebnis Arbeitsgestaltung	
Stand:	TT.MM.JJJJ	Projekt:	Montagehalle Sitze
Bearb.:	P. Hübner	Beteiligte:	K. Richter (Montageleiter)

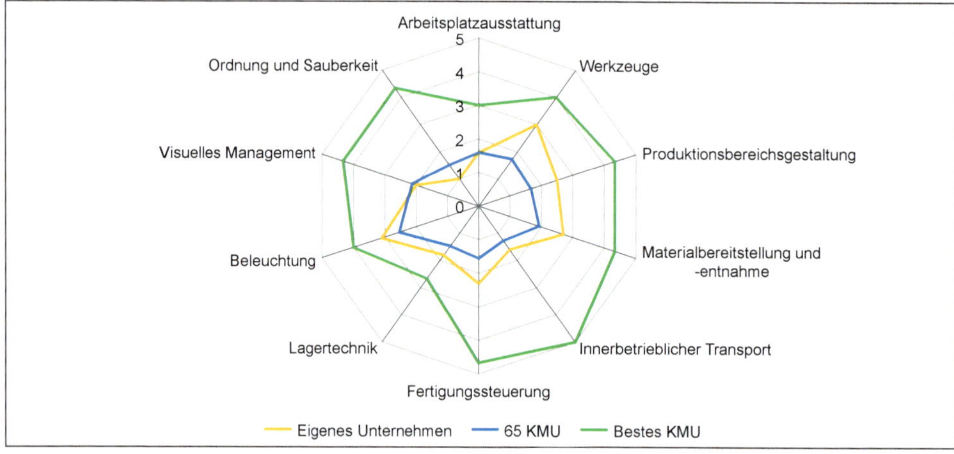

Abbildung 4.3.3: Ergebnisse des IWT-Produktionschecks© – Arbeitsgestaltungsniveau für die Montagehalle Sitze

Die ausgefüllte Checkliste Basisdaten (Vordruck Erfassung – Basiszahlen) zeigt die wichtigsten Größen, die später zur Quantifizierung der Ziele herangezogen werden.

Checkliste Basisdaten		Erfassung - Basiszahlen	
Stand:	TT.MM.JJJJ	Bereich:	Montagehalle Sitze
Bearb.:	P. Hübner	Quelle:	F. Schramm (Leiter Controlling)

Umsatz Vorjahr (€)	5.700.000
Anzahl Mitarbeiter gesamt (inkl. Auszubildende)	40
Anzahl Mitarbeiter in direkten Funktionsbereichen (inkl. Auszubildende)	35
Anzahl Mitarbeiter in indirekten Funktionsbereichen (inkl. Auszubildende)	5
∅ Kosten Mitarbeiter in direkten Funktionsbereichen (Produktion) (€/Jahr)	45.000
∅ Kosten Mitarbeiter in direkten Funktionsbereichen (Logistik) (€/Jahr)	45.000
∅ Kosten Mitarbeiter in indirekten Funktionsbereichen (€/Jahr)	49.000
Arbeitszeit in indirekten Funktionsbereichen (Stunden/Woche)	38,5
Arbeitszeit in direkten Funktionsbereichen (Stunden/Woche)	38,5
Anzahl Schichten in direkten Funktionsbereichen	2
Arbeitstage in direkten Funktionsbereichen (Tage/Jahr)	235
Arbeitstage in direkten Funktionsbereichen (Tage/Jahr)	235
Anzahl verkaufte Produkte (Stück/Jahr)	98.530
Produktionsfläche (qm)	1.900
∅ Flächenkosten/Quadratmeter (€/Jahr)	65

Abbildung 4.3.4: Checkliste Basisdaten – Relevante Basiszahlen für den Produktionsbereich Sitze

Auf Basis der drei zu Beginn des Projektes gesetzten Ziele werden nun aus der Checkliste Ziele, ausgehend von der Spalte *Ziele von Prozessverbesserungen, Kennzahlen* und *Messgrößen* ausgewählt (vgl. Abbildung 4.3.5).

Checkliste Ziele		**Erfassung**	
Stand:	TT.MM.JJJJ	Projekt:	Montagehalle Sitze
Bearb.:	P. Hübner	Beteiligte:	K. Richter (Montageleiter), P. Kunze (Geschäftsführer)

Dimension Finanzen

Zielgröße	Kennzahl	Messgröße (Bezug: Tag, Woche, Monat, Jahr)		Inhalt der Methoden	Ziele von Prozess-verbesserungen	Rele-vanz
Kosten allgemein	Flächenkosten	Belegte Fläche • Kostensatz (65 €/qm pro Jahr)	€	Bestands- und Flächenanalyse	Flächeneffizienz	
	Flächenproduktivität	$\frac{\text{Umsatz}}{\text{Fläche}}$	$\frac{€}{\text{qm}}$			

Dimension Prozesse

Zielgröße	Kennzahl	Messgröße (Bezug: Tag, Woche, Monat, Jahr)		Inhalt der Methoden	Ziele von Prozess-verbesserungen	Rele-vanz
Wirtschaft-lichkeit in Bezug auf die Prozesse	Zeitanteile einer Multimomentaufnahme	Prozentwerte für Ereignisse/Ablaufarten	%	Multimoment-aufnahme	Arbeitsproduktivität	
	Materialfluss	Mengen-Wege-Produkt	$\frac{€}{\text{Jahr}}$	Materialflussanalyse	Materialflussorientierung	
	Kreuzungsfreiheit der Hauptmaterialflüsse	Kreuzungen/Rückflüsse im Hauptmaterialfluss	Stück			
	Anteil Wertschöpfungsfläche an der Gesamt-produktionsfläche	Prozentwerte in der Bestandsanalyse Flächen	%	Bestands- und Flächenanalyse	Flächeneffizienz	

Höchste Priorität — Mittlere Priorität — Geringste Priorität

Abbildung 4.3.5: Checkliste Ziele – Relevante Kennzahlen und Messgrößen für das Optimierungsprojekt Montagehalle Sitze

Im Projekt ist lediglich die ABC-Analyse (und nicht die XYZ-Analyse) relevant. Abbildung 4.3.6 zeigt, dass auf Basis der Verkaufszahlen aus dem Jahr JJJJ zwei wesentliche Produkte (A-Produkte) identifiziert werden können. Die Ergebnisse der Umsatz-Analyse unterstützen dies (vgl. Abbildung 4.3.7). Der Vertrieb des Unternehmens prognostiziert, dass sich diese Tendenz in absehbarer Zeit nicht wesentlich ändern wird. Im Projekt wird daher der Fokus primär auf die Produkte AAF und BBC gelegt.

ABC-Analyse		Paretodiagramm - Menge	
Stand:	TT.MM.JJJJ	Artikel:	Sitze
Bearb.:	P. Hübner	Quelle:	Verkaufsstatistik JJJJ

Menge (Stück/Jahr)
50.000
45.000
40.000
35.000
30.000
25.000
20.000
15.000
10.000
5.000
0
A-Artikel
B-Artikel
C-Artikel
AAF BBC GHX KKL LLL PST HHH VDE
Artikel

Abbildung 4.3.6: ABC-Analyse – Paretodiagramm für die Artikelgruppe Sitze (Menge)

ABC-Analyse		A-/B-/C-Segmentierung - Umsatz	
Stand:	TT.MM.JJJJ	Artikel:	Sitze
Bearb.:	P. Hübner	Quelle:	Verkaufsstatistik JJJJ

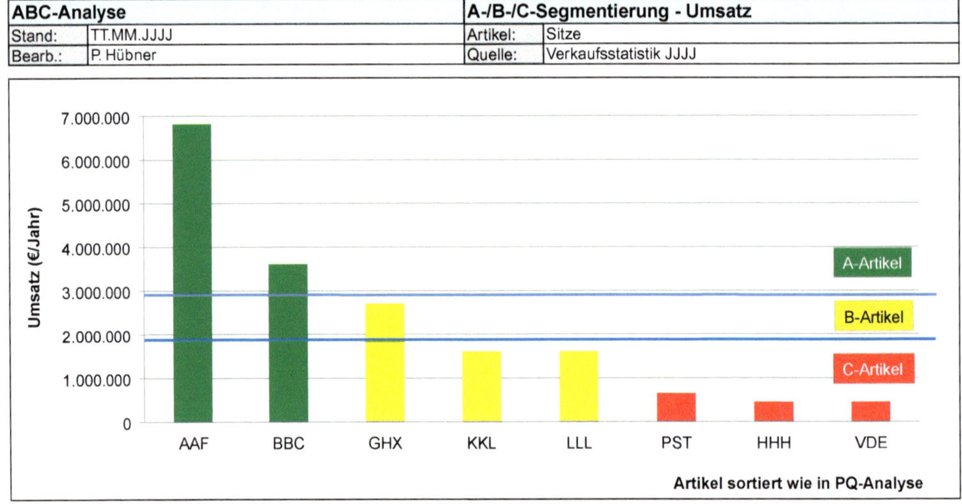

Abbildung 4.3.7: ABC-Analyse – A-/B-/C-Segmentierung für die Artikelgruppe Sitze (Umsatz)

Die Multimomentaufnahme wird über einen Zeitraum von einer Woche durchgeführt (vgl. Abbildung 4.3.8). Zuvor sind nach einer ersten Beobachtung und nachfolgender Abstimmung mit den verantwortlichen Führungskräften sieben typische Tätigkeiten definiert worden. Die wertschöpfenden Anteile (*Montieren und Verpacken*) machen insgesamt 54 % aus. Der Anteil für das *Kommissionieren/Transportieren* liegt bei 17 %. Hier müssen noch 12 % für *Abwesend* berücksichtigt werden; dieser Wert kann rechnerisch um die persönliche Verteilzeit von 6 % (wie im betrachteten Unternehmen üblich) reduziert werden. Die Mitarbeiter befinden sich jedoch auch deshalb nicht in der Halle, weil sie Ware aus anderen Produktionsbereichen holen bzw. dort hin transportierten (verbleibende 6 %). Etwa 23 % (17 % + 6 %) können somit insgesamt für *Kommissionieren/Transportieren* angesetzt werden. Das *Warten* mit 8 % rührt im Wesentlichen daher, dass Material für neue Fertigungsaufträge nicht termingerecht an den Arbeitsplätzen bereitgestellt wird. Damit ist die erste Kennzahl/Messgröße nach Abbildung 4.3.5 für das Ziel der Kostensenkung im innerbetrieblichen Materialtransport ('Arbeitsproduktivität') quantifiziert.
Bei durchschnittlich 32 anwesenden Mitarbeitern (in zwei Schichten) und einem Jahreslohn (inkl. Arbeitgeberanteil) von ca. 45.000 €/Mitarbeiter entspricht dies Transportkosten von ca. 331.000 €/Jahr.
Papiere lesen/Besprechen deutet mit einem Anteil von ca. 9 % auf einen relativ hohen Anteil sachlicher Verteilzeit hin, was auf teilweise fehlerhafte Auftragspapiere und laufende Veränderung von Auftragsreihenfolgen durch neue Prioritätssetzungen zurückzuführen ist. Dies ist jedoch nicht Gegenstand des Optimierungsprojektes.

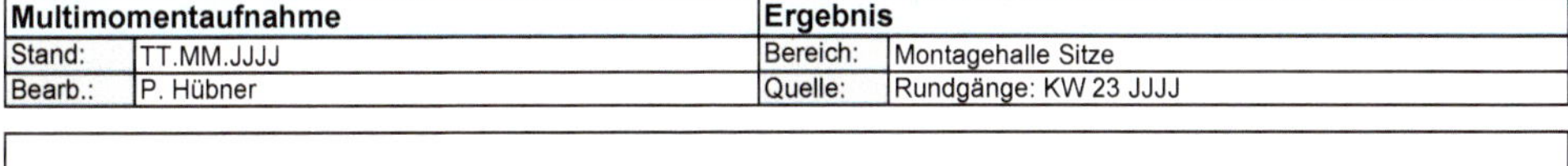

Multimomentaufnahme		**Ergebnis**	
Stand:	TT.MM.JJJJ	Bereich:	Montagehalle Sitze
Bearb.:	P. Hübner	Quelle:	Rundgänge: KW 23 JJJJ

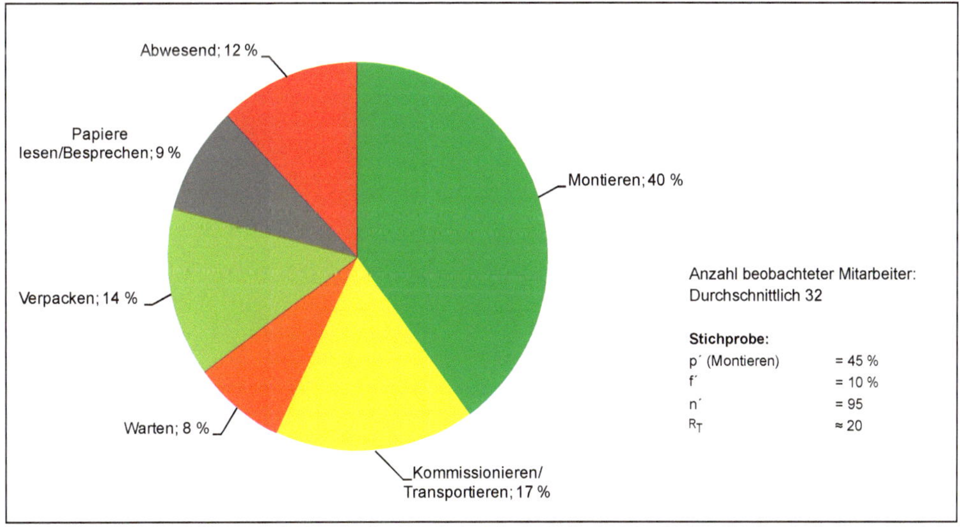

Abbildung 4.3.8: Ergebnis der Multimomentaufnahme für die Montagehalle Sitze

Auf die Zusammenstellung der Betriebs-, Lager- und Förder-/Förderhilfsmittel im Rahmen der Anwendung der Methode Bestands- und Flächenanalyse wird an dieser Stelle verzichtet. Die Gesamtfläche der Montagehalle beträgt ca. 1.900 qm (vgl. Abbildung 4.3.9).

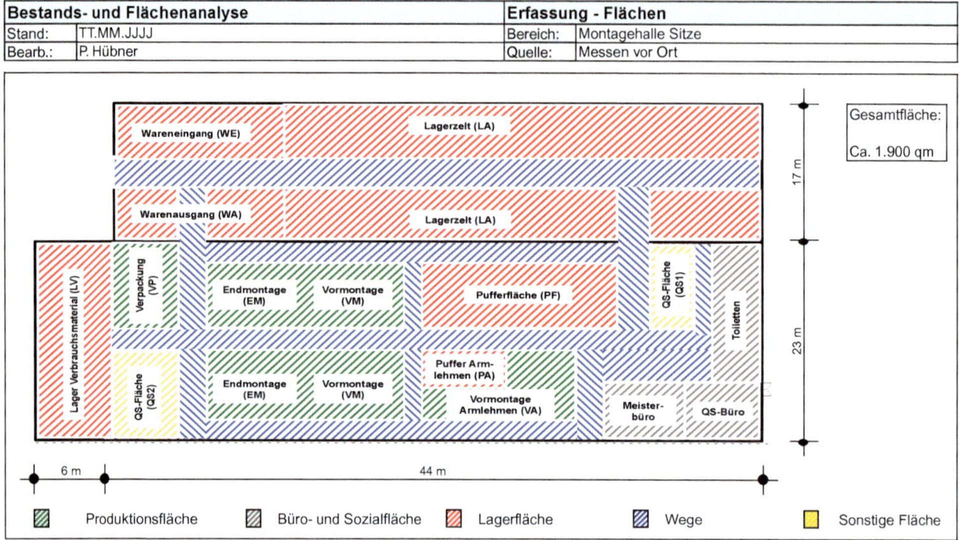

Abbildung 4.3.9: Erfassung der Flächenstruktur für die Montagehalle Sitze

Zwei weitere Größen nach Abbildung 4.3.5 können nun quantifiziert werden: Wenn man die ermittelte Gesamtfläche mit dem Kostenfaktor von 65 €/qm pro Jahr (vgl. Abbildung 4.3.4) multipliziert, errechnen sich für das Ziel der Optimierung der Flächennutzung ('Flächeneffizienz') Flächenkosten von ca. 124.000 €/Jahr. Nach Division des Umsatzes von 5,7 Mio. € in JJJJ (vgl. Abbildung 4.3.4) durch die Gesamtfläche ergibt sich zum anderen die Kennzahl Umsatz/Fläche von 3.000 €/qm. Die Gründe für diesen relativ niedrigen Wert zeigen sich besonders an den Flächenbestandteilen: Nur 23 % werden als (wertschöpfende) Produktionsfläche genutzt (vgl. Abbildung 4.3.9 und 4.3.10). Ein Lagerflächenanteil von 39 % ist für diese Art der Montage eindeutig zu hoch. Diese Flächenstruktur erklärt z. T. auch den vergleichsweise hohen Anteil an Transporten aus der Multimomentaufnahme.

Bestands- und Flächenanalyse		**Flächenstruktur - Graphik**	
Stand:	TT.MM.JJJJ	Bereich:	Montagehalle Sitze
Bearb.:	P. Hübner	Quelle:	Messen vor Ort

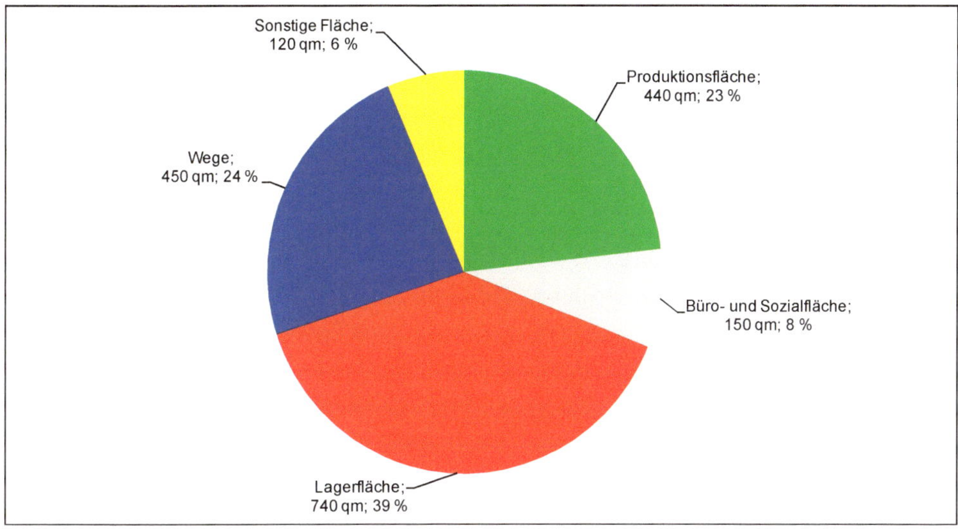

Abbildung 4.3.10: Flächenstruktur für die Montagehalle Sitze in graphischer Darstellung

Die **Fotodokumentation** veranschaulicht die problematische Lager- und Bereitstellsituation (vgl. Abbildung 4.3.11 und 4.3.12).

Fotodokumentation		**Ist-Zustand**	
Stand:	TT.MM.JJJJ	Bereich:	Arbeitsplatznahe Materialbereitstellung
Bearb.:	P. Hübner		

Abbildung 4.3.11: Fotodokumentation zum Ist-Zustand der arbeitsplatznahen Materialbereitstellung in der Montagehalle Sitze

Fotodokumentation		Ist-Zustand	
Stand:	TT.MM.JJJJ	Bereich:	Lagerzelt
Bearb.:	P. Hübner		

Abbildung 4.3.12: Fotodokumentation zum Ist-Zustand im Lagerzelt

Als Basis zur Darstellung des Materialflusses wird zunächst ein Ablaufschema angefertigt (vgl. Abbildung 4.3.13). Da alle in der ABC-Analyse aufgeführten Produkttypen dieselben Arbeitssysteme durchlaufen, ist der Ablauf hier stellvertretend für die Baugruppen des 'Renner-Produkts' AAF dargestellt. Es zeigt sich, dass alle Teile/Baugruppen des 'Renner-Produkts' die Lager- und Puffer-Bereiche durchlaufen, was u. a. den hohen Flächenanteil von 39 % nach Abbildung 4.3.10 erklärt.

Auf Grundlage des Ablaufschemas wird nun für die A-Produkte eine Materialflussanalyse durchgeführt. Die Basis dafür stellt die Transportmatrix dar (vgl. Abbildung 4.3.14). Da mit dem Ablaufschema erhoben wird, welche Teile/Baugruppen die jeweiligen Arbeitssysteme durchlaufen, können mittels der Verkaufsstatistik die Anzahl der Transporte zwischen den Arbeitssystemen errechnet werden. Als Transporteinheit dient in dieser Fallstudie eine Gitterboxbewegung. Die Fertigungsmengen müssen daher in Gitterboxen umgerechnet werden, um die Anzahl der Transporte/Jahr zu erhalten. Als Hauptmaterialfluss werden mindestens 10.000 Transporte/Jahr definiert.

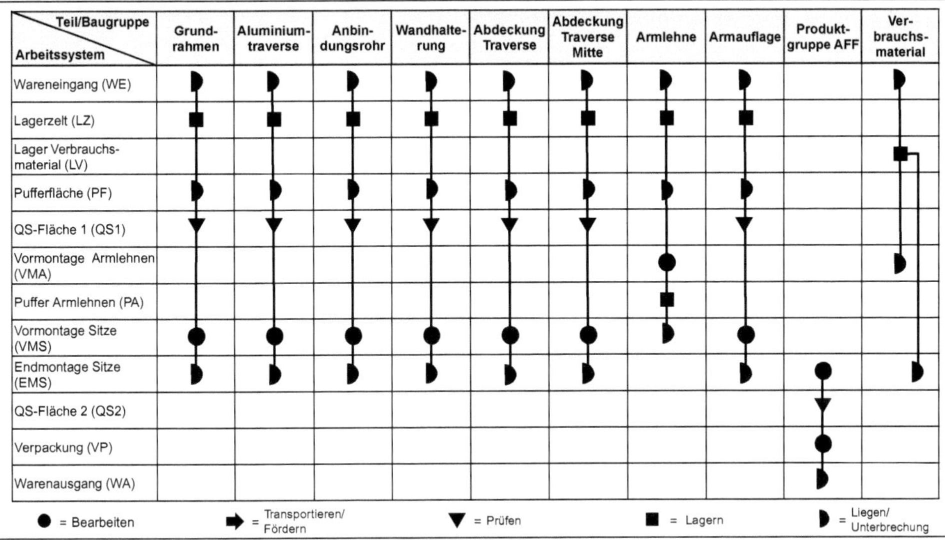

Abbildung 4.3.13: Ablaufschema für die Produktgruppe AAF

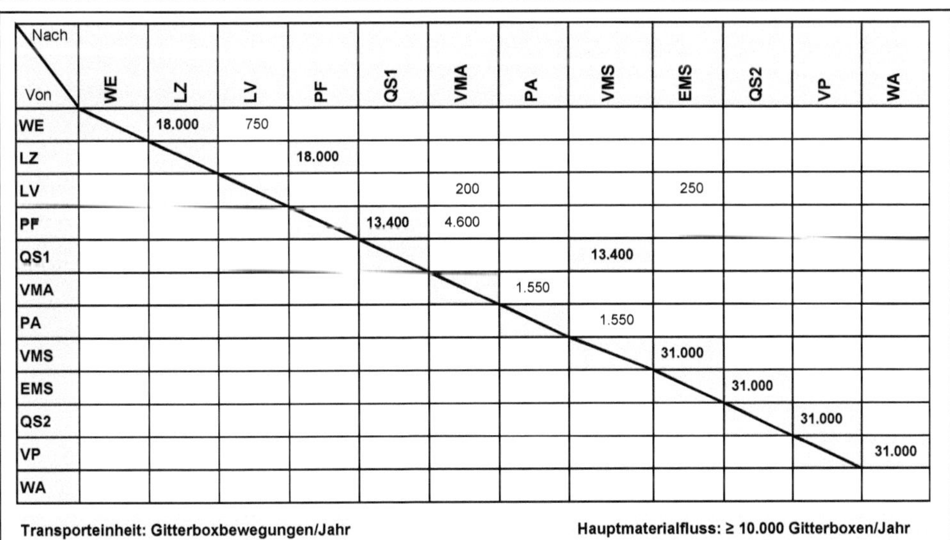

Materialflussanalyse		**Transportmatrix**	
Stand:	TT.MM.JJJJ	Quelle:	Vertriebsstatistik JJJJ (Zeitraum: 01.01. - 18.12.JJJJ)
Bearb.:	P. Hübner	Artikel:	Produktgruppen AAF und BCC

Von \ Nach	WE	LZ	LV	PF	QS1	VMA	PA	VMS	EMS	QS2	VP	WA
WE		**18.000**	750									
LZ				**18.000**								
LV						200			250			
PF					**13.400**	4.600						
QS1								**13.400**				
VMA							1.550					
PA								1.550				
VMS									**31.000**			
EMS										**31.000**		
QS2											**31.000**	
VP												**31.000**
WA												

Transporteinheit: Gitterboxbewegungen/Jahr **Hauptmaterialfluss: ≥ 10.000 Gitterboxen/Jahr**

Abbildung 4.3.14: Transportmatrix für die Produktgruppen AAF und BCC
Anm.: Abkürzungen für die Arbeitssysteme in Abb. 4.3.13

Abbildung 4.3.15 zeigt das aus der Transportmatrix abgeleitete Sankey-Diagramm.

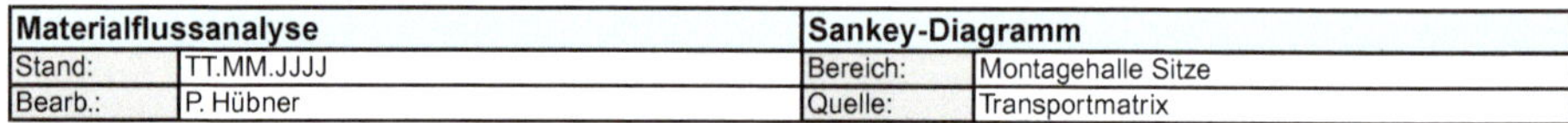

Materialflussanalyse		Sankey-Diagramm	
Stand:	TT.MM.JJJJ	Bereich:	Montagehalle Sitze
Bearb.:	P. Hübner	Quelle:	Transportmatrix

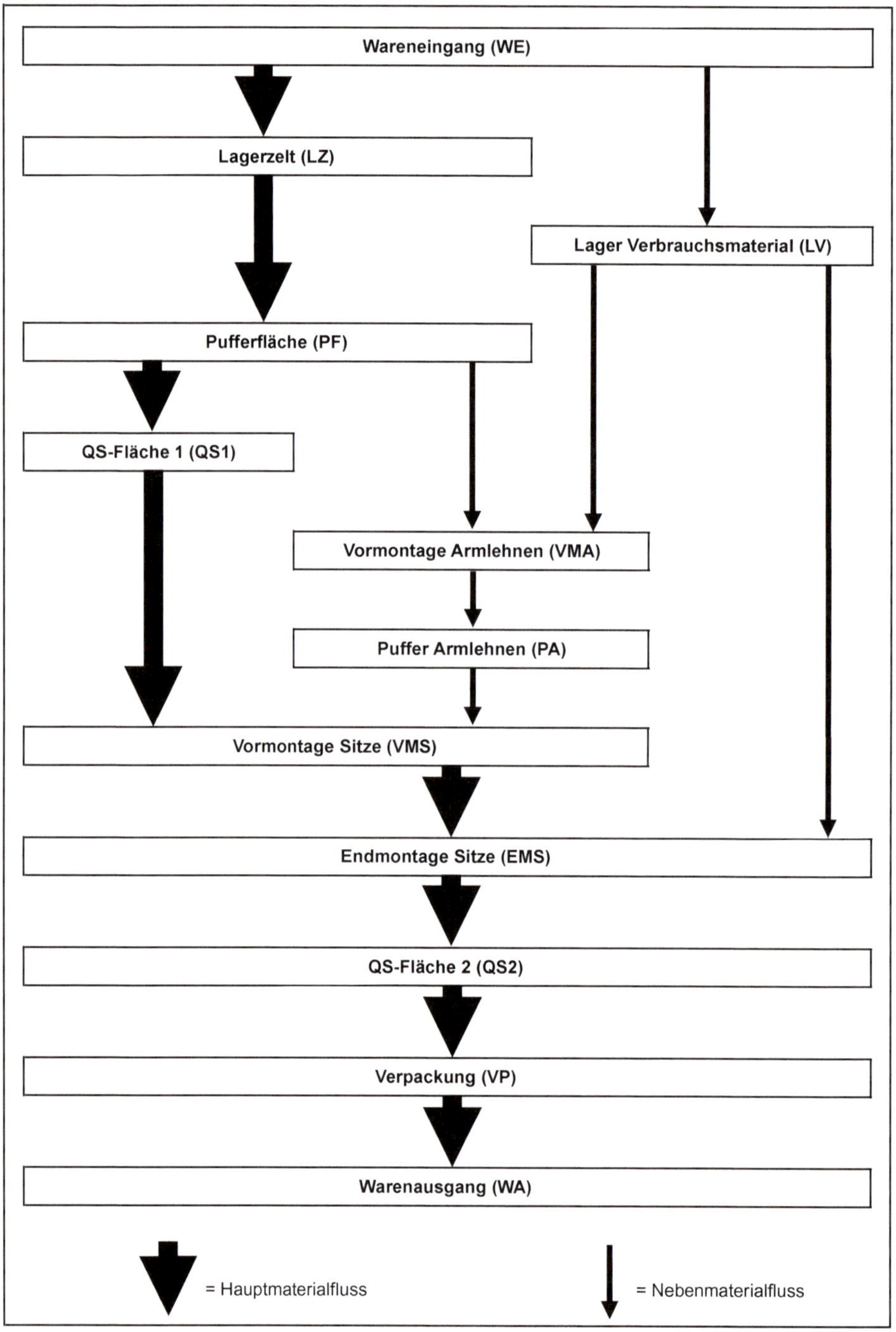

Wareneingang (WE)

Lagerzelt (LZ)

Lager Verbrauchsmaterial (LV)

Pufferfläche (PF)

QS-Fläche 1 (QS1)

Vormontage Armlehnen (VMA)

Puffer Armlehnen (PA)

Vormontage Sitze (VMS)

Endmontage Sitze (EMS)

QS-Fläche 2 (QS2)

Verpackung (VP)

Warenausgang (WA)

= Hauptmaterialfluss

= Nebenmaterialfluss

Abbildung 4.3.15: Sankey-Diagramm für alle Sitze-Produktgruppen

In Abbildung 4.3.16 ist der Hauptmaterialfluss in das Ist-Layout eingezeichnet, wie er sich aus der Transportmatrix ergibt.

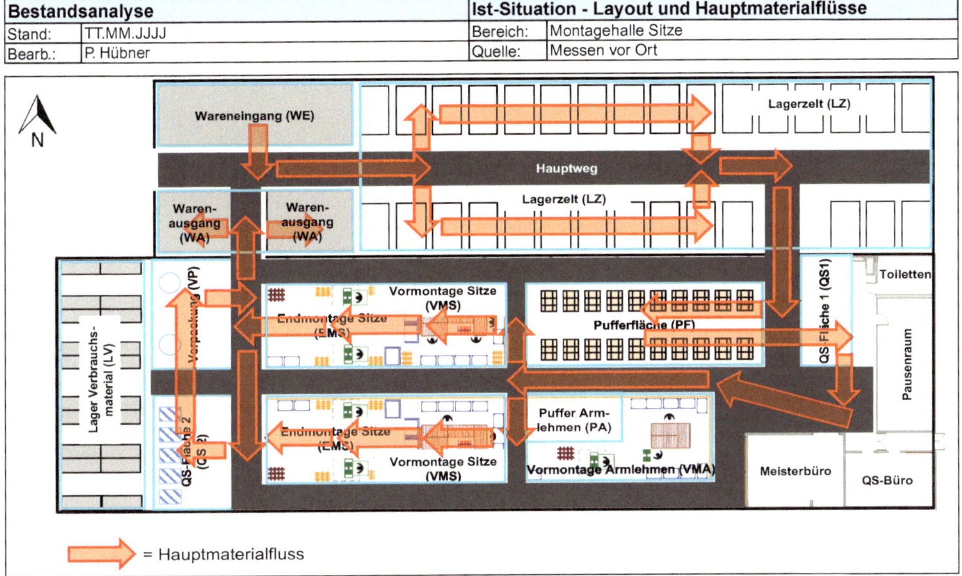

Abbildung 4.3.16: Layout Montagehalle Ist-Situation

Auf Basis der Transportmatrix und des Ist-Layouts lässt sich nun eine Wegematrix erstellen (vgl. Abbildung 4.3.17). Gemessen werden die Distanzen jeweils von Mitte zu Mitte der Arbeitssysteme.

Aus der Transport- und Wegematrix ergibt sich durch Multiplikation der Einzelwerte und Summation aller Werte für dasselbe zuvor genannte Ziel eine weitere Kennzahl/Messgröße: ein Mengen-Wege-Produkt von ca. 4.260.000 Gitterbox-Metern/Jahr. Bei einem Transportkostenfaktor von 0,038 €/m, einschließlich Aufnehmen/Absetzen der Last und dem Leerfahrtanteil (vgl. Methode Materialflussanalyse), beträgt der Transportaufwand ca. 161.880 €/Jahr.

In der Multimomentaufnahme beträgt dieser Anteil ca. 331.000 €/Jahr. Der Unterschied ist damit zu erklären, dass zusätzlich zu den reinen Transporten auch Umlagerungen von Material aufgrund der beengten Flächensituation als Transporte in der Multimomentaufnahme bewertet sind. Zudem werden nicht immer planmäßig vollständig gefüllte Gitterboxen transportiert. Abbildung 4.3.18 zeigt am Ende der Ist-Analyse die Ist-Daten für die formulierten Ziele.

Materialflussanalyse		Wegematrix	
Stand:	TT.MM.JJJJ	Quelle:	Messen vor Ort
Bearb.:	P. Hübner	Artikel:	Produktgruppen AAF und BCC

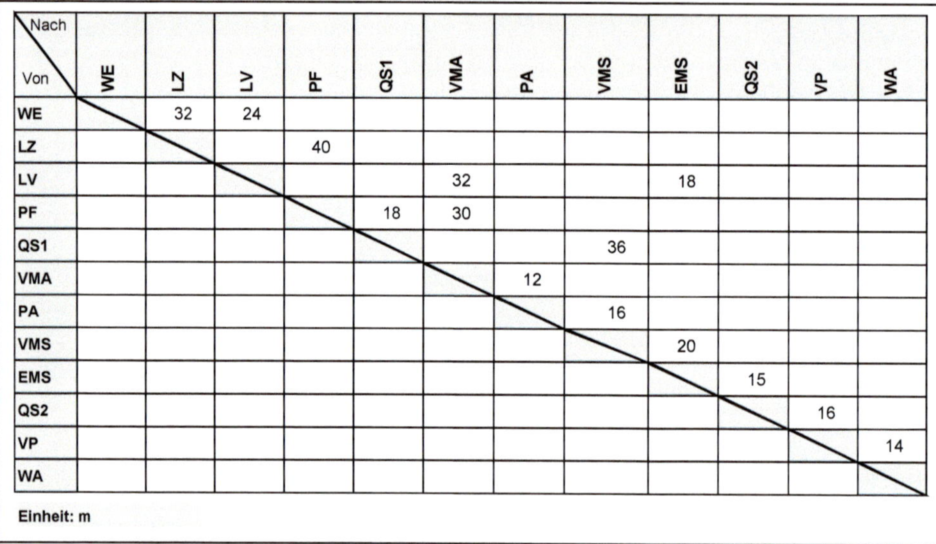

Von \ Nach	WE	LZ	LV	PF	QS1	VMA	PA	VMS	EMS	QS2	VP	WA
WE		32	24									
LZ				40								
LV						32			18			
PF					18	30						
QS1								36				
VMA							12					
PA								16				
VMS									20			
EMS										15		
QS2											16	
VP												14
WA												

Einheit: m

Abbildung 4.3.17: Wegematrix für die Produktgruppen AAF und BCC
Anm.: Abkürzungen für die Arbeitssysteme in Abb. 4.3.13

Checkliste Ziele		Erfassung	
Stand:	TT.MM.JJJJ	Projekt:	Montagehalle Sitze
Bearb.:	P. Hübner	Beteiligte:	K. Richter (Montageleiter), P. Kunze (Geschäftsführer)

Dimension Finanzen

Zielgröße	Kennzahl	Messgröße (Bezug: Tag, Woche, Monat, Jahr)		Inhalt der Methoden	Ziele von Prozess-verbesserungen	Rele-vanz	Ist-Zustand
Kosten allgemein	Flächenkosten	Belegte Fläche • Kostensatz (65 €/qm pro Jahr)	€	Bestands- und Flächenanalyse	Flächeneffizienz	Höchste Priorität	124.000
	Flächenproduktivität	$\frac{\text{Umsatz}}{\text{Fläche}}$	$\frac{€}{qm}$			Höchste Priorität	3.000

Dimension Prozesse

Zielgröße	Kennzahl	Messgröße (Bezug: Tag, Woche, Monat, Jahr)		Inhalt der Methoden	Ziele von Prozess-verbesserungen	Rele-vanz	Ist-Zustand
Wirtschaftlichkeit in Bezug auf die Prozesse	Zeitanteile einer Multimomentaufnahme	Prozentwerte für Ereignisse/Ablaufarten	%	Multimoment-aufnahme	Arbeitsproduktivität	Höchste Priorität	23 (331.000 €/Jahr)
	Materialfluss	Mengen-Wege-Produkt	$\frac{€}{Jahr}$	Materialfluss-analyse	Materialflussorientierung	Höchste Priorität	161.880
	Kreuzungsfreiheit der Hauptmaterialflüsse	Kreuzungen/Rückflüsse im Hauptmaterialfluss	Stück			Mittlere Priorität	2
	Anteil Wertschöpfungs-fläche an der Gesamt-produktionsfläche	Prozentwerte für Flächenanteile	%	Bestands- und Flächenanalyse	Flächeneffizienz	Höchste Priorität	23

Höchste Priorität — Mittlere Priorität — Geringste Priorität

Abbildung 4.3.18: Checkliste Ziele mit Ist-Daten für das Optimierungsprojekt Montagehalle Sitze

Layoutplanung

Nun folgt die eigentliche Optimierungsphase, die Layoutplanung. Auf Basis der Transportmatrix wird zunächst die Methode Anordnungsoptimierung/Ideallayout-Skizzen durchgeführt. Das Ergebnis der anschließenden Ideallayoutplanung sind mehre Blocklayouts, die aus Ideallayout-Skizzen und flächenmaßstäblichen Beziehungsschemata entwickelt worden sind (vgl. Abbildung 4.3.19). Die Geschäftsführung entscheidet sich, die Strukturen 2 und 5 als Ideallayout planen zu lassen. Die Ideallayoutplanung ist hier aus Platzgründen nicht erläutert.

Ideallayoutplanung		Ideallayout-Skizzen	
Stand:	TT.MM.JJJJ	Bereich:	Montagehalle Sitze
Bearb.:	P. Hübner	Quelle:	Dreiecksraster

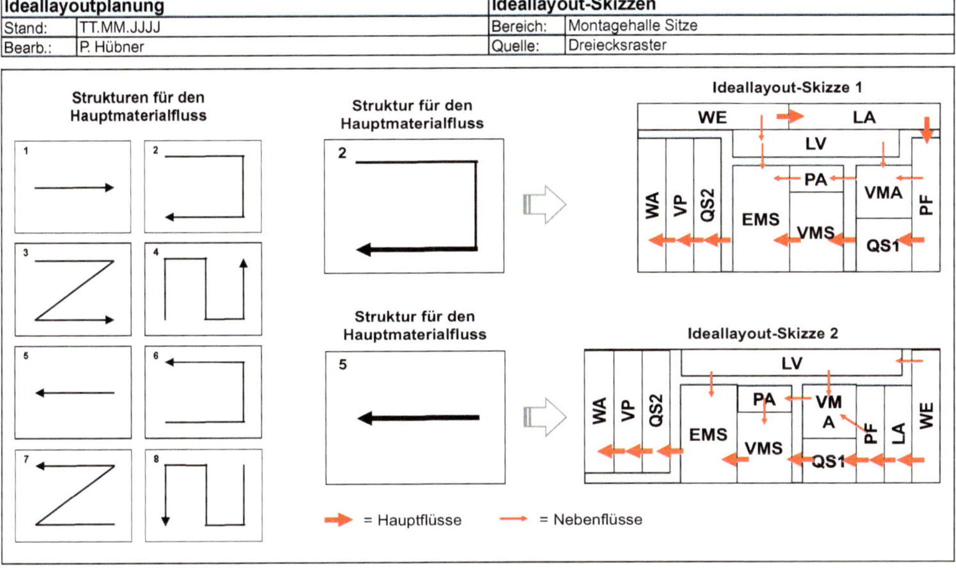

Abbildung 4.3.19: Strukturen für den Hauptmaterialfluss und Ideallayoutskizzen für die neue Montagehalle Sitze
Anm.: Abkürzungen für die Arbeitssysteme in Abb. 4.3.13

Bevor die Groblayoutplanung erfolgt, müssen zunächst die wesentlichen Layout-Einflussfaktoren zusammengestellt werden. Dazu ist die Methode Checkliste Layout-Einflussfaktoren angewendet worden, die hier nicht im Detail dargestellt wird. Abbildung 4.3.20 zeigt die Zusammenstellung der wesentlichen Anforderungen an das Layout.
Das künftige optimierte Layout soll, wie zu Beginn erläutert, zunächst folgende beide *monetär bewertbaren Planungsziele* bestmöglich erfüllen:

- Flächennutzung optimieren ('Flächeneffizienz'): Flächenkosten/-produktivität,
- Kosten im innerbetrieblichen Materialtransport senken ('Arbeitsproduktivität'): Prozentwerte einer Multimomentaufnahme sowie Mengen-Wege-Produkt.

Groblayoutplanung		Wesentliche Layout-Einflussfaktoren	
Stand:	TT.MM.JJJJ	Quelle:	Checkliste Layout-Einflussfaktoren
Bearb.:	P. Hübner	Beteiligte:	K. Richter (Montageleiter), P. Kunze (Geschäftsführer)

Einflussschwerpunkt	Anforderungen an das Groblayout
Flächen	- Fläche der Montagehalle: ca. 1.900 qm
Grundstück	- Die verfügbare Liegenschaft bedingt definierte Abmessungen
	- Die verfügbare Liegenschaft kann nicht vergrößert werden
	- Grundstück ist auf der Süd- und Westseite durch Straßen begrenzt
Gebäude	- Flachbau
	- Stützpfeiler der Außenwand (Lagerzelt) sind definiert (Raster: 20 m)
Material-/Energie-/Personenfluss	- Warenausgang ist an der Ostseite des Gebäudes definiert
	- Zwei Materialflussrichtungen sind möglich (Siehe Ideallayout-Skizzen)
	- Fläche für Kommunikation/Moderation vorsehen (ca. 50 qm)
	- Pausenfläche vorsehen (ca. 100 qm)
Produktion	- Fläche Lagerzelt/Pufferfläche um mind. 50 % verringern (ca. 200 qm)
	- Fläche Vor- und Endmontage um mind. 50 % vergrößern (ca. 200 qm)
	- Flächen für Verkettung von Vor- und Endmontageplätzen vorsehen
	- Reserveflächen für Nacharbeit und Umsatzwachstum vorsehen
	- Schmalganglager inkl. Flurförderzeug einplanen
Fertigungsprinzipien	- Fließmontage mit minimalen Umlaufbeständen soll umgesetzt werden

Abbildung 4.3.20: Wesentliche Anforderungen an das Groblayout der neuen Montagehalle Sitze nach Anwendung der Checkliste Layout-Einflussfaktoren

Das dritte zu Beginn vereinbarte Planungsziel ist dem Bereich der *nicht oder nur schwer monetär bewertbaren Planungsziele* zuzuordnen:

- klar strukturierten Hauptmaterialfluss realisieren ('Materialflussorientierung'): Kreuzungen im Hauptmaterialfluss.

Während des bisherigen Projektes haben sich weitere *nicht oder nur schwer monetär bewertbare Ziele* ergeben, die der Geschäftsführung sehr wichtig sind:

- übersichtliches, schnell erfassbares Layout realisieren, um auch Besuchern eine einfache Orientierung zu ermöglichen sowie
- Arbeitssysteme sind direkt vom Hauptweg aus zu erreichen.

Die Flächenpotenziale sollen durch ein Senken der Umlaufbestände realisiert werden. Hierzu ist zum einen die Neugestaltung der Vor- und Endmontage in eine Fließmontage nach dem One-Piece-Flow-Prinzip geplant. Zudem soll dies die Arbeitsproduktivität erhöhen, da zusätzliche Lagervorgänge entfallen. Um die Flächen im Lager zu reduzieren, ist die Investition in ein Schmalganglager und ein entsprechendes Flurförderfahrzeug geplant.
Abbildung 4.3.21 zeigt das Ist-Layout sowie zwei neu erarbeitete Groblayouts mit der Kennzeichnung der Kreuzungen/Gegenläufigkeiten sowie der Richtungsänderungen ($\geq 90°$) im Hauptmaterialfluss. Im Wesentlichen unterscheiden sich die beiden Groblayoutvarianten durch unterschiedliche Materialflussrichtungen, da das Gebäude aufgrund der begrenzten Liegenschaft nur von zwei Seiten aus beliefert/entsorgt werden kann.

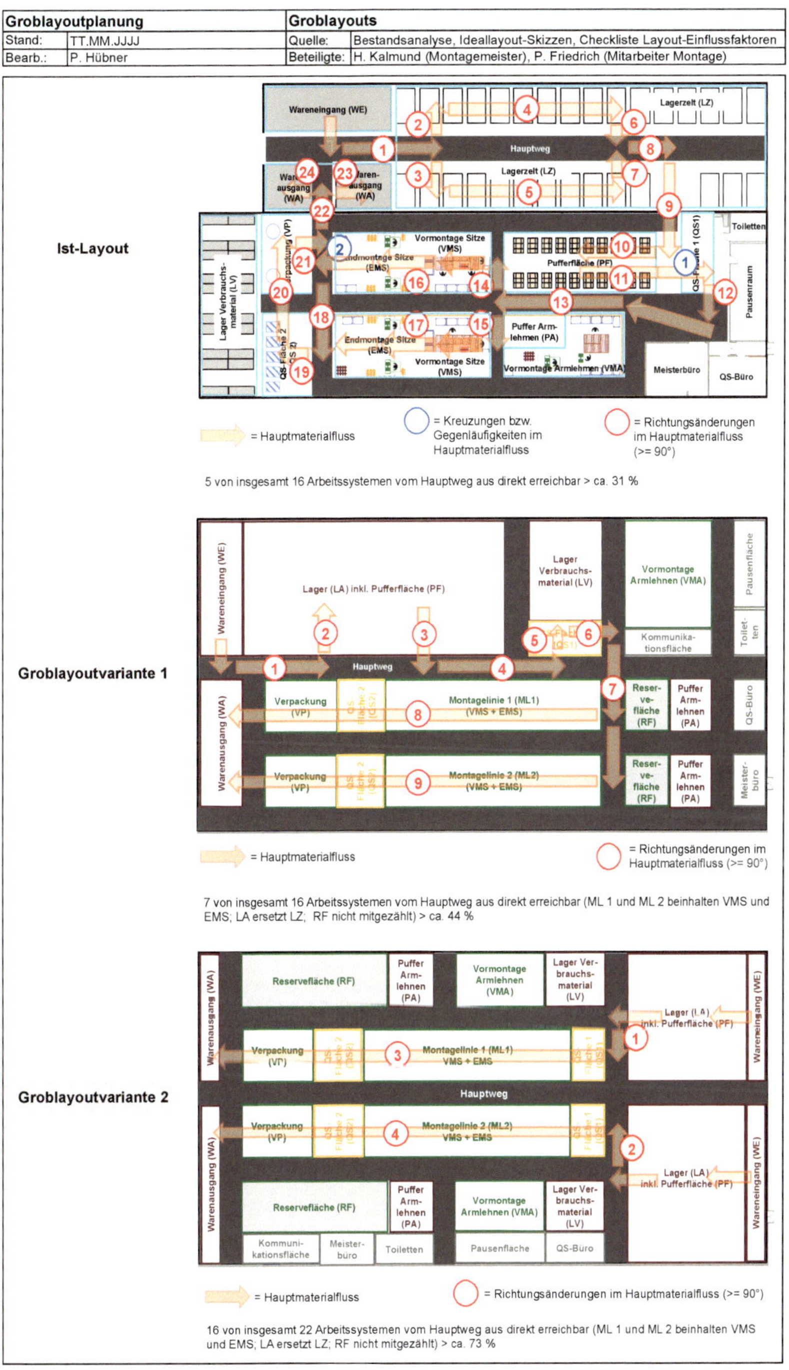

Abbildung 4.3.21: Ist-Layout und Groblayoutvarianten für die neue Montagehalle Sitze
Anm.: In Groblayoutvariante 1 und 2 sind weder ein Lagerzelt (LZ) noch Pufferflächen (PF) – wie im Ist-Layout – vorgesehen. Anstatt dessen ist nunmehr ein Lager (LA) incl. Pufferflächen eingeplant.

Um die Layoutvarianten insgesamt zu bewerten, wird zunächst eine Nutzwertanalyse für die *nicht oder nur schwer monetär bewertbaren Ziele* durchgeführt:

- Kreuzungsfreiheit: Kreuzungen im Hauptmaterialfluss (Stück) als eines der ursprünglichen Ziele,
- übersichtliches, schnell erfassbares Layout (neues Ziel) sowie
- Arbeitssysteme direkt vom Hauptweg aus erreichbar (neues Ziel).

In Abbildung 4.3.22 sind diese drei Ziele beschrieben. Aus Platzgründen fehlt die Darstellung des Schrittes *Gewichtung der Bewertungskriterien*. Das Projektteam hat für die Ziele 'Kreuzungsfreiheit' und 'Erreichbarkeit der Arbeitssysteme' einen Gewichtungsfaktor von je 35 % sowie für 'übersichtliches, schnell erfassbares Layout' einen Gewichtungsfaktor von 30 % ermittelt. Abbildung 4.3.23 zeigt die Bewertung der Varianten und Abbildung 4.3.24 die errechneten Gesamtnutzwerte je Variante.

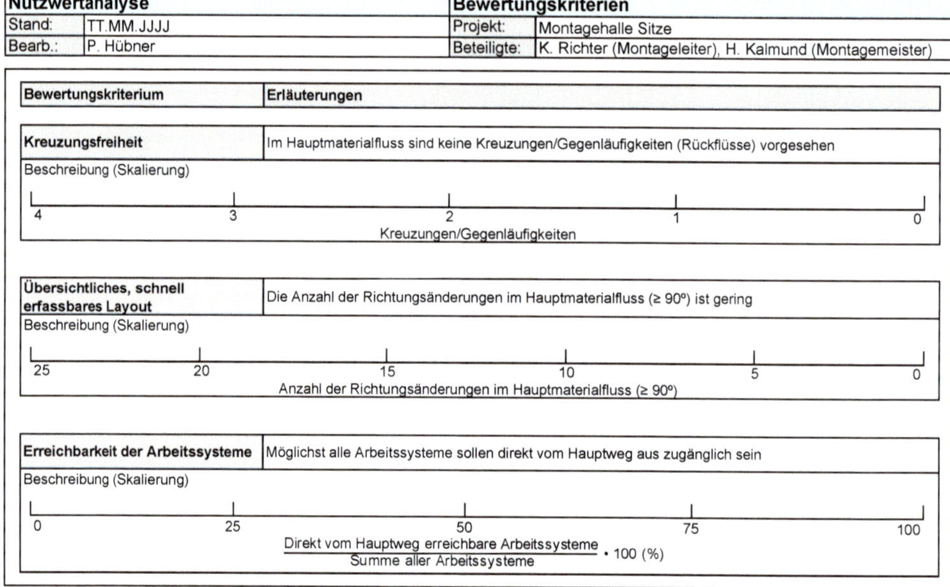

Nutzwertanalyse		**Bewertungskriterien**	
Stand:	TT.MM.JJJJ	Projekt:	Montagehalle Sitze
Bearb.:	P. Hübner	Beteiligte:	K. Richter (Montageleiter), H. Kalmund (Montagemeister)

Bewertungskriterium	**Erläuterungen**
Kreuzungsfreiheit	Im Hauptmaterialfluss sind keine Kreuzungen/Gegenläufigkeiten (Rückflüsse) vorgesehen
Übersichtliches, schnell erfassbares Layout	Die Anzahl der Richtungsänderungen im Hauptmaterialfluss (≥ 90°) ist gering
Erreichbarkeit der Arbeitssysteme	Möglichst alle Arbeitssysteme sollen direkt vom Hauptweg aus zugänglich sein

Abbildung 4.3.22: Beschreibung der Bewertungskriterien im Projekt Montagehalle Sitze

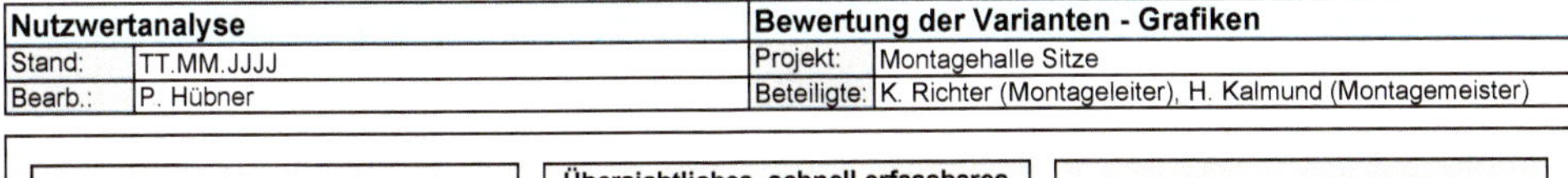

Nutzwertanalyse		Bewertung der Varianten - Grafiken	
Stand:	TT.MM.JJJJ	Projekt:	Montagehalle Sitze
Bearb.:	P. Hübner	Beteiligte:	K. Richter (Montageleiter), H. Kalmund (Montagemeister)

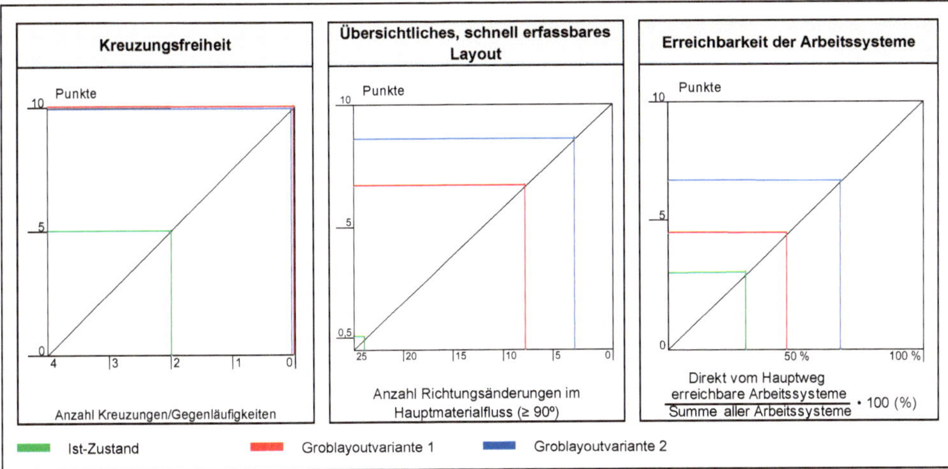

Abbildung 4.3.23: Bewertung der Layoutvarianten im Projekt Montagehalle Sitze

Nutzwertanalyse		Teilnutzwerte und Gesamtnutzwerte je Variante	
Stand:	TT.MM.JJJJ	Projekt:	Montagehalle Sitze
Bearb.:	P. Hübner	Beteiligte:	K. Richter (Montageleiter), H. Kalmund (Montagemeister)

Bewertungskriterium	**Gewichtungs-faktor (%)**	**Ist-Zustand**		**Groblayoutvariante 1**		**Groblayoutvariante 2**	
		Punkte	PxG/10	Punkte	PxG/10	Punkte	PxG/10
Kreuzungsfreiheit	**35**	5	17,5	10	35	10	35
Übersichtliches, schnell erfassbares Layout	**30**	0,5	1,5	6,5	19,5	8,5	25,5
Erreichbarkeit der Arbeitssysteme	**35**	3,2	11,2	4,5	15,8	6,4	22,4
Gesamtnutzwert (%)		**30,2**		**70,3**		**82,9**	
Rangfolge		**3**		**2**		**1**	

G = Gewichtungsfaktor

P = Punkte (0 - 10)

Abbildung 4.3.24: Gesamtnutzwerte für das Projekt Montagehalle Sitze

Nun folgt die Bewertung der beiden Varianten nach den *monetär bewertbaren Zielen*. Es geht hier nicht um die Beurteilung der vier klassischen Kenngrößen (vgl. Methode Wirtschaftlichkeitsrechnung), sondern um die bereits definierten Kennzahlen und Messgrößen. Abbildung 4.3.25 zeigt das Ergebnis.

Checkliste Ziele		Erfassung	
Stand:	TT.MM.JJJJ	Projekt:	Montagehalle Sitze
Bearb.:	P. Hübner	Beteiligte:	K. Richter (Montageleiter), P. Kunze (Geschäftsführer)

Dimension Finanzen

Zielgröße	Kennzahl	Messgröße (Bezug: Tag, Woche, Monat, Jahr)		Inhalt der Methoden	Ziele von Prozess-verbesserungen	Rele-vanz	Ist-Zustand	Variante 1	Variante 2
Kosten allgemein	Flächenkosten	Belegte Fläche • Kostensatz (65 €/qm)	€	Bestands- und Flächenanalyse	Flächeneffizienz	Höchste Priorität	124.000	124.000	124.000
	Flächenproduktivität	$\frac{\text{Umsatz}}{\text{Fläche}}$	$\frac{€}{qm}$			Höchste Priorität	3.000	4.000	4.000

Dimension Prozesse

Zielgröße	Kennzahl	Messgröße (Bezug: Tag, Woche, Monat, Jahr)		Inhalt der Methoden	Ziele von Prozess-verbesserungen	Rele-vanz	Ist-Zustand	Variante 1	Variante 2
Wirtschaft-lichkeit in Bezug auf die Prozesse	Zeitanteile einer Multimomentaufnahme	Prozentwerte für Ereignisse/Ablaufarten	%	Multimoment-aufnahme	Arbeitsproduktivität	Höchste Priorität	23 (331.000 €/Jahr)	nicht betrachtet	nicht betrachtet
	Materialfluss	Mengen-Wege-Produkt	$\frac{€}{Jahr}$	Materialfluss-analyse	Materialfluss-orientierung	Höchste Priorität	161.880	134.600	126.100
	Kreuzungsfreiheit der Hauptmaterialflüsse	Kreuzungen/Rückflüsse im Hauptmaterialfluss	Stück	Groblayout-planung		Mittlere Priorität	2	-	-
	Anteil Wertschöpfungs-fläche an der Gesamt-produktionsfläche	Prozentwerte für Flächenanteile	%	Bestands- und Flächenanalyse	Flächeneffizienz	Höchste Priorität	23	24	29

Höchste Priorität — Mittlere Priorität — Geringste Priorität

Abbildung 4.3.25: Checkliste Ziele mit Daten der beiden Planungsvarianten

Abbildung 4.3.26 zeigt das Bewertungsportfolio aus Gesamtnutzwert und Mengen-Wege-Produkt, das hier als relevante monetär bewertbare Größe angesehen wird. Die Geschäftsführung entscheidet sich für die Groblayoutvariante 2. Ausschlaggebend sind die geringsten jährlichen Logistikkosten, die beste Flächeneffizienz (vgl. Abbildung 4.3.25) und der höchste Gesamtnutzwert.

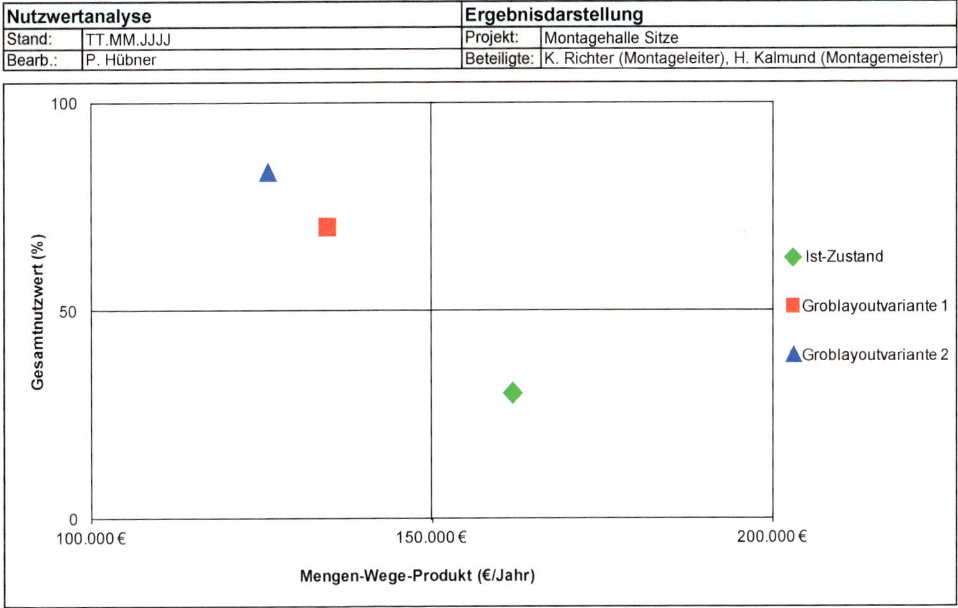

Nutzwertanalyse		Ergebnisdarstellung	
Stand:	TT.MM.JJJJ	Projekt:	Montagehalle Sitze
Bearb.:	P. Hübner	Beteiligte:	K. Richter (Montageleiter), H. Kalmund (Montagemeister)

Abbildung 4.3.26: Ergebnisdarstellung für die beiden Planungsvarianten

Auf Basis der beschlossenen Groblayoutvariante 2 erfolgt zum Ende des Projekts die Feinlayoutplanung mit Detaillierung der Arbeitsplatzanordnung, Lagerflächen usw. (vgl. Abbildung 4.3.27). Zudem wird die gesamte Materialversorgung der Fließmontage auf eine Kanbansteuerung mit Milkrun-System umgestellt. Dies führt dazu, dass sich die Wertschöpfung der Montagemitarbeiter noch einmal deutlich verbessert.

Feinlayoutplanung		Feinlayout Montagehalle Sitze	
Stand:	TT.MM.JJJJ	Quelle:	Groblayoutvariante 2
Bearb.:	P. Hübner	Beteiligte:	H. Kalmund (Montagemeister)

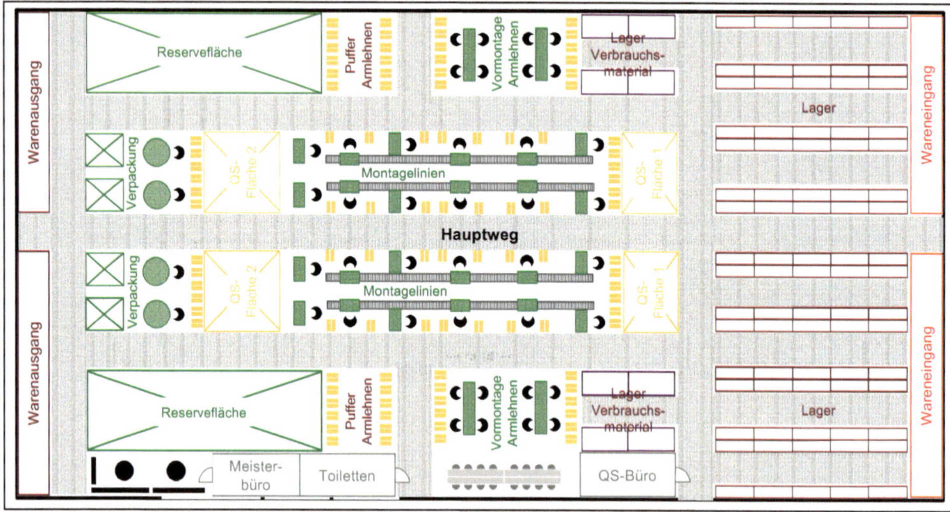

Abbildung 4.3.27: Feinlayout für die neue Montagehalle Sitze

Abschließend wird ein Vorher-Nachher-Vergleich des Gestaltungszustands mittels Fotodokumentation vorgenommen. Abbildung 4.3.28 zeigt ein Beispiel aus dem Lagerbereich.

Fotodokumentation		Vorher-Nachher-Vergleich	
Stand:	TT.MM.JJJJ	Bereich:	Lager Montagehalle Sitze
Bearb.:	P. Hübner		

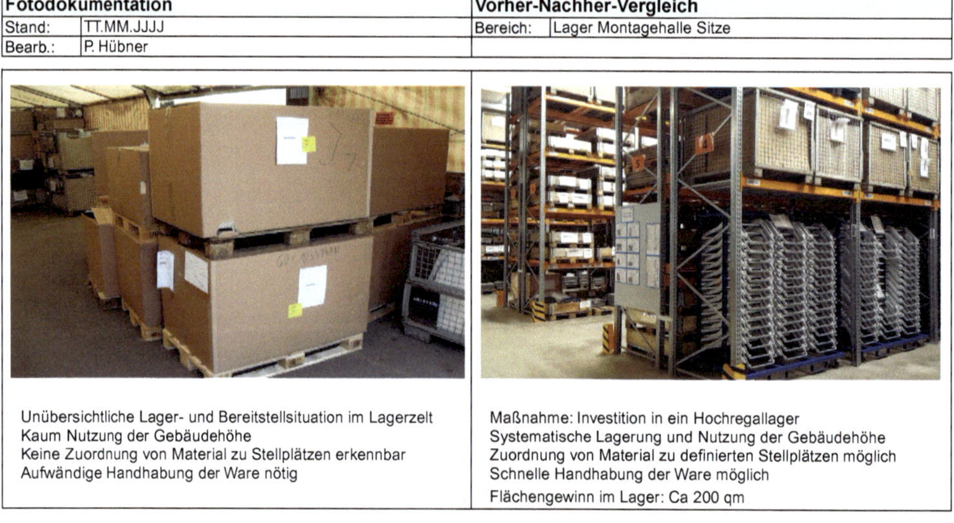

Abbildung 4.3.28: Fotodokumentation (Vorher-Nachher-Vergleich im Bereich des Lagers)

4.4 Fallstudie Arbeitsplatzgestaltung

Problemstellung und Ziele

Der betrachtete Hersteller elektronischer Verbindungstechnik ist aufgrund der Wettbewerbssituation zunehmend mit der Realisierung folgender Ziele konfrontiert:

- Arbeitsproduktivität verbessern,
- Durchlaufzeiten reduzieren,
- Materialbestände in der Fertigung minimieren.

Da die Belegschaft einen Altersdurchschnitt von fast 44 Jahren aufweist und der Krankenstand überdurchschnittlich hoch ist, gilt darüber hinaus:

- Arbeitsgestaltungsniveau verbessern.

Die Produktionsleitung initiiert daher zusammen mit der IE-Abteilung ein Optimierungsprojekt, das den Bereich der personalintensiven Montage betrifft. Primär geht es zunächst um die Analyse und Gestaltung der Arbeitsplätze.

Matrixdarstellungen

In diesem Fall sind die Ziele bereits definiert. Entsprechend der **Matrix Ziele – Methoden** (vgl. Abbildung 4.4.1) kommen für diese vier Ziele Methoden infrage, die mit *Voller Einfluss, ist bestens geeignet* eingestuft sind (hier mind. ein Feld markiert). Die betreffenden Methoden sind in Abbildung 4.4.1 farbig hinterlegt.
Nun kommt die **Matrix Methoden – Strukturen** zur Anwendung (vgl. Abbildung 4.4.2). Zunächst werden die in der Matrix Ziele – Methoden markierten Methoden auch in Abbildung 4.4.2 gekennzeichnet.
Im Projekt ist die Unternehmensebene eindeutig definiert. Es soll eine *Arbeitsplatz*-Optimierung erfolgen, wie in der Matrix Methoden – Strukturen in der Struktur *Ebene* farbig markiert (vgl. Abbildung 4.4.2). In der Struktur *Stufe* liegt der Fokus sowohl auf der *Analyse* als auch auf der *Gestaltung*. In der Struktur *Systemelement* stehen *Arbeitsgegenstand*, *Betriebsmittel* und *Mensch* im Vordergrund.
Nun werden die markierten Methoden weiter eingeschränkt. Wesentliches Filter ist die *Ebene* (hier *Arbeitsplatz*); dort muss ein *Direkter Zusammenhang* bestehen (farbig hinterlegte Felder der Matrix). Es entfallen daher acht Methoden, wie z. B. die Wertstrommethode oder das Taktdiagramm. Die Methoden Qualifizierungsmatrix, Nutzwertanalyse, Gesamtpotenzialliste, Wegediagramm und Rüstanalyse werden vom Optimierungsteam hier als nicht relevant eingestuft. Eine Bestands- und Flächenanalyse soll in Teilen durchgeführt werden, um Daten zu Flächen und Beständen zu ermitteln.

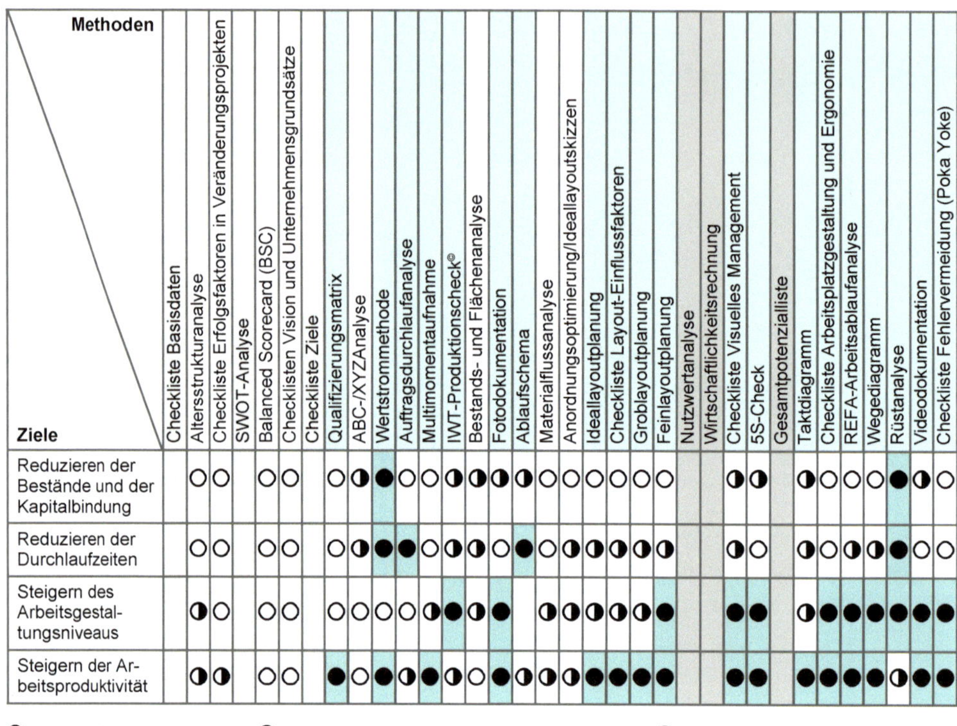

Ziele \ Methoden	Checkliste Basisdaten	Altersstrukturanalyse	Checkliste Erfolgsfaktoren in Veränderungsprojekten	SWOT-Analyse	Balanced Scorecard (BSC)	Checklisten Vision und Unternehmensgrundsätze	Checkliste Ziele	Qualifizierungsmatrix	ABC-/XYZAnalyse	Wertstrommethode	Auftragsdurchlaufanalyse	Multimomentaufnahme	IWT-Produktionscheck®	Bestands- und Flächenanalyse	Fotodokumentation	Ablaufschema	Materialflussanalyse
Reduzieren der Bestände und der Kapitalbindung		○	○		○	○		○	◑	●	○	○	◑	◑	◑	◑	○
Reduzieren der Durchlaufzeiten		○	○		○	○		○	◑	●	●	○	◑	◑	○	●	○
Steigern des Arbeitsgestaltungsniveaus		◑	○		○	○		○	○	○	○	◑	●	◑	●		◑
Steigern der Arbeitsproduktivität		◑	◑		○	○		●	○	●	◑	●	◑	○	●	◑	◑

Ziele \ Methoden	Anordnungsoptimierung/Ideallayoutskizzen	Ideallayoutplanung	Checkliste Layout-Einflussfaktoren	Groblayoutplanung	Feinlayoutplanung	Nutzwertanalyse	Wirtschaftlichkeitsrechnung	Checkliste Visuelles Management	5S-Check	Gesamtpotenzialliste	Taktdiagramm	Checkliste Arbeitsplatzgestaltung und Ergonomie	REFA-Arbeitsablaufanalyse	Wegediagramm	Rüstanalyse	Videodokumentation	Checkliste Fehlervermeidung (Poka Yoke)
Reduzieren der Bestände und der Kapitalbindung	○	○	○	○	○			◑	◑		◑	○	○	○	●	◑	○
Reduzieren der Durchlaufzeiten	◑	◑	◑	◑	◑			◑	○		◑	○	◑	◑	●	○	○
Steigern des Arbeitsgestaltungsniveaus	◑	◑	◑	◑	●			●	●		◑	●	●	●	●	●	●
Steigern der Arbeitsproduktivität	◑	●	●	●	●			●	●		●	●	●	●	◑	●	●

○ Kein Einfluss ◑ Mittlerer Einfluss, gibt Hinweise ● Voller Einfluss, ist bestens geeignet

Methoden, um Basisinformationen zu gewinnen — Methoden, um Gestaltungsansätze zu bewerten

Abbildung 4.4.1: Anwendung der Matrix Ziele – Methoden für das Optimierungsprojekt in der Montage Elektronische Verbindungen

Für die grau hinterlegten Methoden wird entschieden, dass

- Teile der Checkliste Basisdaten benötigt werden, um die Ziele bewerten zu können,
- eine SWOT-Analyse hier nicht durchzuführen ist,
- mit der Checkliste Ziele die geeigneten Kennzahlen und Messgrößen identifiziert werden sollen,
- die Wirtschaftlichkeitsrechnung notwendig ist.

Auf Basis der Matrix Methoden – Strukturen werden folgende Methoden angewendet: Aus der Methode **Checkliste Basisdaten** (Kap. 3.1) wird lediglich der Vordruck Erfassung – Basiszahlen verwendet, um damit die wichtigsten Zielgrößen bewerten zu können. Die Methode **Checkliste Ziele** (Kap. 3.7) dient dazu, die vier gesetzten Ziele zu spezifizieren.

Mit der **Bestands- und Flächenanalyse** (Kap. 3.14) werden in diesem Fall das Ist-Layout und die bestehenden Betriebs-, Lager- und Förder-/Förderhilfsmittel aufgenommen. Damit können Daten zur Flächennutzung und zu den Beständen erfasst werden. Dies hat einen Einfluss auf das Ziel 'Materialbestände reduzieren'. Mit einer **Fotodokumentation** (Kap. 3.15) werden zunächst der Ist-Zustand und später der neu gestaltete Zustand visualisiert.

Mit der **REFA-Arbeitsablaufanalyse** (Kap. 3.30) unter Einsatz der **Videodokumentation** (Kap. 3.33) findet eine genauere Untersuchung aller Arbeitsschritte an jedem Arbeitsplatz statt (Ziele 'Arbeitsproduktivität verbessern' und 'Durchlaufzeiten reduzieren').

Strukturen / Methoden	Ebene					Stufe		Systemelement				
	Unternehmens-führung	Indirekter Bereich	Fabrik	Produktions-bereich	Arbeitsplatz	Analyse (der Ausgangssituation)	Gestaltung (Unterstützung)	Arbeitsgegen-stand	Betriebsmittel	Mensch	Auswahl	Bemerkungen
Checkliste Basisdaten	●	●	●	●	●	●	◑	◑	◑	●		Relevant
Altersstrukturanalyse	●	●	●	●	●	●	◑	○	○	●		
Checkliste Erfolgsfaktoren in Veränderungsprojekten	●	○	○	○	○	●	◑	○	○	●		
SWOT-Analyse	●	●	◑	◑	◑	●	○	○	○	●		Hier nicht relevant
Balanced Scorecard (BSC)	●	○	○	○	○	●	●	○	○	●		
Checklisten Vision und Unternehmensgrundsätze	●	○	○	○	○	●	○	○	○	●		
Checkliste Ziele	●	○	○	○	○	●	○	○	○	●		Relevant
Qualifizierungsmatrix	◑	◑	◑	●	●	●	●	○	○	●		Hier nicht relevant
ABC-/XYZ-Analyse	○	●	●	●	●	●	○	●	○	○		
Wertstrommethode	○	●	●	●	○	●	●	●	◑	◑		
Auftragsdurchlaufanalyse	○	●	●	●	○	●	○	●	●	●		
Multimomentaufnahme	○	○	●	●	○	●	○	○	●	●		
IWT-Produktionscheck©	○	○	●	●	◑	●	○	○	●	●		
Bestands- und Flächenanalyse	○	○	●	●	◑	●	○	●	○	○		Relevant
Fotodokumentation	○	○	◑	●	●	●	○	◑	●	○		
Ablaufschema	○	○	●	●	◑	●	◑	●	●	○		
Materialflussanalyse	○	○	●	●	○	●	○	●	●	○		
Anordnungsoptimierung/Ideallayout-Skizzen	○	○	●	●	○	○	●	●	●	◑		
Ideallayoutplanung	○	○	●	●	○	○	●	○	●	◑		
Checkliste Layout-Einflussfaktoren	○	○	●	●	○	○	●	○	●	◑		
Groblayoutplanung	○	○	●	●	○	○	●	○	●	●		
Feinlayoutplanung	○	○	●	●	●	○	●	○	●	●		
Nutzwertanalyse	○	●	●	●	●	○	●	○	●	◑		Hier nicht relevant
Wirtschaftlichkeitsrechnung	○	●	●	●	●	○	●	○	●	◑		Relevant
Checkliste Visuelles Management	○	○	●	●	●	○	●	○	●	●		
5S-Check	○	○	○	●	●	●	◑	●	●	●		
Gesamtpotenzialliste	◑	●	●	●	●	●	○	●	●	●		Hier nicht relevant
Taktdiagramm	○	○	○	●	◑	●	●	○	●	●		
Checkliste Arbeitsplatzgestaltung und Ergonomie	○	○	○	◑	●	●	●	◑	●	●		
REFA-Arbeitsablaufanalyse	○	○	○	○	●	●	◑	○	●	●		
Wegediagramm	○	○	○	●	●	●	◑	○	○	●		Hier nicht relevant
Rüstanalyse	○	○	○	○	●	●	◑	○	●	●		Hier nicht relevant
Videodokumentation	○	○	○	●	●	●	◑	○	●	●		
Checkliste Fehlervermeidung (Poka Yoke)	○	○	○	○	●	◑	●	●	●	●		

○ Kein Zusammenhang ◑ Mittlerer Zusammenhang ● Direkter Zusammenhang

Abbildung 4.4.2: Anwendung der Matrix Methoden – Strukturen für das Optimierungsprojekt in der Montage Elektronische Verbindungen

Die **Checklisten Arbeitsplatzgestaltung und Ergonomie** (Kap. 3.29), **Fehlervermeidung (Poka Yoke)** (Kap. 3.34), **Visuelles Management** (Kap. 3.25) sowie der **5S-Check** (Kap. 3.26) fokussieren primär auf die Ziele 'Arbeitsproduktivität verbessern' sowie 'Ergonomische Arbeitsplatzgestaltung verbessern'.

Mit der Methode **Feinlayoutplanung** (Kap. 3.22) wird das optimierte Arbeitsplatzlayout visualisiert.
Das Projekt wird mit der **Wirtschaftlichkeitsrechnung** (Kap. 3.24) abgeschlossen.

Ergebnisse

Ist-Analyse

Im Folgenden sollen lediglich zwei Arbeitsplätze näher betrachtet werden, die zudem eine relativ geringe Anzahl an zu montierenden Teilen aufweisen, um die Übersichtlichkeit der Darstellung sicherzustellen. Denn es geht hier primär um die Systematik zur Auswahl der Methoden und deren Einsatz an einem konkreten Fallbeispiel.
Die beiden ausgewählten Arbeitsplätze befinden sich im Bereich der Vormontage der Funkenstrecke für einen Überspannungsschutz.
Die ausgefüllte Checkliste Basisdaten (Vordruck Erfassung – Basiszahlen) zeigt die wichtigsten Größen für den gesamten Montagebereich, die später teilweise zur Quantifizierung der Ziele herangezogen werden (vgl. Abbildung 4.4.3).

Checkliste Basisdaten		**Erfassung - Basiszahlen**	
Stand:	TT.MM.JJJJ	Bereich:	Montage Elektronische Verbindungen
Bearb.:	K. Bauer	Quelle:	P. Michelsen (Leiter Controlling)

Umsatz Vorjahr (€)	60.000.000
Anzahl Mitarbeiter gesamt (inkl. Auszubildende)	160
Altersdurchschnitt Mitarbeiter in direkten Funktionsbereichen (Jahre)	43,8
Altersdurchschnitt Mitarbeiter in indirekten Funktionsbereichen (Jahre)	42,8
∅ Kosten Mitarbeiter in direkten Funktionsbereichen (Produktion) (€/Jahr)	45.000
∅ Kosten Mitarbeiter in indirekten Funktionsbereichen (€/Jahr)	57.000
Arbeitszeit in direkten Funktionsbereichen (Stunden/Woche)	39
Arbeitszeit in indirekten Funktionsbereichen (Stunden/Woche)	39
Anzahl Schichten in direkten Funktionsbereichen	2
Arbeitstage in direkten Funktionsbereichen (Tage/Jahr)	220
Arbeitstage in indirekten Funktionsbereichen (Tage/Jahr)	220
∅ Flächenkosten/Quadratmeter (€/Jahr)	60

Abbildung 4.4.3: Checkliste Basisdaten – Relevante Basiszahlen für den gesamten Montagebereich Elektrische Verbindungen

Auf Basis der vier zu Beginn des Projektes gesetzten Ziele werden nun aus der **Checkliste Ziele**, ausgehend von der Spalte *Ziele von Prozessverbesserungen, Kennzahlen* und *Messgrößen* ausgewählt. Abbildung 4.4.4 zeigt die relevanten Ausschnitte aus der Checkliste. Für die Produktionsverantwortlichen haben die Ziele 'Arbeitsproduktivität' und 'Niveau der Arbeitsplatzgestaltung und Ergonomie' (ergonomische Arbeitsplatzgestaltung) die höchste Priorität.
Auf die Darstellung der Ergebnisse der Methode Bestands- und Flächenanalyse für die beiden betrachteten Arbeitsplätze wird an dieser Stelle verzichtet. Abbildung 4.4.5 zeigt beide Arbeitsplätze mit den Betriebsmitteln und den zu verbauenden Teilen.
Folgende Bestandskosten (alle Teile an den Arbeitsplätzen) werden als Schätzwerte ermittelt:

- Arbeitsplatz Vormontage 1 Funkenstrecke Überspannungsschutz (VM 1): 1.000 €
- Arbeitsplatz Vormontage 2 Funkenstrecke Überspannungsschutz (VM 2): 1.200 €

Damit sind die relevanten Ist-Werte für die erste Messgröße nach Abbildung 4.4.4 ermittelt: Berechnet man die Kapitalbindungskosten mit einem im Unternehmen üblichen Zins von 6 %, so sind diese Kosten an den beiden Arbeitsplätzen vernachlässigbar (132 €/Jahr). Da die Bestände jedoch auch Flächen belegen, ist in diesem Zusammenhang auch die Gesamtfläche der Arbeitsplätze von Interesse:

- Arbeitsplatz VM 1: 10 qm einschließlich Bereitstellfläche
- Arbeitsplatz VM 2: 5 qm einschließlich Bereitstellfläche

Checkliste Ziele		**Erfassung**	
Stand:	TT.MM.JJJJ	Projekt:	Optimierung Montage Elektronische Verbindungen
Bearb.:	K. Bauer	Beteiligte:	F. Leitner (Abteilungsleitung)

Dimension Finanzen

Zielgröße	Kennzahl	Messgröße (Bezug: Tag, Woche, Monat, Jahr)		Inhalt der Methoden	Ziele von Prozessverbesserungen	Relevanz
Kosten allgemein	Kapitalbindungskosten	Durchschnittlicher Bestandswert • Zinssatz (0,06)	€	Bestands- und Flächenanalyse	Bestände/Kapitalbindung	Mittlere Priorität
	Arbeitsproduktivität	Stückzahlproduktivität	Stück / Mitarbeiterstunden	REFA-Arbeitsablaufanalyse	Arbeitsproduktivität	Höchste Priorität

Dimension Prozesse

Zielgröße	Kennzahl	Messgröße (Bezug: Tag, Woche, Monat, Jahr)		Inhalt der Methoden	Ziele von Prozessverbesserungen	Relevanz
Wirtschaftlichkeit in Bezug auf die Prozesse	Niveau der Arbeitsplatzgestaltung und Ergonomie	Erfüllungsgrad je Gestaltungsbereich	%	Checkliste Arbeitsplatzgestaltung und Ergonomie	Arbeitsproduktivität	Höchste Priorität
Prozessabwicklung	Durchlaufzeit	Zeit von der Anfrage bis zur Auslieferung	Tage	Wertstrommethode	Durchlaufzeit	Mittlere Priorität

Höchste Priorität — Mittlere Priorität — Geringste Priorität

Abbildung 4.4.4: Checkliste Ziele – Relevante Kennzahlen und Messgrößen für das Optimierungsprojekt in der Montage Elektronische Verbindungstechnik

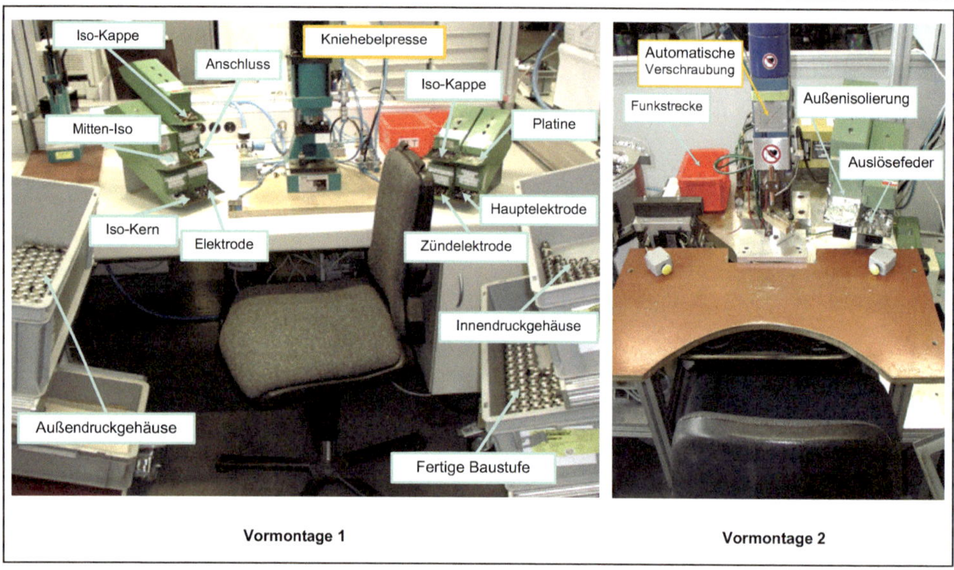

Abbildung 4.4.5: Arbeitsplätze Vormontage Funkenstrecke Überspannungsschutz (VM 1 und VM 2)

Um Ist-Daten für die Arbeitsproduktivität sowie die Liefertermintreue zu erhalten, werden REFA-Arbeitsablaufanalysen durchgeführt. Basis bilden jeweils zuvor durchgeführte Videodokumentationen. Abbildung 4.4.6 zeigt das Ergebnis für die beiden Arbeitsplätze.

REFA-Arbeitsablaufanalyse		Erfassung	
Stand:	TT.MM.JJJJ	Bereich:	Montage Elektronische Verbindungen
Bearb.:	K. Bauer	Quelle:	Beobachtung, Zeitmessung

Lfd. Nr.	Ablaufabschnitt	Ablaufart ●	➡	▼	■	◗	Betriebsmittel	Arbeitsdaten Menge	Weg (m)	Zeit/Ausführung (Sek.)	Bemerkungen	Visualisierung Ist-Zustand
Vormontage 1												
1	Auftrag aus Bereitstellung holen		X				Wanne	1	25	2,1	Gilt für ein Teil	
2	Elektrode in Iso-Kern-R einsetzen	X						1		5,1		
3	Anschlussbolzen und Iso-Kern-L auf Iso-Kern-R pressen	X						1		6,2		
4	Mitten-Iso auf Iso-Kern-R schieben	X						1		2,6		
5	Ringelektrode und Zündelektrode auf Mitten-Iso schieben	X						1		7,0		
6	Hauptelektrode und Iso-Kern-L auf Mitten-Iso schieben	X						1		6,4		
7	Vorgefertigtes Teil in Innendruckgehäuse pressen	X						1		5,6		
8	Außendruckgehäuse aufschieben	X						1		4,4		
9	Teil optisch prüfen und ablegen in LHM			X				1		2,5		
10	Auftrag in Bereitstellung geben		X					1	25	2,1	Gilt für ein Teil	
Vormontage 2												
11	Auftrag aus Bereitstellung holen		X				Wanne	1	25	2,1	Gilt für ein Teil	
12	Druckgehäuse in Schraubvorrichtung legen und spannen	X						1		2,6	Nicht im Bild	
13	Außendruckgehäuse mit Innendruckgehäuse verschrauben	X						1		1,4	Nicht im Bild	
14	Spannvorrichtung lösen und Druckgehäuse entnehmen	X						1		1,4		
15	Auslösefeder einlegen	X						1		5,6		
16	Außenisolierung aufstecken	X						1		6,4		
17	Funkstrecke einlegen	X						1		6,2		
18	Verpressen	X						1		3,2		
19	Teil optisch prüfen und ablegen in LHM			X				1		2,5		
20	Auftrag in Bereitstellung geben		X					1	25	2,1		
Summe Schritte je Ablaufart:		14	4	2	0	0	Summe:	100		77,5		
Anteil Schritte je Ablaufart (%):		70	20	10	0	0						
Summe Zeit je Ablaufart (Min.):		64	8	5	0	0						
Anteil Zeit je Ablaufart (%):		82	11	6	0	0						

● Bearbeiten ➡ Transportieren ▼ Prüfen ■ Lagern ◗ Liegen, Unterbrechung

☐ Tätigkeiten mit Optimierungspotenzial = 28,1 Sek./Teil gesamt → Ca. 36 %

Neue Ausführungszeit: 49,4 Sek./Teil

Abbildung 4.4.6: REFA-Arbeitsablaufanalyse für die Arbeitsplätze VM 1 und VM 2 Funkenstrecke Überspannungsschutz

Da VM 2 die nächste Bearbeitungsstufe nach VM 1 ist, wird diskutiert, die beiden Arbeitsplätze zusammenzulegen; dies spart Transportzeiten zwischen den Arbeitsplätzen sowie Flächen und Bestände.

Um die Potenziale für die Kennzahl 'Arbeitsproduktivität' zu definieren, wird vor allem für den Ablaufabschnitt 'Bearbeiten' die Checkliste Arbeitsplatzgestaltung und Ergonomie eingesetzt. Im Folgenden werden aus Gründen des Umfangs lediglich die Ergebnisse für beide Arbeitsplätze dargestellt.

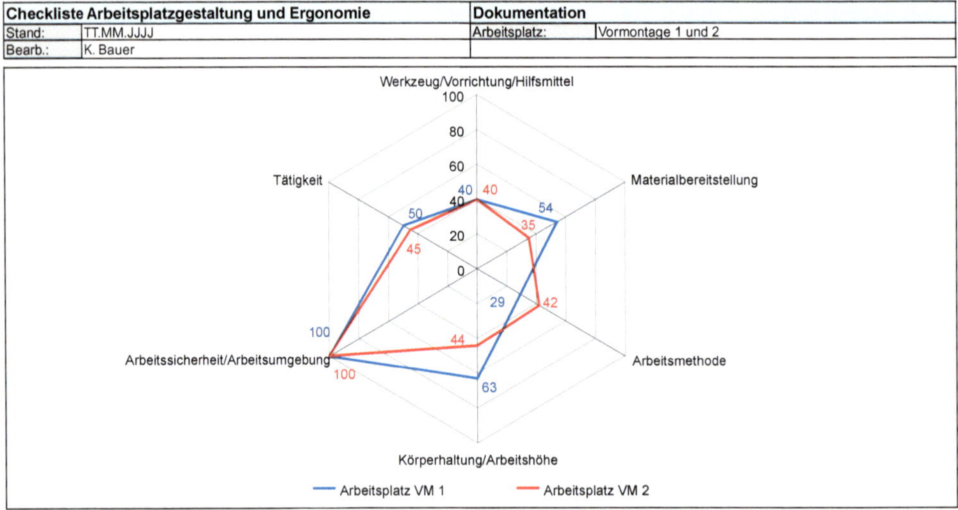

Checkliste Arbeitsplatzgestaltung und Ergonomie		Dokumentation	
Stand:	TT.MM.JJJJ	Arbeitsplatz:	Vormontage 1 und 2
Bearb.:	K. Bauer		

Abbildung 4.4.7: Ergebnis der Checkliste Arbeitsgestaltung und Ergonomie für die Arbeitsplätze VM 1 und VM 2 Funkenstrecke Überspannungsschutz

Es fällt auf, dass an beiden Arbeitsplätzen beispielsweise

- die Vorrichtungen umständlich zu bestücken sind und Werkzeuge keine definierten Ablageorte besitzen (Werkzeug/Vorrichtung/Hilfsmittel),
- das Material nicht entsprechend der Verarbeitungsreihenfolge bereitgestellt wird (Materialbereitstellung),
- Beidhandarbeit nicht realisiert ist (Arbeitsmethode),
- Arbeitshöhen nicht veränderbar sind (Körperhaltung/Arbeitshöhe) und
- eher kurzzyklische Tätigkeiten vorherrschen und Behälter mit hohen Gewichten manipuliert werden müssen (Tätigkeit).

Der Einsatz der hier aus Platzgründen nicht dokumentierten Checkliste Fehlervermeidung (Poka Yoke) an beiden Arbeitsplätzen ergibt, dass im Wesentlichen an der Kniehebelpresse ein 'Nicht exaktes Fügen' vorliegt: Das einzulegende Teil hat während des Fügens zu viel Spiel. Zudem ist nicht eindeutig wahrnehmbar, ob die Endposition des Teils in der Presse auch wirklich erreicht ist. Aspekte der Checkliste, wie 'Verwechseln' oder 'Vergessen' sind nicht relevant.

Der 5S-Check wird für den gesamten Montagebereich durchgeführt. Abbildung 4.4.8 zeigt das Ergebnis. Hier wird deutlich, dass in allen fünf Stufen erhebliche Defizite bestehen. Auffällig sind z. B. Übermengen an Material, fehlende Wege- sowie Stellplatzkennzeichnungen und keine definierten Ablageorte für Material und Werkzeuge.

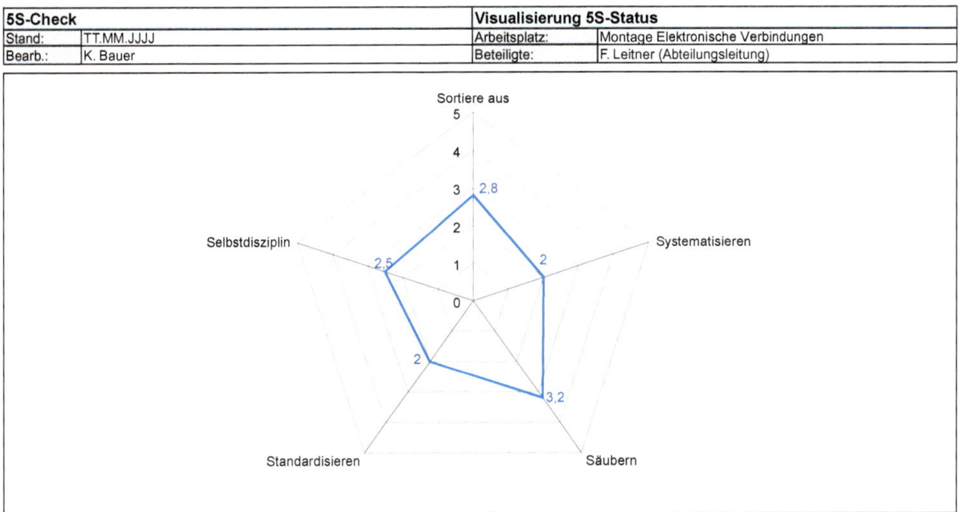

Abbildung 4.4.8: Ergebnis 5S-Checks für die Montage Elektrische Verbindungen

Auf die Erläuterung der Ergebnisse der Checkliste Visuelles Management wird hier ebenfalls verzichtet. Im Wesentlichen sind mit dieser Methode die bisherigen Schwachstellen bestätigt worden.

Optimierung

Auf Basis der zuvor beschriebenen Analysen erfolgt die Optimierung der beiden Arbeitsplätze. Wie bereits angedeutet, werden beide Plätze im Rahmen der Feinlayoutplanung integriert. Abbildung 4.4.9 zeigt den neu gestalteten Arbeitsplatz. Es handelt sich hier um die erste Optimierungsstufe, in der vor allem realisiert wird:

- Zusammenführung von VM 1 und VM 2,
- Austausch der Kniehebelpresse und der automatischen Verschraubung,
- Optimierung des Fügens an der Kniehebelpresse und automatischen Verschraubung,
- anforderungsgerechte Anordnung des Materials (gem. Checkliste Arbeitsplatzgestaltung und Ergonomie),
- Optimierung der Arbeitshöhe, des Arbeitssitzes, der Beleuchtungsverhältnisse und Vorsehen einer Fußstütze,
- Anordnung aller weiteren beteiligten Arbeitsstationen in U-Form und Verkettung mit einem Förderband (dadurch Reduzieren der Bestände in den Arbeitsplatzbereichen) sowie

- Neuorganisation der Teilebereitstellung durch Materialversorgungspersonal.

Die Summe aller Maßnahmen verkürzt die Ausführungszeit um 28,1 Sekunden pro Teil. Es besteht weiterer Bedarf in der optimierten Bereitstellung der Innendruck-, Außendruck- und Innengehäuse. Mithilfe von KVP und der Cardboard Engineering-Methode wird ein Arbeitsplatzlayout erarbeitet, in dem diese Teile künftig mittels Rutschen im Bereich links und rechts neben der Kniehebelpresse bereitgestellt werden. Damit entfallen die seitlichen Greifbewegungen (siehe Abbildung 4.4.9).

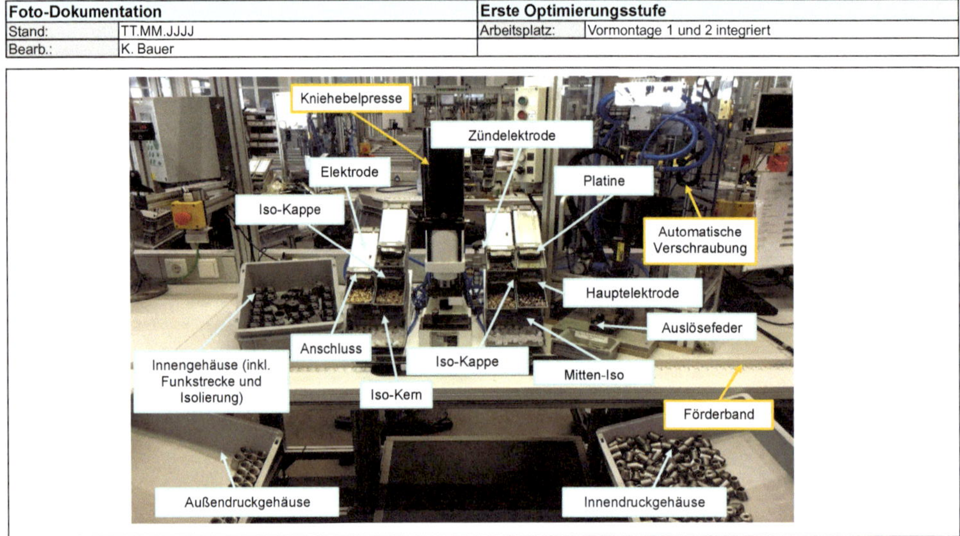

Abbildung 4.4.9: Arbeitsplatz VM 1 und VM 2 Funkenstrecke Überspannungsschutz nach der ersten Optimierung

Wirtschaftlichkeitsrechnung

Abschließend wird eine Wirtschaftlichkeitsrechnung durchgeführt. Abbildung 4.4.10 zeigt die Zusammenstellung der Anschaffungskosten AK und die abgeleiteten kalkulatorischen Abschreibungen KA (auf Basis der AfA-Tabelle in der Beschreibung zur Methode Wirtschaftlichkeitsrechnung). Für Planungs- und Umstellungskosten sind hier 6,5 Jahre Nutzungsdauer (50 % einer Maschinennutzungsdauer) angesetzt worden.
In Abbildung 4.4.11 werden die Gesamt-Betriebskosten GK ermittelt. Hier sind lediglich die Kosten aufgeführt, die zusätzlich zum Ist-Zustand auftreten. Da nun Materialbereitstellungspersonal eingesetzt wird, betrifft dies den betrachteten Arbeitsplatz mit etwa 0,05 Mitarbeitern/Jahr. Zuvor hat dies das Montagepersonal selbst durchgeführt, wie Abbildung 4.4.6 zeigt.
Eine Kosten- und eine Gewinnvergleichsrechnung machen hier keinen Sinn, da nur eine Variante erarbeitet worden ist. Abbildung 4.4.12 dient lediglich der Berechnung der Gesamtkosten GK und Abbildung 4.4.13 der Berechnung des Gewinns G. Bei der Gewinnermittlung fließen Einsparungen durch eine Reduzierung der Ausführungszeit ein. Es kann vor allem durch Zusammenfassen der beiden Arbeitsplätze, eine Optimierung der Fügestellen an der Kniehebelpresse und der Verschraubeinheit sowie eine verbesserte Teileanordnung

eine neue Ausführungszeit von 49,4 Sek./Teil realisiert werden. Zusätzlich werden die Flächeneinsparungen einbezogen.
Die Rentabilitätsrechnung (vgl. Abbildung 4.4.14) ergibt einen Wert von ca. 60,3 %, der im betrachteten Unternehmen als sehr gut angesehen wird.
Die Amortisationsdauer beträgt etwa 2,6 Jahre (vgl. Abbildung 4.4.15). Dies ist im betrachteten Unternehmen zu lang. Es wird jedoch noch Potenzial in einer weiteren Optimierung des Arbeitsplatzes gesehen, wie zuvor dargestellt. Damit soll eine Amortisationsdauer von 2 Jahren erreicht werden.
Abbildung 4.4.16 zeigt den Stand der Zielerreichung. Die Bestandsreduzierung ist vernachlässigbar. Die Ausführungszeit/Teil ist um ca. 36 % reduziert worden. Das Niveau der Arbeitsgestaltung lag für beide Arbeitsplätze vor der Optimierung bei durchschnittlich 54 % und ist nun auf 72 % verbessert worden. Vorher betrug die Durchlaufzeit für beide Arbeitsplätze zusammen mind. zwei Lose. Bei einer durchschnittlichen Losgröße von 100 Stück und einer Gesamt-Ausführungszeit von 77,3 Sek./Teil (zzgl. Verteilzeit) entspricht dies etwa 2,5 Stunden. Nun wird das Teil auf dem Förderband nach dem One-Piece-Flow-Prinzip transportiert. Die Durchlaufzeit entspricht damit der Ausführungszeit zzgl. Verteilzeit von etwa 49,4 Sek./Teil.

Wirtschaftlichkeitsrechnung		**Anschaffungskosten AK und kalkulatorische Abschreibungen KA**	
Stand:	TT.MM.JJJJ	Projekt:	Optimierung VM 1 und VM 2
Bearb.:	K. Bauer	Quelle:	Herr Fischer (Instandhaltung)

Investitionsobjekt/-art	**Anschaffungskosten AK (€)**	**Durchschnittliche Nutzungsdauer n (Jahre)**	**Kalkulatorische Abschreibungen KA (€/Jahr)**	**Bemerkungen**
Automatische Verschraubung	18.000,00	10	1.800,00	
Kniehebelpresse	10.000,00	10	1.000,00	
Flexlinkband	800,00	14	57,14	Anteilig
Arbeitstisch/Fußablage/Beleuchtung	1.750,00	14	125,00	
Arbeitsstuhl	450,00	14	32,14	
Greifbehälter	250,00	14	17,86	
Investitionsart	**Weitere Kosten (€)**			
Planungskosten	3.000,00	6,5	461,54	50 % Nutzungsdauer
Umstellungs-/Instandhaltungskosten	1.200,00	6,5	184,62	
Summe:	**35.450,00**		**3.678,30**	

Abbildung 4.4.10: Anschaffungskosten AK und Kalkulatorische Abschreibungen KA für das Projekt Optimierung der Arbeitsplätze VM 1 und VM 2 Funkenstrecke Überspannungsschutz

Wirtschaftlichkeitsrechnung		**Gesamt-Betriebskosten BK**			
Stand:	TT.MM.JJJJ	Projekt:	Optimierung VM 1 und VM 2	Quelle:	Frau Häuser (Controlling), Vordruck Anschaffungskosten AK und kalkulatorische Abschreibungen KA
Bearb.:	K. Bauer				

Betriebskostenart	**Betriebskosten BK (€/Jahr)**	**Bemerkungen**
Zusätzlicher Materialbereitsteller (anteilig)	2.250,00	0,05 Mitarbeiter (45.000 €/Jahr)

Abbildung 4.4.11: Gesamt-Betriebskosten BK für das Projekt Optimierung der Arbeitsplätze VM 1 und VM 2 Funkenstrecke Überspannungsschutz

Wirtschaftlichkeitsrechnung		**Kostenvergleichsrechnung**			
Stand:	TT.MM.JJJJ	Projekt:	Optimierung VM 1 und VM 2	Quelle:	Vordruck Anschaffungskosten AK und kalkulatorische Abschreibungen KA, Betriebskosten BK
Bearb.:	K. Bauer				

Größe			**Bemerkungen**
Kapitalkosten KK (€/Jahr)	Kalkulatorische Abschreibungen KA (€/Jahr)	3.678,30	Vordruck Anschaffungskosten AK und kalkulatorische Abschreibungen KA
	Kalkulatorische Zinsen KZi (€/Jahr)	886,25	Kalkulatorische Zinsen $KZi = \frac{AK + RW}{2} \cdot i = \frac{35.450,00 + 0}{2} \cdot 0,05$ RW = Restwert (€) = 0 € i = Kalkulatorischer Zinssatz = 5 % = 0,05
Gesamt-Betriebskosten BK (€/Jahr)		2.250,00	Vordruck Gesamt-Betriebskosten BK
Gesamtkosten GK (€/Jahr):		**6.814,55**	

Abbildung 4.4.12: Gesamtkosten GK für das Projekt Optimierung der Arbeitsplätze VM 1 und VM 2 Funkenstrecke Überspannungsschutz

Wirtschaftlichkeitsrechnung		**Gewinnvergleichsrechnung**			
Stand:	TT.MM.JJJJ	Projekt:	Optimierung VM 1 und VM 2	Quelle:	REFA-Arbeitsablaufanalyse, Vordruck Kostenvergleichsrechnung
Bearb.:	K. Bauer				

Größe		**Bemerkungen**
Eingesparte Kosten EK (€/Jahr) hier: - Einsparungen durch Fertigungszeitreduzierung im Vergleich zum Ist-Zustand	16.200,00	Fertigungszeitreduzierung: 77,5 Sek./Teil → 49,4 Sek./Teil = Ca. 36 %
- Eingesparte Flächenkosten im Vergleich zum Ist-Zustand	420,00	15 qm → Ca. 8 qm = 7 qm • 60 €/Jahr = 420 €/Jahr
Gesamtkosten GK (€/Jahr)	6.814,55	Vordruck Kostenvergleichsrechnung
Gewinn G = EK – GK (€/Jahr)	**9.805,45**	

Abbildung 4.4.13: Gewinn G für das Projekt Optimierung der Arbeitsplätze VM 1 und VM 2 Funkenstrecke Überspannungsschutz

Wirtschaftlichkeitsrechnung		**Rentabilitätsrechnung**			
Stand:	TT.MM.JJJJ	Projekt:	Optimierung VM 1 und VM 2	Quelle:	Vordruck Gewinnvergleichsrechnung, Anschaffungskosten AK und kalkulatorische Abschreibungen KA, Gesamt-Betriebskosten BK
Bearb.:	K. Bauer				

Größe		**Bemerkungen**
Anschaffungskosten für nicht abnutzbare Investitionsobjekte $AK_{n.a.}$ (€)	-	Vordruck Anschaffungskosten AK und kalkulatorische Abschreibungen KA
Anschaffungskosten für abnutzbare Investitionsobjekte $AK_{a.}$ (€)	35.450,00	
Anschaffungskosten (gesamt) $AK_{ges.} = AK_{n.a.} + (0,5\,AK_{a.})$ (€)	17.725,00	
Kalkulatorische Zinsen KZi (€/Jahr)	886,25	Vordruck Kostenvergleichsrechnung (gerundet)
Gewinn G (€/Jahr)	9.805,45	Vordruck Gewinnvergleichsrechnung (gerundet)
Rentabilität $R = \frac{(G + KZi)}{AK_{ges.}} \cdot 100$ (%/Jahr)	**60,3**	$\frac{(9.805,45 + 886,25)}{17.725,00} \cdot 100$

Abbildung 4.4.14: Rentabilität R für das Projekt Optimierung der Arbeitsplätze VM 1 und VM 2 Funkenstrecke Überspannungsschutz

Wirtschaftlichkeitsrechnung		Amortisationsrechnung			
Stand:	TT.MM.JJJJ	Projekt:	Optimierung VM 1 und VM 2	Quelle:	Vordruck Anschaffungskosten AK und kalkulatorische Abschreibungen KA, Gewinnvergleichsrechnung
Bearb.:	K. Bauer				

Größe		Bemerkungen
Anschaffungskosten AK (€)	35.450,00	Vordruck Anschaffungskosten AK und kalkulatorische Abschreibungen KA
Gewinn G (€/Jahr)	9.805,45	Vordruck Gewinnvergleichsrechnung (gerundet)
Kalkulatorische Abschreibungen KA (€/Jahr)	3.678,30	Vordruck Anschaffungskosten AK und kalkulatorische Abschreibungen KA (gerundet)
Amortisationsdauer $t_A = \frac{AK - RW}{G + KA}$ (Jahre)	**2,6**	$\frac{35.450,00 - 0}{9.805,45 + 3.678,30}$ RW = Restwert (€) = 0 €

Abbildung 4.4.15: Amortisationsdauer t_A für das Projekt Optimierung der Arbeitsplätze VM 1 und VM 2 Funkenstrecke Überspannungsschutz

Checkliste Ziele		Erfassung	
Stand:	TT.MM.JJJJ	Projekt:	Montage Elektronische Verbindungen
Bearb.:	K. Bauer	Beteiligte:	F. Leitner (Abteilungsleitung)

Dimension Finanzen

Zielgröße	Kennzahl	Messgröße (Bezug: Tag, Woche, Monat, Jahr)		Inhalt der Methoden	Ziele von Prozess-verbesserungen	Rele-vanz	Ist-Zustand	Erste Optimierung
Kosten allgemein	Kapital-bindungskosten	Durchschnittlicher Bestandswert • Zinssatz (0,06)	€	Bestands- und Flächenanalyse	Bestände/ Kapitalbindung	Mittlere Priorität	132,00 €/Jahr 15 qm	75,00 €/Jahr 8 qm
	Arbeits-produktivität	Stückzahlproduktivität	Stück / Mitarbeiter-stunden	REFA-Arbeits-ablaufanalyse	Arbeitsproduktivität	Höchste Priorität	77,5 Sek./Teil	49,4 Sek./Teil

Dimension Prozesse

Zielgröße	Kennzahl	Messgröße (Bezug: Tag, Woche, Monat, Jahr)		Inhalt der Methoden	Ziele von Prozess-verbesserungen	Rele-vanz	Ist-Zustand	Erste Optimierung
Wirtschaftlichkeit in Bezug auf die Prozesse	Niveau der Arbeitsplatz-gestaltung und Ergonomie	Erfüllungsgrad je Gestaltungsbereich	%	Checkliste Arbeits-platzgestaltung und Ergonomie	Arbeitsproduktivität	Höchste Priorität	VM1/VM2 ⌀ 0,54	0,72
Prozess-abwicklung	Durchlaufzeit	Zeit von der Anfrage bis zur Auslieferung	Tage	Wertstrom-methode	Durchlaufzeit	Mittlere Priorität	2,5 Std.	Ca. 49,4 Sek./Teil

Höchste Priorität (rot) — Mittlere Priorität (orange) — Geringste Priorität (gelb)

Abbildung 4.4.16: Checkliste Ziele – Ist-Zustand und erste Optimierung für das Projekt Optimierung der Arbeitsplätze VM 1 und VM 2 Funkenstrecke Überspannungsschutz

5 Literaturverzeichnis

Adenauer, S./Hille, S./Kipar, W./Keller, K.-J./Lennings, F./Ludwig, E./Zimmermann, M. (2009): Der demografiefeste Betrieb. Institut für angewandte Arbeitswissenschaft e. V. (Hrsg.). Köln: Wirtschaftsverlag Bachem

ArbStättV (2004): Verordnung über Arbeitsstätten. Bonn: BMAS http://www.bmas.de/SharedDocs/Downloads/DE/PDF-Publikationen/A225-arbeitsstaettenverordnung.pdf?__blob=publicationFile, aufgerufen am 15.04.2018

Arnolds, H./Heege, F./Röh, C./Tussing, W. (2010): Materialwirtschaft und Einkauf. Wiesbaden: Gabler/GWV Fachbuchverlage

Asefesco, A. (2011): 5S Lean Manufacturing (Key to improving net profit). AA Global Sourcing Ltd.

ASR 6 (2001): Raumtemperaturen www.arbeitssicherheit.de/de/html/library/document/143614,2, aufgerufen am 15.04.2018

ASR A1.3 (2013): Technische Regeln für Arbeitsstätten – Sicherheits- und Gesundheitsschutzkennzeichnung. Dortmund: BAuA http://www.baua.de/de/Themen-von-A-Z/Arbeitsstaetten/ASR/pdf/ASR-A1-3.pdf?__blob=publicationFile, aufgerufen am 15.04.2018

ASR A2.3 (2007): Technische Regeln für Arbeitsstätten – Fluchtwege und Notausgänge, Flucht- und Rettungsplan. Dortmund: BAuA http://www.baua.de/de/Themen-von-A-Z/Arbeitsstaetten/ASR/pdf/ASR-A2-3.pdf?__blob=publicationFile, aufgerufen am 15.04.2018

ASR A3.4 (2014): Technische Regeln für Arbeitsstätten – Beleuchtung. Dortmund: BAuA http://www.baua.de/de/Themen-von-A-Z/Arbeitsstaetten/ASR/pdf/ASR-A3-4.pdf?__blob=publicationFile, aufgerufen am 15.04.2018

ATEX Richtlinie (2014) – Richtlinie 2014/34/EU: Geräte- und Schutzsysteme für explosionsgefährdete Bereiche. Amtsblatt der Europäischen Union

Barrett, R. (2016): Werteorientierte Unternehmensführung. Berlin/Heidelberg: Springer Verlag

BAuA/INQA – Bundesanstalt für Arbeitsschutz und Arbeitsmedizin (BAuA)/INQA-Geschäftsstelle (Hrsg.) (2011): Aller guten Dinge sind drei! Altersstrukturanalyse, Qualifikationsbedarfsanalyse, alter(n)sgerechte Gefährdungsbeurteilung – drei Werkzeuge für ein demografiefestes Unternehmen. Dortmund/Berlin

Bea, F. X./Haas, J. (1997): Strategisches Management. Stuttgart: UTB

Bechmann, S./Dahms, V./Fischer, A./Frei, M./Leber, U./Möller, I. (2011): Beschäftigung, Arbeit und Unternehmertum in deutschen Kleinbetrieben. Ergebnisse aus dem IAB-Betriebspanel 2010. IAB Forschungsbericht 7-201. Nürnberg

Berger, M./Chalupsky, J./Hartmann, F. (2013): Change Management – (Über-) Leben in Organisationen. Gießen: Dr. Götz Schmidt

BG ETEM (Berufsgenossenschaft Energie, Textil, Elektro, Medizinerzeugnisse): Ergonomische Gestaltung von Montageplätzen – Prüfliste 4 http://etf.bgetem.de/htdocs/r30/vc_shop/bilder/firma53/pl_004__a07_2014.pdf, aufgerufen am 15.04.2018

Bieg, H./Kußmaul, H./Waschbusch, G. (2016): Investition, 3. Auflage. München: Vahlen Verlag

Binner, H. F. (2010): Handbuch der Prozessorientierten Arbeitsorganisation, 4. Auflage. Darmstadt: Hanser Fachbuchverlag

Bokranz, R./Landau, K. (2006): Produktivitätsmanagement von Arbeitssystemen. Stuttgart: Schäffer-Poeschel Verlag

Bokranz, R./Landau, K. (2013): Handbuch Industrial Engineering – Produktivitätsmanagement mit MTM, Band 1: Konzept. Stuttgart: Schäffer-Pöschel Verlag

Bullinger, H.-J./ Warnecke, H.-J. (Hrsg.) (1996): Neue Organisationsformen im Unternehmen. Berlin/Heidelberg/New York: Springer Verlag

Bundesministerium der Finanzen (2000): AfA-Tabelle für die allgemein verwendbaren Wirtschaftsgüter. Berlin http://www.bundesfinanzministerium.de/Content/DE/Standardartikel/Themen/Steuern/Weitere_Steuerthemen/Betriebspruefung/AfA-Tabellen/2000-12-15-afa-103.pdf?__blob=publicationFile&v=3, aufgerufen am 15.04.2018

Camphausen, B. (2003): Strategisches Management: Planung, Entscheidung, Controlling. München: Oldenbourg Verlag

Dickie, H. F. (1951): ABC Inventory Analysis Shoots for Dollars, not Pennies. In: Factory Management and Maintenance Nr. 109, S. 92-94

Dickmann, H. (Hrsg.) (2009): Schlanker Materialfluss: Mit Lean Production, Kanban und Innovationen, 2. Auflage. Heidelberg/Berlin: Springer Verlag

Dillerup, R./Stoi, R. (2013): Unternehmensführung, 4. Auflage. München: Verlag Franz Vahlen

DIN 33403-5 (2007): Klima am Arbeitsplatz und in der Arbeitsumgebung – Teil 5: Ergonomische Gestaltung von Kältearbeitsplätzen. Berlin: Beuth Verlag

DIN EN ISO 7730:2006-05: Ergonomie der thermischen Umgebung – Analytische Bestimmung und Interpretation der thermischen Behaglichkeit durch Berechnung des PMV- und des PPD-Indexes und Kriterien der lokalen thermischen Behaglichkeit. Berlin: Beuth Verlag

DIN EN ISO 11399:2001-04: Ergonomie des Umgebungsklimas – Grundlagen und Anwendung relevanter internationaler Normen. Berlin: Beuth Verlag

DIN EN 12464-1:2011-08: Licht und Beleuchtung – Beleuchtung von Arbeitsstätten – Teil 1: Arbeitsstätten in Innenräumen. Berlin: Beuth Verlag

Dörich, J./Gerst, D./Neuhaus, R. (2012): Die Rolle externer Berater bei der Implementierung von Produktionssystemen. In: Industrial Engineering 2/2012, S. 28-33

Doleschal, R./Engelke, M./Jungkind, W. (1999): Gruppenarbeit – Ein visualisierter Praxisleitfaden zur Einführung von Gruppenarbeit. Köln: TÜV-Verlag

Doppler, K./Fuhrmann, H./Lebbe-Waschke, B./Voigt, B. (2014): Unternehmenswandel gegen Widerstände – Change Management mit den Menschen. Frankfurt/M.: Campus Verlag

Doppler, K./Lauterburg, C. (2008): Change Management – Den Unternehmenswandel gestalten, 13. Auflage. Frankfurt/M.: Campus Verlag

Dorner, M./Baszenski, N. (2013): Produktivität steigern – Auch in indirekten Bereichen erfolgreich mit Industrial Engineering. Düsseldorf: Institut für angewandte Arbeitswissenschaft e. V.

Dresselhaus, D./Jungkind, W. (2007): Prozessreorganisation – Verbesserung von Prozessstabilität und Effizienz bei HORA. In: REFA-Nachrichten 1/2007, S. 30-36

Dresselhaus, D./Jungkind, W. (2014): Strategisches Management bei KMU. In: Industrial Engineering 1/2014, S. 16-21

EG-Richtlinie 'Lärm' (2003): Richtlinie 2003/10/EG des Europäischen Parlaments und des Rates über Mindestvorschriften zum Schutz von Sicherheit und Gesundheit der Arbeitnehmer vor der Gefährdung durch physikalische Einwirkungen (Lärm); 17. Einzelrichtlinie im Sinne des Artikels 16 Absatz 1 der Richtlinie 89/391/EWG. http://www.gaa.baden-wuerttemberg.de/servlet/is/16050/2_1_17.pdf, aufgerufen am 15.04.2018

Ehrmann, H. (2006): Kompakttraining Balanced Scorecard, 4. Auflage. Ludwigshafen: Friedrich Kiehl Verlag

Engroff, B. (2012): Visuelles Management – Aufwandsarme Steuerung für Unternehmensprozesse. Groß-Gerau. http://www.awf.de/wp-content/uploads/2014/12/Visuelles-Management-aufwandsarme-Steuerung-der-Unternehmensprozesse.pdf, aufgerufen am 15.04.2018

Erlach, K. (2010): Wertstromdesign – Der Weg zur schlanken Fabrik. Berlin/Heidelberg: Springer Verlag

Fischbach, S. (2001): Grundlagen der Kostenrechnung. Landsberg/Lech: Verlag Moderne Industrie

Gausemeier, J./Plass, C. (2014): Zukunftsorientierte Unternehmensgestaltung, 2. Auflage. München: Carl Hanser Verlag

Gienke, H./Kämpf, R. (2007): Produktionsanlagen. In: Gienke, H./Kämpf, R. (Hrsg.): Handbuch Produktion. München: Carl Hanser Verlag, S. 331-544

Götze, U. (2006): Investitionsrechnung. Berlin/Heidelberg: Springer Verlag

Grundig, C.-G. (2018): Fabrikplanung, 6. Auflage. München: Carl Hanser Verlag

Häck, S. (2016): Poka Yoke – Fehlhandlungen vermeiden http://www.rsg-automation.com/fileadmin/user_upload/Anwendungen/Poka_Yoke.pdf, aufgerufen am 04.07.2016

Heiming, M./Jungkind, W. (2014): Analyse informeller Strukturen. In: Industrial Engineering 2/2014, S. 30-35

Hille, S. (2017): Vision und Mission als Faktoren für den Unternehmenserfolg. In: Betriebspraxis & Arbeitsforschung 229/2017, S. 20-23

Hinrichsen, S./Jungkind, W./Könneker, M. (2014): Industrial Engineering – Begriff, Methodenauswahl und Lehrkonzept. In: Betriebspraxis & Arbeitsforschung 221/2014, S. 28-35

Hirano, H. (1995): 5 Pillars of the visual Workplace: The Sourcebook of 5S Implementation. New York: Productivity Press

Hohlbaum, A./Olesch, G. (2006): Human Ressources – Modernes Personalwesen. Rinteln: Merkur Verlag

Hoffmeister, W. (2008): Investitionsrechnung und Nutzwertanalyse, 2. Auflage. Berlin: BWV

Horváth & Partners (Hrsg.) (2004): Balanced Scorecard umsetzen, 3. Auflage. Stuttgart: Schäffer-Pöschel Verlag

Hungenberg, H. (2014): Strategisches Management in Unternehmen, 8. Auflage. Wiesbaden: Springer Verlag

ifaa – Institut für angewandte Arbeitswissenschaft e. V. (Hrsg.) (2014): Checkliste Ergonomie zur orientierenden Bewertung von Tätigkeiten, Arbeitsmitteln, Arbeitsumgebung. Düsseldorf https://www.arbeitswissenschaft.net/fileadmin/user_upload/Dokumente/Praxis-Broschueren_des_ifaa/Checkliste_Ergonomie_Formular_2016.pdf, aufgerufen am 15.04.2018

ifaa – Institut für angewandte Arbeitswissenschaft e. V. (Hrsg.) (2018): Ifaa-Trendbarometer Arbeitswelt. Auswertung Herbst 2017. Düsseldorf

IMIG AG (2009): Visuelles Management als Kommunikations-Basis im Produktionssystem. Leonberg http://www.awf.de/wp-content/uploads/2014/12/Visuelles-Management-als-kommunikationsbasis-im-Kommunikationssystem.pdf, aufgerufen am 15.04.2018

Jungkind, W. (2011): Techniques and Tools of SME Reorganisation. In: Nicolich, M,/Riegel, A. (Hrsg.): Production Engineering and Management for Furniture Industry. Pordenone: Edizione Goliardiche, S. 5-11

Jungkind, W./Dresselhaus, D. (2003): Die Balanced Scorecard in einem mittelständischen Unternehmen. In: FB/IE 52 (2003), S. 196-201

Jungkind, W./Helmrich, I. (2016): Montagegerechte Produktgestaltung im Produktentwicklungsprozess. In: ZWF Jahrgang 111 (2016) 3, S. 139-142

Jungkind, W./Schleuter, D./Vieregge, G. (2004): Praxisleitfaden Produktionsmanagement. Rinteln: Merkur Verlag

Kaplan, R. S./Norton, D. P. (1997): Balanced Scorecard – Strategien erfolgreich umsetzen. Stuttgart: Schäffer-Pöschel

Kettner, H./Schmidt, J./Greim, H.-R. (1984): Leitfaden der systematischen Fabrikplanung. München: Springer Verlag

Klevers, T. (2007): Wertstrom-Mapping und Wertstrom-Design, Verschwendungen erkennen – Wertschöpfung steigern. München: mi-Wirtschaftsbuch

Klevers, T. (2012): Agile Prozesse mit Wertstrommanagement. Ein Handbuch für Praktiker. Ansbach: CETPM Publishing

Klevers, T. (2013): Wertstrommanagement. Frankfurt/New York: Campus

Könneker, M./Jungkind, W. (2015): Nachhaltiges Betriebsmittelmanagement. In: Industrie 4.0 Management 32 (216) 3, S. 78-81

LärmVibrationsArbSchV (2007): Verordnung zum der Beschäftigten zum Schutz vor Gefährdungen durch Lärm und Vibrationen. Berlin: Bundesministerium der Justiz und für Verbraucherschutz https://www.gesetze-im-internet.de/l_rmvibrationsarbschv/BJNR026110007.html, aufgerufen am 15.04.2018

Lauer, T. (2010): Change Management – Grundlagen und Erfolgsfaktoren. Heidelberg: Springer Verlag

Liker, J. K. (2013): Der Toyota Weg – 14 Managementprinzipien des weltweit erfolgreichsten Automobilkonzerns. München: FBV

Lorenz, M. O. (1905): Methods of measuring the concentration of wealth. In: Publications of the American Statistical Association Nr. 70, Jg. 1905, S. 209-219

Macharzina, K./Wolf, J. (2015): Unternehmensführung, 9. Auflage. Wiesbaden: Springer Gabler Verlag

May, C./Schimek, P. (2009): Total Productive Management. Ansbach: CETPM Publishing

Mintzberg, H. (1987): The Strategy Concept I: Five P´s for Strategy. In: California Management Review, 30. Jg. 1987, No. 1

Mollbach, A./Bergstein, J. (2012): Change. Points of View. – Kienbaum Change-Management-Studie 2011-2012. Gummersbach: Kienbaum Management Consultants GmbH

Nerdinger, F. W./Wilke, P./Stracke, S./Drews, U. (Hrsg.) (2016): Innovation und Personalarbeit im demografischen Wandel. Wiesbaden: Springer Verlag

Nofen, D./Klußmann, J. H./Löllmann, F./Wiendahl, H.-P. (2003): Regelkreisbasierte Wandlungsprozesse. In: Werkstattstechnik online, Jg. 93 (2003), Heft 4, S. 238-243

Nolte, B. (2015): Die Wertstrommethode – Grenzen und Wirksamkeit. Lemgo: Verlag Dorothea Rohn

Olfert, K. (2012): Investition. 6. Auflage. Herne: NWB Verlag

Prynda, M./Sandrock, S. (2012): Mitarbeiterbefragungen als strategisches Instrument der Personalarbeit – Einsatzoptionen, Vorgehen, Chancen. In: Betriebspraxis & Arbeitsforschung, 214/2012, S. 36

REFA (Hrsg.) (1978): Methodenlehre des Arbeitsstudiums, Teil 2: Datenermittlung. München: Carl Hanser Verlag

REFA (Hrsg.) (2011): Industrial Engineering – Standardmethoden zur Produktivitätssteigerung und Prozessoptimierung. München: Carl Hanser Verlag

REFA (Hrsg.) (2012): REFA-Lexikon, 4. Auflage. Darmstadt: Carl Hanser Verlag

REFA Bundesverband e. V. (REFA-AA) (2012): REFA-Grundausbildung 2.0 – Lehrunterlage zu Teil 1: Analyse und Gestaltung von Prozessen, Modul 6: Aufgabe und Ablauf. Darmstadt

REFA Bundesverband e. V. (REFA-AD) (2012): REFA-Grundausbildung 2.0 – Lehrunterlage zu Teil 1: Analyse und Gestaltung von Prozessen, Modul 7: Auftragsdatenmanagement II – Ablaufstrukturen und Prozessdarstellungen. Darmstadt

REFA Bundesverband e. V. (REFA-AG) (2012): REFA-Grundausbildung 2.0 – Lehrunterlage zu Teil 1: Analyse und Gestaltung von Prozessen, Modul 8 - Das REFA-Arbeitssystem, Leistungseinheit und Prozessbaustein. Darmstadt

REFA Bundesverband e. V. (REFA-MM) (2012): REFA-Grundausbildung 2.0 – Lehrunterlage zu Teil 2: Ermittlung und Anwendung von Prozessdaten, Modul 9: Multimomentaufnahme, Darmstadt

REFA Bundesverband e. V. (REFA-RÜ) (2012): REFA-Grundausbildung 2.0 – Lehrunterlage zu Teil 2: Entwicklung und Gestaltung von Prozessen, Modul 14: Rüstzeit – Ermittlung und Minimierung. Darmstadt

REFA Bundesverband e. V. (REFA-GW) (2017): REFA-Technikerausbildung - Modul Gestaltung des Wertstroms. Darmstadt

REFA-Institut e. V. (2016): Arbeitsorganisation erfolgreicher Unternehmen – Wandel in der Arbeitswelt. Darmstadt: Carl Hanser Verlag

Reitz, A. (2008): Lean TPM. München: mi-Wirtschaftsbuch

Reuber, M. (2012): Company Quick Check – Getting a Quick Overview to Rationalisation Potentials! In: Riegel, A./Nicolich, M. (Hrsg.): Production Engineering and Management in Furniture Industry. In: Schriftenreihe Logistik, Band 8/2012. Lemgo, S. 185-194

Reuber, M. (2016): Potenzialanalyse in kleinen und mittleren Produktionsunternehmen – Entwicklung eines Verfahrens zur Selbstdiagnose. Lemgo: Verlag Dorothea Rohn

Reuber, M./Hellweg, G. (2013): Ganzheitliche Prozessgestaltung bei der Franz Kiel GmbH. In: Betriebspraxis & Arbeitsforschung 218/2013, S. 20-25

Reuber, M./Jungkind, W. (2017): Potenzialanalyse in KMU am Beispiel eines Maschinenbauunternehmens. In: Betriebspraxis & Arbeitsforschung 229/2017, S. 38-45

Rother, M./Shook, J. (2004): Sehen lernen – mit Wertstromdesign die Wertschöpfung erhöhen und Verschwendung beseitigen. Aachen: Lean Management Institut

Schenk, M./Wirth, S./ Müller, E. (2014): Fabrikplanung und Fabrikbetrieb, 2. Auflage. Berlin/Heidelberg: Springer Verlag

Schmauder, M./Spanner-Ulmer, B. (2014): Ergonomie. Darmstadt: Carl Hanser Verlag

Schmigalla, H. (1970): Methoden zur optimalen Maschinenaufstellung. Berlin: VEB Verlag Technik

Schuh, G. (2008): Vorlesungsscript Fabrikplanung. Aachen. http://www.wzl.rwth-aachen.de/de/7bfd32120f8ba69bc1256f330029938b/fp_ss08_m4_oa.pdf, aufgerufen am 15.04.2018

Schuh, G./Kampker, A. (2011): Strategie und Management produzierender Unternehmen. Berlin/Heidelberg: Springer Verlag

Shingo, S. (1991): Poka-Yoke – Prinzip und Technik für eine Null-Fehler-Produktion. St. Gallen: Ges. für Management und Technologie

Shingo, S. (1996): Quick Changeover for Operators – The SMED System. Portland: Productivity Press

Stolzenberg, K./Heberle, K. (2009): Change Management. Veränderungsprozesse erfolgreich gestalten – Mitarbeiter mobilisieren. Berlin/Heidelberg: Springer Verlag

Stracke, S./Müller, C./Klinger, C./Schöneberg, K./Nerdinger F. W./Barchfeld, A./Drews, U.: Die Unternehmenspolitik demografiegerecht ausrichten: Handlungsfelder im Überblick. In: Nerdinger, F. W./Wilke, P./Stracke, S./Drews, U. (Hrsg.) (2016): Innovation und Personalarbeit im demografischen Wandel. Wiesbaden: Springer Verlag, S. 57-101

Stracke, S./Drews, U./ Drews, J. G. (2016): Wissen, wo Unternehmen und Beschäftigte stehen: Analyse der Ausgangssituation. In: Nerdinger, F. W./Wilke, P./Stracke, S./Drews, U. (Hrsg.): Innovation und Personalarbeit im demografischen Wandel. Wiesbaden: Springer Verlag, S. 109-133

Suzaki, K. (1989): Modernes Management im Produktionsbetrieb. München/Wien: Carl Hanser Verlag

Teeuwen, B./Schaller, C. (2011): 5S - Die Erfolgsmethode zur Arbeitsplatzorganisation, 2. Auflage. Ansbach: CETPM Publishing

TRGS 900 – Technische Regeln für Gefahrstoffe - Arbeitsplatzgrenzwerte (2006). Dortmund: BAuA https://www.baua.de/DE/Angebote/Rechtstexte-und-Technische-Regeln/Regelwerk/TRGS/pdf/TRGS-900.pdf?__blob=publicationFile, aufgerufen am 15.04.2018

Troßmann, E. (1998): Investition. Stuttgart: Lucius & Lucius

Uttenweiler, U. (1995): Grundlagen einer Betriebswirtschaftlichen Bewertung Gruppenorientierter Arbeitsstrukturen in der Automobilendmontage - Fallstudie in einer Automobilendmontage. Wiesbaden: Deutscher Universitätsverlag

Utterback, J. M./Abernathy, W. J. (1975): A Dynamic Model of Process and Product Innovation, in: Omega, The International Journal of Management Science, Vol. 3, No. 6, New York 1975, S. 639-656

Vahs, D. (2012): Organisation, 8. Auflage. Stuttgart: Schäffer-Poeschel Verlag

Vahs, D./Leiser, W. (2007): Change Management in schwierigen Zeiten – Erfolgsfaktoren und Handlungsempfehlungen für die Gestaltung von Veränderungsprozessen. Wiesbaden: DUV

VDI 2058, Blatt 2 (1988): Beurteilung von Lärm hinsichtlich Gehörgefährdung. Berlin: Beuth Verlag

VDI 2058, Blatt 3 (1998): Beurteilung von Lärm am Arbeitsplatz unter Berücksichtigung unterschiedlicher Tätigkeiten. Berlin: Beuth Verlag

VDI 2870, Blatt 1 (2012): Ganzheitliche Produktionssysteme - Grundlagen, Einführung und Bewertung. Berlin: Beuth Verlag

VDI 2870, Blatt 2 (2012): Ganzheitliche Produktionssysteme - Methodenkatalog. Berlin: Beuth Verlag

VDI 3300 (1976): Materialfluß-Untersuchungen. Düsseldorf: VDI-Verlag

Voegele, A./Sommer, L. (2012): Kosten- und Wirtschaftlichkeitsrechnung für Ingenieure. München: Carl Hanser Verlag

Wagener, H.-J. (2009): Vilfredo Pareto. In: Kurz, H.-D.: Klassiker des ökonomischen Denkens; Band 2: Von Vilfredo Pareto bis Amartya Sen. München 2009, S. 26-47

Wannenwetsch, H. (2007): Integrierte Materialwirtschaft und Logistik, 3. Auflage. Berlin/Heidelberg: Springer Verlag

Weber, J./Schäffer, U. (2000): Balanced Scorecard & Controlling, 2. Auflage. Wiesbaden: Gabler Verlag

Weissman, A. (2006): Die großen Strategien für den Mittelstand. Frankfurt/New York: Campus Verlag

A Anhang

A.1 Checkliste Ziele

Checkliste Ziele		**Erfassung**	
Stand:	TT.MM.JJJJ	Projekt:	Restrukturierung Schaltschrankbau
Bearb.:	F. Karstensen	Beteiligte:	Geschäftsführung und Leitungskreis

Dimension Finanzen

Zielgröße	**Kennzahl**	**Messgröße** (Bezug: Tag, Woche, Monat, Jahr)		**Inhalt der Methoden**	**Ziele von Prozessverbesserungen entsprechend der Matrizen**	**Relevanz**
Kosten allgemein	Kosten in Kostenarten nach Produktionsfaktoren (Beispiele)	Personalkosten	€			
		Materialkosten	€			
		Betriebsmittelkosten	€			
		Kapitalkosten	€			
	Kosten in Kostenarten nach Funktionen (Beispiele)	Beschaffungskosten	€			
		Lagerhaltungskosten	€			
		Fertigungskosten	€			
		Entwicklungskosten	€			
		Vertriebskosten	€			
		Verwaltungskosten	€			
	Gesamtkosten	Kapitalkosten + Betriebskosten	€	Wirtschaftlichkeitsrechnung		
	Kostenabwicklung	Nach Kostenarten oder Funktionen: $\frac{\text{Istkosten} \cdot 100}{\text{Plankosten}}$	%			

Höchste Priorität — Mittlere Priorität — Geringste Priorität

Checkliste Ziele		**Erfassung**	
Stand:	TT.MM.JJJJ	Projekt:	Restrukturierung Schaltschrankbau
Bearb.:	F. Karstensen	Beteiligte:	Geschäftsführung und Leitungskreis

Dimension Finanzen

Zielgröße	**Kennzahl**	**Messgröße** (Bezug: Tag, Woche, Monat, Jahr)		**Inhalt der Methoden**	**Ziele von Prozessverbesserungen entsprechend der Matrizen**	**Relevanz**
Kosten allgemein	Flächenkosten	Belegte Fläche • Kostensatz (z. B. 100 €/qm pro Jahr)	€	Bestands- und Flächenanalyse	Flächeneffizienz	
	Flächenproduktivität	$\frac{\text{Umsatz}}{\text{Fläche}}$	$\frac{€}{qm}$			
	Qualitätskosten (Reklamation/Nacharbeit)	Reklamations- und Nacharbeitskosten	€			
		$\frac{\text{Reklamations- und Nacharbeitskosten} \cdot 100}{\text{Gesamtkosten}}$	%		Produktqualität/ Reklamationsquote	
	Instandhaltungs-/Wartungskosten	Instandhaltungs-/Wartungskosten	€			
	Energiekosten	Energiekosten	€		Energieeffizienz	
	Kapitalbindungskosten (untergliedert in Roh-, Hilfs-, Betriebsstoffe/unfertige Erzeugnisse/fertige Erzeugnisse	Durchschnittlicher Bestandswert • Zinssatz (z. B. 6 %)	€		Bestände/ Kapitalbindung	
		Durchschnittlicher Lagerwert • Zinssatz (z. B. 6 %)	€			

Höchste Priorität — Mittlere Priorität — Geringste Priorität

Checkliste Ziele		Erfassung	
Stand:	TT.MM.JJJJ	Projekt:	Restrukturierung Schaltschrankbau
Bearb.:	F. Karstensen	Beteiligte:	Geschäftsführung und Leitungskreis

Dimension Finanzen

Zielgröße	Kennzahl	Messgröße (Bezug: Tag, Woche, Monat, Jahr)			Inhalt der Methoden	Ziele von Prozessverbesserungen entsprechend der Matrizen	Relevanz
Wirtschaftlichkeit allgemein	Umsatz	Umsatz		€			
	Gewinn	Gewinn		€	Wirtschaftlichkeitsrechnung		
	Umsatzrentabilität	$\frac{\text{Betriebsergebnis} \cdot 100}{\text{Umsatz}}$		%			
	Arbeitsproduktivität	Stückzahlproduktivität		$\frac{\text{Stück}}{\text{Anzahl Mitarbeiter}}$		Arbeitsproduktivität	
				$\frac{\text{Stück}}{\text{Mitarbeiter-Stunden}}$			
		$\frac{\text{Umsatz}}{\text{Mitarbeiter}}$		$\frac{€}{\text{Mitarbeiter}}$			
		$\frac{\text{Gewinn}}{\text{Mitarbeiter}}$					
		Fertigungszeit-'Produktivität'	$= \frac{\text{Abgearbeitete Fertigungszeit} \cdot 100}{\text{Eingesetzte Mitarbeiterkapazität}}$	%			
			$= \frac{\text{Geplante Fertigungszeit} \cdot 100}{\text{Verbrauchte Fertigungszeit}}$				

Höchste Priorität   Mittlere Priorität   Geringste Priorität

Checkliste Ziele		Erfassung	
Stand:	TT.MM.JJJJ	Projekt:	Restrukturierung Schaltschrankbau
Bearb.:	F. Karstensen	Beteiligte:	Geschäftsführung und Leitungskreis

Dimension Finanzen

Zielgröße	Kennzahl	Messgröße (Bezug: Tag, Woche, Monat, Jahr)		Inhalt der Methoden	Ziele von Prozessverbesserungen entsprechend der Matrizen	Relevanz
Wirtschaftlichkeit allgemein	Betriebsmittelproduktivität (bezogen auf einzelne Betriebsmittel)	OEE (Overall Equipment Effectiveness) bzw. GAE (Gesamt-Anlagen-Effizienz)	ohne Einheit		Betriebsmitteleffektivität	
		MTTR (Mean Time To Repair)	Min.			
		MTBF (Mean Time Between Failures)	Min.			
		EPEI (Every Part Every Interval)	Tage			
		Ø Rüstzeit $= \frac{\sum \text{Dauer Rüstvorgänge}}{\text{Anzahl Rüstvorgänge}}$	Min.			
		Ø Wartezeit $= \frac{\sum \text{Dauer Wartezeiten}}{\text{Anzahl Wartezeiten}}$	Min.			
		Leistungsquote $= \frac{\text{Ist-Geschwindigkeit} \cdot 100}{\text{Soll-Geschwindigkeit}}$	%			
		Ø Nacharbeitszeit $= \frac{\sum \text{Nacharbeitszeit}}{\text{Anzahl Teile}}$	Min.			
		Energieeinsatz	$\frac{\text{kW}}{\text{h}}$			

Höchste Priorität   Mittlere Priorität   Geringste Priorität

Checkliste Ziele		Erfassung	
Stand:	TT.MM.JJJJ	Projekt:	Restrukturierung Schaltschrankbau
Bearb.:	F. Karstensen	Beteiligte:	Geschäftsführung und Leitungskreis

Dimension Finanzen

Zielgröße	Kennzahl	Messgröße (Bezug: Tag, Woche, Monat, Jahr)		Inhalt der Methoden	Ziele von Prozessverbesserungen entsprechend der Matrizen	Relevanz
Wirtschaftlichkeit allgemein	Personaleinsatzquote	Kosten Mitarbeiter • 100 / Umsatz	%		Arbeitsproduktivität	
	Materialeinsatzquote	Kosten Materialeinsatz • 100 / Umsatz	%		Materialeffizienz	
	Material-'Produktivität'	Gewicht Gutteil • 100 / Gewicht Rohteil	%		Materialeffizienz	
	Energieeinsatzquote	Energiekosten • 100 / Umsatz	%		Energieeffizienz	
	Rentabilität	Gewinn • 100 / Anschaffungskosten	%	Wirtschaftlichkeitsrechnung		
	Funktionsstruktur-Quote	Indirekte Mitarbeiter • 100 / Direkte Mitarbeiter	%	Checkliste Datenbasis		

Höchste Priorität Mittlere Priorität Geringste Priorität

Checkliste Ziele		Erfassung	
Stand:	TT.MM.JJJJ	Projekt:	Restrukturierung Schaltschrankbau
Bearb.:	F. Karstensen	Beteiligte:	Geschäftsführung und Leitungskreis

Dimension Mitarbeiter und Führung

Zielgröße	Kennzahl	Messgröße (Bezug: Tag, Woche, Monat, Jahr)		Inhalt der Methoden	Ziele von Prozessverbesserungen entsprechend der Matrizen	Relevanz
BVW/KVP	Betriebliches Vorschlagwesen (BVW)	Verbesserungsvorschläge / Mitarbeiter	Stück / Mitarbeiter		Führungskompetenz/Arbeitszufriedenheit	
	Kontinuierlicher Verbesserungsprozess (KVP)	Eingereichte KVP-Vorschläge / Mitarbeiter Umgesetzte KVP-Vorschläge / Mitarbeiter	Stück / Mitarbeiter			
Persönliche Entwicklung	Qualifikationsniveau	Qualifikationsgrad: Qualifizierte Mitarbeiter Ist / Qualifizierte Mitarbeiter Soll	ohne Einheit	Qualifikationsmatrix	Qualifikationsniveau	
Führung	Zielvereinbarungsgespräche	Zielvereinbarungsgespräche / Mitarbeiter	Stück / Mitarbeiter	Balanced Scorecard (BSC)	Führungskompetenz	
	Führungsfunktionen	Besetze Führungsfunktionen • 100 / Führungsfunktionen gesamt	%			
	Information/Kommunikation	Anzahl schriftliche Informationen	Stück			
	Krankenstand	Erkrankungsbedingte Fehlzeiten • 100 / Soll-Arbeitszeit	%		Krankenstand	
	Arbeitsunfälle	Arbeitsunfälle • 100 / Mitarbeiter gesamt	%		Arbeitsunfälle	

Höchste Priorität Mittlere Priorität Geringste Priorität

Checkliste Ziele		**Erfassung**	
Stand:	TT.MM.JJJJ	Projekt:	Restrukturierung Schaltschrankbau
Bearb.:	F. Karstensen	Beteiligte:	Geschäftsführung und Leitungskreis

Dimension Mitarbeiter und Führung

Zielgröße	**Kennzahl**	**Messgröße** (Bezug: Tag, Woche, Monat, Jahr)		**Inhalt der Methoden**	**Ziele von Prozessverbesserungen entsprechend der Matrizen**	**Relevanz**
Ergonomie/ Demografie	Mitarbeiterzufriedenheit	'Note'	ohne Einheit		Arbeits- zufriedenheit	
	Ergonomie	Checklisten: 'Noten' oder Ampelfarben: EAWS (Ergonomic Assessment Work Sheet)	'Noten' oder Ampelfarben		Arbeitsgestal- tungsniveau	
	Altersdurchschnitt	Jahre (weiblich/männlich)	Jahre	Alterstruktur- analyse		

Höchste Priorität | Mittlere Priorität | Geringste Priorität

Checkliste Ziele		**Erfassung**	
Stand:	TT.MM.JJJJ	Projekt:	Restrukturierung Schaltschrankbau
Bearb.:	F. Karstensen	Beteiligte:	Geschäftsführung und Leitungskreis

Dimension Markt und Kunden

Zielgröße	**Kennzahl**	**Messgröße** (Bezug: Tag, Woche, Monat, Jahr)		**Inhalt der Methoden**	**Ziele von Prozessverbesserungen entsprechend der Matrizen**	**Relevanz**
Spezifischer Umsatz	Bestandskundenumsatz	Bestandskundenumsatz	€			
		$\frac{\text{Bestandskundenumsatz} \cdot 100}{\text{Gesamtumsatz}}$	%			
		$\frac{\text{Bestandskundenumsatz}}{\text{Gesamtumsatz}}$	$\frac{€}{\text{Bestandskunde}}$			
	Neukundenumsatz	Neukundenumsatz	€			
		$\frac{\text{Neukundenumsatz} \cdot 100}{\text{Gesamtumsatz}}$	%			
		$\frac{\text{Neukundenumsatz}}{\text{Bestandskunde}}$	$\frac{€}{\text{Neukunde}}$			
	Länderumsatz	$\frac{\text{Umsatz}}{\text{Land}}$	$\frac{€}{\text{Land}}$			
	Vertriebsgebietsumsatz	$\frac{\text{Umsatz}}{\text{Vertriebsgebiet}}$	$\frac{€}{\text{Vertriebsgebiet}}$			
	Exportumsatz	Exportumsatz	€			
		$\frac{\text{Exportumsatz} \cdot 100}{\text{Gesamtumsatz}}$	%			

Höchste Priorität | Mittlere Priorität | Geringste Priorität

Checkliste Ziele		**Erfassung**	
Stand:	TT.MM.JJJJ	Projekt:	Restrukturierung Schaltschrankbau
Bearb.:	F. Karstensen	Beteiligte:	Geschäftsführung und Leitungskreis

Dimension Markt und Kunden

Zielgröße	Kennzahl	Messgröße (Bezug: Tag, Woche, Monat, Jahr)		Inhalt der Methoden	Ziele von Prozessverbesserungen entsprechend der Matrizen	Relevanz
Kundenbindung/-akquise	Persönliche Kundenkontakte	Kundenkontakte / Vertriebsmitarbeiter	Stück / Mitarbeiter			
		Kundenbesuche / Vertriebsmitarbeiter				
	Auftragsquote	Aufträge • 100 / Angebote	%			
	Kundenzufriedenheit	Auditnote	ohne Einheit			
Qualität	Reklamationsquote (extern/intern)	Reklamierte Produkte • 100 / Verkaufte Produkte	%		Reklamationsquote	
	Liefertermintreue	Termingerechte Aufträge • 100 / Gesamtaufträge	%		Liefertreue	

Höchste Priorität — Mittlere Priorität — Geringste Priorität

Checkliste Ziele		**Erfassung**	
Stand:	TT.MM.JJJJ	Projekt:	Restrukturierung Schaltschrankbau
Bearb.:	F. Karstensen	Beteiligte:	Geschäftsführung und Leitungskreis

Dimension Produkte

Zielgröße	Kennzahl	Messgröße (Bezug: Tag, Woche, Monat, Jahr)		Inhalt der Methoden	Ziele von Prozessverbesserungen entsprechend der Matrizen	Relevanz
Kundenbindung/ Innovationen	Innovation	Patente / Anzahl externer Kooperationen	Stück			
	Kundenbindung/-akquise	Neuentwicklungen / Weiterentwicklungen	Stück			
	Lastenheft-Realisierung	Ist-Spezifikationen U100 / Soll-Spezifikationen	%			
	Realisierte Produkt-/ Dienstleistungsanforderungen	Realisierte Anforderungen U100 / Soll-Anforderungen	%			

Höchste Priorität — Mittlere Priorität — Geringste Priorität

Checkliste Ziele		Erfassung	
Stand:	TT.MM.JJJJ	Projekt:	Restrukturierung Schaltschrankbau
Bearb.:	F. Karstensen	Beteiligte:	Geschäftsführung und Leitungskreis

Dimension Produkte

Zielgröße	Kennzahl	Messgröße (Bezug: Tag, Woche, Monat, Jahr)		Inhalt der Methoden	Ziele von Prozessverbesserungen entsprechend der Matrizen	Relevanz
Kosten/Zeit für Entwicklungsprojekte	Kostenabweichung Entwicklungsprojekte	$\frac{\text{Ist-Personalkosten} \cdot 100}{\text{Personalkosten}}$	%			
	Kostenabweichung für Prototypen, Versuche, Prüfungen					
	Kostenabweichung Änderungen	$\frac{\text{Ist-Änderungskosten} \cdot 100}{\text{Änderungskosten}}$	%			
	Abweichung Meilensteintermine	Ist-Zeitpunkt - Soll-Zeitpunkt für Meilensteine	Tage			
Wirtschaftlichkeit in Bezug auf Produkte	Variantenvielfalt	$\frac{\text{Neue Varianten}}{\text{Produktfamilien}}$	Stück			
	Entwicklungsprojekte	$\frac{\text{Umsatz}}{\text{Gewinn}}$	$\frac{€}{\text{Projekt}}$			

Höchste Priorität | Mittlere Priorität | Geringste Priorität

Checkliste Ziele		Erfassung	
Stand:	TT.MM.JJJJ	Projekt:	Restrukturierung Schaltschrankbau
Bearb.:	F. Karstensen	Beteiligte:	Geschäftsführung und Leitungskreis

Dimension Prozesse

Zielgröße	Kennzahl	Messgröße (Bezug: Tag, Woche, Monat, Jahr)		Inhalt der Methoden	Ziele von Prozessverbesserungen entsprechend der Matrizen	Relevanz
Wirtschaftlichkeit in Bezug auf Prozesse	Zeitanteile einer Multimomentaufnahme	Prozentwerte für Ereignisse je Ablaufart	%	Multimomentaufnahme	Arbeitsproduktivität/Betriebsmitteleffizienz	
	Materialfluss	Mengen-Wege-Produkt	$\frac{€}{\text{Jahr}}$	Materialflussanalyse	Materialflussorientierung	
	Niveau der Arbeitsplatzgestaltung und Ergonomie	Erfüllungsgrad je Gestaltungsbereich	%	Checkliste Arbeitsplatzgestaltung und Ergonomie	Arbeitsproduktivität	
	Mehrmaschinenbedienung	$\frac{\text{Betriebsmittel}}{\text{Mitarbeiter}}$	$\frac{\text{Maschinen}}{\text{Mitarbeiter}}$		Arbeitsproduktivität	
	Fehler	Vermeidbare Fehler	$\frac{\text{Stück}}{\text{Produkt}}$	Fehlervermeidung (Poka Yoke)	Produktqualität	
	Kreuzungsfreiheit der Hauptmaterialflüsse	Kreuzungen im Hauptmaterialfluss	Anzahl		Materialflussorientierung	

Höchste Priorität | Mittlere Priorität | Geringste Priorität

Checkliste Ziele		**Erfassung**	
Stand:	TT.MM.JJJJ	Projekt:	Restrukturierung Schaltschrankbau
Bearb.:	F. Karstensen	Beteiligte:	Geschäftsführung und Leitungskreis

Dimension Prozesse

Zielgröße	Kennzahl	Messgröße (Bezug: Tag, Woche, Monat, Jahr)		Inhalt der Methoden	Ziele von Prozessverbesserungen entsprechend der Matrizen	Relevanz
Prozess-abwicklung	Durchlaufzeit	Zeitpunkt Auslieferung - Zeitpunkt Anfrage (gemittelt über n Aufträge)	Tage	Wertstrom-methode	Durchlaufzeit	
	Schnittstellen	Anzahl Schnittstellen im Auftragsdurchlauf	Stück	Auftragsdurch-laufanalyse	Prozessschnitt-stellen/Prozess-transparenz	
	Eingriffe	Anzahl Korrekturen je Auftrag (ggf. gemittelt über n Aufträge) • 100 / Gesamtaufträge	%		Arbeits-produktivität/ Durchlaufzeit	
	Fehlteile	Fehlteile / Auftrag	Stück / Auftrag		Reklamations-quote	
	Realisierte Dienstleistungs-anforderungen	Realisierte Anforderungen • 100 / Soll-Anforderungen	%			
	Termineinhaltungsquote für Projekte	Termingerechte Projekte • 100 / Gesamtprojekte	%			

Höchste Priorität | Mittlere Priorität | Geringste Priorität

Checkliste Ziele		**Erfassung**	
Stand:	TT.MM.JJJJ	Projekt:	Restrukturierung Schaltschrankbau
Bearb.:	F. Karstensen	Beteiligte:	Geschäftsführung und Leitungskreis

Dimension Prozesse

Zielgröße	Kennzahl	Messgröße (Bezug: Tag, Woche, Monat, Jahr)		Inhalt der Methoden	Ziele von Prozessverbesserungen entsprechend der Matrizen	Relevanz
Wandlungs-fähigkeit/ Flexibili-tät/Gestal-tungs-niveau	Erweiterungsfähgkeit	Flächen / Funktionsbereich	qm / Funktionsbereich		Flächen-effizienz	
	Kommunikationsmöglichkeit	Kommunikationsbereiche / Funktionsbereich	Stück / Funktionsbereich		Führungs-kompetenz	
	Agilität	WQ (Wertstromquotient)	ohne Einheit	Wertstrom-methode	Flexibilität	
	Ordnung und Sauberkeit	5S-Status	'Note' bzw. Spinnweben-diagramm	5S-Check	Prozess-standardi-sierung	
	Produktionsniveau	Arbeitsgestaltungsniveau	'Note' bzw. Spinnweben-diagramm	IWT-Produktions-check©	Arbeits-gestaltungs-niveau	
		Einsatz von Methoden	'Note' bzw. Spinnweben-diagramm		Niveau des Einsatzes von Prozessoptimie-rungsmethoden	

Höchste Priorität | Mittlere Priorität | Geringste Priorität

A.2 Symbolik und ausgewählte Kennzahlen der Wertstrommethode

Zu den Abbildungen in diesem Anhang vgl. REFA-GW (2017).

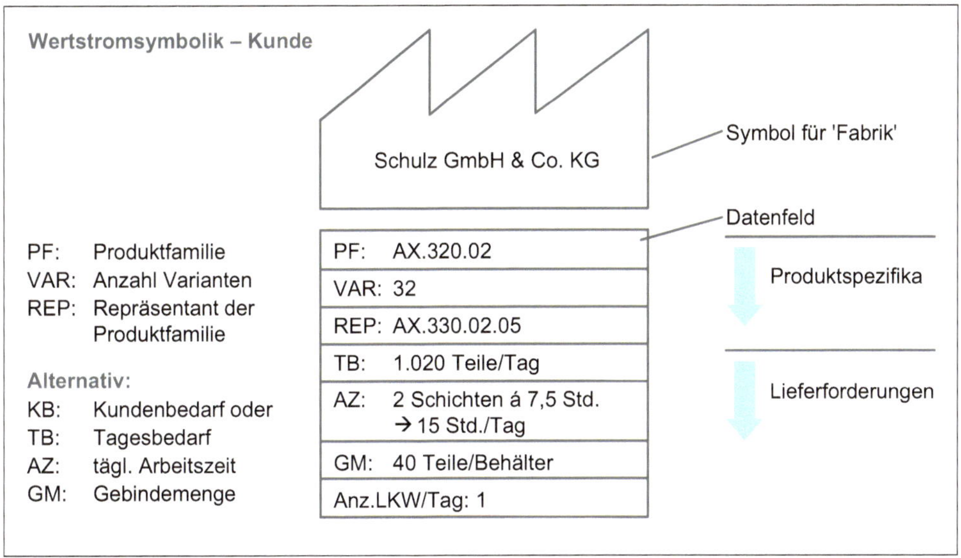

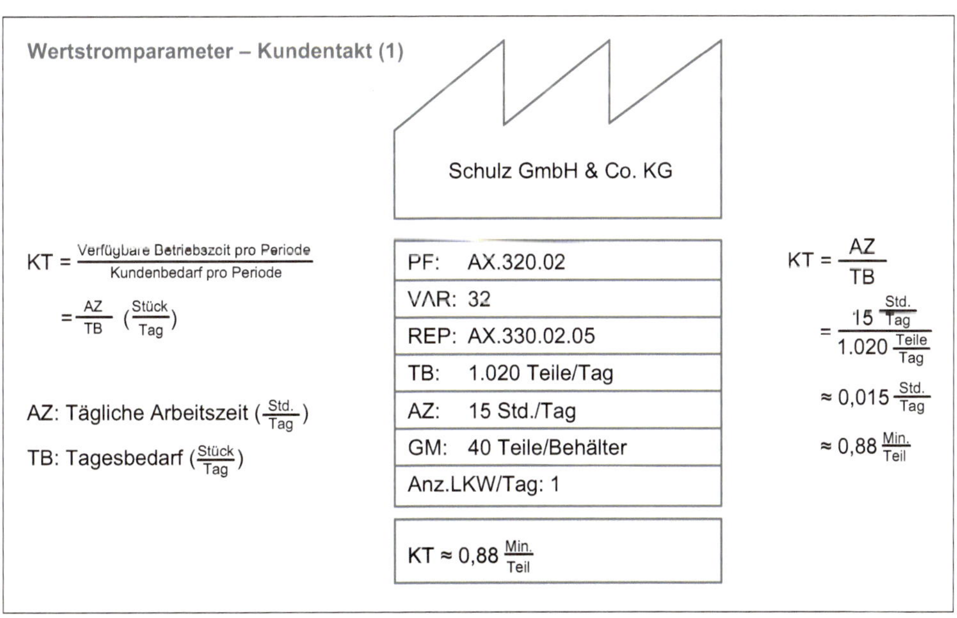

Wertstromparameter – Kundentakt (2)

Kunde Externer Kunde, auch z. T. internes Versandlager

Bezug Meist Jahresmenge des zurückliegenden Geschäftsjahres, um saisonale Schwankungen abzudecken. Für die Bestimmung des Kundentaktes wird der Durchschnittswert mit Angabe der Schwankungsbreite gewählt.

Relevanz Der Kundentakt hilft bei der notwendigen Synchronisation des Produktionssystems mit dem Verkaufsrhythmus.
Der Kundentakt ist die 'Schlagzahl', mit der die Produktion idealerweise zu arbeiten hat. Wenn alle Unternehmensprozesse dem Kundentakt entsprechen, dann ist das Unternehmen kundenorientiert.

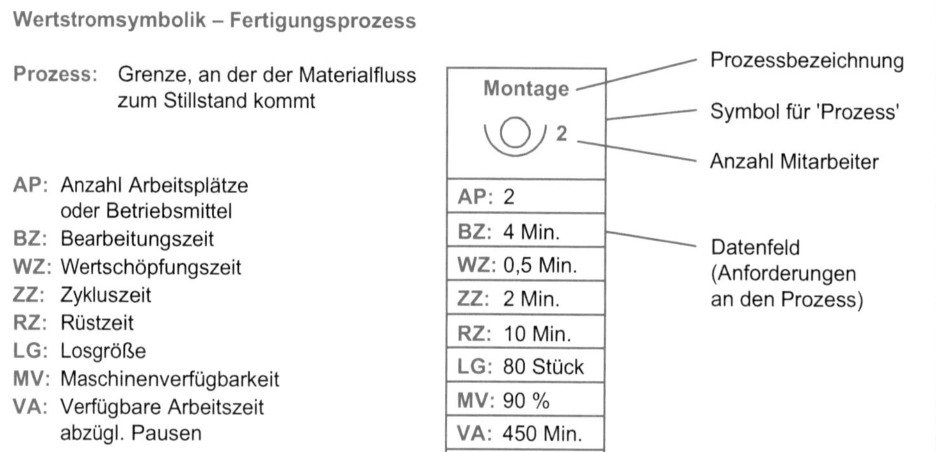

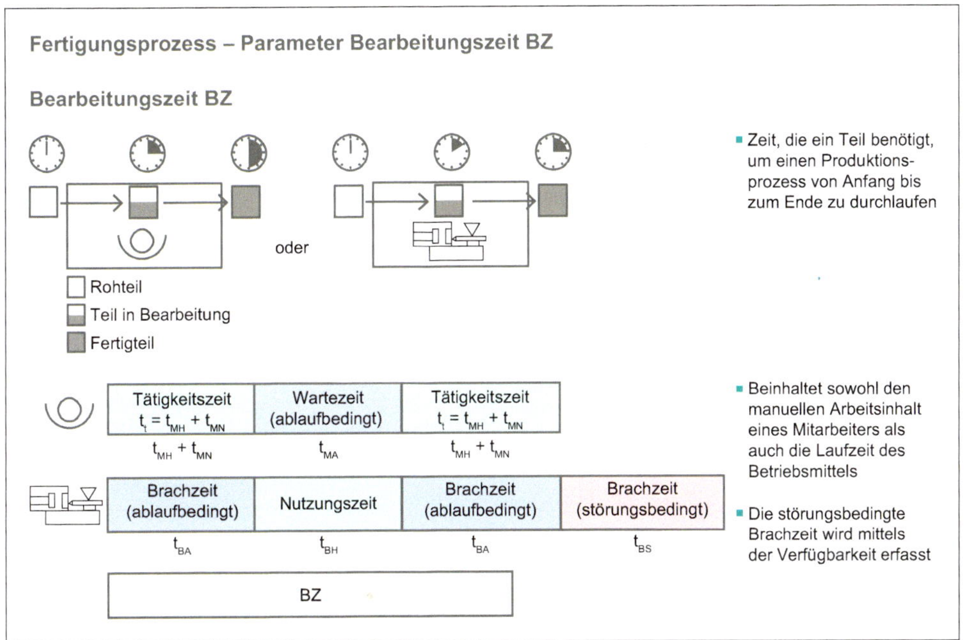
Fertigungsprozess – Parameter Bearbeitungszeit BZ
Bearbeitungszeit BZ
oder
Rohteil
Teil in Bearbeitung
Fertigteil
Zeit, die ein Teil benötigt, um einen Produktionsprozess von Anfang bis zum Ende zu durchlaufen
Tätigkeitszeit $t_t = t_{MH} + t_{MN}$
Wartezeit (ablaufbedingt)
Tätigkeitszeit $t_t = t_{MH} + t_{MN}$
$t_{MH} + t_{MN}$
t_{MA}
$t_{MH} + t_{MN}$
Brachzeit (ablaufbedingt)
Nutzungszeit
Brachzeit (ablaufbedingt)
Brachzeit (störungsbedingt)
t_{BA}
t_{BH}
t_{BA}
t_{BS}
BZ
Beinhaltet sowohl den manuellen Arbeitsinhalt eines Mitarbeiters als auch die Laufzeit des Betriebsmittels
Die störungsbedingte Brachzeit wird mittels der Verfügbarkeit erfasst

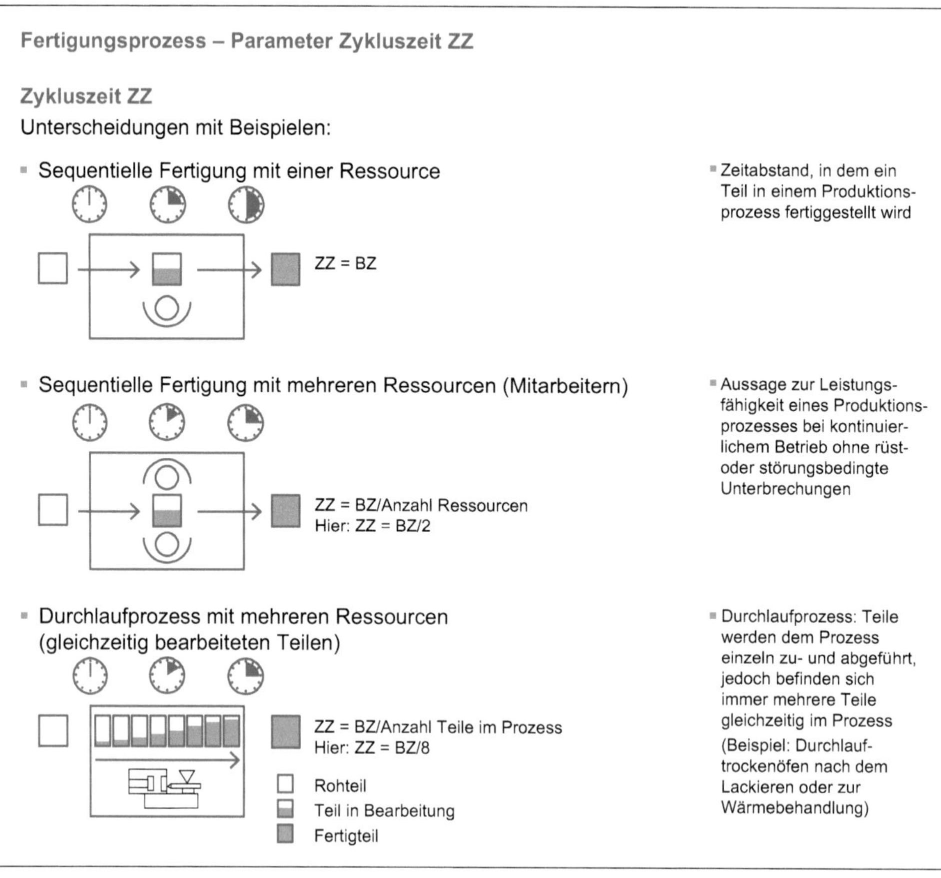
Fertigungsprozess – Parameter Zykluszeit ZZ
Zykluszeit ZZ
Unterscheidungen mit Beispielen:
Sequentielle Fertigung mit einer Ressource
ZZ = BZ
Zeitabstand, in dem ein Teil in einem Produktionsprozess fertiggestellt wird
Sequentielle Fertigung mit mehreren Ressourcen (Mitarbeitern)
ZZ = BZ/Anzahl Ressourcen
Hier: ZZ = BZ/2
Aussage zur Leistungsfähigkeit eines Produktionsprozesses bei kontinuierlichem Betrieb ohne rüst- oder störungsbedingte Unterbrechungen
Durchlaufprozess mit mehreren Ressourcen (gleichzeitig bearbeiteten Teilen)
ZZ = BZ/Anzahl Teile im Prozess
Hier: ZZ = BZ/8
Rohteil
Teil in Bearbeitung
Fertigteil
Durchlaufprozess: Teile werden dem Prozess einzeln zu- und abgeführt, jedoch befinden sich immer mehrere Teile gleichzeitig im Prozess
(Beispiel: Durchlauftrockenöfen nach dem Lackieren oder zur Wärmebehandlung)

Fertigungsprozess – Parameter Rüstzeit RZ

Rüstzeit RZ

- Rohteil Auftrag y
- Letztes Gutteil Auftrag x
- Erstes Gutteil Auftrag y

- Zeit, während der ein Betriebsmittel für das Erfüllen einer neuen Aufgabe vorbereitet bzw. in den ursprünglichen Zustand zurückversetzt wird (Wechsel von Vorrichtungen, Werkzeugen oder Materialien)
- Die Messung erfolgt vom letzten Gutteil der vorhergehenden bis zum ersten Gutteil der folgenden Aufgabe
- Rüstvorgänge reduzieren das Kapazitätsangebot eines Produktionsprozesses. Rüstzeiten RZ sind zu ermitteln, da sie nicht in den Zykluszeiten ZZ berücksichtigt sind
- Die durchschnittliche Anzahl der Rüstvorgänge ist zu erfragen und ggf. im Wertstromdiagramm anzugeben. Die Gesamt-Rüstzeit pro Schicht oder Tag ist mit den durchschnittlichen Losgrößen LG und der Betriebsmittelverfügbarkeit, hier Maschinenverfügbarkeit MV, abzugleichen

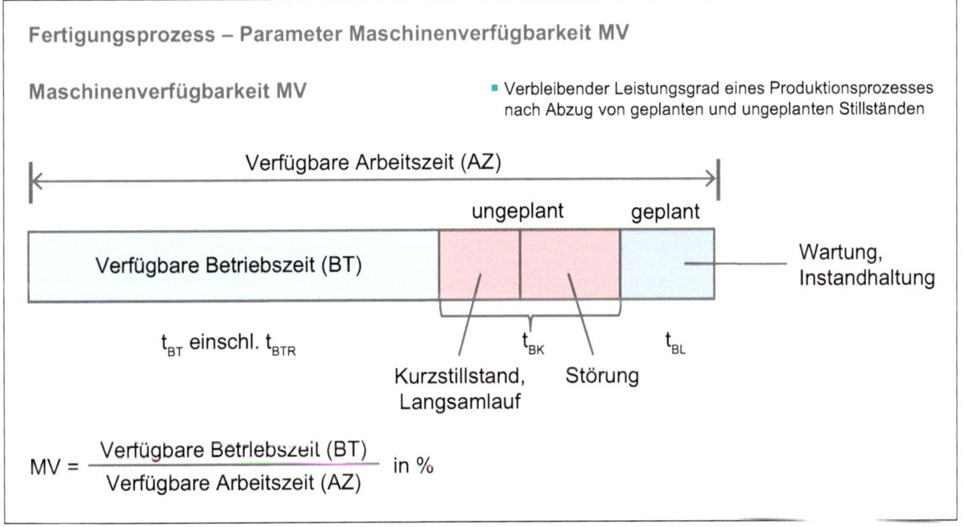

Wertstromsymbolik – Materialfluss (1)

Transport

- Hier: Lieferung per LKW
- Auch als Flugzeug, Bahn, Schiff usw. möglich

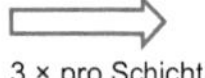
3 × pro Schicht

Fertigwaren an den Kunden/vom Lieferanten

- Werk → Kunden
- Lieferant → Werk

1.520 Stück

Push-Materialfluss

- Teile werden vom Vorgänger- zum Nachfolgeprozess gebracht ('gedrückt') und dort i. d. R. unkontrolliert abgestellt
- Abstellbereiche können direkt im Bereich des nächsten Prozesses sein, aber auch auf separaten weiter entfernten Bereitstellflächen
- Oft werden die Teile gesucht und Auftragsreihenfolgen 'optimiert'

Wertstromsymbolik – Materialfluss (2)

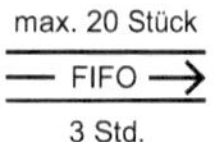

FIFO-Materialfluss

- Weitere Variante des Push-Materialflusses
- 'Echtes' FIFO:
  Teile des Vorgängerprozesses werden auf FIFO-Bahnen gelegt (Rollenbahn, Förderband, Rutsche). Die Abarbeitung erfolgt im Nachfolgeprozess in gleicher Reihenfolge (First-In-First-Out)
- 'Unechtes' FIFO:
  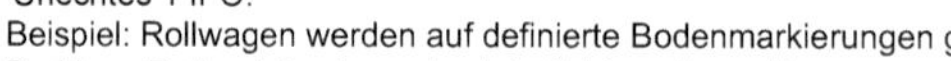
  Beispiel: Rollwagen werden auf definierte Bodenmarkierungen geschoben.
  Problem: Reihenfolge kann durch beliebiges Ausschleusen von Rollwagen unterbrochen werden

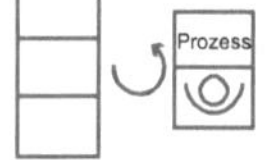

PULL-Prinzip

- Teile werden vom Nachfolgeprozess aus einem Lager des Vorgängerprozesses entnommen ('gezogen')
- Vorgängerprozess füllt das Lager nach Entnahme durch den Nachfolgeprozess auf

Wertstromsymbolik – Bestände

300 Stück

Bestände

- Einzeichnen zwischen Prozessen
- Bestandsdaten sollten in Stück angegeben werden

1.000 Stück oder
ø 5 Tage

Lager, organisiert

- Klassisches Lager
- Bestandsdaten sollten in Stück oder Reichweite angegeben werden (ggf. Aussagen der Lagerverwaltung)

250 Stück oder
ø 2Tage

Supermarkt

- Kanban-Lager
- Bestandsdatenerfassung wie im organisierten Lager

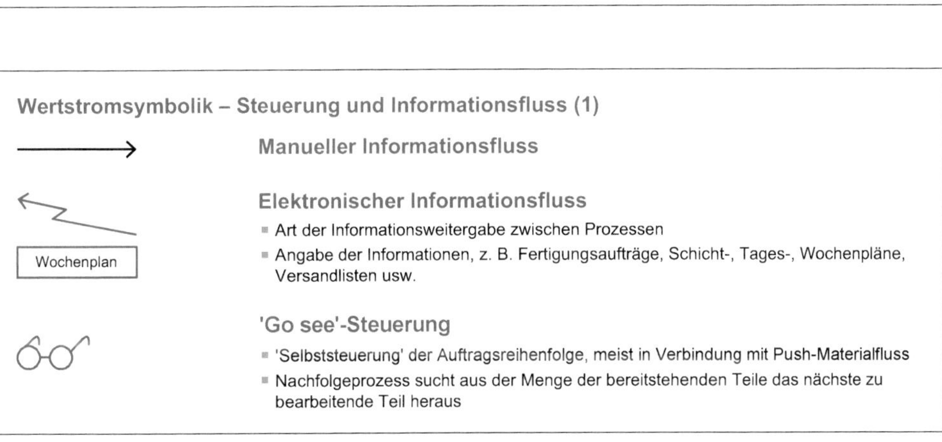

Wertstromsymbolik – Steuerung und Informationsfluss (2)

Produktions-Kanban

Entnahme

Kanban-Steuerung

- Pull-Steuerung durch 'Karten'
- Einfachste Version: Produktions-Karte (-Kanban) an jedem Teil mit wichtigen Informationen für den Zulieferprozess. Bei Teileentnahme durch den Nachfolgeprozess wird Produktions-Kanban an den Vorgängerprozess zur Nachproduktion geschickt

Produktions-Kanban

Entnahme-Kanban

- Nachfolger kann auch Teile mittels Entnahme-Kanban aus einem Supermarkt entnehmen.
- Anwendung dieses Zwei-Kreis-Systems, wenn Teile nicht in Verbrauchsnähe stehen, Teilevielfalt hoch ist oder zeit- und mengenmäßig Schwankungen bestehen

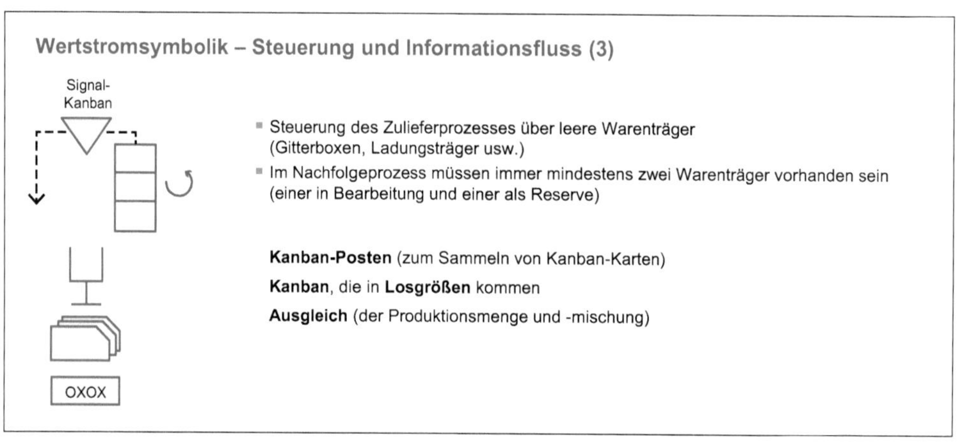

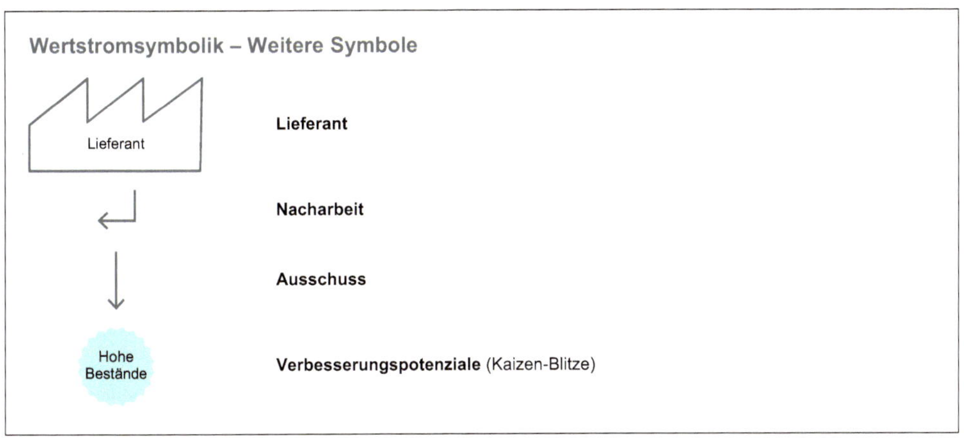
Wertstromsymbolik – Weitere Symbole
Lieferant
Lieferant
Nacharbeit
Ausschuss
Hohe Bestände
Verbesserungspotenziale (Kaizen-Blitze)

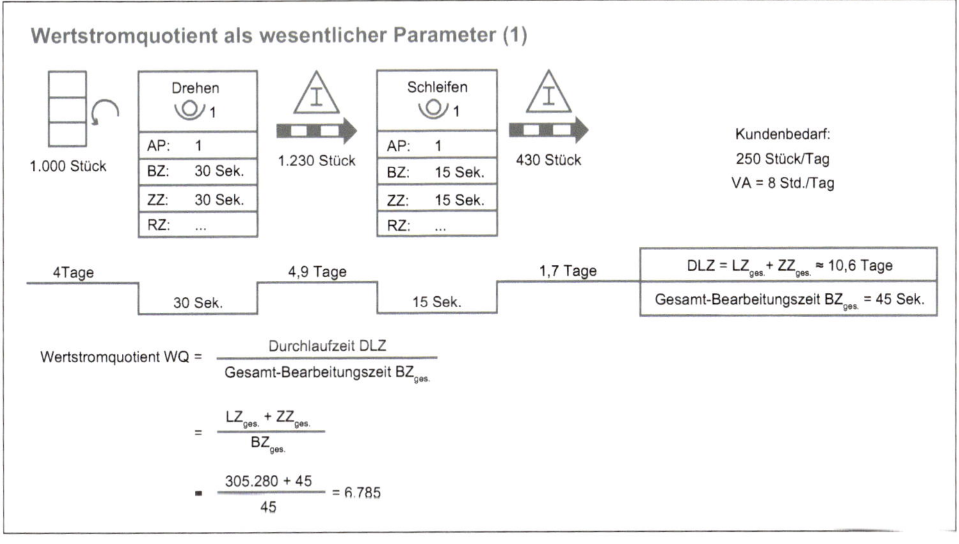
Wertstromquotient als wesentlicher Parameter (1)
1.000 Stück
Drehen
1
AP: 1
BZ: 30 Sek.
ZZ: 30 Sek.
RZ: ...
1.230 Stück
Schleifen
1
AP: 1
BZ: 15 Sek.
ZZ: 15 Sek.
RZ: ...
430 Stück
Kundenbedarf:
250 Stück/Tag
VA = 8 Std./Tag
4Tage
30 Sek.
4,9 Tage
15 Sek.
1,7 Tage
DLZ = LZges. + ZZges. ≈ 10,6 Tage
Gesamt-Bearbeitungszeit BZges. = 45 Sek.
Wertstromquotient WQ = Durchlaufzeit DLZ / Gesamt-Bearbeitungszeit BZges.
= (LZges. + ZZges.) / BZges.
= (305.280 + 45) / 45 = 6.785

Wertstromquotient als wesentlicher Parameter (2)

- Kennzahl zur Beurteilung der Qualität eines Wertstroms
- Aussage darüber, wie lang ein Teil benötigt, bis es den kompletten Prozess durchlaufen hat
- Ziel ist es, WQ drastisch zu reduzieren

A.3 Greifraum

Zu den Abbildungen in diesem Anhang vgl. Schmauder und Spanner-Ulmer 2014, S. 118, 120.

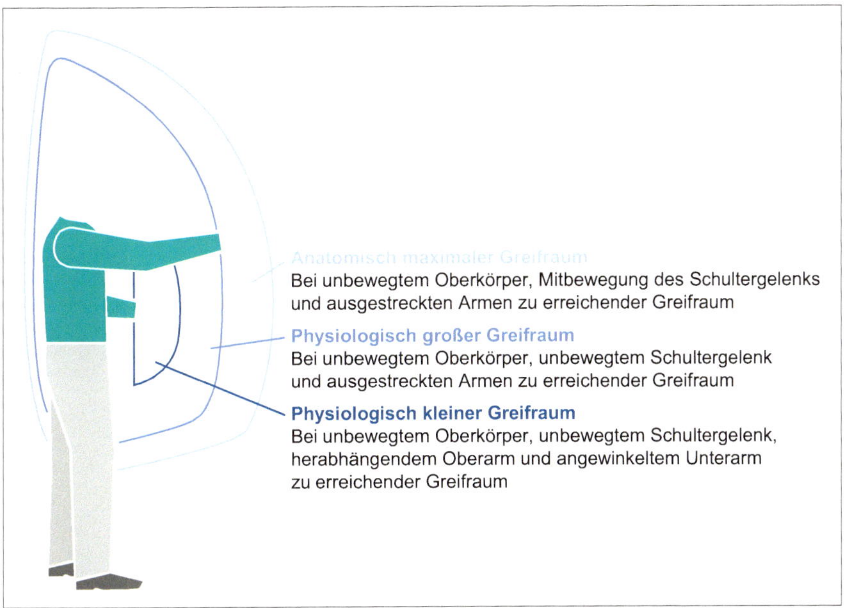

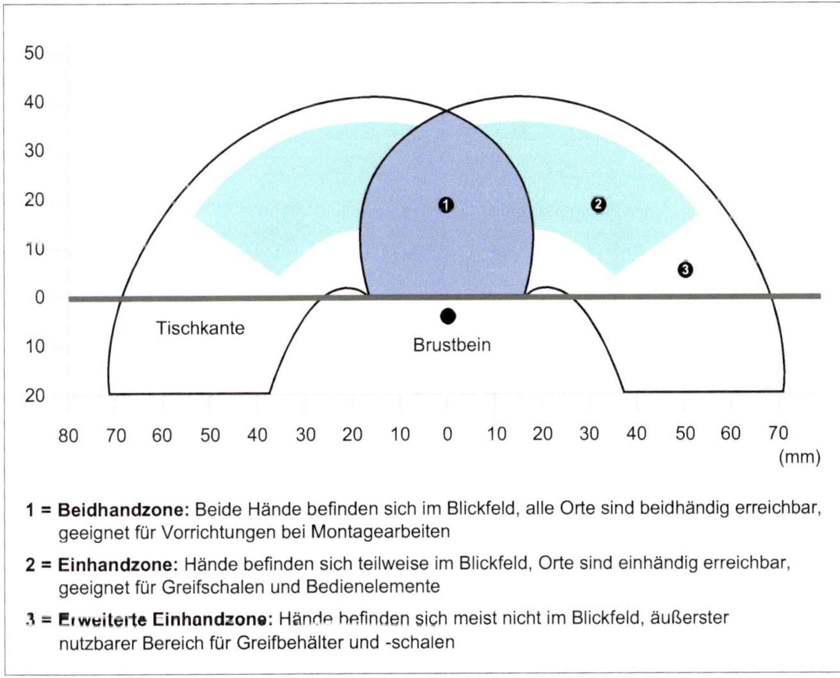

1 = **Beidhandzone:** Beide Hände befinden sich im Blickfeld, alle Orte sind beidhändig erreichbar, geeignet für Vorrichtungen bei Montagearbeiten

2 = **Einhandzone:** Hände befinden sich teilweise im Blickfeld, Orte sind einhändig erreichbar, geeignet für Greifschalen und Bedienelemente

3 = **Erweiterte Einhandzone:** Hände befinden sich meist nicht im Blickfeld, äußerster nutzbarer Bereich für Greifbehälter und -schalen

A.4 Lärmgrenzwerte

Zu den Abbildungen in diesem Anhang vgl. VDI 2058, Blatt 2 1988 und Blatt 3 1998, EG-Richtlinie Lärm 2003 und ArbStättV 2004.

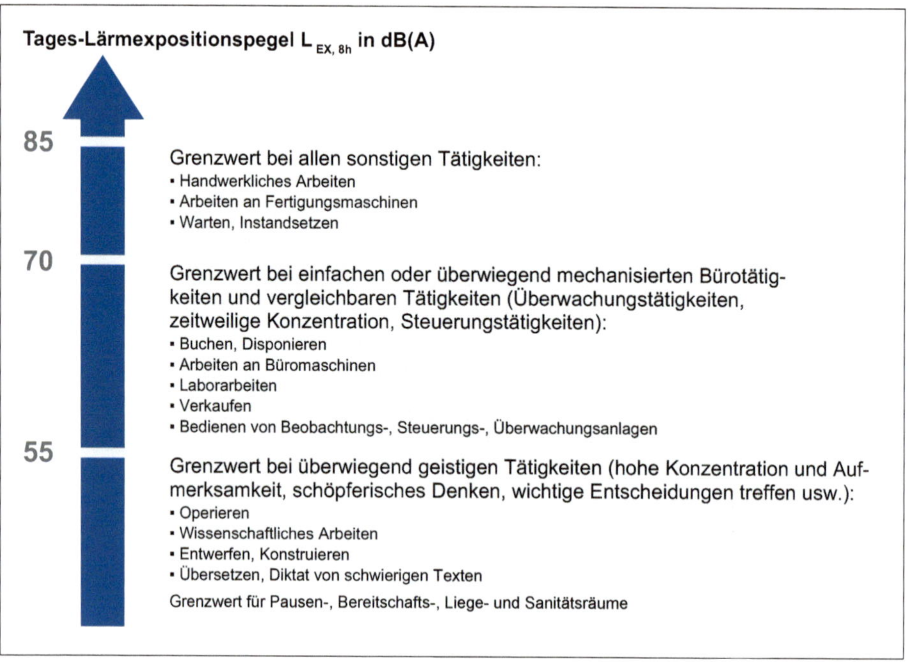

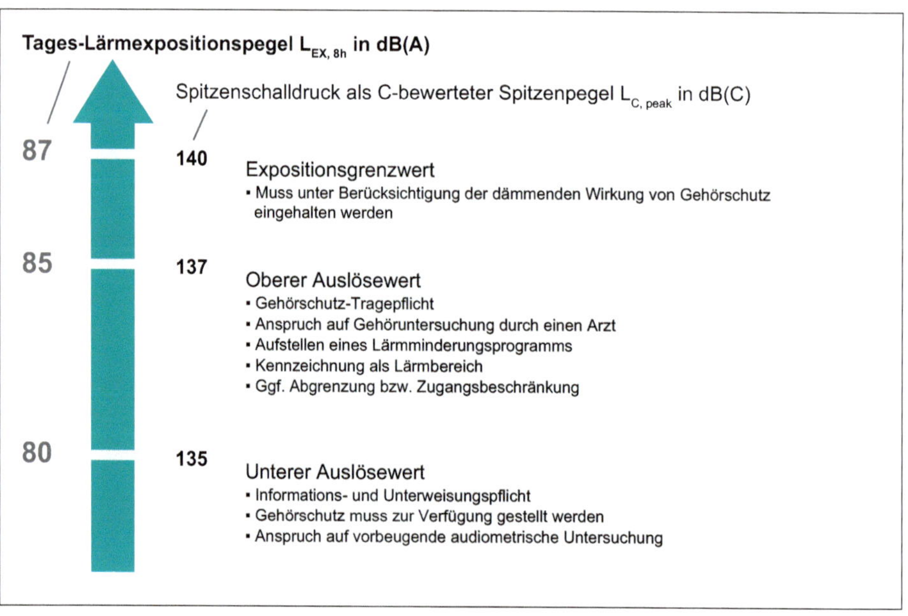

Abbildungsverzeichnis